辉河

吕世海　等　编著

国家级自然保护区
生物多样性

U0322351

中国环境出版社·北京

图书在版编目（CIP）数据

辉河国家级自然保护区生物多样性 / 吕世海，叶生
星，邓志荣著. -- 北京：中国环境出版社，2013.6
ISBN 978-7-5111-1466-2

Ⅰ．①辉… Ⅱ．①吕… ②叶… ③邓… Ⅲ．①自然保
护区－生物多样性－研究－呼伦贝尔市 Ⅳ．
① S759.992.263

中国版本图书馆 CIP 数据核字（2013）第 105640 号

审图号：GS（2013）1794 号

出 版 人	王新程
策划编辑	王素娟
责任编辑	俞光旭
责任校对	唐丽虹
装帧设计	金　喆

出版发行　中国环境出版社
　　　　　（100062 北京市东城区广渠门内大街 16 号）
　　　　　网　　址：http://www.cesp.com.cn
　　　　　电子邮箱：bjgl@cesp.com.cn
　　　　　联系电话：010-67112765（编辑管理部）
　　　　　发行热线：010-67125803，010-67113405（传真）

印　　刷	北京中科印刷有限公司
经　　销	各地新华书店
版　　次	2013 年 9 月第 1 版
印　　次	2013 年 9 月第 1 次印刷
开　　本	880×1230 1/16
印　　张	25.25　彩插 24 页
字　　数	480 千字
定　　价	96.00 元

参加本书编辑人员

(按姓氏笔画排列)

刁兆岩　叶生星　布　和　吕世海　刘及东　刘　唯

李　峰　杜广明　冯朝阳　陈艳梅　郑志荣　单优良

杨贵生　杨智明　高军靖　常学礼　朝　乐

前　言

　　生物多样性是地球生命的基础，也是生物及其环境形成的生态复合体以及与此相关的各种生态过程的总和。生物多样性这一概念，1968 年由美国野生生物学家和保育学家 Ramond F. Dasman 在其通俗读物《一个不同类型的国度》（*A different kind of country*）中首次提出，到 20 世纪 70 年代末期仍未得到社会和学界的广泛认可和传播，直到 1985 年才由罗森（W. G. Rosen）再次使用，并于 1986 年第一次出现在公开出版物上，由此"生物多样性"才在科学和环境领域得到广泛传播和使用。20 世纪 90 年代以来，随着人们对生物多样性理论认识的不断提高，保护生物多样性，保护人类赖以生存的生物资源，已成为满足人类社会可持续发展的迫切需要，并受到各国政府的重视。特别是 1992 年 6 月，联合国环境与发展大会通过和签署了《生物多样性公约》，为研究和保护人类赖以生存的生物资源赋予了法律责任。中国政府为切实保护生物多样性和履行生物多样性公约，积极开展了包括自然保护区建设与管理、珍稀物种及其栖息地保护等一系列卓有成效的工作，也为世界保护中国特有的生态系统、物种及遗传多样性作出了贡献。

　　辉河国家级自然保护区地处大兴安岭山地森林生态系统向呼伦贝尔草原生态系统的过渡地带，土地面积 3 468.48 km²。保护区主体集中分布于辉河两岸阶地和波状高平原，景观上集森林生态系统、草原生态系统、湿地生态系统于一体，具有低山丘陵、高平原、沙地、河谷等多种地貌组合，并呈现为类型多样、结构独特、物种丰富的自然生态系统。其中，湿地生态系统具有河流型、湖泊型、沼泽型三种类型，并呈大面积组合分布特点，面积约有 1 167 km²，也是众多候鸟、旅鸟等珍稀濒危鸟类迁徙通道和生存繁衍的理想场所；保护区境内的沙地樟子松林是欧亚大陆东段草原生态区，在中国境内分布的最珍贵的沙地林木资源，具有耐寒、抗旱、耐瘠薄及抗风沙等特性，是国家三级保护植物；保护区境内的温性草甸草原是保护区最重要的保护对象之一，也是欧亚大陆东段 Steppe 草原中保存最为完整、最具代表性的草原生态系统。

为有效保护辉河保护区境内的生物多样性，1998 年 1 月，鄂温克族自治旗人民政府委托原呼伦贝尔盟环境监测中心站等单位的专家组成综合考察组，历时 8 个月对辉河保护区进行了全面考察，并编制了《辉河自然保护区综合考察报告》。2009—2011 年，中国环境科学研究院的专家又联合鲁东大学、内蒙古大学、黑龙江八一农垦大学、呼伦贝尔学院、河北师范大学等高校的专家、学者，在国家环境保护公益行业科研专项（200809125）、中央级科研院所基金和国家级自然保护区基本能力建设等项目的支持下，对辉河保护区境内的自然地理、气候特征、水文环境、土壤类型、植被景观、动植物种类、生态系统功能等进行了详细调查和评估，为进一步开展区域生物多样性科学研究、生物资源的开发与利用提供了第一手资料，也为各级领导和社会各界全面认识、了解辉河保护区开辟了窗口。

本书是在野外生态调查、文献检索基础上，众学者集体写作的成果，比较全面地反映了保护区的自然环境、植被类型、动植物种类、生态系统状况等基本现状，对研究中国北方草原湿地生物多样性具有重要参考价值。全书由吕世海研究员执笔完成，郑志荣、叶生星、刁兆岩、布和、朝乐等同志参与了第一、二、三、四章初稿撰写、文本编辑、GIS 制图、资料收集和整理等工作；内蒙古大学的杨贵生教授参与了第六章野生动物种类筛查、编目及区系分析；高军靖硕士进行了动物拉丁名校对；陈艳梅博士、常学礼教授、刘及东教授、冯朝阳博士等参与了野外科学考察和第七、八两章的数据收集、分析评价、GIS 制图及编写等工作；杜广明、杨智民两位教授完成了植物物种鉴定、系统分类和植物名录修订。叶生星博士完成了植物拉丁名的校对工作。辉河国家级自然保护区单优良、刘唯、李峰、李福震、吴志坚诸同志，鄂温克族自治旗环境保护局涂立彬同志以及呼伦贝尔市环境保护局谭跃、张伟等同志也对本书编辑给予了大力支持。在此，向付出辛勤劳动的各位同仁表示诚挚的感谢。

本书经多次审阅、修改后定稿。由于学识水平所限，书中难免存在不足之处，切望得到各位有识之士和专家、学者的批评指正。

作者
2013 年 1 月

目 录

第1章 总 论

1.1 历史沿革

辉河国家级自然保护区，原名辉河珍禽湿地保护处，1997年12月由内蒙古鄂温克族自治旗人民政府批准建立，为县市级自然保护区，隶属于原鄂温克旗城乡建设环境保护局管辖，为副科级事业单位。1998年1月，鄂温克族自治旗人民政府委托呼伦贝尔盟环境监测中心站、黑龙江省野生动物研究所、达赉湖国家级自然保护区管理局等单位的专业技术人员组成综合考察组，历时8个月对辉河保护区的自然环境、景观类型、动植物资源等进行全面考察，编制了《辉河自然保护区综合考察报告》，同时完成了《辉河保护区总体规划（2000—2010）》。1999年9月，鄂温克族自治旗人民政府颁布了《辉河自然保护区管理办法》（鄂政办字 [1999]77 号），辉河保护区日常运行与管理逐步规范化，并向自治区提出晋级申请。同年11月，内蒙古自治区人民政府批准辉河珍禽湿地保护管理处晋升为自治区级保护区。

2001年依据国家环境保护总局《关于环保系统国家级自然保护区总体规划审批工作有关问题的通知》的精神，对《辉河保护区总体规划（2000—2010）》进行修编，并积极履行国家级自然保护区申报手续。2002年，经国家级自然保护区评审委员会审定，国务院办公厅以国发办 [2002]34 号文件批准辉河保护区晋升为国家级自然保护区，名称为"内蒙古辉河国家级自然保护区"。2003年，内蒙古自治区机构编制委员会（内机编发 [2003]76 号）文件批准设立"内蒙古辉河国家级自然保护区管理局"为副处级事业单位。2004年，呼伦贝尔市机构编制委员会（呼机编发 [2004]33 号）文件进一步明确辉河国家级自然保护区管理局的职责、机构、编制、经费来源。2005年8月，内蒙古呼伦贝尔市辉河国家级自然保护区管理局正式挂牌。

1.2 地理区位

1.2.1 行政区划

辉河国家级自然保护区位于大兴安岭西麓，呼伦贝尔草原东南部，行政区域隶属于内蒙古自治区呼伦贝尔市（见图 1.2.1）。其中，保护区的主体分布在鄂温克族自治旗辉苏木境内，东部与鄂温克族自治旗巴彦塔拉达斡尔民族乡和锡尼河西苏木接壤，西部横跨新宝力格苏木一部分，北部与陈巴尔虎旗完工镇和鄂温克族自治旗巴彦托海镇相连，南部以内蒙古红花尔基国家森林公园为邻，地理坐标为 N48°09′～49°00′，E118°46′～119°43′。分布范围主要涉及鄂温克族自治旗的 1 镇、2 苏木、1 民族乡，即巴彦托海镇、锡尼河西苏木、辉苏木以及巴彦塔拉达斡尔民族乡；新巴尔虎左旗 2 个苏木，即乌布尔宝力格苏木；陈巴尔虎旗 1 个镇，即完工镇。保护区总土地面积为 3 468.48 km²。其中，鄂温克族自治旗境内面积 2 884.65 km²，占保护区总土地面积的 83.17%；新巴尔虎左旗境内面积 563.94 km²，占保护区总土地面积的 16.26%；陈巴尔虎旗境内面积 19.89 km²，占保护区总土地面积的 0.57%。

辉河国家级自然保护区四界坐标信息参见表 1-2-1。

表 1-2-1　辉河国家级自然保护区四界坐标信息

点号	经度	纬度	6 度带 X	6 度带 Y
J1	119.435 014	49.005 311	5 434 957.692	21 699 736.300
J2	119.421 119	49.005 549	5 434 959.460	21 697 723.354
J3	119.332 667	48.535 853	5 421 710.981	21 687 500.755
J4	119.185 104	48.552 525	5 423 818.018	21 669 587.683
J5	119.063 950	48.513 558	5 416 290.121	21 654 894.350
J6	118.585 639	48.514 084	5 416 198.574	21 645 451.444
J7	118.514 081	48.471 664	5 407 813.354	21 636 773.658
J8	118.471 428	48.431 170	5 400 117.091	21 631 511.126
J9	118.465 361	48.274 704	5 371 546.238	21 631 754.950
J10	118.575 873	48.191 900	5 356 189.162	21 645 820.730
J11	119.021 077	48.104 840	5 340 554.326	21 651 430.806
J12	119.061 100	48.093 019	5 338 272.423	21 656 459.061
J13	119.163 035	48.101 938	5 340 156.124	21 669 212.607
J14	119.290 782	48.112 397	5 342 635.653	21 684 796.372
J15	119.250 907	48.163 347	5 352 037.141	21 679 564.664
J16	119.203 397	48.234 208	5 365 098.990	21 673 488.391
J17	119.163 400	48.305 184	5 378 223.828	21 668 157.610
J18	119.295 112	48.413 787	5 398 687.982	21 683 862.010
J19	119.423 983	48.531 043	5 420 615.862	21 698 818.177

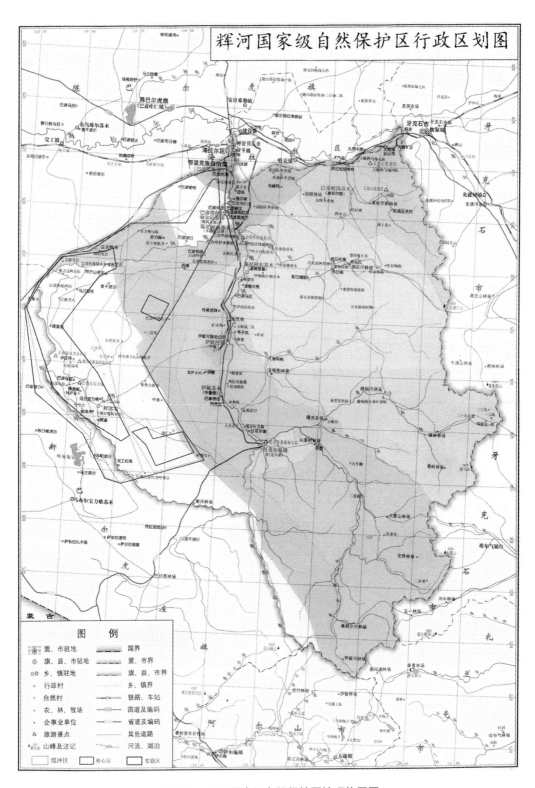

图 1.2.1　辉河国家级自然保护区地理位置图

1.2.2　功能分区

辉河国家级自然保护区的功能区设置共划分为高林温都尔、草甸草原、沙地樟子松疏林 3 个核心区以及 3 个缓冲区和 1 个实验区，其拐点坐标参见表 1-2-2。其中，核心区面积为 1 061.07 km², 占保护区总面积的 30.6%；缓冲区面积为 1 289.84 km²，占保护区总面积的 37.2%；实验区面积为 1 117.57 km²，占保护区总面积的 32.2%。

表 1-2-2　辉河国家级自然保护区各核心区拐点坐标信息

核心区	点号	经度	纬度	6 度带 X	6 度带 Y
沙地樟子松疏林核心区	1	119.111 518	48.181 910	5 354 783.569	20 662 279.423
	2	119.151 722	48.184 747	5 355 804.084	20 667 240.963
	3	119.162 606	48.163 171	5 351 653.051	20 668 783.392
	4	119.243 177	48.165 926	5 352 809.520	20 678 770.681
	5	119.264 358	48.130 110	5 345 539.924	20 681 722.094
	6	119.161 116	48.114 128	5 342 673.798	20 668741.538
	7	119.142 292	48.153 850	5 349 934.879	20 666 292.534
草甸草原核心区	1	119.205 859	48.421 805	5 399 360.628	20 672 941.534
	2	119.254 673	48.400 397	5 395 626.212	20 678 957.288
	3	119.224 161	48.371 746	5 390 363.921	20 675 530.379
	4	119.180 520	48.392 802	5 394 223.157	20 669 548.476
高林温都尔核心区	1	118.590 708	48.511 415	5 415 379.918	20 645 690.898
	2	119.111 324	48.510 827	5 415 604.144	20 660 497.623
	3	119.130 530	48.512 900	5 416 314.380	20 662 763.778
	4	119.131 012	48.485 356	5 411 512.380	20 663 001.590
	5	119.130 714	48.474 500	5 409 420.422	20 663 001.590
	6	119.111964	48.472 595	5 408 740.856	20 660 825.767
	7	119.082 456	48.465 519	5 407 680.158	20 657 279.125
	8	118.561 520	48.385 801	5 392 551.213	20 642 765.658
	9	119.041 019	48.294 100	5 375 629.870	20 652 952.507
	10	119.102 052	48.174 538	5 353 710.147	20 661 182.659
	11	119.075 457	48.165 925	5 352 200.948	20 358 214.458
	12	119.032118	48.193 501	5 356 857.710	20 648 734.883
	13	119.002 445	48.210 717	5 359 607.907	20 648 734.883
	14	118.531 040	48.264 113	5 369 695.818	20 639 545.153
	15	118.515083	48.281 777	5 372 640.955	20 637 837.349
	16	118.474 596	48.431 861	5 400 345.710	20 632 153.634
	17	118.523 903	48.472 823	5 408 200.493	20 637 953.144

表 1-2-3 辉河国家级自然保护区各缓冲区拐点坐标信息

缓冲区	点号	经度	纬度	6度带 X	6度带 Y
沙地樟子松疏林缓冲区	1	119.101 324	48.191 497	5 356 472.738	20 660 954.323
	2	119.153 405	48.202 437	5 358 807.162	20 667 499.339
	3	119.163 570	48.181 701	5 354 911.042	20 668 885.743
	4	119.234 288	48.183 709	5 350 799.350	20 677 668.500
	5	119.281 744	48.113 344	5 342 894.566	20 683 746.509
	6	119.152 862	48.103 143	5 340 490.822	20 667 926.337
	7	119.124 628	48.150 136	5 348 730.009	20 664 332.605
草甸草原缓冲区	1	119.204 118	48.463 690	5 407 567.183	20 672 332.727
	2	119.300 173	48.421 037	5 399 698.861	20 684 046.031
	3	119.200 995	48.341 435	5 384 612.492	20 672 397.800
	4	119.110 611	48.395 978	5 394 951.857	20 660 944.791
高林温都尔缓冲区	1	118.590 135	48.513 047	5 415 880.986	20 645 560.959
	2	119.035 879	48.512 319	5 415 817.395	20 651 629.338
	3	119.064 333	48.513 005	5 416 121.528	20 654 977.194
	4	119.124 447	48.522 455	5 418 014.291	20 662 288.811
	5	119.174 340	48.541 822	5 421 705.931	20 668 273.380
	6	119.211 717	48.550 004	5 423 130.850	20 672 586.198
	7	119.304 114	48.532 569	5 420 584.155	20 684 163.334
	8	119.325 953	48.520 104	5 418 063.390	20 687 069.769
	9	119.320 477	48.482 603	5 411 385.100	20 686 175.223
	10	119.203 700	48.465 405	5 408 094.391	20 672 237.148
	11	119.142 102	48.453 315	5 405 364.354	20 664 629.917
	12	119.041 018	48.382 207	5 391 696.298	20 652 516.931
	13	119.073 694	48.303 087	5 377 258.768	20 657 154.729
	14	119.084 982	48.224 349	5 362 864.735	20 659 055.399
	15	119.123 720	48.105 917	5 341 244.494	20 664 360.584
	16	119.060 626	48.094 056	5 338 590.162	20 656 352.285
	17	119.021 660	48.105 614	5 340 796.683	20 651 544.797
	18	118.595 753	48.181794	5 354 366.531	20 648 317.123
	19	118.522 861	48.250 233	5 366 623.352	20 638 761.208
	20	118.483 378	48.294 199	5 375 145.186	20 633 728.615
	21	118.473 621	48.432 560	5 400 556.957	20 631 947.184
	22	118.484 831	48.442 923	5 402 557.267	20 633 376.018
	23	118.513 642	48.465 986	5 407 292.856	20 636 696.748
	24	118.535 112	48.482 452	5409975.795	20 639 381.067

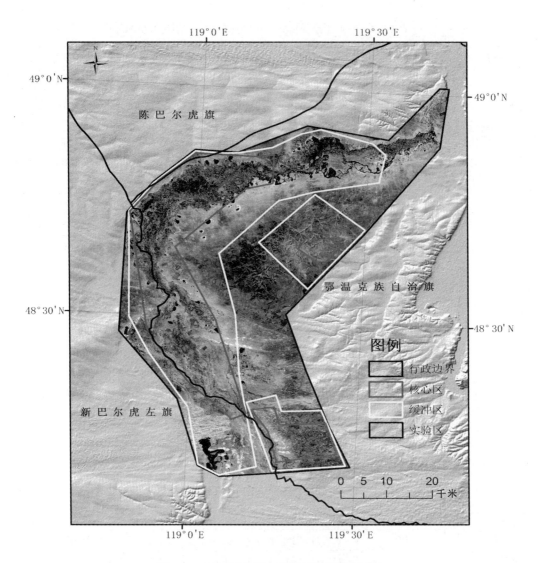

图 1.2.2 辉河国家级自然保护区功能区划图

1.3 地质地貌

1.3.1 地质历史

　　辉河国家级自然保护区在地质历史上属于晚古生代地壳造山运动所形成的海西褶皱带，大地构造上属于中亚－蒙古地槽海拉尔盆地（东起伊敏河，西至呼伦湖，北达海拉尔以北）的一部分。地质区位属于大兴安岭隆起和巴彦呼硕凹陷之间，蒙古弧形构造与新华夏系构造的交接复合部位。东南部中低山区为新华夏系第三隆起带（大兴安岭隆起带），伊敏河以西大片地区属海西褶皱带。

在上元古代时期，该地区系原始海洋的蒙古海槽，属早期地质构造中"五台运动"的产物。古生代时期，在"加里东"地壳激烈运动中，出现海陆交汇地层。至石炭纪和二迭纪时期，经过"海西运动"的影响，海水东泄退出，该地区逐渐上升为陆地，形成了大兴安岭褶皱带与伊勒呼里山系雏形，并呈北东、南西走向。中生代时期，侏罗纪后期至白垩纪初期的"燕山运动"，使本区出现强烈褶皱、断裂和火山喷发，岩浆溢出、隆起、沉降、剥蚀和沉积，加之西伯利亚板块与中国板块挤压、相撞，大兴安岭褶皱带进一步上升，形成新华夏隆起带和阶梯式断裂带，主轴呈北北东向展布。新生代时期，早期第三纪大兴安岭隆起带和区域断裂带，继续稳步上升。受长期侵蚀和剥蚀，出现"兴安期夷平面"。"喜马拉雅运动"使本地区出现新褶皱、大断裂，火山喷发激烈，出现黑龙江、呼玛河、多布库尔河、甘河、盘古河等多处断裂带，至第四纪以后，大兴安岭继续缓慢上升，发育成大兴安岭山脉和断裂带及河谷地带。

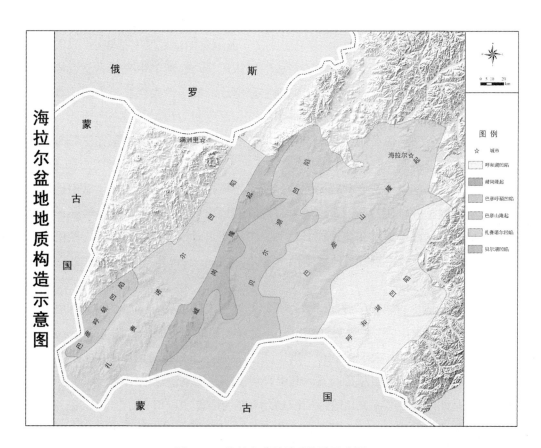

图 1.3.1　海拉尔盆地地质构造示意图

辉河国家级自然保护区地处海拉尔盆地巴彦山次隆起带的南缘，是发育于内蒙古—大兴安岭古生代碰撞造山带之上的中新生代陆相碎屑岩并伴随火山岩构造的盆地区，其内部一级构造单元具有"两隆三坳"的构造格局（参见图 1.3.1）。海拉尔盆地由北东向断裂控制的多个相对独立的断陷群组成，由西至东分别为巴彦呼硕凹陷带、扎赉诺尔凹陷带、嵯岗隆起带、贝尔湖凹陷带、巴彦山隆起带、呼和湖凹陷带。盆地内主要为下白垩统地层，即兴安岭群、铜钵庙组、南屯组、大磨拐河组、伊敏组。铜钵庙组、南屯组和大磨拐河组发育了三套烃源岩，烃源岩厚度较大，有机质含量高，储层类型主要包括基岩风化壳、砂岩、凝灰质砂岩和砾岩。

1.3.2 地层演化

（1）地层构造演化

辉河国家级自然保护区位于海拉尔盆地的东北部，地层构造是一个叠置于巴彦山隆起之上的鄂温克凹陷。该凹陷由一个篦箕状断陷构成，控陷断层呈北东向延伸，倾向北西。在鄂温克凹陷中主要发育兴安岭群—伊敏组地层，但地层的沉积厚度都较小。兴安岭群—南屯组是一套与盆地的伸展作用相伴随形成的沉积地层，在断陷中表现为靠近控陷断层的部位地层的厚度较大，远离控陷断层的地层厚度逐渐减小，表明鄂温克凹陷具有明显的伸展生长地层特征。大磨拐河组在盆地中的沉积厚度相对稳定，但在凹陷的中部地层的厚度较大、靠近凹陷的西北缘和东南缘地层的厚度逐渐减小，反映了在这一时期凹陷受到挤压作用的影响。

伊敏组沉积末期，构造运动较为强烈，凹陷整体抬升，湖盆萎缩，伊敏组地层遭受剥蚀，凹陷四周抬升较快，剥蚀量也较大。此时期形成了许多北东向延伸较长的晚期正断层，形成查干达郎构造群和尧道彼构造群。青元岗组时期和第三系时期，凹陷仍然遭受剥蚀不接受沉积，致使伊敏组地层剥蚀严重。

（2）地层结构变迁

受海拉尔盆地中新生代多旋回、叠合式、断陷—坳陷的影响（张长俊，1995），凹陷基底由兴安岭群火山岩、古生界浅变质岩及海西期花岗岩组成，一般埋深 1.5～2 km，最大埋深位于凹陷中部，大于 3 km。凹陷沉积盖层包括下白垩统南屯组、大磨拐河组、伊敏组以及新近系呼查山组和第四系。其中，伊敏组是凹陷盖层的主体沉积地层。

伊敏组是凹陷晚期萎缩充填阶段的产物，主要为山麓冲积相、河湖共生的三角洲相，以及滨湖相形成的粗碎屑沉积；颗粒磨圆度差，岩屑含量高，岩性上具有成分复杂、类型单一的特点；结构以杂基填充、颗粒支撑为主，偶见钙质胶结；沉积构造为平行层理、大型板状交错层理、波状层理、水平层理和递变层理等。伊敏组沉积相地层在整个凹陷中均有分布，厚度 90～300 m。王宇等人（2008）的研究表明，辉河自然保护区及其以北地区，主要为山麓冲积的冲积扇相及辫状河流相沉积为河湖共生的辫状河三角洲相沉积，以南则为滨浅湖相沉积。其中，冲积扇相为山脉快速上升时提供大量的碎屑物质，在干旱、半干旱气候条件下，因暴雨携带大量碎屑物冲出山口，快速堆积于山前的扇形沉积体（赵澄林，2001），岩性为杂色块状堆积的泥、砂、砾混积岩，砾石成分有花岗岩、火山岩和变质岩等，呈棱角—次棱角状。一般砾石质量分数为 30%～40%，砂质量分数为 30%～40%，泥质量分数为 20% 左右，砾石直径一般为 2～5 cm，最大大于岩心的直径（60 mm），无分选、无排列杂乱堆积，反映了近物源、多物源、快速堆积的特征，在剖面结构上沉积物颗粒具有向上变粗的特点。

辫状河流相的特点是坡降较大，水流能量高，主要分布在凹陷北部 3 个冲积扇之间的地段。剖面结构中一个旋回一般厚 40～50 m，自下而上可分为 3 层。第一层为灰白色、灰色砾岩，厚 15～30 m，与下伏地层呈冲刷接触，砾石多为硅质岩石；其次为变质岩、泥岩，砾石直径 2～4 cm，次棱角—次圆状，叠瓦状排列，为河床滞留微相。第二层为灰色中细砂岩、含砾粗砂岩，厚 2～3 m，砂成分以石英为主，质量分数 90% 以上，次棱角状，平行层理、交错层理发育，富含有机质碎片，为心滩微相；第三层为灰色泥岩、粉砂岩夹煤线，厚 2～5 m，水平层理发育，由颜色差别显示纹层构造，是弱水动力垂向加积产物，为岸后湖微相。

辫状河三角洲发育湖盆缓慢抬升的断坳沉积阶段，主要特征是岩性较粗，以灰色、深灰色中粗砂、含砾中粗砂、砂砾为主，夹泥岩、粉砂岩。砂成分以长石、岩屑为主，岩屑与长石质量分数之和可达 45%～60%，多呈次棱角状—次圆状。砾石多具定向排列，显示了牵引流的特点。沉积构造上表现为交错层理、平行层理，富含有机质碎片及细粒分散状黄铁矿，剖面结构具有向上变粗的特点。

（3）地储集层特征

由于海拉尔盆地长期继承性发育的多条大断裂造成海拉尔盆地的强分割性，盆地由具有相似发育史的分散、孤立的子断陷集合体构成。多物源、近物源、多相带、窄相带是构成海拉尔盆地的主要沉积特征。海拉尔盆地发展有多种类型的储集层，包括砂岩、砂砾岩、泥岩裂缝、火山岩裂缝及变质岩裂缝洞五种类型，其中以砂岩为主，砂砾岩次之。

储层岩性特征，以粉砂岩、细砂岩、中砂岩为主，部分为砂砾岩、砾岩。碎屑组分中岩屑含量高，平均含量 50% 以上，岩石类型多为长石质岩屑砂岩或长石砂岩，砂岩胶结种类多，含量高，胶结类型以孔隙式为主，胶结物有泥质（包括黏土杂基、自生黏土矿物等）、方解石、硅质、碳钠铝石等，胶结物含量通常大于 20%，砂岩中的黏土矿物主要有蒙皂石、高岭石、伊利石、混合层及少量绿泥石，这黏土矿物呈颗粒套膜、孔隙衬里等方式充填于孔隙中，不仅降低了砂岩的储集性能，而且易受外来流体的伤害。

孔隙结构特征，在海拉尔盆地砂岩储集层有四种基本孔隙结构类型，即原生粒间孔隙、溶蚀孔隙、微孔隙和裂缝孔隙。溶蚀孔隙还可以分为粒间溶孔、粒内溶孔、铸模孔隙和胶结物溶孔四个亚类。其中，粒间溶孔和微孔隙分布最广，普遍存在于盆地各个断陷的储集岩中。毛管压力曲线特征表明分选差，孔隙结构差，孔隙喉道半径平均小于 1 μm，孔隙结构系数大，渗流能力差。

1.3.3 地貌类型

辉河国家级自然保护区地处大兴安岭山地与呼伦贝尔高平原的过渡地段，由于受古生代海西运动、中生代燕山运动和新生代新构造运动的共同影响，大量酸性岩、中性岩的侵入，以及大兴安岭山地的剥蚀和堆积作用，基本上奠定了现代地貌格局，形成了以丘陵－高平原地貌组合为主的地貌单元，主体地貌类型为一、二级阶地和河滩类型的堆积地貌。

在辉河保护区的东部，靠近大兴安岭山地外围，以及伊敏河以西地段属于低山丘陵地貌类型，地势起伏相对较大，平均海拔高度在 800 m 以上。南部地区的樟子松林地属锡尼河－红花尔基－辉河沙地的一部分，地层中沙物质深厚，地势起伏不平，在风力作用下形成由固定沙丘和半固定沙丘组成的风蚀地貌，海拔高度 600 ～ 700 m。在辉河两侧的河谷滩地，地势相对低平，阶地界限比较明显，平均海拔 600 m 左右。

此外，在辉河河谷和河岸高平原上还分布有残丘微地貌类型，多呈馒头状，主要由玄武岩和风积物构成，海拔高度一般在 650 m 左右。洼地大多分布于一、二级阶地上，分布面积大小不等，形状各异，洼地四周通常由陡坎或缓坡所封闭，低洼处形成常年或季节性积水的草原湖泡。

1.4 气候特征

1.4.1 气候特点

辉河国家级自然保护区地处大兴安岭西麓的呼伦贝尔高平原东南部，由于受燕山和大兴安岭等山脉的阻挡，以及蒙古高原冷风云团的共同影响，区域气候特征属典型中温带大陆性干旱半干旱气候。春季干旱少雨，大风频发；夏季温凉短促，水热集中；秋季降温迅速，日温差大，霜雪早；冬季寒冷漫长，冷空气活动频繁。主要灾害性天气有低温冷害、干旱、洪涝、霜冻、白灾、黑灾、冰雹、风灾、暴风雪等。

据辉河国家级自然保护区周边不同气象站点 40 年气象资料统计，该区年平均气温-2.4 ～ 2.2℃，全年最冷月份（1 月份）极端最低气温达-46.6℃，最热月份（7 月份）最高气温达 37.7℃，全年≥ 10℃的积温为 1 650 ～ 2 200℃。全年日照时数平均为 2 900 h 以上，日照百分率达 61% 以上，日照时间随季节的变化而发生改变，其中冬季最短约 8 h，夏季最长约 16 h，全年太阳总辐射量约 5 300 MJ/m²。降水量四季分布特征差异较大，其中夏秋季（5—9 月份）降水量约占全年降水总量的 75% 以上，冬春季（10—翌年 4 月份）降水量仅占全年降水总量的 25% 左右，全年平均降水量 300 ～ 350 mm，地表蒸发量高达 1 200 ～ 1 700 mm，为降水量的 4 ～ 5 倍，区域大气湿润度为 0.6 ～ 0.8，为典型的干旱半干旱草原气候。

因受东南部大兴安岭山地的阻隔影响，辉河国家级自然保护区主要风向以南 - 南 - 东风为主，全年大风日数平均高达 15 ～ 35 d，年均风速约 4.0m/s，最大风速达 25m/s。全年无霜期 110 d 左右，冬春季平均积雪期为 140 d 左右，最大积雪深度达 35 cm（表1-4-1）。

表 1-4-1 辉河国家级自然保护区周边主要站点气象要素统计

气象要素 \ 站点	巴彦库仁	海拉尔	巴彦托海	阿木古郎	博克图
年均地温 /℃	−0.3	0	−0.6	1.7	0.1
年均气温 /℃	−2.5	−2.2	−2.2	−0.4	−1.0
1 月平均气温 /℃	−28.2	−27.4	−27.4	−24.3	−21.6
7 月平均气温 /℃	19.6	20.1	19.8	20.9	18.1
≥ 10℃积温 /℃	1 931.3	1 929.1	1 960.7	2 167.6	1 649.2
年太阳总辐射 /（kJ/m²）	5 346.5	5 308.9	5 365.8	5 719.6	4 941.7
年均日照时数 /h	2 933.9	2 810.7	2 938.3	3 074.8	2 663.3
年均蒸发量 /mm	1 343.5	1 131.0	1 459.9	1 617.6	1 185.7
年均降水量 /mm	320.9	339.2	324.7	274.7	473.2
年均风速 /（m/s）	3.4	3.0	3.9	4.0	3.1
全年大风日数 /d	23.7	14.0	23.7	31.3	33.8
全年无霜期 /d	98.2	103.0	93.8	110.3	94.1

1.4.2 四季特征

辉河国家级自然保护区地处中高纬度，属中温带大陆性气候。冬季寒冷漫长，夏季温和短促，降水集中，春秋两季气温变化激烈，降水少，多大风，全年昼夜温差较大，无霜期较短，但光照充足。呼伦贝尔市气候区划办公室规定，以日平均气温稳定通过 0℃为春始，< 0℃为冬季，≥ 15℃为夏季，≤ 15 ～ 0℃为秋季来划分四季，即每年 4 ～ 5 月为春季，6 ～ 8 月为夏季，9 ～ 10 月为秋季，11 月到翌年 3 月为冬季。

春季（4 ～ 5 月），气温回升快，昼夜温差较大，季平均气温为 5 ～ 6℃；气候干旱，降水少，多年平均降水量为 26～34 mm，约占全年降水量的9%；春季盛行西北风和西南风，大风日数多年平均26 d，最大瞬时风力达12 m/s以上；地表积雪终止在4月下旬，终霜日平均在5月下旬至6月上旬。

夏季（6～8月），温度较高，降水集中，风小，日照时数较长。多年平均夏季降水量为200～230 mm，约占全年降水量的70%以上；平均气温17～18℃，最高气温大于30℃的日数为6～10 d；季平均风速小于4m/s。

秋季（9～10月），气温下降显著，降水量较少，风速增大。季平均气温为4～5℃，初霜日在9月上旬末，多年平均季降水量39～45 mm，约占全年降水量的13%，平均风速小于4 m/s，多以西风、西北风为主。

冬季（11月至翌年3月），气温低，气候寒冷，降水少，晴日多。季多年平均气温为-21.3℃，最低气温低于-40℃的平均日数为20 d左右；平均风速小于4 m/s，降水量多年平均16 mm，约占全年降水量的8%，平均积雪深度26 cm，最大积雪深度达60 cm以上。

1.4.3 气候要素

（1）气温

辉河国家级自然保护区西北部地区，地势高燥、开阔，气温相对较低，热量条件相对较差。中部及南部地区，地势低平，年均气温的等温线与地势的等高线相对一致，由东向西，由南向北递增。年极端最高气温为37.7℃（出现在7月份），极端最低气温为-46.6℃（出现在1月份），年平均气温-2.4～2.2℃。

（2）日照

辉河国家级自然保护区全年日照比较充足，年日照时数平均在2 900～3 100 h，日照百分率平均在61%以上。一般，夏季日照时间较长，平均达16 h以上；冬季日照时间相对较短，最短日照时数为8 h。

（3）降水

受大兴安岭山地大地形的影响，辉河国家级自然保护区内的降水分布特征也呈东南向西北方向递减的规律。东部和东南部地区，降水量相对较高，平均350～380 mm；西北部地区，降水相对较少，平均在270 mm左右。

降水的季节分配规律为：夏季降水量200～230 mm，约占全年降水总量的70%以上；秋季降水量39～45 mm，约占全年降水总量的13%～15%；春季降水较少，一般为26～34 mm，占全年降水总量的9%～10%；冬季降水多形成积雪，降水量多年平均在16 mm左右，约占全年降水总量的8%。

（4）霜冻

辉河国家级自然保护区无霜期的分布多受地形的影响，自西向东递减。地势较低的地段，如河流两岸低洼地带等，无霜期略长；地势较高的地段，如山坡顶部、高平原开阔地等，无霜期略短。全年无霜期 100 ～ 120 d，最长年份达 140 d，最短年份 96 d。

由于草原牧草生物学特性的不同，其抗寒性也各异。当秋季气温下降到牧草可生长的临界温度以下时，即可引起不同程度的低温冷害。一般，最低气温≤ 2℃时定为轻霜，≤ 0℃时定为中霜，≤ -2℃时定为重霜。经多年观测，辉河国家级自然保护区的初霜日一般在每年的 9 月中旬。

（5）风

辉河国家级自然保护区境内风力的大小也受到区域大地形的影响，年平均风速一般自东南向西北逐渐增大。巴彦托海、孟根楚鲁、辉河一线，多年平均风速在 4 m/s 以上。全年大于 5 级风的日数，北部地区为 34 d 左右，西部地区为 29 d 左右，中部地区为 26 d 左右。8 级以上大风日数，北部地区为 24 d 左右，西部地区为 25 d 左右，中部地区为 18 d 左右。最多风向为南 - 南 - 东风和南 - 南 - 西风。

1.5　水文环境

1.5.1　地表水

（1）地表水资源

辉河国家级自然保护区境内的地表水资源相对丰富，主要河流为辉河。辉河属额尔古纳河水系，为伊敏河最大的支流。辉河发源于大兴安岭山地南段霍玛拉胡尔敦山（海拔 1 508 m）东北约 2 km 处，由东南流向西北再折向东北，整体呈东南－西北－东北走向，月牙儿形展布，于巴彦塔拉达斡尔民族乡境内汇入伊敏河。辉河主河道全长 367.8 km，宽 3 ～ 12 m，平均水深 1.0 ～ 2.5 m，有支流 61 条，其干支流总长度 1 279.8 km，流域面积约 11 465 km²。其中，在鄂温克旗境内的汇水面积约 855 km²，在新巴尔虎左旗境内的流域汇水面积约 1 542 km²。

辉河流域为沙丘和草原区，多沼泽洼地，径流滞缓，河网欠发达，水量较小，多年平均径流量为 1.27 亿 m³，最大年径流量为 2.863 亿 m³（1960 年），最小年径流量 0.3 115 亿 m³（1969 年）。由于水蚀作用较弱，除上游和下游有明显的河床外，中游无明显的河床，多为芦苇沼泽地，草本植被茂盛。辉河多年平均径流量为 4.03 m³/s，其中每年 5 ～ 8 月份降水充沛季节的产流量约占全年总径流量的 56.9%，冬春季节因冰雪融水，径流量约占全年总径流量的 43.1%。

此外，在辉河国家级自然保护区境内还分布有 300 多个大小不等、面积各异、常年积水或季节性积水的草原湖泊，这些草原湖泊水体和水量的季节性变化对调节辉河保护区自然生态系统的水分平衡，维护保护区境内草原湿地水资源供给和利用均起到十分重要作用。其中，乌兰宝力格诺尔，位于辉苏木东北约 2 km 处，最大水面面积约 4 km² 左右，平均水深 3～5 m，鱼类资源相对丰富，多以冷水鱼类为主；古日班敖包诺尔，位于西博山以东 3～4 km 处，平均水深 3～4 m，湖水含盐量相对较高，水质欠佳，湖内鱼类资源相对较少；嘎鲁图诺尔，位于北辉苏木以南约 3 km 处，平均水深 2～3 m，因受年度降水影响，湖面积水面积平均约 2 km² 左右，夏秋雨季最大湖水面积可扩大到 3～4 km²，冬春旱季，湖面缩小，全年湖水含盐量相对较高，水质欠佳。以上草原湖沼是构成辉河湿地的重要组成部分，也是辉河湿地众多鸟类的集中分布区和重要栖息地。

由于受西伯利亚和蒙古高原强冷空气的强烈影响，辉河流域冰雪期相对较长。一般，每年 9 月末至 10 月初即开始降雪，直到翌年 4 月末至 5 月初积雪融化，积雪期最长达 200 d 左右。冬季最早封冻期为每年 10 月末至 11 月初，翌年 4 月中下旬解冻开河，平均封冻天数 164 d，最长封冻天数 180 d，最短封冻天数 150d。冰层厚度平均 1.35 m，最大厚度 2.25 m，最小厚度 0.94 m。

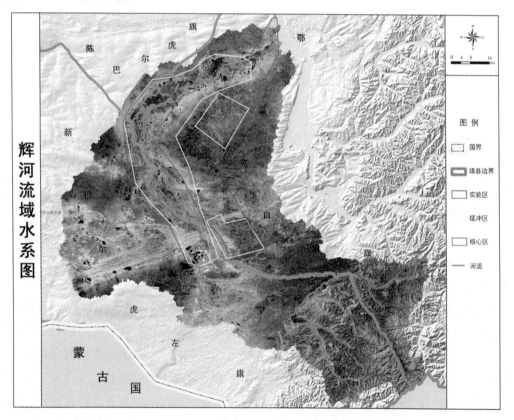

图 1.5.1　辉河国家级自然保护区水系图

（2）地表水水质现状

考虑到影响辉河国家级自然保护区地表水水质的主要因子为：总氮、总磷、氨氮、COD，故只对这四种主要的污染物进行分控制断面监测与评价计算。根据公式，计算采用高低两种评价标准，高标准主要依据国家现行的《地表水环境质量标准》（GB 3838—2002）中的Ⅰ～Ⅲ水质标准进行评价；低标准主要考虑辉河国家级自然保护区地表水水质背景值相对较高，只采用《地表水环境质量标准》（GB 3838—2002）中Ⅲ类水水质标准作为流域水质背景值进行评价。辉河国家级自然保护区地表水水质评价结果，参见表 1-5-1 和表 1-5-2。

表 1-5-1　辉河国家级自然保护区地表水综合污染指数法水质评价等级计算（高）

监测项目	孟根陶海	木桥	查干山	西博桥	特莫呼珠	天鹅湖
氨氮 /（mg/L）	1.42	1.06	1.10	1.26	0.65	15.11
COD/（mg/L）	1.93	2.61	3.26	4.18	6.78	4.26
总氮 /（mg/L）	2.78	2.66	4.28	3.58	4.31	5.91
总磷 /（mg/L）	4.90	7.20	5.30	8.00	3.25	2.85
P_j	2.75	3.40	3.50	4.30	3.70	7.00

表 1-5-2　辉河国家级自然保护区地表水综合污染指数法水质评价等级计算（低）

监测项目	孟根陶海	木桥	查干山	西博桥	特莫呼珠	天鹅湖
氨氮 /（mg/L）	0.61	0.53	0.55	0.63	0.65	15.11
COD/（mg/L）	1.05	1.95	2.45	3.14	6.78	4.26
总氮 /（mg/L）	1.13	1.33	2.14	1.79	4.31	5.91
总磷 /（mg/L）	1.19	3.60	2.65	4.00	3.25	2.85
P_j	0.99	1.90	1.90	2.40	3.70	7.00

从表 1-5-1 和表 1-5-2 可以看出，在高水质标准条件下，自然保护区内水质均处于重度污染状态，污染程度自上而下逐渐增加。当考虑辉河水质本底值较高的情况下用综合污染指数法计算时，孟根陶海控制断面至流域上游为轻度污染，自孟根陶海至查干山控制断面为中度污染，查干山控制断面以下至流域出口为重度污染。天鹅湖由于特殊的地理位置以及气候因素的影响，水质在不断恶化，如得不到水源的及时补充将最终干涸。根据现场取样调查发现，考虑辉河流域背景值的综合污染指数评价法得出的结论与实际情况较为符合。但同时应注意虽然整个流域的水质评价结果显示流域受污染较为严重，但主要污染物为富营养化物质，如条件合适，污染物在自然条件下可自行降解。

（3）地表水环境容量

根据水质模型对不同水文径流年（平水年、丰水年、枯水年）进行计算，得到所设控制水质条件下的水环境容量，该计算结果所采用的水质控制条件为按地表水水质标准所规定自然保护区水质最高要求而计算，考虑到自然保护区实际情况，计算结果较实际水环境容量相对保守，计算结果显示，在90%水文频率年下，辉河流域的化学需氧量（COD）、氨氮（NH_3-N）、总氮（TN）、总磷（TP）理想水环境容量分别为1 877.96 t/a、67.24 t/a、3.85 t/a 和 0.55 t/a。

1.5.2 地下水

（1）地下水分布

辉河国家级自然保护区位于海拉尔盆地巴彦山隆起段以西贝尔凹陷区块内，晚白垩世及新生代时期，受区域地质构造运动的影响，盆地抬升，遭受剥蚀，形成了青元岗组及第三系的主要为河流相—冲积平原相的沉积，浅部地层自下而上依次为上白垩统青元岗组、第三系和第四系。

据张玉明等人（2002）研究，海拉尔盆地贝尔凹陷区上白垩统青元岗组、第三系和第四系中分布有发育较完整的砂砾岩、粉细砂岩、砂砾石及粉细砂层。上白垩统青元岗组孔隙裂隙含水层分布广泛，发育较稳定，连通性较好，厚度由坳陷中部向边缘变薄。北部地区，砂砾岩含水层一般2～4层，单层厚度4.0～14.0 m，含水层累计厚度为20.0～30.0 m，最厚达52.0 m；南部地区，主要为底部厚层状砂砾岩相变细、粉砂夹薄层泥岩、泥质砂岩，连通性不好，局部零星分布有砂砾岩，厚度40.0～50.0 m，最厚达90.0 m。第三系孔隙裂隙含水层分布广泛，发育较稳定，连通性较好，含水层厚度在2.5～18.5 m，砂砾岩层单层厚度一般为3.5～11.0 m，累积最大厚度25 m。矿物成分以石英、长石为主，泥质胶结，较松散，分选差，磨圆度低，多呈次棱角状。第四系地层在区内广泛分布，厚度较薄，沉积比较稳定，地层厚度一般为7.0～46.0 m，最厚达62.5 m，主要为腐殖土、灰黄色砂质黏土、细砂、灰白色砂砾石。第四系与下伏地层第三系呈不整合接触，含水层为上部潜水含水层，岩性主要为灰黄粉细砂及灰白色砂砾石层，厚度变化较大，一般在10.0 m左右。

表1-5-3 辉河国家级自然保护区地下水含水层水文地质特征

层号	含水层名称	分布及岩性特征	含水层特征
I_1	第四系	分布广泛，岩性为细粉砂，局部为砂砾石，富水性差	由1～2个单层组成，厚度在10.0 m左右
I_2	第三系	分布广泛，发育较稳定，岩性为厚层块状砂砾岩，连通性较好	由1～2个单层组成，砂岩层单层厚度为3.5～11.0 m，累计最大厚度约25.0 m
I_3	上白垩统青元岗组	分布广泛，发育较稳定，岩性为砂岩及砂砾岩，连通性较好	含水层一般2～4层，单层厚度4.0～14.0 m，累计厚度约52.0 m；南部厚层状砂砾岩夹薄层泥岩、泥质砂岩，局部地区相变为细粉砂，厚度40.0～50.0 m，最厚达90.0 m

从含水层分布和钻探试水资料表明，辉河国家级自然保护区上白垩统青元岗组地层发育较好，地下含水层水资源开采规模平均达 3 000 m³/d，成为该地区主要的开采层位；第三系含水层，由于含水层厚度较薄，单孔涌水量较少，局部水位埋深较大，日开采规模约为 1 000 m³/d，为次要的开采层位。

（2）地下水补给

辉河流域地下水与地表水补给关系为上游、中游地区地表水补给地下水，下游地区枯水期地下水补给地表水，而丰水期多由地表水补给地下水。流域地下水主要接受辉河河水和上游基岩裸露区的大气降水补给，地下水径流的总体趋势是上游到下游、由南向北，最终排泄到辉河下游湿地及伊敏河流域。

辉河流域地下含水层地下水的径流趋势与上游地区第四系孔隙潜水含水层大体一致，主要接受上游地区第四系孔隙含水层，中、上游辉河水和上游基岩裸露区的大气降水补给，在下游枯水期该地下水补给河水，丰水期河水补给地下水。

（3）地下水水质特征

辉河国家级自然保护区内地下水水质相对较好，地下水水温较低，一般在 5℃左右，且无色、无味、透明，水体中细菌含量较少，是较好的饮用水。这是由于辉河国家级自然保护区地处北方草原腹地，人为干扰强度较轻，人口密度每平方公里少于 3 人，基本上保持了天然原生态状态。保护区内地下水化学成分的形成主要以溶滤作用为主，由于土层溶滤作用的结果，使本区地下水成为重碳酸—氯化—钠（钙）—钙（钠）或镁型水。

根据滕洪达等人（2004）研究报道，海拉尔盆地地层水 TDS（总矿化度）一般在 1 800 ～ 25 000 mg/L，平均值约为 8 600 mg/L，pH 值为 7.5 ～ 9.3，地下水化学类型属 HCO_3^--Ca 水型。在辉河流域以东、大兴安岭以西的呼伦贝尔高平原东部地区，因地下水埋藏深度在 60 ～ 130 m，水体矿化度相对较小，一般在 1 740 ～ 3 200 mg/L，地下水化学类型以 HCO_3^--Ca 和 HCO_3^--Na 型为主。辉河以西草原地区，因地处呼和湖凹陷区和贝尔凹陷区的腹地，地势相对平坦，地下水埋深一般在 5 ～ 15 m，地下水矿化度受地层构造和砂岩成分的影响，地下水化学类型除 HCO_3^--Ca 和 HCO_3^--Na 型外，还有 HCO_3^--SO_4^{2-}-Ca-Na 型和 Cl^--Na 型水，矿化度相对较高，水体中的常规离子浓度，除 Cl^- 离子以外，其余均高于大兴安岭岭东的松辽盆地（参见表 1-5-4）。其中，TDS、Mg^{2+}、Ca^{2+}、SO_4^{2-} 分别较大兴安岭岭东的松辽盆地高 115%、150%、108.6% 和 170.4%。辉河河谷低地及其附近的滨湖低地区域，地下水埋深一般小于 5m，受地表水的影响，地下水水体矿化度相对较高，部分地段水质已达到咸水标准，水质多以 Cl^--HCO_3^--Na 型或 SO_4^{2-}-HCO_3^--Na 型为主。

参照《中华人民共和国生活饮用水卫生标准》（GB 5749—2006）限值，海拉尔盆地地下水 TDS、pH 值以及 Mg^{2+}、SO_4^{2-}、$Na^+ + K^+$、Cl^- 等离子浓度均严重超过国家饮用水水质规定标准，具体数值参见表 1-5-4。

表 1-5-4　辉河国家级自然保护区地下水主要水质参数比较

水质参数	海拉尔盆地	松辽盆地	国家水质标准限值	
			Ⅰ级水质	Ⅱ级水质
pH 值	7.5～9.3	7.0～9.0	6.5～8.5	6.5～8.5
TDS /（mg/L）	1 740～25 000	690～1 400	≤350	≤450
Mg^{2+} /（mg/L）	3～45	0.49～32	≤0.1	≤0.1
Cl^- /（mg/L）	80～1 200	65～1 020	≤250	≤250
Na^++K^+ /（mg/L）	460～7 200	760～3 183	≤200	≤200
SO_4^{2-} /（mg/L）	26～700	5～421	≤250	≤250

1.6　土壤类型

1.6.1　土壤分布

辉河国家级自然保护区因地处大兴安岭山地外围，呼伦贝尔高平原东南缘，在地貌单元上属于大兴安岭山地向呼伦贝尔草原过渡地带，自然植被处于森林草原交错带的边缘区。受地质、地貌、气候、母质、生物和人类活动等成土因素的影响，辉河流域内土壤类型复杂、多样，成土母质有大兴安岭山地各种基岩风化物残留原地或受重力影响堆积而成的残积－坡积物，晚更新世（Q_2Q_3）由风成、水成、冰水沉积搬运而成的黄土状沉积物，以及中新生代沉积的第四纪河湖相沉积物和呼伦贝尔高平原沙质风积物。土壤类型以暗栗钙土为主，包括黑钙土、暗栗钙土、典型栗钙土、草甸土、沼泽土、风沙土等。

（1）垂直分布

辉河国家级自然保护区土壤垂直分布特征主要受大兴安岭山地土壤垂直带谱的影响，大体上由东至西大体上呈现黑钙土—暗栗钙土—典型栗钙土—风沙土—草甸土—沼泽土特征分布。各土壤内部又由于成土条件的分异，呈现不同程度的垂直分布特征。东部低山丘陵草甸草原区，地上植被发育茂盛，土壤有机质含量较高，土壤垂直分布特征多为淋溶性黑钙土（阴坡）—粗骨性黑钙土（阳坡）—草甸黑钙土（河漫滩或低阶地），西北部丘陵干草原区以典型栗钙土为主，暗栗钙土—典型栗钙土—砂质栗钙土；东南部沙地樟子松林区，土壤质地粗糙，土层沙物质深厚，地表植被稀疏，土壤垂直分布特征为典型栗钙土—固定风沙土—流动风沙土。河流两岸及河漫滩，土壤多由黑钙土（或暗栗钙土）向草甸土—沼泽土过渡。

（2）水平分布

由于辉河国家级自然保护区地域狭窄，土壤水平分布不十分明显。其中，辉河两岸河漫滩及其湖沼周边地段，主要分布有隐域性的草甸土和沼泽土。东南部沙地樟子松林区，多分布有砂质栗钙土、固定风沙土和风沙土，沙丘间低地分布有草甸土和盐碱土。西北部典型草原区，主要分布有暗栗钙土，部分退化严重呈暗栗钙土向典型栗钙土过渡状，草原低地和湖沼周边地段还分布有草甸土和沼泽土等。东部草甸草原区，受大兴安岭山地土壤垂直带谱的影响，草原土壤多为暗栗钙土，部分地段分布有普通黑钙土和草甸黑钙土等。

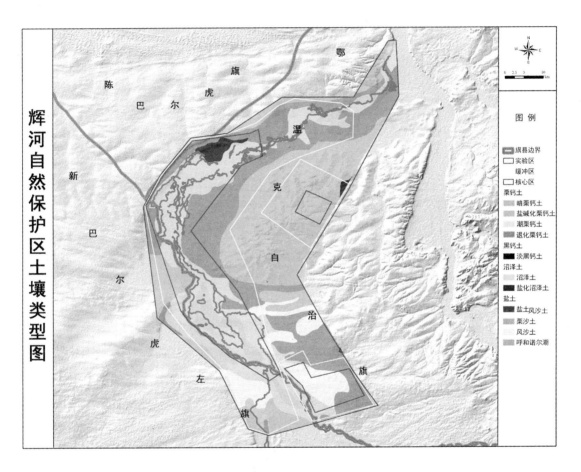

图 1.6.1　辉河国家级自然保护区土壤类型图

（3）非地带性分布

水成土壤。集中分布于辉河河谷地段，呈连续的带状分布。它与地带性土壤的结合，因河段不同而形成不同非地带性土壤类型。一般，河的上游地段多为水体—沼泽土—黑钙土，河的中游地段为水体—沼泽土—草甸土—暗栗钙土，河的下游地段，在低河漫滩形成沼泽土为主的沼泽土—草甸土复区，在高河漫滩形成草甸土为主的沼泽土—草甸土复区。

盐成土壤。多分布于辉河中下游地区以及呼伦贝尔高平原上的蝶形洼地、湖泡周边等地。在辉河沿岸地带，盐化土、碱化土与草甸土呈复合分布，湖泡周边则形成了以草原湖泡为中心的"圆状"土壤分布结构，主要分布特征为沼泽土—盐土—盐化草甸土—盐化栗钙土等。

岩成土壤。主要是指粗骨土和风沙土。其中，粗骨土主要分布于山地阳坡的顶部、高平原上的剥蚀残丘、石质阶地前沿等物理风化强烈的剥蚀地段。风沙土主要分布于南部沙地及其周边地段。

1.6.2 土壤分类

呼伦贝尔草原土壤的形成过程主要受自然条件的影响。由于呼伦贝尔草原气候严寒，霜冻期较长，土壤有机质的合成大于分解，土壤有机质的积累作用显著，特别是随着气候条件由湿变干，土体中碳酸钙的淋溶沉积，加剧了草原土壤的钙化过程，使土壤剖面中出现了石灰淀积层，并形成了钙层土壤；低洼地段及河流两岸、湖沼周边低湿地，由于受地形和地下水埋深较浅的影响，土壤潴育过程和潜育过程显著，水成、半水成土壤中广泛进行着草甸化与沼泽化，为草原湿地的发育奠定了基础；部分河谷地、阶地上的低洼地，以及盐湖的四周分布有面积较大的盐土和盐化土壤；风沙土是在风积沙母质上发育的土壤，风力不仅是形成风积物母质的运营力，同时在风蚀、沙埋等沙化过程也不断改变着风沙土成土过程的进程，特别是随着沙地植被的不断发育，沙粒逐渐被固定，有机物不断积累，沙地水热状况发生改变，风沙土逐渐形成。由于风沙土成土年龄较短，土壤剖面发育十分微弱，其成土过程大致可分为流动风沙土、半固定风沙土和固定风沙土三个发育阶段。

在辉河国家级自然保护区，由于地处北方温带森林与草原交错带草原一侧，地貌单元属呼伦贝尔高平原低山丘陵地貌组合带，地形开阔、平坦，地表河流纵横，草原植被和湿地植被分布面积广大，且发育显著，地带性植被类型以温性草甸草原和温性干草原为主体，受区域成土母质、地形地貌、气候条件以及人类活动等多种因素的影响，区域土壤类型以草原土壤为主，地带性土壤主要有黑钙土和栗钙土2类，隐域性土壤有草甸土、沼泽土以及盐土、碱土、风沙土5类，共计7个土类、21个亚类、35个土属（表1-6-1）。

表 1-6-1　辉河国家级自然保护区土壤类型划分

土类	亚类	土属	基本特征
1. 黑钙土	黑钙土	泥页岩黑钙土	丘陵顶部和阶地前沿，母质为灰岩风化物
		黄土状物黑钙土	丘陵、漫岗、平原及阶地，黄土状物母质
		洪冲积物黑钙土	谷地及汇流处，土质不匀，有钙积层
	草甸黑钙土	洪冲积物草甸黑钙土	地下水较浅部位，有明显潜育层和钙积层
2. 栗钙土	暗栗钙土	结晶岩暗栗钙土	丘间低地，泥页岩残积物，钙积层较硬
		黄土状物暗栗钙土	波状高平原，母质为黄土状物，土层深厚
		冲积物暗栗钙土	泛洪地段，轻壤质地，结构弱，有机质高
		泥页岩暗栗钙土	剥蚀残丘顶部，质地中壤以上，土体较薄
	栗钙土	砂砾岩栗钙土	剥蚀残丘，母质为风化残积物、坡积物
		层状钙积栗钙土	丘间低地，疏松层积物母质，常含石英砂
		冲积物栗钙土	洼地及湖泡古道，多冲积砂，质地均一
	草甸栗钙土	沙质草甸栗钙土	辉河两岸低地，洪冲积物母质，沙性大
		壤质草甸栗钙土	河谷低地、湖泡周边，土壤剖面分化明显
		盐化草甸栗钙土	河谷低地，地表积盐，剖面有锈斑和钙层
		碱化草甸栗钙土	谷地及汇水洼地，冲积物、湖积物母质
	盐化栗钙土	壤质盐化栗钙土	盐化程度强，全剖面含盐量以钙积层最高
	碱化栗钙土	壤质碱化栗钙土	河湖相沉积物，轻中壤，表土下有碱化层
	栗钙土性土	沙质栗钙土性土	沙带外缘带，风成沙，发育差，无钙积层
3. 草甸土	暗色草甸土	沙质暗色草甸土	沙带河流两侧，质地偏沙，植被稀疏
		壤质暗色草甸土	河谷底部略高部位，有机质丰富，结构好
	石灰性暗色草甸土	壤质石灰性暗色草甸土	河谷低地，轻中壤，有石灰反应，无钙层
	盐化暗色草甸土	沙质盐化暗色草甸土	汇流滩及沙湖周缘，疏松，渍盐层靠下
		壤质盐化暗色草甸土	零星分布，轻壤到中壤，潜潴育现象明显
	碱化暗色草甸土	壤质碱化暗色草甸土	漫滩低地，有碱蒿、芨芨草，土体有夹层
4. 沼泽土	沼泽土	沼泽土	多呈零星复区分布，多与草甸土混存
	草甸沼泽土	草甸沼泽土	草甸土与沼泽土过渡型，地表季节性积水
	腐泥沼泽土	腐泥沼泽土	地表积水较深，母质为淤积物，有腐泥层
	泥炭沼泽土	泥炭沼泽土	地势低洼，常年积水，有明显泥炭层
5. 盐土	草甸盐土	苏打盐土	氯化物硫酸盐土，盐皮层显著，pH 8.5～10.5
6. 碱土	草甸碱土	碳酸盐碱土	碳酸钙含量 6% 以上，有钙积层，pH>9.0
7. 风沙土	流动风沙土	流动风沙土	零星分布于沙丘顶部迎风面，呈流沙状
	半固定风沙土	半固定风沙土	植被稀少，断面有成层性，地表覆流沙层
	固定风沙土	生草沙土	分布在沙地边缘开阔地，生草化过程显著
		松林沙土	樟子松林下沙丘和丘间低地，有凋落物层
		栗钙土型沙土	通体沙性，有微弱钙化作用，为 A-C 构型

（1）黑钙土亚类

黑钙土亚类多分布于地形多样的丘陵、山地阳坡缓坡地段、山麓坡脚、河谷阶地、山前漫岗等地，靠近栗钙土区的波状起伏高平原上也有零星分布。成土母质以黄土状沉积物为主，在丘陵、山地的坡顶、上部有少部分基岩风化堆积物，沿大的河流两岸分布现代河流的冲积物,洪冲积物母质。其中,分布面积较大有草甸黑钙土,主要分布于黑钙土区的河谷低地、山麓坡脚、河口冲积平原以及山前漫岗等地下水位浅的地形部位。在北部地区由于大面积冻层滞水作用,山麓坡脚、山前台地上也分布有大量的草甸黑钙土。植被组成中以草甸草原成分为主,但喜湿性的草甸植物在群落中占较大的比重,主要是地榆 (*Radix sanguisorba*)、苔草 (*Carex rigescens*)、小叶章 (*Calamagrostis angustifolia*)。

黑钙土亚类成土过程仍为腐殖质累积和钙化的过程。由于地下水的作用,草甸黑钙土成土过程具有独特之处,一是由于喜湿性草本植物根系分布浅,腐殖质在剖面分配具有表聚性,显示了草甸植物生草作用的特点。二是钙积化强度,碳酸钙淀积范围集中,出现盐酸泡沫反应层位靠上,有时通体均有反应,这可能与地下水的顶托作用有关。除了主导成土过程之外,还附加了因土体下部被地下水浸润而进行的潴育层。这是草甸黑钙土区别于黑钙土亚类的典型诊断特征。

黑钙土亚类的土体构型为 A-AB-B_{ca}-C_g 型和 A-B_{ca}-C_g 型。上体厚度一般在 75 ~ 115 cm。A 层厚 25 ~ 50 cm,颜色深暗,潮湿,具有大量的团粒结构,质地为中壤、重壤。有机质平均含量 7.01%,全氮 0.325%,全磷 0.068%,全钾 1.23%,pH7.2,代换量 33.44 mg 当量 /100g 土。AB 层厚 35 ~ 70 cm,腐殖质舌状下渗,颜色深浅相间,结构良好,有明显的盐酸泡沫反应,碳酸钙含量在 2.5% ~ 5%,淀积形态多为假菌丝状。有机质平均含量 2.76%,全氮 0.145%,全磷 0.021%,全钾 1.05%,pH7.8,代换量 25.66 mg 当量 /100 g 土。B_{ca} 层厚 20 ~ 45 cm,颜色较浅与母质接近。碳酸钙淀积明显、形态为假菌丝状、粉末状、斑状。碳酸钙含量在 1.0% ~ 9.5%,最高达 12% 以上。多数情况下淀积层有锈色斑纹。有机质平均含量 1.29%,全氮 0.071%,全磷 0.041%,全钾 1.10%,pH 8.1,代换量 17.88 mg 当量 /100 g 土。

(2) 栗钙土亚类

栗钙土亚类集中分布于呼伦贝尔高平原的中部,地形多为低缓丘陵、波状起伏的高平原以及河流阶地、剥蚀残丘,并伴有侵蚀干谷谷地,海拔高度一般在 700 ~ 800 m。栗钙土成土母质种类较多,有古老的花岗岩、片麻岩、石英岩以及辉绿岩的残积物,也有不同时代的玄武岩、砂岩及泥页岩类残积物、坡积物。黄土、黄土状沉积物、风成沙以及洪、冲积物也有大面积分布。复杂的母质组成,对于栗钙土的形态特征、理化性质有深刻的影响。

区域气候条件属于温带半干旱大陆性气候。冬季严寒漫长,夏季温热短促,夏雨集中,冬春少雨雪。年平均气温 -20 ~ 0℃,7 月平均气温 20 ~ 21℃,1 月平均气温 -26 ~ -22℃,无霜期 100 ~ 110 d,>10℃积温 2 000 ~ 2 300℃,持续日数 115 ~ 125 d,年降水量 240 ~ 300 mm,年湿润度 0.32 ~ 0.43,年平均风速 4.0 ~ 4.5m/s。

该区光热条件较好，但缺少降水，影响植物生长。因此，栗钙土腐殖质累积强度远低于黑钙土。特别是随着气象要素由东向西变化幅度较大，湿润度由东向西不断降低，而气温则由东向西逐渐提高，栗钙土由东向西的相性变化，形成了暗栗钙土与栗钙土的亚地带差异。

栗钙土植被为干草原类型，由旱生多年生草本植物组成，其中以丛生禾草为主，其次为根茎禾草。此外，还有旱生杂类草、草原灌木、半灌木等植物，主要植物种类有大针茅 (*Stipa grandis*)、羊草 (*Leymus chinensis*)、糙隐子草 (*Cleistogenes squarrosa*)、落草 (*Koeleria glauca*)、冰草 (*Agropyron cristatum*)、早熟禾等。东部向森林过渡地段常有贝加尔针茅 (*Stipa baicalensis*)、麻花头 (*Serratula centauroides*) 出现。在砂带边缘地区小叶锦鸡儿 (*Caragana microphylia*) 灌丛较多。植物群落中禾草约占 68%，草层高度 5 ～ 30 cm。栗钙土区生长的草本植物常具有发达的地下部分，地上部与地下部比例达 1/4 ～ 1/9，且 75% 以上的根系集中分布在 0 ～ 20 cm 土层。

栗钙土的主导成土过程是腐殖质累积过程和钙化过程。腐殖质累积比黑钙土弱，而钙化程度明显强于黑钙土。表层有机质平均含量 2.5% ～ 3.3%，腐殖质颜色为栗色、棕色、棕灰色，多集中于 0 ～ 25 cm 土层，一般没有过渡层或过渡层很薄。钙化程度比黑钙土强烈，钙积层一般在 20 ～ 30 cm，钙积层碳酸钙含量平均 12.03%，高者达 25%。

栗钙土的土体构型有 A-B$_{ca}$-C 和 A-AB-B$_{ca}$-C 两种。土体厚度一般在 45 ～ 110 cm。A 层为腐殖质层，厚 25 ～ 50 cm，为栗色、暗栗色、棕灰色，结构为细粒状和不稳固的团粒状结构。质地一般为轻壤到中壤，有机质含量平均约 2.94%，全氮 0.148%，全磷 0.027%，全钾 1.38%，pH7.7，代换量 15.25 mg 当量 /100 g 土，碳酸钙平均含量 2.07%。AB 层为过渡层，厚 20 ～ 35 cm，淡栗色或淡棕色，细粒状结构，缺少腐殖质舌状下渗，向下均匀过渡。有机质平均含量 1.59%，全氮 0.089%，全磷 0.023%，全钾 3.59%，pH8.0，代换量 16.97 mg 当量 /100 g 土，碳酸钙平均含量 7.07%。B$_{ca}$ 层厚 30 ～ 80 cm，颜色为灰白色、淡黄色、白色，块状结构，碳酸钙淀积形态有假菌丝状、网纹状、层状、斑状、粉末状，有时在结构面石块表面呈结壳状。碳酸钙含量在 10% ～ 15%。有机质平均含量 1.31%，全氮 0.081%，全磷 0.026%，全钾 1.34%，pH 8.5，代换量 15.61 mg 当量 /100 g 土。

（3）草甸栗钙土亚类

草甸栗钙土亚类主要分布于栗钙土区内的丘间平地、河漫滩的高地、低阶地的平缓部位以及湖泊的四周，常与暗色草甸土、灰色草甸土复区分布。成土母质多为更新统、全新统的河湖相疏松沉积物和部分经流水改造过的黄土状沉积物。植被组成仍以大针茅、羊草等干旱成分为主，苔草、地榆、莎草、芨芨草 (*Achnatherum splendens*) 等草甸成分也占相当的比重。

由于所处地势较低，地下水位浅，一般在 1.5～3 m，土体下部经常为地下水浸润、饱和，处于氧化还原交替条件，在剖面中形成了具有潴育现象和潜育现象的土层。由于草甸栗钙土区水分条件较好，地表植物生长量较大，而且因草甸化生草作用影响，生物累积集中于表土层，具有表聚性，并构成了草甸栗钙土与栗钙土和暗栗钙土的主要区别。

草甸栗钙土及栗钙土土体结构区别：

①草甸栗钙土具有栗钙土的四个基本层次，但由于地下水的作用，剖面下部经常有锈斑锈纹和潜育板块。一般情况下，在栗钙土亚类区以锈斑锈纹为主，而在暗栗钙土亚类分布区除了锈斑锈纹之外，剖面下部还经常出现潜育斑块。草甸栗钙土的土体构型为 A-B_{ca}-C_g 型和 A-AB-$B_{ca\text{-}g}$ 型。

②由于土壤比较湿润，有利于植物生长，加之草甸类型植物在群落中比重增加，生物量明显增加。有机质含量和其他养分指标均明显高于其他亚类。另外由于草甸植被的参与，草甸化作用使亚类生物作用集中于表层，各类化学物质剖面分布具有一定的表聚现象。

③在地下水矿化度大的地方，草甸栗钙土往往有微弱的积盐现象。表土层含盐量达到 0.05%～0.32%，盐分组成以碳酸盐和重碳酸盐为主，尚不够盐化指标，盐分的剖面分布呈倒漏斗型，明显区别于盐土。钠化率较高，而且从表层向下急剧增加，这与盐分组成中 HCO_3^-、CO_3^{2-} 比例大有关。

④碳酸钙含量不大，但从表层就有一定量的积累，而且在剖面中分布比较均匀，钙积层略有增加。

⑤草甸栗钙土分布于栗钙土和暗栗钙土两个亚地带。处于东部暗栗钙土区的草甸栗钙土养分含量较高，而且一般没有积盐现象；西部栗钙土区的草甸栗钙土养分水平明显降低，而且积盐现象普遍。

（4）沼泽土亚类

沼泽土属水成土纲，为隐域性土壤，多与草甸土成复区分布。沼泽土的分布地形多为山谷低地，河流的低河漫滩、牛轭湖边缘、已脱水的湖迹洼地等地下水位高出地表、地表常年或季节性积水的地段。丘陵地区由于河谷地宽展，往往与草甸土混存；高平原、河流堆积阶段，沼泽土仅在滨河漫滩、河迹洼地、牛轭湖周围有少量分布，河谷中以草甸土为主，沼泽土居于从属地位。植被组成以喜湿性的沼泽化植被或草甸沼泽化植被为主，群落中有苔草、三棱草 (*Cyperus rotundus*)、地榆、小叶章、沼柳 (*Salix rosmarinifolia*)、芦苇 (*Phragmites australis*)、蒲草等，组成各种沼泽类型的群落。

沼泽土的成土过程主要是泥炭化腐殖质累积过程和潜育过程，还有泥炭化过程、潴育过程、腐泥化过程等。由于所处地区的地形成土条件的差异，各种成土作用在土壤发育中表现程度不同，因此形成了各不相同的剖面构型，这是沼泽土划分亚类的主要依据。但不论是哪个亚类，均存在两个基本层，即植物残体分解不良的有机质层（草根盘结层，泥炭层或粗腐殖质层）和矿质潜育层。前者由于水分饱和，处于嫌气环境，微生物活动微弱；后者则由于处于还原条件，R_2O_3 物不断被还原，土体逐渐脱色使之呈现灰色、青灰色等不同颜色。

沼泽土的主要特点：地表常年或季节性积水；沼泽化成因较复杂；具有草根盘结层（As）和潜育层（G）两个基本层次；有机质含量高，但腐殖质化程度弱，分解度低；全量养分含量较高，而速效养分含量不足，养分供应量大，供应强度小；吸收能力强，代换量 40 mg 当量 /100 g 土左右，发育年龄相对较短；性质区间差异明显，林区沼泽土多呈酸性或弱酸性，草原区沼泽土 pH 值较高，土壤溶液呈中性或弱碱性，且土体中有一定程度的碳酸钙和可溶性盐分的积累。

沼泽土的草根盘结层厚度 18～26 cm；过渡层（$A_1 >$ 层）厚度 19～29 cm；潜育层厚 20～30 cm。其中，As 层有机质含量平均为 15.44%，最高可达 40.8%，全氮 0.590%，全磷 0.086%，全钾 1.12%，pH6.2，代换量 45.43 mg 当量 /100 g 土。A_1 层，有机质含量平均为 10.15%，全氮 0.474%，全磷 0.076%，全钾 1.04%，pH6.2，代换量 44.95 mg 当量 /100 g 土。G 层，有机质含量平均为 4.59%，全氮 0.271%，全磷 0.054%，全钾 1.06%，pH6.4，代换量 35.25 mg 当量 /100 g 土。

（5）盐土亚类

盐土主要分布于草原河谷低地、河流两侧、洪积扇的扇缘洼地、扇间洼地、湖泊周围的湖滨低地、古河槽低地以及河流阶地、高平原面上的闭流洼地等。地下水位一般在 1～2 m。盐土一般与盐化草甸土、碱土呈复区分布，微地形部位低于碱土，而高于盐化草甸土。盐土植被组成以盐生植物为主，多为盐生草甸群落，主要有盐爪爪 (*Kalidium foliatum*)、碱蓬 (*Suaeda glauca*)、马蔺 (*Iris Iactea*)、多根葱 (*Allium polyrhizum*) 等，沼泽盐土以芦苇占优势。盐土植被稀疏，覆盖度一般不超过 20%，成土母质一般为河流冲积物、湖积物。

盐土的发生与发育与当地的气候条件有关，辉河流域年降水量 250～300 mm，蒸发量高达 1 300 mm，是降水量的 4～6 倍，形成了在春秋两季强烈的蒸发、蒸腾型的水分循环方式，为土壤表层盐分积累提供了一种天然动力。特别是区域地下水矿化度均在 1～3 g/L 以上，地下水中富含 Cl^-，SO_4^{2-}，HCO_3^-，CO_3^{2-}，Na^+，Ca^{2+} 等离子，成水过程处于浓缩阶段。在盐土集中分布的闭流区域，可溶性盐分大量汇集，构成盐土形成的主要物质条件。其次，盐土形成的第三个条件是地下水位较高，高于返盐临界水位。辉河流域盐土的分布区地下水位一般在 1.5 m 以上，丰水季节地表常有季节性积水，对于盐分的水平分配具有一定意义。

辉河流域盐土具有如下特点：存在季节性渍盐、脱盐现象，土体的含盐量存在季节性的动态变化；多分布于各类水体周围，地下水作用明显，属于草甸型盐土，土体潜育、潜育现象明显，下部有大量的锈斑锈纹，有时还有潜育层出现；剖面分化较弱，土体中含有盐霜，成层性不明显；盐分具有明显的表聚现象，剖面分布曲线呈明显的"漏斗"型，土壤含盐量由表层向下随深度递减；土壤表面有各种类型的盐斑，一般氯化物为主的盐土，地表略显潮湿，颜色深暗，寸草不生；盐分组成比较复杂，多为 HCO_3^--Ca，Na 型地下水，总碱度较高，土壤含盐量低，pH8.5～10.5 土壤溶液呈碱性至强碱性；生草化作用比较强烈，表土层有机质含量平均 1.5%～3.0%；多由盐分结皮层、棕褐色腐殖质层、氧化还原层、土体底部潜育层组成，具有大量的锈色斑纹和蓝灰色的潜育斑；土壤养分水平较盐化土、草甸土以及当地显域土壤低。

（6）碱土亚类

碱土主要分布于黑钙土、栗钙土地带的河谷低地、阶地上的闭流洼地、阶地向河滩延伸的缓长坡。常常与碱化盐土、碱化草甸土构成复区。微地形部位处于盐土之上、草甸土之下。植被主要由羊草、碱蓬、碱蒿 (*Artemisia anethifolia*)、马蔺等组成，植被覆盖度较盐土高，一般在 50% 左右。碱土上的羊草生态类型独特，硬、矮、色调发灰，与地带性群落鲜嫩的羊草形成鲜明的对比。成土母质多为河湖沉积物、冲积物、淤积物等。

碱土的主导成土过程是碱化过程、腐殖质积累作用和潜育作用，地下水位一般在 2～4 m，季节性变动频繁，加之碱土分布地区气候干旱，降水量季节性变化明显，使碱土常年处于积盐和脱盐交替过程，而碱土区地下水往往含有较高的苏打，在长时间的水分作用下，Na^+ 离子进入胶体，使之呈现高度分散状态，淀积于土壤的亚表层，形成碱土的诊断层碱化层 (B_{tn})，并具有较高的碱化度。与此同时，游离的苏打进入土壤溶液，使之具有强碱性反应。

一般，碱土的含盐量低于盐土，剖面变化规律性不强，有的盐分在剖面中下部积累，也有相当数量的剖面盐分表聚明显。气候干旱，土壤脱盐过程缓慢，脱盐程度弱，延缓了碱土形成过程，导致碱土剖面分化不明显，少有典型柱状结构，碱化层多呈块状或碎块状。

碱土的剖面构型为 $A-B_{tn}-B-C_g$ 型或 $H-B_{tn}-B_g-C$ 型。土体厚度不同地区变幅较大，一般在 85～130cm。

A 或 H 层为腐殖质—淋溶层，典型性状为质地较轻，粉砂质，片状结构，有微气孔，有二氧化硅（SiO_2）粉末，而且含盐量、代换量极低。厚度随淋溶程度不一，平均厚度 9～15 cm，含有机质平均 2.22%，全氮 0.139%，全磷 0.031%，全钾 1.14%，pH9.1，碳酸钙 6.11%，代换量 15.4 mg 当量 /100 g 土，代换性钠约 8.76 mg 当量 /100 g 土，碱化度 56.88%，全盐量 0.958%。

B_{tn} 层为碱化层，颜色呈深黑色或暗褐色，坚硬紧实，湿胀干缩，呈柱状结构或隐柱状结构、块状结构。结构面有时附着褐色的腐殖质胶膜，有时可见到二氧化硅粉末、盐分结晶及碳酸钙粉末或石灰假菌丝体。该层碱化度、pH 值、代换量均高于淋溶层。厚度 15 ~ 30 cm，含有机质平均 1.59%，全氮 0.094%，全磷 0.038%，全钾 1.04%，pH9.4，碳酸钙 5.09%，代换量 19.79 mg 当量 /100 g 土，代换性钠 14.65 mg 当量 /100g 土，碱化度 74.02%，全盐量 0.722%。

B 层或 B_g 层为钙积层、积盐层，大多数情况在碳酸钙累积同时伴有弧烈的盐分，累积盐分多形成结晶混存于土壤矿物质之中，碳酸钙累积常呈不明显的粉末，斑点或假菌丝状，有时有少量锈斑锈纹，厚度 19 ~ 30 cm，含有机质平均 0.81%，全氮 0.050%，全磷 0.039%，全钾 1.02%，pH9.5，碳酸钙 8.00%，代换量 17.04 mg 当量 /100 g 土，代换性钠 13.48 mg 当量 /100 g 土，碱化度 79.11%，全盐量 0.782%。

C_g 层为母质层，具有大量的锈斑锈纹，pH 平均 9.6，代换量 13.51 mg 当量 /100 g 土，代换性钠 10.51 mg 当量 /100 g 土，碱化度 77.79%，全盐量 0.544%。

（7）风沙土亚类

风沙土属初育土纲中的岩成土壤，分布地段多为沙带、剥蚀山丘顶部阳坡以及河流阶地迎风面的前沿等部位，机械物理风化强烈，基质活动性大，缺乏土壤稳定发育的基本条件，土壤发育程度微弱，具有显著的"幼年性"和"粗骨性"，多呈零星、斑块状分布，并镶嵌于地带性土壤之内。在辉河国家级自然保护区内，风沙土主要分布于南部沙带上及其周边区域。

由于风沙土区地质构造属海拉尔内陆断陷盆地，第三纪以来因地壳多次挠曲性隆起，大兴安岭边缘以及海拉尔盆地内部的活动，形成大量砂岩、砂砾岩出露遭受剥蚀、风化，形成较大面积的巨厚砂性沉积物质。下更新世时期以及全新世以来，呼伦贝尔高平原的气候处于干湿交替时期，砂砾岩的风化物通过水流进一步加以分选，形成了一套河湖相的沉积构造，即以砂土、亚砂土为主，即所谓的"上更新统海拉尔河湖相砂层"，为后来呼伦贝尔高平原上的风沙活动提供了主要的沙源。全新世后期气候变干，河湖水量大规模缩减，形成了一些干谷和内流河，冲积—湖积砂层暴露于地表，在冬春季节大风的作用下沿河床扩展，随风沙移动并形成沙地。以半固定和固定的新月形沙丘和蜂窝形沙丘为主，流动沙丘很少见。沙丘高度一般在 5 ~ 15 m，迎风坡指向为正南向。沙丘与沙丘之间普遍有广阔的沙质平地，发育的土壤主要为生草沙土。丘间低平地上还经常见有风蚀坑和风蚀残丘，以南部沙地为最多，深为 14 ~ 24 m，长轴延南西—北东方向伸展。植被类型有以下几种：

①根茎—丛生禾草群落。主要分布于沙带附近的沙质漫岗，风沙土与地带性土壤的接壤地带。由于土壤固定状况较好，植被中地带性植物占有较大的比重，主要建群种为羊草、硬质早熟禾，含有一定量的紫菀 (Aster ageratoides)、沙蒿 (Artemisia desterorum)、狗哇花等，群落结构较为简单，盖度一般在 45% ~ 65%，土壤为土层结构发育相对较好、

多呈固定状况的生草沙土和栗钙土型沙土。

②沙生小半灌木—丛生禾草群落。集中分布于沙带内沙丘之间的沙质平地，建群种为大针茅、硬质早熟禾、冷蒿 (*Artemisia frigida*)，伴生种有沙蒿、冰草等，灌木则以小叶锦鸡儿、差巴嘎蒿 (*Artemisia halodendron*) 为主，群落结构单一，盖度 30% ～ 60%。土壤以生草沙土为主，风蚀严重地段则分布少量半固定风沙土。

③乔木—小灌木—杂类草沙地植被。主要分布于沙丘的顶部和风蚀坑的底部，其上散生大量的樟子松 (*Pinus sylvestnis var.mongolica*) 和少量的山杨。沙丘谷地、风蚀坑阳坡有稠李 (*Prunus padus*)、卫茅 (*Euonymus bungeanus*)、沙柳 (*Salix cheilophila*) 等灌木及小叶锦鸡儿、山刺玫 (*Rosa davurica*) 等小灌木，草本植物以羊草、草地羊茅 (*Festuca ovina*) 以及多叶棘豆 (*Oxytropis myriophylla*) 为优势，伴生植物有胡枝子 (*Lespedeza bicolor*)、沙蒿等。植被覆盖度因地势不同而差异较大。一般，辉河两岸樟子松郁闭度相对较大，而其边缘部分樟子松多呈散生状，林下植被群落物种密度较低。土壤发育主要为松林沙土。

④灌木—小半灌木—杂类草沙地植被群落。主要分布于沙丘顶部或迎风面，河流沙质阶地前沿等地段。沙地植物成分主要是春榆 (*Ulmus davidiana*)、沙柳、小叶锦鸡儿等，中生、旱生以及沙生草本植物也有较大量的分布，主要植物种类有羊草、冰草、冷蒿、沙蒿等，主要发育有生草沙土及半固定风沙土。

由于风沙土的形成过程中生草化腐殖质累积过程微弱，发育条件不稳定，尤其是在风沙活动区，母质经常处于运动状态，生物性积累难以长年持续进行，土壤发育经常中断，使土壤始终处于一种"幼稚"状态；其次，植物生长条件不稳定，土壤母质颗粒粗糙，保水保肥能力差，生物量低下，且常不能全部归还土壤，生物作用微弱。这种形成及发育特点，决定了风沙土具有明显的"幼年性"，具体表现为如下特性：

①具有 A-C 或 A-AC-C 型土体构型，土体分化微弱，上部腐殖质染色不深；

②生物累积微弱，营养元素较当地的地带性土壤含量偏低，就发育相对较好的生草沙土而言，有机质全量仅为 1.5%，全氮含量在 0.10% 左右，全磷 0.08% ～ 0.10%，代换量仅 5 ～ 8 mg 当量 /100 g 土；

③土壤质地粗，以 0.5 ～ 1.0 mm 颗粒为最多，物理性沙粒达 90% 以上，物理性黏粒常小于 10%，极度缺乏土壤胶体，尤其缺乏有机胶体；

④土壤结持性差或无结构，土壤剖面下部常处于疏散状态，缺乏结持性，部分有微弱的沙粒黏附作用，基质分散性大，导致风沙土移动大、发育条件不稳定。

1.6.3 土壤理化性状

（1）土壤取样与理化特征测试

土壤取样与处理。结合样方调查数据，采用土钻法对不同退化阶段的典型区土壤进行分层采样（分为 0～5 cm、5～10 cm、10～15 cm、15～20 cm 和 20～30 cm 等 5 个层次），每个植被调查样地随机各取 5～8 个取样点下钻，混匀风干后带回实验室进行理化性状定量分析，共取得混合土样 134 个；土壤样品处理采用《陆地生态系统土壤观测规范》经行处理。

土壤理化性质测试方法。采用常规方法（中科院南京土壤所，1978）对土壤理化性质的测定，共测试 134 个土壤样品，测定内容包括：质地、有机质、全氮（TN）、全磷（TP）、全钾（TK）、pH 值等。全氮采用半微量开式蒸馏法，全磷采用 NaOH 熔融，钼蓝比色法测定，全钾采用 NaOH 熔融，火焰光度计法测定等。

（2）土壤粒径分维特征

土壤颗粒粒径分布分维与土壤细颗粒物质的含量间表现出高度的正相关关系，在对 1 μm、2 μm、5 μm、10 μm、20 μm、50 μm 细颗粒与土壤分形维数的相关性分析中发现，小于 5 μm 的细颗粒对该区的土壤的分维数影响最大，相关系数 R^2 达到 0.746 7，不同细颗粒粒径对土壤分形维数影响大小的顺序为：5 μm>2 μm>10 μm>20 μm>1 μm>50 μm，主要是因为细颗粒是风蚀悬移物的主体，退化区植被覆盖度降低，风蚀能力加强，土壤所损失的细颗粒物质就越多，土壤颗粒出现粗化，土壤颗粒粒径的分布维就越小。

对不同退化类型的草地土壤颗粒粒径分布在土壤垂直剖面上的研究表明，不同退化类型草地在土壤垂直剖面上的粒径分形维数变化复杂，分维数变化很小。未明显退化草地，草地覆盖度均较高，风蚀对土壤细颗粒物质的影响较小，表层 0～10 cm 的土壤颗粒粒径分形维数均较高，表明其细颗粒物质含量也较高。随着深度的增加，分形维数变小，粗颗粒物质增大，分形维数变大；轻度退化区，土壤颗粒粒径分形维数随深度的增加先减少后增加，同时起表层 0～5 cm 土壤颗粒粒径分形维数较未明显退化要小，说明植被退化造成一定程度细颗粒物质的流失，粗颗粒物质含量相对增加。0～5 cm 土壤颗粒粒径分形维数增大可能是该区以前出现过草地退化现象，风蚀造成该层细颗粒物质减少，而后草地恢复，表层细颗粒物质而后逐渐增加；中度退化区草地土壤颗粒粒径分形维数总体趋势是随着土壤深度的增加而逐渐减少，表明该区土壤细颗粒物质随土壤剖面深度的增加，细颗粒物质总体呈减少态势，主要原因可能是取样研究区土壤质地为砂壤土，且该区历史时期为主要风沙区，植被恢复随降水的增加而好转，降水减少，植被再次呈退化趋势；重度退化草地土壤颗粒粒径分形维数随着土壤剖面深度的增加，土壤细颗粒物质逐渐增大，土壤颗粒粒径分形维数逐渐增大，表层细颗粒物质最少，这主要与当地畜牧生产有关，畜牧业的高速发展，造成草原严重超载，草地产草量下降，植被覆盖度降低，从而使草地严重退化阶段，风蚀因素的影响，土壤表层细颗粒物质流失，土壤颗粒粒径分形维数最小。

对不同退化程度草地土壤深度与土壤颗粒粒径分形维数研究表明，土壤表层（0～10 cm），随着土壤深度的增加，分形维数逐渐减小。同时可以看出，随着退化程度的加深（0～5 cm、5～10 cm），土壤分形维数明显呈递减趋势，即草地退化程度越高，细颗粒物质含量越少，土壤中粗颗粒物质所占比重增多，土壤分形维数减小。而更深层土壤颗粒粒径分形维数变化比较复杂且没有固定规律。

（3）土壤水分特征曲线

土壤水分特征曲线的斜率即比水容重。根据土壤含水量与基质势的函数关系，进行函数求导，得到 $C(\theta)=\mathrm{d}\theta/\mathrm{d}S$，它标志着当土壤吸力发生变化时土壤能释出或吸入的水量，它是与土壤贮量和水分对植物有效程度有关的一个重要特征，可以作为土壤抗旱性的指标。由特征曲线斜率可以看出，在低吸力范围内，土壤释出的水量比较多；在高吸力情况下，土壤释出的水量较少。土壤水分特征曲线的高低反映了土壤持水能力的强弱，即曲线越高，持水能力越强；曲线越低，持水能力越弱。

土壤中黏粒含量越高，膨胀性增加，对水的吸持越强，故水分不容易扩散。当土壤含水量相同时，黏粒含量越高，土壤对水的束缚越强，土壤的平均水分扩散率就越小；土壤黏粒含量越小，土壤中相对自由水含量就多，水分易扩散，水分扩散率就高。质地中的黏粒含量对土壤的持水能力有较大的影响，当土壤水吸力发生变化时，质地越黏的土壤其含水量变化幅度越小。由计算结果可以看出，随着草地退化程度的加深，土壤分形维数减小，土壤中黏粒含量减小，对水分的保持能力减弱，同等条件下，未明显退化草地比退化草地能够保持更多水分，反过来促进植被生长。

表 1-6-2　辉河国家级自然保护区境内 0～20 cm 土层土壤养分含量

典型土属	有机质 /%	全氮 /×10⁻⁶	速效磷 /×10⁻⁶	速效钾 /×10⁻⁶	碱解氮 /(mg/100g 土)
黄土状物黑钙土	5.468 8	218.0	3.73	0.245 7	10.69
泥页岩黑钙土	6.201 0	196.0	5.30	0.283 5	11.38
泥页岩暗栗钙土	5.340 0	91.0	2.13	0.228 8	8.75
黄土状物暗栗钙土	4.912 8	146.0	4.08	0.231 4	13.61
冲积物暗栗钙土	2.783 2	208.0	3.03	0.142 9	10.40
盐化草甸暗栗钙土	3.176 8	179.0	21.75	0.155 8	11.40
碱化草甸栗钙土	2.853 9	180.0	18.35	0.147 2	10.23
沙质栗钙土性土	4.567 6	53.0	2.10	0.213 0	14.53
生草沙土	4.299 6	101.0	4.26	0.205 9	16.56
松林沙土	3.562 7	68.0	3.53	0.164 4	10.60

典型土属	有机质 /%	全氮 /×10⁻⁶	速效磷 /×10⁻⁶	速效钾 /×10⁻⁶	碱解氮 /(mg/100g 土)
壤质盐化草甸土	1.746 1	257.0	23.47	0.094 2	9.33
壤质暗色草甸土	8.199 7	263.0	4.03	0.350 8	12.61
沙质暗色草甸土	8.931 5	197.0	5.08	0.384 4	17.16

注：表中数据摘自《鄂温克族自治旗志》，中国城市出版社，1996。

（4）土壤理化特征与分形维数关系

土壤颗粒的组成是构成土壤结构的重要物质基础，其质地状况会对土壤有机质的转化有很大的影响。不同退化阶段草地其土壤营养元素必然有所不同。退化程度越高的草地，其覆盖度越低，其植被保持土壤能力必然降低，风蚀水蚀必然造成营养元素的流失，从而造成土壤贫瘠，反之又影响植被的生长发育。选取与分形维数相关性较大指标（有机质、全氮、全磷、全钾）等因素进行回归分析。

分析表明，所选指标的四种元素中有机质含量与土壤颗粒粒径分形维数相关性达到显著水平（R^2=0.4495），两者呈现显著正相关关系。随着植被覆盖度的增加，风蚀、水蚀等因素造成土壤的营养元素流失量的减小，有机质含量相应增加，土壤颗粒粒径分形维数增大；其次为全磷的含量，与土壤颗粒粒径分形维数相关性达到显著水平（R^2=0.3755），两者呈现显著正相关关系。四种土壤营养元素的相关性大小顺序为：R 有机质 >R 全磷 >R 全氮 >R 全钾，通过分析可以看出，随着土壤细颗粒物质的增多，土壤分形维数增大，土壤中营养元素有机质、全磷、全氮的含量增多，而全钾的含量与土壤颗粒粒径分形维数呈负相关关系，且相关性不大。

1.7 植被特征

1.7.1 森林植被

辉河国家级自然保护区境内的森林植被，主要以分布在保护区东南部风沙土地带上的沙地樟子松林—小半灌木—杂类草沙地植被为主，主要乔木种类有樟子松、山杨 (*Populus davidiana*) 等，沙丘谷地和阴坡还分布有稠李子、山荆 (*Malus baccata*)、卫矛 (*Euonymus bungeanus*)、沙柳 (*Salix psammophila*) 等灌木，沙地广泛分布有小叶锦鸡儿、山刺玫、差巴嘎蒿、胡枝子等小半灌木，草本植物有羊草、冰草、羊茅、多叶棘豆等，植被覆盖度因地势不同差异较大，靠近红花尔基镇附近，樟子松林密度较大，最高可达 95% 以上，而在北部锡尼河一带，沙地樟子松呈散生或岛状分布，覆盖度不足 50%。

图 1.7.1 辉河国家级自然保护区境内沙地森林植被景观

1.7.2 草原植被

辉河国家级自然保护区地处大兴安岭西麓山地森林向呼伦贝尔草原的交错区域，境内的地带性植被类型以草甸草原和典型草原为主体，分布面积约占保护区总面积的 90%以上。

（1）草甸草原

主要分布在辉河保护区东部，伊敏河以西的波状高平原上，地形多呈丘陵漫岗，平均海拔高度 700 m 左右。其中，草甸草原核心区面积 4400 hm²，占保护区总土地面积的 1.3%。草群植物种类既有中生植物成分，也有旱生植物成分。主要建群植物种类有贝加尔针茅、羊草、线叶菊 (*Filifolium sibiricum*) 等中旱生植物，禾草在草群中所占比例约在 40% 以上，草群覆盖度 60% ～ 80%，草层高度 30 ～ 60 cm，单位面积鲜草产量平均在 4000 ～ 4500 kg/hm²。

图 1.7.2 辉河国家级自然保护区境内贝加尔针茅草甸草原景观

（2）典型草原

主要分布在伊敏河以西、辉河保护区的广大实验区，属于我国北方典型草原的东缘地带，气候旱生化现象明显，丛生根茎禾草发育良好，并伴生有小叶锦鸡儿、差巴嘎蒿、冷蒿等旱生灌草丛，草群优势植物种类主要有大针茅、羊草、冰草、糙隐子草等，伴生植物种类有百里香 (*Thymus mongolicus*)、斜茎黄芪 (*Astrogalus adsurgens*)、扁蓿豆 (*Melissilus ruthenicus*)、麻花头、蓬子菜 (*Galium verum*)、阿尔泰狗哇花 (*Heteropappus altaicus*) 等。草群密度较草甸草原有所下降，覆盖度平均 60% ～ 70%，草层高度 30 ～ 50 cm，群落结构成分简单，多以旱生禾草为主，比例约占草群植物总数的 30% 以上，单位面积鲜草产量平均在 1 500 ～ 2 500 kg/hm²。

图 1.7.3　辉河国家级自然保护区境内大针茅草原景观

1.7.3　沙地植被

辉河国家级自然保护区境内风沙土分布面积较大，形成了跨越典型草原、草甸草原两类草原植被，除沙地樟子松林植被以外的隐域性沙地植被类型。

（1）**根茎—丛生禾草植被**

分布于辉河右岸沙地至准扎拉一带，地貌为沙地漫岗，距沙带腹地较远，土壤固定年代久远，植物群落已向地带性植被演替，多以羊草、硬质早熟禾 (*Poa sphondylodes*) 等为建群种，并伴生有一定量的紫菀、沙蒿、阿尔泰狗哇花等旱生植物成分，群落结构较地带性草原植被简单，草群植被覆盖度 40% ～ 50%。

（2）**沙生小半灌木—丛生禾草植被**

多分布于靠近沙带的边缘地带，多为砂质平地。建群植物种类主要有大针茅、硬质早熟禾、冷蒿等，伴生植物主要有沙蒿、冰草等，群落结构简单，以丛生禾草占优势，草群覆盖度 30%～50%。

（3）灌木—小半灌木—杂类草沙地植被

多分布于沙丘间的平坦地段，以及河流的砂质阶地上。草群中分布有中生、旱生和沙生植物成分，多以羊草、冰草、冷蒿为建群种，差巴嘎蒿、沙蒿等小半灌木占有一定比例，并成为沙地优势植物种类；灌木种类主要有春榆、小叶锦鸡儿等。

图 1.7.4　辉河国家级自然保护区境内沙地灌丛植被景观

1.7.4　草甸植被

分布于辉河流域河谷低地及保护区境内的草原湖沼周边地区，主要建群植物种类有地榆、苔草、小叶章、日阴菅 (*Carex pediformis*) 等，部分发育有芦苇、沼柳 (*Salix rosmarinifolia*) 灌丛等植物。

图 1.7.5　辉河国家级自然保护区境内低地草甸植被景观

1.7.5　盐生植被

分布于辉河两岸低湿地或河漫滩，以芨芨草、马蔺、碱茅 (*Puccinellia distans*) 为建群种，植物群落中羊草、碱蒿等耐盐植物占有较大比例，并形成盐生草甸植被，地表生有明显的盐斑或裸地。

图 1.7.6　辉河国家级自然保护区境内马蔺盐生植被景观

1.7.6　沼泽植被

在保护区境内，多分布山谷低地、河漫滩、湖沼周边的低洼泛水地段，以芦苇、小叶章、塔头苔草等植物为主。根据建群植物种类，分为芦苇沼泽、小叶章—塔头苔草沼泽、小叶章—莎草沼泽、苔草—地榆草甸化沼泽等类型。

图 1.7.7　辉河国家级自然保护区境内芦苇沼泽植被景观

1.8 经济发展

1.8.1 社区经济

2010 年，辉河国家级自然保护区及其周边辉苏木、锡尼河镇和巴彦塔拉达斡尔民族乡三个乡镇，国内生产总值共计 64 258 万元，其中，农牧业产值为 30 739 万元，占三个乡镇国内生产总产值的 47.8%。草原牧区大、小牲畜总数为 524 762 头，鲜奶总产量 85 181 t，同比减少 30.1%，肉类总产量为 7 128 t，同比增长 20.1%。工业总产值完成 6 924 万元，三个乡镇国内生产总产值的 10.8%。第三产业稳步发展，全年接待游客近 4 万人次。全区牧民人均纯收入 5 600 元左右，人民生活水平稳步提高。

表 1-8-1　2005 年以来辉河国家级自然保护区周边三苏木（镇）经济发展动态

年度	辉苏木 GDP/ 万元	锡尼河苏木 GDP/ 万元	巴彦塔拉民族乡 GDP/ 万元	合计 GDP/ 万元
2005	7 002	17 856	2 410	27 268
2006	6 675	19 993	2 287	28 955
2007	7 373	20 506	2 583	30 462
2008	9 159	24 342	3 527	37 028
2009	11 534	40 352	4 545	56 431
2010	14 234	44 888	5 136	64 258

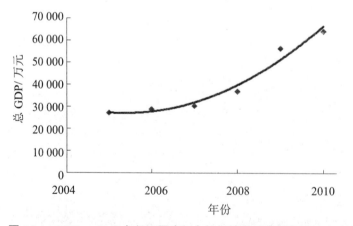

图 1.8.1　2005 ～ 2010 年辉河国家级自然保护区周边三乡镇 GDP 总量

1.8.2 产业结构

辉河国家级自然保护区及其周边苏木、乡镇的产业发展主要以草地畜牧业为主，产业结构比较单一，有利于保护区自然生态系统的保护。2010 年以来，随着产业结构继续优化，地区国内生产总值中一、二、三产业比重由 2009 年的 49.5：32.5：18 调整为 2010 年的 47.8：34.2：18。其中，第一产业比重虽有所下降，但仍以草原畜牧业生产为主导产业，区域内除辉苏木境内拥有一家蒙兴乳品加工厂外，并无其他大规模的工业企业。2010 年第一产业产业增加值为 30 739 万元，较 2009 年（27 952 万元）增长 10.0%；第二产业以乳制品加工业和民族产品加工业为主，2010 年实现工业增加值为 21 948 万元，较 2009 年（18 371 万元）增长 19.5%；第三产业主要以草原旅游业和社会化服务业为主，2010 年实现产业增加值为 11 571 万元，较 2009 年增长 14.5%（参见表 1-8-2）。

表 1-8-2　2010 年辉河国家级自然保护区周边三乡镇产业发展动态

年份	2010 年	2009 年	同比增长 /%
生产总值 / 万元	64 258	56 431	13.9
第一产业 / 万元	30 739	27 952	10.0
第二产业 / 万元	21 948	18 371	19.5
第三产业 / 万元	11 571	10 108	14.5
三次产业结构比重	47.8：34.2：18.0	49.5：32.5：18.0	—

1.8.3　经济发展

（1）初步建立了环境友好型草产业发展模式

以草地生态学、生态经济学和可持续发展理论为指导，充分利用当地充沛的水资源、草种资源和土地资源，在辉河国家级自然保护区的周边地区，以强化草原生态保护与建设、快速恢复草原植被为重点，发展以高产饲草和饲料种植业为主的现代集约型牧草产业，最大限度地缓减保护区内草原湿地的放牧压力，同时，有效增加草原载畜量，保障牧民生活质量稳定提高。

截至 2012 年，在 2008 年国家环境保护公益行业科研专项"草原湿地自然保护区长效生态监测及友好产业示范"项目带动下，辉河保护区及其周边社区草原畜牧业基本实现了"以草定畜"，并积极推广干旱半干旱草原区优良牧草筛选及扩繁、退耕地大面积人工草地免耕保护播种、大田苜蓿种子丸衣化、高产饲草料基地节水灌溉等多项关键技术，优质饲草料种植规模达到了 5 100 hm^2，年产优质饲草料 6.87 亿 kg，基本实现了草原放牧家畜一年四季饲草料的平衡供给。

（2）环境友好型奶产业基本实现了规模化生产

为规范保护区周边地区奶产业，从奶牛标准化饲养、节能增效棚圈设计、奶牛养殖废弃物资源化利用与新能源开发等技术集成、创新与应用入手，重点开展了标准化奶牛养殖小区（场）设计与建设，规模化全价饲草料配套生产与供给中心建设，奶牛饲养管理集约化示范，环保设施建设与养殖废弃物综合利用途径研发等技术示范，带动了当地奶产业的协调发展。同时，通过龙头企业带动，牧民互助合作，实施产污源头堵截、饲养过程清洁，以及废物资源化利用，推进奶牛产业体系优化和改进，实现饲养模式标准化、饲料配给营养化、饲养管理集约化、粪尿废物资源化、奶业产品绿色化。截至 2011 年底，辉河国家级自然保护区及其周边地区环境友好型奶牛养殖业已初具规模，沿海拉尔－红花尔基镇公路两侧，成功建设了 80 km 奶牛养殖带，建成标准化奶牛养殖小区 19 个，养殖场 23 个，建设标准化奶牛养殖棚圈 8.3 万 m^2，高产奶牛养殖规模达 6.83 万头，年生产原奶 20.7 万 t，不同年份奶牛养殖规模参见表 1-8-3。

表 1-8-3　2008 年以来辉河国家级自然保护区周边地区环境友好型奶产业发展

年份	标准养殖小区 /个	标准养殖场 /个	标准棚圈 /万 m^2	饲料基地 /万 hm^2	良种奶牛 /万头	原奶产量 /万 t
2008	2	3	2.3	0.05	6.98	16.6
2009	11	5	6.0	0.23	6.95	17.2
2010	15	10	7.1	0.41	6.83	18.9
2011	19	23	8.3	0.51	6.83	20.7

（3）环境友好型肉羊产业已成为当地社区的支柱产业

为有效提高当地草地资源的利用率，当地社区在旗委、旗政府的领导下，立足当地资源优势，引进生长繁殖迅速、净肉率高、耐寒冷、耐粗饲等优良肉羊新品种，集成现代集约化肉羊养殖新技术，建立肉羊高效养殖基地，实现辉河保护区及其周边草原区肉羊产业的生态化转型，重点发展环境友好型肉羊产业。

产业发展的重点是突出肉羊新品种改良和扩繁，羔羊短期肥育与集约化饲养管理，肉食品绿色加工与贮藏，以及废弃物综合利用与产业化等。同时，通过基地化建设、良种化扩繁、绿色化加工和市场化培育，将生态环境保护理念引入肉羊生产的全过程，实现从饲草料供给—肉羊新品种繁育—羔羊集约化养殖—肉羊绿色屠宰加工—羊肉产品包装贮运等的全过程清洁化、绿色化，提升肉羊养殖综合效益，为实现环境保护优化草原经济发展提供了可借鉴模式。截至 2010 年底，已引进并扶持绿祥清真肉食品、伊赫塔拉牧业等肉类加工龙头企业 4 家，建成有机、绿色、无公害养殖生产基地 6 个，全年绿色羊肉产量达 1.7 万 t，绿色基地总产值突破 5 亿元以上。

表 1-8-4　2008 年以来辉河国家级自然保护区周边地区环境友好型肉羊产业发展

年份	生态嘎查 /个	标准养殖小区 /个	饲养量 /万只	基础母羊 /万只	人工受精站 /个	受精产羔数 /万只	产肉量 /万 t
2008	5	11	67.12	30.18	6	3.01	1.3
2009	10	24	63.23	28.59	10	6.53	1.5
2010	13	31	62.47	27.16	15	9.81	1.7

1.9 社会进步

1.9.1 人口规模

2010 年辉河国家级自然保护区境内总人口数量为 16 359 人，每平方公里平均约为 3.9 人，人口密度相对较低，区域人为活动对环境的干扰较轻，人口自然增长率为 5.37‰。

人口的性别构成：2010 年辉河国家级自然保护区实有男性人口 8 260 人，女性人口 8 114 人，女性和男性的比率为 101.8%，较 2009 年下降 0.2 个百分点。人口的年龄结构：2010 年辉河国家级自然保护区 18 岁以下人口为 3 101 人，占总人口的 18.9%，较 2009 年下降 0.3 个百分点。18 ~ 35 岁人口为 5 453 人，占总人口的 33.3%，较 2009 年增加 0.4 个百分点；36 ~ 60 岁人口为 6 518 人，占总人口的 39.8%，较 2009 年增加 0.9 个百分点；60 岁以上人口为 1 302 人，较 2009 年下降约 1 个百分点。由此可以看出，辉河国家级自然保护区人口年龄结构基本呈静止型，老龄化问题尚不明显。

1.9.2 民族构成

辉河国家级自然保护区地处辉河流域的中下游地区，历史上是一个多民族聚居区，也是蒙古族、鄂温克族、达斡尔族等草原民族的发祥地。目前，区内主要居住着蒙古族、鄂温克族、达斡尔族、鄂伦春族、满族等 9 个少数民族。2010 年，少数民族人口 15613 人，占区内总人口数量的 95.4%。其中，蒙古族人口最多，人口数量为 8 920 人，占区内总人口数量的 54.53%；其次为鄂温克族，人口数量为 4 488 人，占区内总人口数量的 27.43%；第三为达斡尔族，人口数量为 2 142 人，占区内总人口数量的 13.09%。保护区及其周边地区各民族人口数量及所占比例参见表 1-9-1。

表 1-9-1 辉河国家级自然保护区及其周边地区各民族构成情况

民族类型	2010 年		2009 年		人口增减量 / 人
	人口 / 人	占总人口 /%	人口 / 人	占总人口 /%	
汉族	746	4.6	727	4.6	+ 19
鄂温克族	4 488	27.4	4 308	27.0	+ 180
蒙古族	8 920	54.5	8 764	54.9	+ 156
达斡尔族	2 142	13.1	2 082	13.1	+ 60
满族	24	0.15	25	0.16	−1
回族	14	0.09	13	0.08	+ 1
朝鲜族	2	0.01	2	0.01	0
俄罗斯族	14	0.09	14	0.09	0
锡伯族	4	0.03	4	0.03	0
鄂伦春族	5	0.03	4	0.03	+ 1
合计	16 359	100	15 943	100	+ 416

1.9.3 社区发展

辉河国家级自然保护区及其周边地区，社区发展取得显著进步。2008 年以来，社区牧户（民）在旗委旗政府统一领导和保护区管理局的业务指导下，社会各项事业得到长足发展。截至 2010 年底，社区学前三年幼儿入园率、小学适龄儿童入学率、巩固率和升学率均达 100%。公共卫生服务体系不断健全，苏木（中心镇）均设有卫生院，新型农村牧区合作医疗参合率达到 60% 以上，草原牧区低保金的发放情况基本覆盖了区内所有低保人口。区内投资新建公路里程 200 多 km，基本实现了 100% 的乡镇（苏木）和 90% 以上的村（嘎查）通公路，保护区内 50% 以上的巡护道路为柏油（或水泥）公路。社区牧民群众的生产、生活水平得到进一步提高，保护区整体管理水平和生态环境质量得到逐步改善。

表 1-9-2　辉河国家级自然保护区及其周边地区牧民生活质量统计

项目	2005 年	2006 年	2007 年	2008 年	2009 年	2010 年
牧民年人均纯收入 / 元	4780	5200	5738	7050	7883	9067
牧民人均住房面积 /m²	17.12	17.80	18.30	19.16	19.51	22.18
恩格尔系数	34.5	31.0	29.2	28.7	21.1	28.9
家庭年文化教育支出比 /%	16.4	15.1	18.4	17.0	21.1	10.8
家庭年交通通讯支出比 /%	16.3	20.2	26.4	17.0	18.2	17.3
家庭年医疗保健支出比 /%	8.1	16.6	8.4	6.0	10.4	7.4

1.9.4 民族文化

（1）鄂温克族

鄂温克族是有悠久历史和文化的北方少数民族，意为"住在大山林里的人们"，为中国少数民族人口数量倒数第四的民族。在北纬 52° 的大兴安岭原始森林里，至今仍有鄂温克人的脚印与炊烟，其定居点便是具有"北极村"之称的敖鲁古雅鄂温克猎人村。大部分鄂温克人以放牧为生，其余从事农耕，驯鹿曾经是鄂温克人唯一的交通工具，被誉为"森林之舟"。鄂温克族有自己的语言，属阿尔泰语系满通古斯语支，分海拉尔、陈巴尔虎、敖鲁古雅三种方言。没有文字，牧区一般用蒙文，农区和林区通用汉文。

鄂温克族由于历史上的不断迁徙和居住分散，加之交通不便，互相来往少，处于隔绝，逐渐形成区域间的经济和生活略有差异；曾被其他民族分别称为"索伦"、"通古斯"、"雅库特"、"霍恩克尔"、"喀木尼堪"、"特格"等。事实上，这几部分人本是一个民族，他们有共同的语言和风俗习惯，只是在生产、生活上有某些差异。如被称"索伦"的人数最多，约有 23 000 多人，分布在辉河、伊敏河、莫和尔图河、雅鲁河、济沁河、绰尔河、阿伦河、格尼河、诺敏河、甘河、油漠尔河流域，从事狩猎业和畜牧业及半农半猎为生；被称"通古斯"的 2 000 多人，居住在莫日格勒河，锡尼河中上游一带，他们主要从事畜牧业；被称为"雅库特"的一部分人，居住在额尔古纳河和贝尔茨河流域的原始森林中，以狩猎和饲养驯鹿为生。

饮食文化。鄂温克族以乳、肉、面为主食，每日三餐均以鲜奶或奶茶为饮料，饮用奶茶时根据个人口味再加黄油、奶渣。此外，还饮用面茶、肉茶。林区的鄂温克族还饮用当地特有的驯鹿奶。鄂温克族也常把鲜奶加工成酸奶和奶制品。主要奶制品有：稀奶油、黄油、奶渣、奶干和奶皮子，最常见的吃法是将提取的奶油涂在面包或点心上食用。

肉类以牛羊肉为主，很少食用蔬菜，仅采集一些野葱，做成咸菜，作为小菜佐餐，20 世纪 50 年代初开始，主食渐被面食如：面条、烙饼、馒头等所代替。一般，冬季到来前宰杀牲畜储存肉类，食肉方法有：手把肉、灌血肠、熬肉米粥和烤肉串等。居住在北部大兴安岭原始森林里的鄂温克族，以肉类为日常生活的主食，吃罕达犴肉、鹿肉、熊肉、野猪肉、狍子肉、灰鼠肉和飞龙、野鸡、乌鸡、鱼类等，其中罕达犴、鹿、狍子的肝、肾一般都生食，其他部分则要煮食。鱼类多用来清炖，只加野葱和盐，讲究原汤原味。

鄂温克族传统炊餐用具别具特色，有用罕达犴骨做成的杯子、筷子，鹿角做成的酒盅，犴子肚盛水煮肉、罕达犴筋缝制的鹿皮盛粮口袋，桦木、皮制的各种碗、碟等，如今瓷、铝、铁、塑料制品已广为使用。

服饰文化。鄂温克族服饰的原料主要为兽皮，大毛上衣斜对襟、衣袖肥大，束长腰带；短皮上衣、羔皮袄，是婚嫁或节日礼服，无论男女，衣边、衣领等处都用布或羔皮制作的装饰品镶边，穿用时束上腰带；喜爱蓝、黑色的衣服。皮套裤外面绣着各种花纹，天冷时穿在皮裤的外面；男子夏戴布制单帽，冬戴圆锥形皮帽，顶端缀有红缨穗；妇女普遍戴耳环、手镯、戒指或镶饰珊瑚、玛瑙，已婚妇女还要戴上套筒、银牌、银圈等。

民居文化。鄂温克比较古老的住房是"撮罗子"，呈圆锥形屋顶，高 3 m 左右，底部直径约 4 m，在外面围盖上桦树皮、兽皮即可住人。顶部留出通烟口。撮罗子搭制方便，至今仍为进山狩猎的鄂温克人使用。牧区鄂温克人以住"俄儒格柱"（蒙古包）为主，也住土房和板房。布特哈地区鄂温克族很早就实现了定居，并建有土木结构的住房。现在，随着经济的发展，鄂温克族牧民、猎民都实现了定居，许多人家建起了砖瓦房，住房内部结构和设施也在发生变化。马和摩托也已成为牧区鄂温克人使用的主要交通工具。

婚丧嫁娶。鄂温克族实行一夫一妻制和氏族外婚制，婚姻只能在不同氏族之间进行，同一氏族内禁止通婚，也与蒙古、鄂伦春、达斡尔等族通婚。各地鄂温克人婚礼方式有所不同，但都有送亲、迎亲、设婚宴、举行歌舞娱乐活动的内容，具有欢乐、祝福的气氛。

鄂温克族一般对死者实行殓棺土葬，举行送葬仪式。过去也曾有树葬和火葬、天葬习俗。同一氏族有共同的墓地；对已故长辈，子女要附孝，并在春节、清明节等举行扫墓、祭奠活动。

桦皮文化。鄂温克族的日常生活中，桦皮占有一定的位置，可称之为"桦皮文化"。其打猎、捕鱼、挤奶用的制品很多都是用桦皮制作的；餐具、酿酒具、容器、住房"撮罗子"、篱笆、皮船，甚至人死后裹尸都用桦皮制作。此外，鄂温克族许多服饰也是用桦皮制作，如桦树皮帽、桦树皮鞋等。各种桦树皮制品，尤其是桦树皮容器，除了轻便实用外，还配有花纹图案装饰。一般，妇女从7～8岁开始学习世代相传的雕刻、压印、绘画、拼贴等手艺，逐步产生了钻研技艺的热情，对器皿用具进行美术创作。图样多源于生产、生活之中，有花草、树木、山峰、虫鱼、石崖等模仿自然构图，具有独特的民族风格。

敬火文化。鄂温克族人敬火如神，在喝酒、吃肉前，先要向火里扔一块肉、洒上一杯酒，然后才能进食；举行结婚仪式时，新婚夫妇要敬火神；鄂温克族人对火还有许多禁忌，比如不许用带尖的铁器捅火，不许用水泼火，不许向火里扔脏东西，不许女人从火上跨过，不能用脚踩火等。

节庆文化。鄂温克族节日主要有祭敖包、阴历年和"米阔勒"节和瑟宾节等。祭敖包时要宰牛、羊作祭品，祈求人畜平安，每次敖包会上还要举行赛马、摔跤等活动。"米阔勒"节是生产节日，每年夏历五月下旬择日要给马烙印、剪鬃、割尾梢、去势、除坏牙，给羊剪耳记号等，并举行宴会。瑟宾节是鄂温克族的传统节日，意为"欢乐祥和"。每年的6月18日人们会身着盛装参加聚会，由酋长来主持节日，节日上会有抢银碗、赛马等各种竞技，以及祭拜火神，祭拜祖先的仪式，之后会围着篝火载歌载舞。

民间文学。鄂温克族的民间文学十分丰富，有历史传说、神话、故事、谚语、谜语等，生动感人，反映了现实的民族生活。如"人类来源的传说"对他们的迁徙历史、古代生活和自然景象都作了朴素的描绘和解释。当代著名作家有乌热尔图，代表作有《一个猎人的恳求》等。鄂温克族能歌善舞，民歌优美动听，风格独特，即景生情，即情填词。特别是牧歌和猎歌，表现了鄂温克族勇敢而质朴的性格。每逢年节或婚礼时，多由妇女跳"阿罕拜"、"爱达哈喜楞舞"、"哲辉冷舞"等鄂温克舞蹈，晚间围绕篝火跳"跳虎"和"猎人舞"等舞蹈。鄂温克人崇尚天鹅，以天鹅为图腾。天鹅舞是鄂温克族的民间舞蹈，鄂温克语叫作"斡日切"。妇女们闲暇时喜欢模仿天鹅的各种姿态，自娱而舞，逐渐演变成一种固定的"天鹅舞"。"扎恩达勒格"是鄂温克族山歌和小调类歌曲的总称。鄂温克族居民从青少年时即开展射击、跳高、跳远、撑杆跳、滑雪等运动。造型艺术有刺绣、雕刻、绘画等，喜在器皿上饰以多种花纹图案，并善于用桦皮作原料制成禽兽形状的儿童玩具。

信仰与标志。鄂温克族被誉为"森林之舟"，信奉萨满教和喇嘛教；因鹿善于奔跑，柔顺和美而具有神力，崇拜鹿能显灵，驱魔镇邪。温克人常以森林、大山、火、水作为民族的标志，象征着生机、活力和兴旺、发达。

（2）达斡尔族

达斡尔族意即"开拓者"，主要聚居在内蒙古自治区和黑龙江省。达斡尔族有自己独立的语言，无文字，达斡尔语是属阿尔泰语系蒙古语族的一个独立语支，与蒙古语族的其他亲系语支有许多共同的语法特点和相同、相近似的词汇，由于居住分散，达斡尔语形成了布特哈、齐齐哈尔和新疆三种方言，但语音、词汇、语法的差别不大，可以互相通话。

生产方式。 达斡尔族是北方地区经济文化最发达的少数民族，种植业以 4 牛牵引木架铁铧犁（达木嘎）耕地，种植燕麦、大麦、荞麦、稷子、谷子、黑豆等大田作物和饕苏子、胡麻等油料作物，在宅旁园田种植白菜、萝卜、瓜果及黄烟等；呼伦贝尔地区的达斡尔人多以牧业为主，定居放牧，传统木质"糯车"，轮高轻便，便于在山谷沟壑和沼泽地穿行；渔猎业是达斡尔族传统的生产活动。生产的貂、狐、猞狸、灰鼠等细毛皮张和鹿茸、麝香等贵重药材，畅销国内市场，尤以紫貂闻名中外。达斡尔人熟悉多种鱼的习性，捕鱼方法多，凿冰为洞，用网或钩捕鱼，尤具特色。

传统民居。 17 世纪以前，已结成村落，聚族而居，有雅克萨、多金、铎阵、阿萨金、兀库尔、吴鲁苏穆丹等坚固木城，村落多依山傍水，房舍院落修建整齐，多用红柳、桦木杆编织的篱笆围起来，屋脊突出，形似"介"字，内壁和大棚装饰着各种图案，大方雅观。达斡尔族的传统住房多以松木或桦木栋梁为房架，土坯或土垡为墙，里外抹几道黄泥，顶苫房草，二间、三间、五间不等。二间房以西屋为卧室，东屋为厨房；三间或五间的以中间一间为厨房，两边的为居室。房子一般都坐北朝南，注重采光，窗户多是达斡尔族房屋的一大特点。居室的南、北、西三面或南、东、北三面建有相连的三铺大炕，俗称"蔓子炕"。蔓子炕保暖性能好，是达斡尔人冬季不可缺少的取暖设施。达斡尔人的居室以西屋为贵。西屋又以南炕为上，多由长辈居住，儿子、儿媳及其孩子多居北炕或东屋，西炕则专供客人起居。炕面大都铺苇席或毛毡等。如今，随着经济的发展，生活条件的改善，砖瓦房正日益增多，不过，使用火炕等起居习俗仍深受达斡尔人的喜爱。

服饰与饮食。 达斡尔人男子夏穿布衣，外加长袍，用白布包头，戴草帽，冬戴皮帽。妇女穿长袍，不束腰带，不穿短衣。冬天男女皆穿寄卡米（皮靴），妇女穿以蓝色为主的长袍，夏日喜穿白袜、花鞋。冬季穿的靴子一般是用毛朝外的狗皮缝制，以狍脖子皮或牛皮制底，分别称作"奇卡密"和"塔特玛勒"。达斡尔男子春秋两季穿的狍皮袍长至膝，前面开衩，而冬季的狍皮袍则稍长些，扣子为铜制或用布条编结。达斡尔妇女喜爱刺绣，常在长袍和坎肩的襟边、领口、袖口等处配饰绣花或各种的图案的镶边；姑娘出嫁时，也穿上自做的绣花缎帮木屐。达斡尔族传统饮食，主食以荞面为主，副食包括肉、蔬菜和奶食三种。特色主食有巴达、午图莫（饼）、兴恩巴达（粥），常食用酸菜、咸菜、干菜及柳蒿菜、山葱、山芹菜、黄花等野菜。饮料有鲜、酸牛奶、奶酒、奶米茶，以及用稠李、山丁子、榛仁等磨合成粉的面糊。

娱乐文化。达斡尔族自古以来注重健体强身，是一个酷爱体育活动的民族，常见的体育项目有：射箭、赛马、摔跤、颈力、拉棍、放爬犁、棒打、寻棒、游泳、踢毽、滑雪、曲棍球、围鹿棋等。曲棍球达斡尔语称为"贝阔"和"颇列"，20世纪70年代中期，达斡尔族成立了第一支曲棍球队，推动了我国曲棍球事业的发展。达斡尔人至今还保留着鲜明的民族特色，有独特的民族歌舞，也产生了诸多优秀作家、歌唱家、演奏家、书画家、摄影家、雕塑家等文学艺术人才，形成了达斡尔族传统民间艺术群体，开创了达斡尔文化艺术的新天地。达斡尔族的民间口头文学、民间民谣、工艺美术、绘画雕刻等都十分发达。造型艺术工艺细致，造型生动，图案古朴典雅，风格清新秀丽，独具民族特色，表现了达斡尔人的审美情感和创造智慧。达斡尔人擅长制作桦树皮和柳编工艺品。烤烟和狍皮靴子的制作水平很高。

宗教信仰。达斡尔族人多信仰萨满教，是集自然崇拜、图腾崇拜和祖先崇拜之大成的原始宗教，供天神、山神、火神、河神、财畜神、祖神等，原来每个氏族都有自己的萨满主持宗教活动，少数人信仰喇嘛教。每年阳历五月，屯众杀牛或猪祭天、地、山、川诸神。每个家庭均有一个专司祭祀的萨满，除祈祷、祭鄂博（一种山神）外，甚至以巫术治病，届时要杀牛、羊，同时还要奉送许多食品，如奶皮、奶油及各种糕点。由于达斡尔族居住在多种文化交汇和过渡地带，加之历史文化独特，形成了多元化社会文化，达斡尔族的物质生活、民族文化和传统习俗所表现的正是农、牧、渔、猎多种文化兼容的特点。

民间文艺。达斡尔族民间文艺丰富多彩。已搜集的用满文拼写的达斡尔语手抄本中，有清代达斡尔文人阿拉布丹的《蝴蝶花的荷包》、《四季歌》、《戒酒歌》等数十篇优秀作品。叙事诗"乌春"、"民歌"、"扎恩达勒"和民间歌舞"鲁日格勒"（亦称"哈库麦"），"扎恩达勒"是类似山歌题材的民歌统称，高亢奔放，婉转悠扬；"雅德根"调是民间祭祀类歌曲，真实反映了达斡尔族的生产和生活，为人们所喜闻乐见。世代相传的民间美术、剪纸、刺绣、玩具等，是妇女们的手工艺品。

科技文化。契丹时代，达斡尔人在物候、天文、历法、医学等方面就有长足的进步，如《辽代史话》记载的"契丹算法"，早在11世纪初期就传入欧洲；达斡尔人能辨认植物的花、茎、果实或块根是否有毒，熟悉各种野兽的习性等。在医学领域，达斡尔人早已摸索出了一套行之有效的方法，如查形色、知病源的医道，继承温泉疗法，广用动物药材，推广内服麻醉剂"鬼代丹"等，成为祖国医学宝库的重要组成部分。

节庆文化。祭敖包是达斡尔族的传统节日。每年春秋，人们便杀猪宰牛做贡品置于敖包前进行祭典，祈求大自然诸神赐福人间，保佑氏族兴旺，粮丰人安。随着时代的变迁，祭敖包已被赋予了新的内涵。人们利用祭敖包的机会，进行物资交流、文艺表演、体育比赛等，成为达斡尔族传统的民族节日。其次，春节是一年中最盛大的节日，达斡尔人称春节为"阿涅"，春节期间，达斡尔男女都着盛装，杀年猪，打年糕，逐户拜年，妇女们互赠烟叶、奶皮、糕点和冻肉等礼物；年三十晚上，全家老幼燃"旺火"，初一拜早年、吃饺子等。达斡尔族也过中秋节，吃月饼。

（3）蒙古族

蒙古族是东北亚地区主要民族之一，人种属于纯蒙古人种，是黄色人种。蒙古人拥有自己的语言和文字，蒙古语属阿尔泰语系蒙古语族，有内蒙古、卫拉特、巴尔虎布利亚特、科尔沁四种方言。蒙古族在我国主要分布于内蒙古、新疆、青海、河北、云南、黑龙江、吉林、辽宁等省区。此外，蒙古国有喀尔喀蒙古人，俄罗斯有布里亚特蒙古人、卫拉特蒙古人、杜尔伯特蒙古人，阿富汗、伊朗等地的哈扎拉族蒙古人等。

宗教信仰。萨满教是蒙古人古老的原始宗教。萨满教崇拜多种自然神灵和祖先神灵。成吉思汗信奉萨满教，崇拜"长生天"。直到元朝时期，萨满教在蒙古社会占统治地位，在蒙古皇族、王公贵族和民间中仍有重要影响，流行的宗教还有佛教、道教、伊斯兰教、基督教等。蒙哥汗时期，蒙哥汗和皇族除信奉萨满教外，也奉养伊斯兰教徒、基督教徒、道教弟子和佛教僧侣，并亲自参加各种宗教仪式。元朝时期伊斯兰教徒的建寺活动遍及各地，基督教也受到重视和保护。但佛教的影响仅限于蒙古上层统治阶级，蒙古人大多信奉的仍然是萨满教。

16 世纪下半叶，蒙古土默特部阿拉坦汗迎进了宗喀巴的藏传佛教格鲁派，明清时期，藏传佛教在蒙古地区兴盛起来，但萨满教在东部地区以祭祀、占卜、治病活动形式幸存了下来。到清朝盛期，整个蒙古地区大造寺院，雕刻佛像，绘制壁画，铸造神像以及各种金属工艺随之发展起来，宗教气氛，风靡一时，喇嘛教在蒙古地区成了麻痹蒙古人民、驯服蒙古人的力量。

祭祀活动。主要包括：①祭腾格里，蒙古语意为"祭天帝"，即祭祀主宰一切自然现象的"上天"或"先主"；祭天帝"腾格里"是蒙古族人最重要祭典之一，分为以传统奶制品上供的"白祭"和以宰羊血祭的"红祭"两种祭法，近代东部盟旗的民间祭天活动，多在每年阴历的七月初七或初八进行。②祭火。蒙古人的祖先笃信具有自然属性和万物有灵观念的萨满教，认为火是天地分开时产生的，于是对"渥德噶赖汗·额赫"（火神母）更加崇敬。祭火分年祭、月祭。年祭在阴历腊月二十三举行，在长者的主持下将黄油、白酒、牛羊肉等祭品投入火堆里，感谢火神爷的庇佑，祈祷来年人畜两旺、五谷丰登、吉祥如意。月祭常在每月初一、初二举行。此外还有很多有关火的禁忌反映蒙古人对火的崇敬，如不能向火中泼水，不能用刀、棍在火中乱捣，不能向火中吐痰等。③祭敖包。

祭敖包是蒙古人自古流传下来的宗教习俗，在每年水草丰美时节举行。敖包是石堆意思。即在地面开阔、风景优美的山地高处，用石头堆一座圆形实心塔，顶端立系有经文布条或牲畜毛角的长杆。届时，供祭熟牛羊肉，主持人致祷告词，男女老少膜拜祈祷，祈求风调雨顺、人畜平安。祭祀仪式结束后，常举行赛马、射箭、摔跤等竞技活动。敖包祭是蒙古人为纪念发祥地额尔古纳山林地带而形成，表示对自己祖地的眷恋和对祖先的无限崇敬。这一信奉萨满教时最重要的祭扫仪式，现已演变成了一年一度的节日活动（赛音塔娜，2004）。

风俗礼仪。①敬茶：客来敬茶是一种高尚的蒙古族传统礼仪，牧民们招待客人，照例是先向贵宾献上一碗奶茶，接着主人又端上来炒米和一大碗一大碗的奶油、奶豆腐和奶皮子等奶制品。②敬酒：斟酒敬客，是蒙古族待客的传统方式。他们认为美酒是食品之精华，五谷之结晶，拿出最珍贵的食品敬献，是表达草原牧人对客人的敬重和欢迎。通常主人是将美酒斟在银碗、金杯或牛角杯中，托在长长的哈达之上，唱起动人的蒙古族传统的敬酒歌，宾客应随即接住酒，接酒后用无名指蘸酒向天、地、火炉方向点一下，以示敬奉天、地、火神，不会喝酒者可沾唇示意，表示接受了主人纯洁的情谊。接着穿戴民族盛装的家庭主妇端来清香扑鼻的奶酒款待客人，这也是蒙古族的传统礼节。③敬神：蒙古民族礼宴上的传统习俗。据《蒙古风俗鉴》描述，厨师把羊割成九个相等的肉块，"第一块祭天，第二块祭地，第三块供佛，第四块祭鬼，第五块给人，第六块祭山，第七块祭坟墓，第八块祭土地和水神，第九块献给皇帝"。祭天则把肉抛向蒙古包上方；祭地则抛入炉火之中；祭佛置于佛龛前；祭鬼置于包外；祭山则挂之于供奉神的树枝上，祭坟墓即祭本民族祖先，置于包外；祭水神扔于河泊，最后祭成吉思汗，置于神龛前。④待客：蒙古人自古以来以性情直爽、热情好客著称，对家中来客，不管常客还是陌生人，都满腔热忱。首先献上香气沁人的奶茶，端出一盘盘洁白的奶皮、奶酪。饮过奶茶，主人会敬上醇美的奶酒，盛夏时节还会请客人喝马奶酒，有些地区用手扒肉招待客人，接待尊贵的客人或是喜庆之日则摆全羊席。⑤尊老爱幼：蒙古人长幼有序，敬老爱幼。到蒙古包牧民家做客，见到老人要问安。不在老人面前通过，不坐其上位，未经允许不要与老人并排而坐，不直呼其名；对孩子和善、亲切，不大声斥责，更不能打孩子。⑥问候：蒙古人热情好客，见面要互致问候，即便是陌生人也要问好；平辈、熟人相见，一般问："赛拜努"；若遇长者或初次见面的人，则要问："他赛拜努"。款待行路人，是蒙古人的传统美德，但到蒙古人家里做客必须敬重主人。进入蒙古包后，要盘腿围着炉灶坐在地毡上，但炉西面是主人的居处，主人不上坐时不得随便坐。主人敬上的奶茶，客人通常是要喝的，主人请吃奶制品，客人不要拒绝。

饮食文化。蒙古人富有特色的食品很多，如烤羊、炉烤带皮整羊、手抓羊肉、大炸羊、烤羊腿、奶豆腐、蒙古包子、蒙古馅饼等。民间的燂毛整羊宴，也是蒙古传统宴客菜；

此外，还有熟烤羊、白菜羊肉卷、新苏饼、蒙古族风味小吃。

蒙古人除食用最常见的牛奶外，还食用羊奶、马奶、鹿奶和骆驼奶，其中少部分作为鲜奶饮料，大部分加工成奶制品，如：酸奶干、奶豆腐、奶皮子、奶油、稀奶油、奶油渣、酪酥、奶粉等十余种，可以在正餐上食用，也是老幼皆宜的零食。蒙古人的肉类主要是牛、绵羊肉，其次为山羊肉、骆驼肉和少量的马肉，在狩猎季节也捕猎黄羊肉。羊肉常见的传统食用方法就有全羊宴、嫩皮整羊宴、煺毛整羊宴、烤羊、烤羊心、炒羊肚、羊脑烩菜等70多种。最具特色的是蒙古族烤全羊（剥皮烤）、炉烤带皮整羊或称阿拉善烤全羊，最常见的是手抓羊肉。牛肉大都在冬季食用，有的做成全牛肉宴，更多的是清炖、红烧、做汤，有经验的厨师还善于把牛蹄筋、鹿筋、牛鞭牛尾烹制成各种食疗菜肴。

蒙古人每天离不开茶，除饮红茶外，几乎都有饮奶茶的习惯，每天早上第一件事就是煮奶茶，煮奶茶最好用新打的净水，烧开后，冲入放有茶末的净壶或锅，慢火煮2～3分钟，再将鲜奶和盐兑入，烧开即可。蒙古奶茶有时还要加黄油，或奶皮子，或炒米等，其味芳香、咸爽可口，是含有多种营养成分的滋补饮料。此外，蒙古人还喜欢将很多野生植物的果实、叶子、花都用于煮奶茶，煮好的奶茶风味各异，有的还能防病治病。大部分蒙古人都能饮酒，所饮用的酒多是白酒和啤酒，有的地区也饮用自制的牛奶酒或马奶酒。

蒙古民居。蒙古族传统的民居为蒙古包，古称“穹庐”，又叫“毡帐”。蒙古包呈圆形，四周侧壁分成数块，每块高1.2～1.6 m，长2.4 m左右，用条木编成网状，几块连接，围成圆形，上盖伞骨状圆顶，与侧壁连接；帐顶及四壁覆盖或围以毛毡，用绳索固定；西南壁上留一个木框，用以安装门框，顶留一个圆形天窗，以便采光、通风、排放炊烟，夜间或风雨雪天覆以毡。蒙古包分固定式和流动式两种。半农半牧区多建固定式，周围砌土壁，上用苇草搭盖。游牧区多为游动式，游动蒙古包式又分为可拆卸和不可拆卸两种，前者以牲畜驮运，后者以牛车或马车拉运。目前，随着蒙古族牧民生活方式的改变，多以平房定居为主。

节日盛典。那达慕大会是蒙古人民具有鲜明民族特色的传统活动，也是蒙古人民喜爱的一种传统体育活动形式。“那达慕”是蒙古语的译音，意为“娱乐、游戏”，以表示丰收的喜悦之情，每年农历六月初四（多在草绿花红、马壮羊肥的阳历七、八月）开始的那达慕，是草原上一年一度的传统盛会，或以嘎查（村屯）、苏木（区乡）为单位，或以旗县为单位举行。无论何种民族与宗教信仰的人，均可报名参加，也是蒙古民族在长期的游牧生活中，创造和流传下来的具有独特民族色彩的竞技项目和游艺、体育项目。

蒙古民间一年之中最大的节日相当于汉族春节的年节，亦称“白节”，传说与奶食的洁白有关，含有祝福吉祥如意的意思。节日的时间与春节大致相符。除夕那天，家家都吃手抓肉，也要包饺子、烙饼，初一的早晨，晚辈要向长辈敬“辞岁酒”。

歌舞文化。蒙古族传统音乐的发展与本民族的历史和文学的发展紧密相连，诗配以乐，歌含有诗，诗歌并存。蒙古族民歌内容丰富，题材广泛，数量浩瀚，按地域可分为东蒙民歌和西蒙民歌，按歌种可分为长调、短调、潮日、叙事歌、酒令、儿歌、摇篮曲、宗教歌曲"博"、歌舞曲"安代"、"浩都格沁"等。蒙古人最具特色的传统乐器为马头琴、四胡、口琴、蒙古筝等，传统的民族舞蹈有安代舞、顶碗舞、筷子舞、盅子舞、圈舞及萨吾尔登舞等。

服饰文化。蒙古族服饰包括长袍、腰带、靴子、首饰等，但因地区不同在式样上有所差异。科尔沁、喀喇沁地区的蒙古族妇女，多穿宽大直筒到脚跟的长袍，两侧开叉，领口和袖口多用各色套花贴边；锡林郭勒的蒙古族妇女，则穿肥大窄袖镶边不开叉的蒙古袍；布里亚特妇女，穿束腰裙式起肩的长袍；而鄂尔多斯的妇女袍子分三件：第一件为贴身衣，袖长至腕，第二件为外衣，袖长至肘，第三件无领对襟坎肩，钉有直排闪光纽扣。男子的服饰各地差别不大，春秋穿夹袍，夏季着单袍，冬季着棉袍或皮袍。腰带是蒙古族服饰重要的组成部分，用长三四米的绸缎或棉布制成，男子腰带多挂刀子、火镰、鼻烟盒等饰物。蒙古族靴子分皮靴和布靴两种，蒙古靴做工精细，靴帮等处都有精美的图案。佩挂首饰、戴帽是蒙古人的习惯。内蒙古及青海等地的蒙古族帽子顶高边平，里子用白毡制成，外边饰皮子或将毡子染成紫绿色作装饰，冬厚夏薄，帽顶缀缨子，帽带为丝质，男女都可以戴；巴尔虎、布里亚特蒙古族，男带披肩帽，女带翻檐尖顶帽，玛瑙、翡翠、珊瑚、珍珠、白银等珍贵原料使蒙古人的首饰富丽华贵。

蒙古摔跤服是蒙古服饰工艺。摔跤比赛服装包括坎肩、长裤、套裤、彩绸腰带。坎肩袒露胸部。长裤宽大。套裤上图案丰富，一般为云朵纹、植物纹、寿纹等。图案粗犷有力，色彩对比强烈。内裤肥大，用 10 m 大布特制而成。利于散热，避免汗湿贴于体表；也适应摔跤角力运动特点，使对手不易使用缠腿动作。套裤用坚韧结实的布或绒布缝制。膝盖处用各色布块拼接组合缝制图案，纹样大方庄重，表示吉祥如意。服装各部分配搭恰当，浑然一体，具有勇武的民族特色。

第2章　研究方法概述

2.1　保护区生态监测

2.1.1　相关概念内涵

（1）自然保护区

自然保护区的类型一般可以根据保护对象、保护性质、管理系统的不同而有不同的分类方法，概括起来有以下几种分类：

①根据自然保护区保护对象进行分类：具有代表不同自然地带典型的自然综合体及其生态系统或遭破坏亟待恢复和更新的同类地区；具有本国特产的或世界性珍贵稀有物种，或具有重要经济意义而濒于灭绝的生物种的地方；具有其他特殊意义的地区，如水源涵养地、岛屿（鸟岛、珊瑚礁）、地质剖面、冰川遗迹等自然遗产所在地，或具有科学教育和文化上有必要保护的地方；具有自然历史遗迹、名胜风景或革命历史圣地等所在地外围的自然环境和文化景观的地区。

②按自然保护区的性质和任务进行分类：自然保护区，是保护或恢复自然综合体和自然资源整体为主的地区，在其所划定的范围内，严禁生产经营性的活动，也称永久保护区；国家公园、自然公园，是属于保护或恢复自然综合体的一种保护区，同时又具有园林性的经营管理，可作为旅游场所，也可包括一定的自然风景区，以及名胜古迹。自然保护区属于禁猎区：包括禁猎区域、禁伐区域、禁渔区域、储备地、动物生卵场保护区和原野地等，它在一定时期内，规定保护和恢复某些特定的自然资源；原野地，一般指较偏的荒漠原野，很少有人为活动的影响，为长远考虑而划为保护区。

③按自然保护区管理系统进行分类：国家级，指由国家中央管理的保护区，如我国的四川卧龙、陕西佛坪及甘肃白水江自然保护区；地方级，指由省（区）、市、县管辖

的保护区。

保护区的不同类型和保护区内的分区都是为了明确日常保护经营管理的方针和措施。保护区的分区管理不能认为保护区就是综合性经营或属多种经营的管理区。明确自然保护区不同类型的作用，可以避免对保护对象采取不适当的措施而引起不应有的损失。必须强调的是，自然保护事业的范围远不限于保护区。自然保护区是保护、合理利用、监测和改造自然环境和自然资源整体的战略基地，是自然生态系统和生物种源的一个储备地，它像国家保护的历史文物一样，是国家保护自然历史遗产的重要设施，是当前建立保存各种主要自然生物群落的典型代表和特定的物种，使它不受任何干扰，供各方面长期的需要，是十分重要的储存库。自然保护区也是贯彻一个国家合理利用自然资源，特别是野生生物资源的方针和措施的样板。保护区对维护生态平衡、改善人类环境、保持水土、涵养水源起着积极的作用。

（2）自然保护区生态监测

自然保护区生态监测就是以自然保护区为监测对象，对各级各类生态系统的组分、结构和功能等要素开展的一系列观测和测量活动。目前，有关生态监测的概念，众多学者各持己见，但大多数学者认为：生态监测是指运用可比的方法，在时间和空间上对特定区域范围内生态系统或生态系统组合体的类型、组合要素及其生态系统结构和功能等进行系统测定和观测的过程，监测的结果用于评价和预测人类活动对生态系统的影响，为合理利用资源，改善生态环境和实施有效保护提供决策依据。

此外，有关生态监测的内涵还包括如下观点：

——生态监测是生态系统层次的生物监测。生态监测就是观测与评价生态系统对自然变化及人为变化所做的反应，包括生物监测和地球物理化学监测两个方面的内容（刘培哲，1989）。

——生态监测是比生物监测更复杂、更综合的一种监测技术。从学科发展上看，生态监测属于生物监测的一部分，但因它涉及的学科范畴远比生物学科要广泛、综合，因此可以把生态监测独立于生物监测之外。

——生物监测。就是系统地利用生物反应以评价生态环境的变化，并把生物反应信息应用于环境质量控制的程序之中。按照生物组学观点，生物对生态系统变化的反应，各层级水平上都有，但重点是在生态系统级上的反应。

——生态监测。利用生态系统各层次对自然或人为因素引起的环境变化的反应来判断环境质量，从而研究生命系统与环境系统的相互关系。凡是以生命系统为主进行的环境监测的方法和手段都可称之为生态监测（黄玉瑶，2001）。

目前，部分自然保护区生态监测已经建立了一种基于WSN、GPRS、GIS、GPS、数据库、红外夜视等技术，以嵌入式PDA为核心的自然保护区生态监测系统。该系统由三个层次组成：现场信息采集终端（分布在自然保护区中或者携带在动物身上）、信号处理和转发终端（各子观测点，接收并处理各现场信息采集终端发来的数据，并转发到科研所监控中心）、自然保护区监控中心（可了解整个自然保护区的生态信息情况）。这种生态监测系统实现了自然保护区生态环境信息的监测、动物活动路线及规律的跟踪监测、对特定区域出现的动物自动拍照以判断是否发现新的动物、火灾及病虫害等自然灾害监测，以及自然保护区林木防盗预警、电子巡护管理等功能的一体化、自动识别与管理。

2.1.2　生态监测内容

生态监测是在地球的全部或局部范围内观察和收集生命支持能力的数据，通过各种物理的、化学的和生态学原理的技术手段，对生态环境中的各个要素以及生态系统结构和功能进行监控和测试，并加以分析研究以掌握生态环境的现状和变化规律，达到有效保护生态环境，合理利用自然资源之目的。因此，生态监测主要包括如下内容：

（1）非生命成分监测

主要指各种生态因子的监控和测试，包括自然环境条件的监测（如气候、水文、地质、地貌、土壤等），以及物理、化学指标的异常（如大气污染、水体污染、土壤污染、噪声污染、热污染、放射性污染等）。

（2）生命成分监测

包括对生命系统的个体、种群、群落的组成、数量、动态的统计和监控，以及污染物在生命体中的量的测试等。

（3）生物与环境构成系统监测

包括对一定区域范围内生物与环境之间构成的生态系统组合方式、镶嵌特征、动态变化、空间分布格局等的监测。

（4）生物与环境相互作用及其发展规律监测

这种对生态系统的结构、功能进行的研究性监测，既包括自然条件下保护区内各生态系统结构、功能的监测，也包括生态系统干扰因素监测，以及恢复或重建方式监测。

（5）社会经济系统监测

社会经济发展是引起区域生态系统组分、结构和功能发生变化的主要影响因素，也是自然保护区当前所面临的主要威胁因素。因此，针对自然保护区的实际需要，重点开展如下监测：

①重要生态问题的发生面积及数量在时间和空间上的动态变化监测；

②各类资源开发活动所引起的生态系统组分、结构和功能变化的监测；

③环境污染对生态系统组成、结构和功能影响及其在食物链中传递的监测；

④受破坏或退化生态系统在治理中的生态平衡恢复过程监测；

⑤珍稀、濒危动植物物种的分布及其栖息地变化监测；

⑥生态退化、水土流失面积及其时空分布及其环境影响监测；

⑦人类活动对陆地生态系统组分、结构和功能的影响监测；

⑧水环境污染对水生态系统结构、功能的影响监测，包括农药、化肥、有机污染物、重金属等在土壤—植物—水体系统中的迁移、转化监测；

⑨生态系统优化治理模式的生态效应监测；

⑩各类各级生态系统中微循环过程、微量气体释放通量与吸收的监测。

2.1.3　生态监测的类型

自然保护区生态监测的类型依据不同的监测对象和监测尺度的差异，采取不同的监测技术，以达到不同的监测目的。

（1）按照监测对象的价值尺度划分

依据监测对象的价值尺度，可划分为城市生态监测、农村生态监测、森林生态监测、草原生态监测、荒漠生态监测等。这类生态监测的划分旨在通过生态监测获得关于各类生态系统生态价值的现状资料或数据、受干扰（特别是人类活动干扰）程度、系统承受影响的能力、发展趋势等。

（2）按照监测对象所涉及的空间尺度划分

依据监测对象所涉及的空间尺度，可划分为宏观生态监测和微观生态监测两类。其中，宏观生态监测是以微观生态监测为基础，而微观生态监测又以宏观生态监测为主导，二者相互独立，相辅相成，构成一个完整的生态系统监测网络。对于分布面积相对较小、生态问题相对单一的自然保护区而言，中小尺度的生态监测是常用的监测方法。

宏观生态监测是对区域范围内生态系统的组合方式、镶嵌特征、动态变化、空间分布格局等，在人类活动影响下的变化进行观察和测量。宏观生态监测的地域等级至少应在区域生态范围之内，最大可扩展到全球尺度，其监测手段主要依赖于遥感技术和地理信息技术的支持，监测所得到的信息多以图件的方式输出，以原有的自然本底图和专业图件等作为对照，科学评价其生态系统质量的变化；其次，也可以采用生态图技术、区域生态调查和生态统计等监测手段，实现生态系统各组成要素、系统结构和功能的监测。

微观生态监测是以大量的生态监测站（点）为工作基础，配合流动监测和空中监测，以物理、化学和生物学的方法，对生态系统各个组分进行属性信息提取，以达到监测目的。一般，每个监测站的地域等级最大可包括由几个生态系统组成的景观生态区，最小也应该代表单一的生态类型。

根据所监测的内容，微观生态监测又可分为干扰性生态监测、污染性生态监测和治理性生态监测三个方面。其中，

①干扰性生态监测是对人类特定的生产活动对生态系统的干扰情况进行监测，如草原过牧导致草场退化，造成草地生产力下降；森林退化，加剧区域水土流失等。

②污染性生态监测主要是针对农药、化肥、有机物及重金属等污染物在生态系统食物链中的传递、富集过程进行监测，如农药、化肥在土壤中的富集造成土壤板结的监测；水体中有机物的富集造成环境损害的监测等。

③治理性生态监测是对退化或破坏的生态系统，经人类治理后生态平衡恢复过程的监测，如水土保持工程的生态效益监测、沙漠化治理工程的生态恢复效果监测、湖泊水体修复监测等。

2.2　保护区生态监测指标

2.2.1　生态监测理论依据

生态学的重点是研究生物与环境之间的各种关系，特别是生态系统在人类活动干预下的各种运行机制及变化规律，现代生态学更注重解决全球面临的生态环境重大问题和经济社会发展中的众多生态问题，并在提倡走向可持续发展的今天正发挥着愈来愈重要的作用。在自然生态系统中，生物来源于环境，又不断地改变着环境，二者相互依存、相互补偿、协同进化，构成了完整的生态学基本理论，并且也成为生态监测的理论依据与核心。

（1）生物与环境的协同性构成生态监测的基础

按照生物进化理论，地球上多种多样的生物始于无机大分子的合成运动，是物质进化的结果。自然界产生生命的运动，主要包括天体运动，尤其是太阳辐射起了重要作用。生命的产生是地球各种物质运动综合作用的结果，即环境创造了生命，生命是适应这一环境的一种特殊的物质运动。

生命一经产生又在其进化过程中改变着环境，形成了生物与环境之间的相互补偿和协同发展的关系，植物群落的原生演替就是生物适应环境的表现。许多发展到"顶极"阶段的生物群落，都是从无到有、从低级到高级、从只有植物或只有动物到植物、动物并存。生物群落从低级阶段到高级阶段的发展，是小生境和物种多样性增大、群落结构和功能趋于相对稳定和完善的"顶极"进化过程。在这一过程中，环境由岩石裸地向着小生境增多的方向演变，生物的原生演替也是生物改变环境的过程和两者协同发展的过程。因此，生物的变化是一个组成部分，同时又可作为环境改变的指示或象征。生物与

环境的这种协同性，是开展生态监测的基础和前提。

（2）生物对环境的适应性使生态监测变为现实

生物对环境的适应性实际上就是各种生物能够很好地生活在适宜环境的现象。适应是普遍的生命现象，生物多样性就包括了生物对环境的适应性，即使在极端环境条件下，也有适宜的生物物种生存。一般，在一定的环境条件下，某一空间内的生物群落的结构及其内在的各种关系是相对稳定的，当存在人为干扰时，一种生物或一类生物在该地区内出现、消失或种群数量出现异常波动，这种变化都与环境的改变有着千丝万缕的联系，也是生物对环境变化适应与否的反映。同时，生物对环境的适应具有相对性，生物为适应环境变化而发生的某些变异，不是无限的，而是有一个适应范围，这种适应范围就是生物的生态幅，超过这个范围，生物就表现出不同程度的损伤特征。以生物群落结构特征参数，如物种多样性、物种丰富度、均匀度以及优势度和群落相似性等作为生态监测的表征，才能使生态监测变为现实。

（3）生物富集作用为环境污染监测提供了可靠依据

生物富集是指生物体或处于同一营养级上的许多生物种群，从周围环境中浓缩某种元素或难分解物质的现象，也称为生物浓缩。通过生物富集，某种元素或难分解物质在生物体内的浓度可以大大超过该种元素或难分解物质在环境介质中的浓度。如农药和某些人工合成化学物质等进入环境后，也必然被生物所吸收或富集，而且还会通过食物链在生态系统中传递和放大。当这种物质超过生物所承受的浓度后，将对生物乃至整个生物群落造成影响或损害，并通过各种形式表现出来。污染生态监测就是以此为依据，分析、判别各种污染物在环境中的行为和危害。

（4）生命的共同特征增强了生态监测结果的可比性

生态监测结果的可比性是因为生命具有共同的特征，如各种生物（除病菌和噬菌体外）都是由细胞构成的，并能进行新陈代谢和具有自我繁殖能力，对环境的改变都具有明显的感应性。这种共同特征决定了生物对同一环境因素变化的忍受能力都具有一定的可承受范围，即在不同地区的同种生物抵抗某种环境压力，或对某一生态要素的需求基本相同，也构成了生态监测结果可比性的基础。

2.2.2　生态监测基本要求

（1）样本容量必须满足统计学要求

因受到环境要素的复杂性和生物适应环境的多样性影响，生态监测结果的变异幅度往往很大，且不受人的意志所控制。因此，要使生态监测的结果准确、可靠，除了监测样地（点）设置具有典型性、代表性和采样方法科学、合理外，样本容量的大小要满足统计学要求，对监测结果原则上都需要进行统计学检验。否则，不仅浪费大量的人力、物力和财力，而且很容易得到不符合客观实际的监测结论。

（2）定期定点连续观测

生物的生命活动具有周期性特点，如生理节律、日（季节或年）、周期等变化规律。生态监测在方法上应实行定期、定点、连续观测，每次监测都要保持一定数量的重复，不能用一次监测结果作依据来判定或评价监测区的生态环境质量。因此，监测时间的科学性和一致性是保证监测结果具有可比性的先决条件。

（3）实施监测数据的综合分析

综合分析就是通过对诸多复杂关系的层层剥离，找出产生某种生态效应的内在机制及其必然性，以便对环境质量做出更准确的评价。一般，对生态监测结果，要依据生态学基本原理，既对监测结果产生的机理进行解析，也对干扰后生态环境状况对生命系统作用途径和方式以及不同生物间影响程度的具体判定。因此，运用综合分析评判法，实施多种影响因素耦合判别，可保证监测结果的真实性和可靠性。

（4）监测过程的专业性和科学性

生态监测涉及面广、专业性强，要求从事专业生态监测的人员必须娴熟掌握生物种类鉴定技术、生物学知识和野外生态学试验基本技能，掌握生态监测的基本试验方法、取样技术、仪器操作能力和监测数据的处理技术，熟悉环境法规、环境标准等技术文件，具有极其负责的职业态度，以保证监测数据的清晰、完整、准确，确保监测结果的客观性和真实性。

2.2.3 生态监测台站建设

（1）生态监测台站

在自然保护区的常规监测与保护管理中，必须建立适用于长期生态监测的野外台站和定点观测样地。一般，生态监测台站的选定包括以下几个方面：

①生态监测台站包括生态监测平台、野外生态监测站和长期定点观测样地三部分。

②生态监测平台必须以遥感与地理信息技术为支持条件，要具备较大容量的计算机和空间信息处理能力，是区域性、大尺度、宏观监测的工作基础。

③野外生态监测站必须以完整的室内分析检测仪器为支撑，并要具备计算机等相关信息的存储、运算与数据处理能力，以实现监测网络内的信息共享。野外生态监测站是微观生态监测的工作基础。

④长期定点观测样地是获取生态系统中气候、土壤、水文、植被、生物等生态要素长期、连续数据的场所，是研究生态系统结构、过程和功能演变动态规律，以及全面认

识生态系统本质的基地。长期定点观测样地是野外生态监测站的重要组成部分。

⑤野外生态监测样地的选定，必须考虑区域内生态系统的典型性、代表性和可控性。一般一个生态区域至少应设置一个野外长期固定监测样地。

（2）生态监测技术路线

生态监测计划的确立、监测方案的实施以及数据成果的应用，必须按照图 2.2.1 技术路线进行。

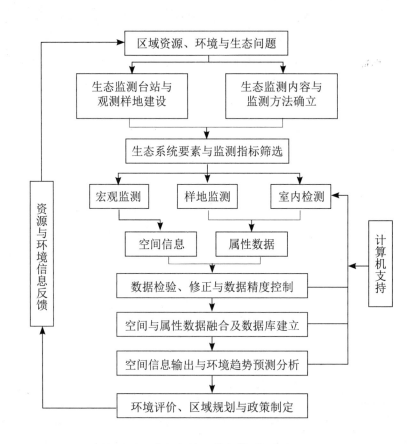

图 2.2.1　自然保护区生态监测技术路线图

2.2.4　生态监测指标体系

（1）生态监测指标选取原则

自然保护区生态监测指标体系的选择与确定是一项科学而复杂的工作，也是实施生态监测的前提和基础，因此，指标体系的选取必须要把握如下原则。

代表性原则。所确立的生态监测指标体系能够反映被监测的生态系统主要特征，能够表征主要生态环境问题。

敏感性原则。所确立的生态监测指标对特定的环境敏感，并以生态系统结构指标、功能指标为主，切实反映生态过程的变化。

综合性原则。在生态监测指标选取时，要综合考虑多种因素，确立多重指标，构建指标体系，综合并真实反映生态系统的生态环境问题。

可行性原则。生态监测指标体系的确立要反映区域特色，因地制宜，同时要便于量化操作，并尽量和以往的生态环境考核指标挂钩或关联。

简洁性原则。指标体系选定时，应从大量影响生态系统变化的因子中选取容易监测、针对性强、影响效果明显、能简明扼要地表达生态环境问题的指标，避免所建立的指标体系繁杂、臃肿。

可比性原则。所选取的生态监测指标必须能够量化，而且统一监测标准和监测方法，以保证监测数据具有可比性。

灵活性原则。对相同类型的生态系统而言，应综合考虑因时间或空间上的差异，所选取的生态监测指标在不同地区应用时能作相应调整。

经济性原则。所选取的生态监测指标，数据获得途径简洁、方便，并能用最廉价的监测手段或方法，取得最大量的信息。

阶段性原则。根据现有的装备水平、监测技术和监测能力，应首先考虑优先监测指标，待条件成熟或完善后，逐步加以补充，对已经确立的指标体系可分阶段实施。

协调性原则。大多数生态环境问题具有全球化或区域化特征，制定生态监测指标时，应尽量和"全球化环境监测系统"或"全国生态监测网络"所用指标相协调，以方便国内生态监测信息共享或国际间的技术交流与合作。

（2）生态监测指标体系

生态监测指标体系主要是指一系列能敏感、清晰地反映生态系统基本特征及生态环境变化趋势，并相互印证的项目。生态监测指标的选择，首先要考虑监测区域的生态类型、生态系统的完整性等。目前，随着科学技术的不断发展，以及扰动因素、污染物结构及污染途径的复杂性，传统的生态监测指标体系已无法适应现今对生态环境质量监测的要求，必须通过微观生态监测和宏观生态监测相结合的方式，构建生态监测网络，才能满足环境管理需求。

生态监测常规监测指标主要包括：非生命系统的监测指标、生命系统的监测指标、生态系统的监测指标、生态系统功能的监测指标、社会经济系统的监测指标 5 个方面。其中，

①非生命系统的监测指标

主要包括气候条件、水文条件、地质条件、地貌类型、土壤条件、化学指标、大气污染物、水体污染物、土壤污染物、固体废弃物、物理指标等。

——气候条件。包括气温、地温、风速、风向、大风日数、日照时数、太阳辐射强度、辐射量、降水量及其分布、蒸发量、空气湿度、大气干湿沉降等。

——水文条件。包括土壤水分、地下水位、径流系数、地表径流量、流速、水体泥沙含量、泥沙流失量及其化学组成、水温、水深、水体透明度等。

——地质条件。包括地质构造、地层、地震带、矿物岩石、滑坡、泥石流、崩塌、地面沉降量、地面塌陷量等。

——地貌类型。包括海拔高度、地面相对高差、坡向、坡度、地表起伏度等。

——土壤条件。包括土壤养分及有效态含量（N、P、K、S）、土壤结构、土壤颗粒组成、土壤温度、土壤 pH 值、土壤微生物量、土壤酶活性、土壤盐度、土壤肥力、土壤交换性酸、土壤交换性盐基、土壤阳离子交换量、土壤容重、孔隙度、透水率、饱和性含水量、凋萎含水量等。

——化学指标。应用环境化学分析技术主要对化学污染物进行监测，包括各种大气污染物、土壤污染物、固体废弃物等方面的监测。

——大气污染物。包括大气颗粒物、二氧化硫（SO_2）、氮氧化物（NO_x）、一氧化碳（CO）、碳氢化合物、硫化氢（H_2S）、氟化氢（HF）、过氧乙酰硝酸酯（PAN）、臭氧（O_3）等。

——水体污染物。包括水温、pH、溶解氧、电导率、透明度、水体颜色、嗅及感官性状、流速、悬浮物、浑浊度、总硬度、矿化度、侵蚀性 CO_2、游离 CO_2、总碱度、碳酸盐、重碳酸盐、氨氮、硝酸盐氮、亚硝酸盐氮、挥发酚、氰化物、硫酸盐、硫化物、氯化物、总磷、总氮、钾、钠、六价铬、总汞、总砷、镉、铅、铜、溶解铁、总锰、总锌、硒、铁、锰、铜、锌、银、大肠菌群、细菌总数、COD、BOD_5、石油类、阴离子表面活性剂、有机氯农药、六六六、滴滴涕、苯并 [a] 芘、叶绿素 a、总 α 放射性、总 β 放射性、丙烯醛、苯类、总有机碳等。

——土壤污染物。包括镉、汞、砷、铅、铜、镍、pH、阳离子交换量。

——固体废弃物。包括颗粒物、氨、硫化物、甲硫醇、臭气浓度、悬浮物、COD、BOD_5、大肠菌值，以及苯酚类、钛酸酯类、苯胺类、多环芳烃类、苯系物。

——物理指标。即应用环境物理计量技术针对能量污染的监测，包括噪声、振动、电磁波、热污染、放射性污染等的水平监测。

②生命系统的监测指标

主要包括生物个体、种群、群落 3 个层次的生态监测。生物个体的监测主要是针对生物个体大小、生活史、遗传变异、跟踪遗传标记等的监测。

——物种的监测。包括优势种、建群种、外来种、指示种、重点保护种、受威胁种、濒危种、对人类有特殊价值的物种、典型或具有代表性的物种等。

——种群的监测。包括种群数量、密度、盖度、频度、多度、凋落物量、年龄结构、性别比例、出生率、死亡率、迁入率、迁出率、种群动态、空间格局等。

——群落的监测。包括群落物种组成、群落结构、群落优势物种、生活型、生态型、群落外貌、季相特征、群落层片结构、群落空间格局等。

——生物污染监测。即应用环境生物计量技术主要监测由于人类的生产和生活活动引起的生物畸形、变种、受害症候及生态系统变化等。主要包括放射性、镉、六六六、滴滴涕、西维因、敌菌丹、倍硫磷、异狄氏剂、杀螟松、乐果、氟、钠、钾、锂、氯、溴等离子，以及镧、锑、钍离子、铅、钙、钡、锶、镭等，以及碘、汞、铀、硝酸盐、亚硝酸盐、灰分、粗蛋白、粗脂肪、粗纤维等。

③生态系统的监测指标

生态系统的监测主要是对生态系统的分布范围、面积大小进行统计，并在生态图上绘制各类生态系统的分布区域，然后分析生态系统的镶嵌特征、空间格局及动态变化过程。考虑到辉河国家级自然保护区生态系统类型，重点监测沙地樟子松疏林生态系统、沙地灌丛生态系统、草甸草原生态系统、典型草原生态系统、低湿地草甸生态系统、沼泽生态系统 5 类。监测内容包括：5 类生态系统分布范围、面积、分布格局、动态变化特征、健康状况等。

④生态系统功能的监测指标

生态系统功能的监测主要是针对生态系统的生产功能和生态功能进行动态监测。监测指标主要包括生产力监测指标和生态功能监测指标 2 类。

——生产力监测指标：包括生物生产量（初级生产力、净初级生产力、次级生产力）、生物量、生长量、呼吸量、物质周转率、物质循环周转时间、同化效率、生产效率、利用效率、生态承载力等。

——生态功能监测指标：包括水土保持能力、水源涵养能力、固碳释氧能力、生物多样性维持能力等。

⑤社会经济系统的监测指标

社会经济系统的监测主要针对自然保护区及其周边地区的社会、经济发展现状进行统计，旨在分析、评价不同扰动因素可能对自然保护区产生的影响或潜在影响。监测指标主要包括社会指标、经济指标和环境指标 3 类。

——社会指标：包括人口总数、人口密度、性别比例、出生率、死亡率、流动人口、工业人口、农业人口、城市人口、乡村人口、受教育程度、民族构成、城镇化率等。

——经济指标：包括 GDP 总量、农业产值、工业产值、社会服务业产值、人均 GDP、年人均收入、恩格尔系数、基尼系数、企业清洁生产比率等。

——环境指标：包括单位 GDP 能耗、单位工业增加值新鲜水耗、能源消费结构、主要污染物排放强度、固体废物处理率、污水处理率、环保投资比例、地表水环境质量等。

（3）优先监测的指标体系

在自然保护区生态监测实践中，优先监测指标体系必须满足对生态系统的生命支持能力进行评价的最基本的要求。优先监测指标具有以下特征：

针对性。生态系统的许多特征指标值具有比较固定、且随时间变化而周期性变化的特点，由于生态系统本身具有自我修复和恢复再生能力，系统对外界的有限变化具有较大的缓冲能力。因此，诸多指标不需要经常测定，只需间隔一定时间测定一次，来反映长时段、累积性变化。优先指标主要放在那些与生态系统本身改变或外界条件改变的作用力最大的因素有关的指标，比如与资源开发生态影响、环境污染或生态破坏相关的指标。

适时性。不同发展阶段，人类的干扰活动与强度不同，对生态系统所造成的压力也不同，导致生态系统演替过程、系统结构等各有差异。因此，优先监测指标的选择应视不同发展阶段、环境现状而定。

系统性。不同生态系统具有不同的特征指标，这就决定着不同生态系统又具有各自的优先监测指标。如水体透明度是水域生态系统的优先监测指标，植物群落结构是草原生态系统的优先监测指标，等等。

优先监测指标的确定原则是：

①当前受外力影响最大、可能改变最快的指标。主要是指自然生态系统，在外营力的作用或影响下，即人为活动的干扰、气候变化、环境污染等，打破原有的生态平衡，使系统发生位移或改变最快、对环境变化最为敏感的一类生态要素指标，如受区域经济开发强度影响的环境污染类指标、人口和经济状况指标、土地利用变化指标等。

②反映生态系统的生命支持能力的关键性指标。主要是指生态系统中具有生命的、对外界环境条件敏感的一类指标，如植物、动物、微生物等，包括个体、种群、群落三个层次，具体指标有生境状态与面积的改变、灾害发生频率与强度，人为破坏程度等。

③具有综合代表意义的指标。指能够反映生态系统结构、生态过程和生态功能的一类综合性指标，如区域工农业产量、生态系统生产力、资源利用效率等生态经济类指标。

当前，在我国自然保护区的常规性生态监测与保护管理中，可列入优先监测的指标体系主要包括如下几个方面：

①全球气候变暖所引起的生态系统或动植物区系位移的监测；

②珍稀濒危动植物物种的分布及其栖息地动态变化的监测；

③生态系统退化（草地退化与沙化、水土流失、土地沙漠化）面积及其时空分布与环境影响的监测；

④生态脆弱带面积及其时空分布与环境影响的监测；

⑤人类活动对陆地生态系统包括森林、草原、农田和荒漠等生态系统结构和功能的影响监测；

⑥水体污染对水生态系统（包括湖泊、水库、河流和海洋等）结构和功能的影响监测；

⑦主要污染物（包括农药、化肥、有机物、重金属）在土壤—植物—水体中的迁移、转化的监测；

⑧退化生态系统（水土流失区、沙漠化区和草原退化区）优化治理模式的生态恢复效应的监测；

⑨各类生态系统微量气体释放通量与吸收的监测。

2.2.5 辉河保护区优先监测指标

（1）优先监测指标构成

辉河国家级自然保护区是中国北方草原草甸类自然保护区，根据我国自然保护区优先监测指标的选择原则，辉河国家级自然保护区优先监测指标重点考虑区域自然环境要素、生态系统类型、生态系统结构、群落物种组成、生态系统现状、生态环境扰动因素等方面。从生态系统构成要素可分为非生命系统要素、生命系统要素和社会经济系统要素三大类，具体参见表2-2-1。

表 2-2-1 辉河国家级自然保护区生态监测指标体系

目标层	准则层	指标		指标单位	指标标识	数据来源
草原湿地长效生态监测	非生命系统	地貌	海拔高度	m	A_{11}	国家1:25万DEM高程图
			地貌类型	—	A_{12}	
			坡度	°	A_{13}	
		气候	年均温	℃	B_{11}	国家气象科学数据共享中心 http://cdc.cma.gov.cn
			≥10℃积温	℃/a	B_{12}	
			年均降水量	mm	B_{13}	
			无霜期	d	B_{14}	
		水资源	地表径流量	$m^3/$（$km^2 \cdot a$）	C_{11}	实地测定
			地表水资源量	m^3/a	C_{12}	统计年鉴
			地下水资源量	m^3/a	C_{13}	
		水环境	水体透明度	—	D_{11}	现场测试
			COD	mg/L	D_{12}	环境统计年鉴
			氨氮	mg/L	D_{13}	
		土壤性状	土壤类型	—	E_{11}	国家1:100万土壤类型图
			土壤质地	—	E_{12}	实验室分析测定
			土壤有机碳含量	%	E_{13}	
			土壤N、P、K含量	%	E_{14}	
			土壤容重	g/cm³	E_{15}	

目标层	准则层		指标	指标单位	指标标识	数据来源
生命系统	生命系统	群落	群落物种数量	种 /m^2	F_{11}	实地调查
			重要种所占比例	%	F_{12}	
			种群密度	株 /m^2	F_{13}	
			地表凋落物量	g / m^2	F_{14}	
			草层高度	cm	F_{15}	
			草群覆盖度	%	F_{16}	
			地上生物量	g /m^2	F_{17}	
		生态系统	生态系统面积	km^2	G_{11}	遥感影像解译获取
			净初级生产力	g/m^2	G_{12}	
			斑块数量	个	G_{13}	
			斑块面积	km^2	G_{14}	
			斑块连通度	—	G_{15}	
社会经济系统	社会经济系统	社会系统	人口数量	万人 / km^2	H_{11}	统计年鉴
			草食家畜饲养量	绵羊单位	H_{12}	
			自然灾害发生率	%	H_{13}	
			恩格尔系数	—	H_{14}	
			城镇化率	%	H_{15}	
		经济系统	GDP	万元	I_{11}	
			牧民年人均纯收入	万元 / 人	I_{12}	
			农牧业增加值所占比重	%	I_{13}	
			工业增加值所占比重	%	I_{14}	
			服务业增加值所占比重	%	I_{15}	
			矿产资源开采率	%	I_{16}	

（2）指标内涵释义

海拔高度。指研究区与海平面的高度差，通常以平均海平面作标准来计算，表示地面某个地点高出海平面的垂直距离。数据来源：基于研究区数字高程模型 DEM，1∶25万获取。

地貌类型。指具有共同特征和成因的地貌单元。一般包括山地、丘陵、山地和平原。数据来源：基于研究区数字高程模型 DEM，1∶25万获取。

坡度。指地表单元陡缓的程度，特指坡面的垂直高度和水平距离的比值。数据来源：基于研究区数字高程模型 DEM，1∶25万获取。

年均温。指研究区气象站点当年的每日平均温度的总和除以当年天数得到的该地方或该站点当年的年平均温度。数据来源：国家气象科学数据共享中心数据库（http://cdc.cma.gov.cn）。

≥10℃积温。指作物生长发育阶段内，日平均温度≥10℃时段的逐日平均气温的总和。计算公式为：$T=\eta \times D$，式中：D 为日平均温度≥10℃的天数，η 为平均温度≥10℃的日平均温度。数据来源：国家气象科学数据共享中心数据库（http://cdc.cma.

gov.cn）。

年均降水量。指研究区多年降雨量总和除以年数得到的均值，或研究区多个观测点测得的年降雨量均值。数据来源：国家气象科学数据共享中心数据库（http://cdc.cma.gov.cn）。

无霜期。指一年内在终霜日至初霜日之间为无霜期。数据来源：国家气象科学数据共享中心数据库（http://cdc.cma.gov.cn）。

地表径流量。指降水或融雪强度一旦超过下渗强度，超过的水量可能暂时留于地表，当地表贮留量达到一定限度时，即向低处流动，成为地表水而汇入溪流，这一过程称为地表径流，而此过程的水量称为地表径流量。数据来源：呼伦贝尔生态试验研究站径流场实地测定。

地表水资源量。指研究区在一定时段内由降水产生的地表径流总量。数据来源于当地统计年鉴或水资源调查报告。

地下水资源量。指研究区在一定时段内由于降水及其他补给源所形成的地下水量。数据来源于当地统计年鉴或水资源调查报告。

COD 浓度。指水体中化学需氧量，又称化学耗氧量的浓度，表示在强酸性条件下重铬酸钾氧化 1L 污水中有机物所需的氧量，可大致表示污水中的有机物量。数据来源于当地环境统计年鉴。

氨氮含量。指水体中以游离氨（NH_3）和铵离子（NH_4^+）形式存在的氮的含量。数据来源于当地环境统计年鉴或现场实测。

土壤类型。对照国家 1:100 万土壤类型图，分析确定研究区地带性土壤、隐域性土壤等具体类型。数据来源于国家 1:100 万土壤类型图和现场实测资料。

土壤质地。指土壤中不同大小直径的矿物颗粒的组合状况及比例构成。数据来源于现场取样与实验室分析测定结果。

土壤有机碳含量。指土壤有机质中碳的含量（SOC）。数据来源于现场取样与实验室分析测定结果。

土壤 N、P、K 含量。指土壤中 N、P、K 元素的实际含有量。数据来源于现场取样与实验室分析测定结果。

土壤容重。又称土壤密度，指单位体积自然状态下土壤的干重，是土壤紧实度的一个指标。数据来源于现场取样与实验室分析测定结果。

群落物种数量。指样地内单位面积不同植物的个数。能够较好地反映降水、草原的健康状况和土壤等自然条件，也能反映该草原利用和退化等情况，是评价草原健康状况的一个不可或缺的指标。数据来源于现场植被调查。

重要种所占比例。指研究区内重要种的数量与总物种数的比值。其中重要种指消失或削弱能引起整个群落和生态系统发生根本性变化的物种，重要种的个体数量可能稀少，但也可能多，其功能或是专一的，也可能是多样的。数据来源于现场植被调查。

种群密度。指种群在单位面积或单位体积中的个体数就是种群密度，是种群最基本的数量特征。数据来源于现场植被调查。

地表凋落物量。指生态系统内由生物组分产生，然后归还到地表面，作为分解者的物质和能量来源，借以维持生态系统功能的所有有机物质的总称，对生态系统碳循环、涵养水源和保持水土的功能具有重要影响。数据来源于现场植被调查。

草层高度。指草原植物自然生长的高度，可以反映草原的牧草生产状况，与草原利用方式关系较大，是测定草地生产状况的重要指标。数据来源于现场植被调查。

草群盖度（总盖度/群落盖度）。指植物基部的覆盖面积。对于草原群落，常以离地面 2.54 cm（1 英寸）高度的断面计算。数据来源于现场植被调查。

地上部生物量。指在单位面积的土地上植物当年光合生产的总重量。数据来源于现场植被调查。大面积地上生物量估测，可以通过遥感方法建立净初级生产力估测模型获得。

各类生态系统面积。指森林、草原、湿地、沙地等生态系统斑块面积。数据来源于遥感影像解译。

净初级生产力。指绿色植物在单位面积、单位时间内所累积的有机物数量，表现为光合作用固定的有机碳中扣除植物本身呼吸消耗的部分，这一部分用于植被的生长和生殖，也称净第一性生产力。数据来源于 MODIS 遥感影像解译。

斑块数量。景观中所有斑块或某一种斑块的数量。数据来源于遥感影像解译。

斑块面积。指景观中不同类型斑块的面积大小。数据来源于遥感影像解译。

斑块类型连通度。用来分析不同斑块类型的尺度依赖特点。其计算公式为：

$$CONNECT = 100 \left[\sum C_{ijk} / [N_i(N_i-1)/2] \right]$$

式中，CONNECT 为某景观斑块类型的连通度，C_{ijk} 为斑块类型 i 中的斑块 j 和斑块 k 的连接程度。N_i 为斑块类型 i 的斑块数量。数据来源于遥感影像解译。

人口数量。指一定时间和一定地区人口的总和，通常人口数量指的是人口规模。数据来源于当地国民经济统计年鉴。

草食家畜饲养量。指牛、羊、山羊、马、骆驼、家兔、鹿等草食家畜的年饲养头数。数据来源于当地国民经济统计年鉴。

自然灾害发生率。指研究区内每 10 年发生自然灾害的年数。A_m 表示第 i 年灾害 m 是否发生，只要研究区内有灾害 m 发生，则计为 1 次，否则为 0。数学表达式为：

$$P_m = \frac{10}{n} \sum_{i=1}^{n} A_m$$

恩格尔系数。指食品支出总额占个人消费支出总额的比重，表示生活水平高低的一个指标。恩格尔系数 =（食物支出金额 / 总支出金额）×100%。数据来源于当地国民经济统计年鉴。

城镇化率。指城镇人口占全部人口（人口数据均用常住人口而非户籍人口）的百分比，用于反映人口向城市聚集的过程和聚集程度。数据来源于当地国民经济统计年鉴。

地区国内生产总值。指在一定时期内，一个国家或地区经济中所生产出的全部最终产品和劳务的价值，是衡量一个国家或地区经济状况和发展水平的重要指标。数据来源于当地国民经济统计年鉴。

牧民人均纯收入。指牧区居民当年从各个来源渠道得到的总收入除以牧民人口数。牧民人均纯收入 =（牧民居民家庭年总收入－家庭经营费用支出－生产性固定资产折旧－税金和上交承包费用－调查补贴）/ 牧区居民家庭常住人口。数据来源于当地国民经济统计年鉴。

农牧业增加值所占比重。指研究区农林牧业的增加值占当年地区国内生产总值（GDP）的比重。数据来源于当地国民经济统计年鉴。

工业增加值所占比重。指研究区工业增加值占当年地区国内生产总值的比重。数据来源于当地国民经济统计年鉴。

服务业增加值所占比重。指研究区服务业增加值占当年地区国内生产总值的比重。数据来源于当地国民经济统计年鉴。

矿产资源开采率。指矿产开采面和采矿设施用地面积占土地总面积的百分比。数据来源于当地国民经济统计资料和遥感解译分析。

2.3　生态监测技术方法

2.3.1　地面气象要素监测方法

地面气象要素中常规指标的监测方法、监测频率，按照中央气象局编写，气象出版社 1979 年出版的《地面气象观测规范》中规定的方法进行。涉及大气干湿沉降物的分析，参照原国家环境保护总局主持编写，中国环境科学出版社 1990 年出版的《空气和废气监测分析方法》中规定的相关方法进行。

表 2-3-1　地面气象要素监测指标及方法

	监测指标	常规监测方法
常规监测指标	1. 空气温度、湿度,包括最高(低)气温、相对湿度	百叶箱干湿球温度表法
	2. 平均风速和最多风向	EL 型电接风向、风速计或达因式风向、风速计
	3. 降水量	雨量计或虹吸式雨量计
	4. 蒸发量	E601 型蒸发器
	5. 地面温度及浅层地温,包括地表最高(低)温度、离地 5、10、15、20 cm 地层温度	地面和曲管式地温表法
	6. 日照时数	暗箱式或聚焦式日照计法
选择性监测指标	1. 大气干湿沉降物及其化学组成	非接触型酸雨自动采样器(ARS-300)
	(1)电导率、pH 值	电极法
	(2)硫酸根离子	离子色谱法,改良硫酸钡比浊法
	(3)亚硝酸根离子	离子色谱法或盐酸萘乙二胺分光光度法
	(4)硝酸根离子	离子色谱法或紫外分光光度法
	(5)氯离子	离子色谱法或硫氰酸汞分光光度法
	(6)氟离子	离子色谱法或氟试剂分光光度法
	(7)铵离子	纳氏试剂分光光度法或吹氯酸 - 水杨酸分光光度法
	(8)钾、钠、钙、镁离子	原子吸收分光光度法
	2. 林间二氧化碳浓度	红外线二氧化碳浓度测定仪法

2.3.2　土壤及水文监测方法

(1)水文要素监测

　　水文要素中的地表径流、泥沙流失量等野外监测指标,可按照原水利电力部农村水利水土保持司主编,原水利电力出版社 1988 年出版的《水土保持实验规范》(SD 239-87)中规定的相关方法进行。水样采样及其化学成分实验室分析测试,按照原国家环境保护总局主持编写,中国环境科学出版社 1989 年出版的《水和废水监测分析方法》中规定的相关方法进行。

表 2-3-2　地面水文要素监测指标及方法

	监测指标	常规监测方法
常规监测指标	1. 地表径流量	径流小区法
	2. 地表径流水化学组成	
	(1)酸碱度	酸碱指示剂滴定或电位滴定法
	(2)总氮	过硫酸钾氧化 - 紫外分光光度法
	(3)总磷	钼锑抗分光光度法或氯化亚锡还原光度法
	(4)总钾	火焰光度法
	3. 地表径流水总悬浮物	过滤烘干法
	4. 地下水位	测杆法或自记式地下水位计法
	5. 泥沙流失量及其颗粒组成	径流小区法、吸管法

监测指标	常规监测方法
1. 泥沙化学成分	
（1）有机质	重铬酸钾法
（2）全氮	重铬酸钾 - 硫酸消化法
（3）全磷	钼锑抗比色法
（4）全钾	火焰光度法
（5）重金属	原子吸收法
2. 附近河水水质	与地表径流水分析项目和方法相同
3. 附近河流泥沙量	悬移质和推移质测定法

注：左侧合并单元格为"选择性监测指标"。

（2）土壤要素监测

土壤要素中样品采集、制备（风干样品应过 200 目土筛）和实验室理化分析，参照中国土壤学会农业化学专业委员会编写、科学出版社 1984 年出版的《土壤农化常规分析方法》和中国科学院南京土壤科学研究所编写、上海科技出版社 1979 年出版的《土壤理化分析方法》中规定的相关方法进行。

表 2-3-3　土壤要素监测指标及方法

监测指标	常规监测方法
1. 土壤有机质	重铬酸钾法
2. 土壤全氮含量	重铬酸钾 - 硫酸消化法
3. 土壤全磷含量	钼锑抗比色法
4. 土壤全钾含量	火焰光度法
5. 土壤水解氮	碱解蒸馏法或扩散吸收法
6. 速效磷	碳酸氢钠法或盐酸—氟化铵法
7. 速效钾	火焰光度法
8. 土壤 pH 值	电极法
9. 土壤阳离子交换量	EDTA- 铵盐快速法
10. 土壤交换性盐基及组成	Ca^{2+} 和 Mg^{2+} 原子吸收法、K^+ 和 Na^+ 火焰光度法
11. 土壤颗粒组成	吸管法
12. 土壤容重、土壤含水量	环刀法、环刀烘干称重法
1. 重金属残留量	原子吸收法
2. 农药残留量	气相色谱或液相色谱法
3. 土壤盐分含量	电导法
4. 沙丘状态及土壤风蚀率	实地观测法或土壤风蚀仪实测法

注：前 12 项为"常规监测指标"，后 4 项为"选择性监测指标"。

2.3.3　植物要素监测方法

（1）观测样地设计规范

陆地生态系统植物要素观测样地或观测场的设计必须遵从如下原则：1）保证每次取样的代表性；2）为了提高数据在时间序列上比较的精度，应尽可能满足观测和采样点布局在整个长期观测样地的相对稳定性；3）方便监测数据的数理统计检验；4）尽可能避免每次取样之间在空间上出现的偏移，加大人为误差；5）尽可能保护样地，使其破坏程度最小。

（2）群落最小面积确定

植物群落的最小面积是指基本上能表现出群落特征，如植物种类、群落结构等的最小面积。植物群落最小面积的确定，一般采用"种－面积曲线法"，具体操作过程是逐渐扩大样方面积，统计样方内出现的植物种数，并以植物种数为纵轴、样方面积为横轴，绘制种－面积曲线。随着样方面积的不断增大，样方内植物种数也逐渐增加，当样方面积增大到一定程度时，样方内植物种数呈现变缓趋势。通常把种－面积曲线陡度转折点所对应的样方面积，判定为群落最小面积。

辉河保护区地处我国北方干旱寒冷地区，一般落叶阔叶林和针叶林为 $200 \sim 400 \ m^2$，灌木幼林为 $100 \sim 200 \ m^2$，高大草本植物群落为 $25 \sim 100 \ m^2$，草原等低矮草本植物、小半灌木群落为 $1 \sim 2 \ m^2$。

（3）群落优势物种确定

群落优势物种是指对群落结构和群落环境的形成有明显控制作用的植物种，这些物种往往为个体数量多、盖度大、生物量高、生活力旺盛的植物种类。群落优势种对整个植物群落具有控制作用，群落层次不同，优势植物种类不同。一般，在草原植物群落中常有两个或两个以上优势种（陈佐忠等，2004）。优势种的确定常根据群落植物的数量特征及其在群落中所起的作用，即植物种的密度、盖度、频度、高度、生物量等多个指标综合判定，并通过重要值的大小来进行排序。

物种的重要值是物种相对密度、相对盖度、相对频度三者之和（宋永昌，2001），其计算公式分别为：

$$相对密度 \ D_r = \frac{D（某个物种的密度）}{\sum D_i（群落全部物种的总密度）} \times 100\%$$

$$相对盖度 \ C_r = \frac{C（某个物种的投影盖度）}{\sum C_i（群落全部物种的总投影盖度）} \times 100\%$$

$$相对频度 \ F_r = \frac{F（某个物种的频度）}{\sum F_i（群落全部物种的总频度）} \times 100\%$$

物种重要值 $IV = D_r + C_r + F_r$

（4）植物群落野外调查方法

植物群落野外调查常用的方法有样方法、样线法等（Cottam & Curtis，1994；董鸣，1996）。对于固定样地而言，植物群落野外调查多采用随机样方法，样方的大小应略大于群落的最小面积。一般，温带落叶阔叶林和针叶林样方面积为 20 m×30 m 或 30 m×30 m；灌丛或高大草本植物样方面积 4 m×5 m 或 5 m×5 m；草本植物或小半灌木样方面积 1 m×1 m。为尽可能减少野外取样误差，以获取相对准确的监测数据，最少取样样方数应与群落异质性呈正相关。一般，群落异质性越大，取样样方数要求越多。草原生态系统野外取样，最小样方数应保持 10 个以上（董鸣，1996）。

草原群落野外调查技术参照农业部 2006 年颁布的农业行业技术标准《草原资源与生态监测技术规程》（NY/T 1233-2006）和 2007 年颁布的《天然草原等级评定技术规范》（NY/T 1579-2007）中规定的相关方法进行。群落结构调查内容主要包括：群落物种组成、草层高度、草群覆盖度、株（丛）数、物种频度、地上部生物量等。其中，

群落物种组成。查验构成样地植物群落的所有植物种，并标明植物群落的建群种、优势种、可食牧草种类（优等、良等、中等、低等、劣等）、有毒有害植物，记录植物种名（拉丁学名、中文名称）、种数及株（丛）数等。

草层高度。测量样方内大多数植物枝条或草层叶片集中分布的平均自然高度。草层高度的计算公式为：$H = (\sum h_i)/N_i$，式中 $\sum h_i$ 为第 i 种被测植物个体高度之和，N_i 为第 i 种植物的个体数。

草群覆盖度。用目测法、样线针刺法、照相法等测量样方内所有植物的垂直投影面积占样方面积的百分比。其中，目测法是用目测方法估测 1 m² 样方内所有植物垂直投影的面积。样线针刺法是选择 30 m 或 50 m 刻度样线，每隔一定间距用探针垂直向下刺，若有植物，记作 1，无植物则记作 0，然后计算其出现的频率，即为草群覆盖度。照相法是通过垂直照相后，有计算机解译出植被类型，最后在透明方格纸上以植被覆盖占的方格数与总方格数之比来计算群落盖度。随着数字图像处理技术及数字摄影技术的快速发展，利用照相法测量群落盖度，已成为一种方便、快捷、精准的方法。

物种频度。采用 0.1 m² 的样圆（直径 35.68 cm）法测定，在所调查的样地中随机抛投 20 次，分别记录每次样圆中出现的植物种类，最后根据不同植物种出现次数计算其频度。记录样圆内的植物种时，无论是植株的全部还是部分在样圆内，均要进行记录，且只记录有或无即可（Chapman，1980；Mueller-Dombosis & Ellenberg，1986）。计算公式为：

$$频度\ F = （某种植物出现的样方数 / 调查样方总数）×100\%$$

地上部生物量。在样方植物种类组成调查时，采用齐地刈割法分种测定群落中物种的鲜草产量，然后，在风干或在 80℃烘箱内烘干至恒重后测定其干重。草本及矮小灌木

草原样方地上部生物量计算公式：

$$W = \sum_{i=1}^{n} W_i / S$$

式中，W 为草本及矮小灌木草原样方地上部生物量（g），W_i 为第 i 种植物地上部生物量（kg/m^2），n 为物种数，S 为样方面积（hm^2）。

调查灌木及高大草本植物群落时，应首先选择样地，并在样地内布设 100m^2 样方，调查内容及方法如下：

物种组成。记录 100 m^2 样方内 80 cm 以上高大草本植物和 50 cm 以上灌丛植物名称、利用价值等。

株丛数量。查验 100 m^2 样方内灌丛和高大草本植物株丛的数量。先将样方内灌木或高大草本按照冠幅直径的大小划分为大、中、小三类（当样地中灌丛大小较为均一，冠幅直径相差不足 10% ～ 20% 时，可不分类或只分大、小两类），并分别记数。

丛径测量。分别选取有代表性的大、中、小标准株各 1 丛，测量其丛径（冠幅直径）。

灌丛及高大草本覆盖面积。按圆面积计算，即某种灌木及高大草本覆盖面积 S = 大株丛面积（1 株）× 大株丛数 + 中株丛面积（1 株）× 中株丛数 + 小株丛面积 × 小株丛数。

灌木及高大草本覆盖总面积 = 各类灌木及高大草本覆盖面积之和

灌木及高大草本产草量计算。首先，分别剪取样方内某一灌木及高大草本植物大、中、小标准株丛的当年枝条并称重，得到该灌木及高大草本大、中、小株丛标准重量；然后，将大、中、小株丛标准重量分别乘以各自的株丛数，再相加即为该灌木及高大草本植物的产草量（鲜重）；将一定比例的鲜草装袋，并标明样品的所属样地及样方号、种类组成、样品鲜重、样品占全部鲜重的比例等，待自然风干后再测其风干重。最后，将样方（100 m^2）内的所有灌木和高大草本植物的产草量鲜重和干重汇总得到总灌木或高大草本产草量，并分别折算成单位面积的重量。在实际操作时，可视灌木及高大草本植物株型的大小只剪一株的 1/2 ～ 1/3 称重，然后折算为一株的鲜重。

样方总产草量计算。样方内总产草量包括草本及矮小灌木重量、灌木及高大草本重量。其计算公式为：总产草量 = 草本及矮小灌木产草量折算 ×（100 －灌木覆盖面积）/ 100 + 灌木及高大草本产草量折算。

表 2-3-4　植物要素监测指标及方法

	监测指标	常规监测方法
常规监测指标	1. 植物种类组成	样方调查与分类鉴定法
	2. 植物种群密度、频度、高度	样方调查实测法
	3. 群落或物种盖度	植物垂直投影法或垂直照相法
	4. 群落现存地上部分生物量	齐地面割样实测法或量算公式法
	5. 地表枯死凋落物量	水洗采集法或枯枝落叶回收器采集法
	6. 凋落物分解率	袋装分解称重法
	7. 地上部分生物量	齐地面割样实测法
选择性监测指标	1. 植物根系结构	分层取样，水洗分拣，游标卡尺实测法
	2. 根系生物量	水洗烘干称重法
	3. 植物营养成分、有毒成分	实验室仪器分析测定法
	4. 植物叶绿素含量	分光光度法
	5. 植物叶面积指数	植物叶面积测定仪或方格纸求积法
	6. 植物光合强度	便携式植物光合测定仪法
	7. 植被高光谱特征	便携式植被高光谱测定仪法

2.3.4　野生动物多样性监测方法

（1）啮齿动物种类与数量调查

啮齿动物种类与数量调查主要是在春夏秋三季啮齿动物活动高峰期开展，调查区域为主观测场和站区范围内的固定调查点，一般要连续观测一段时间。野外调查方法主要有夹日（捕）法、去除法（IBP 标准最小值法）和标志重捕法等。

夹日法。根据生境类型选择样地，确定样线，放置捕获器，据每日捕的动物种类数量以及丢失的捕获器来统计啮齿动物的数量。主要操作步骤：

①选用合适木板夹和诱饵，沿样线间隔为 5 m 放置一个木板夹，共放 50 个；同一样地连捕 3d，每隔 24h 检查一次；将捕获的啮齿类动物装入小布袋，扎紧口，并补充诱饵，重新置好翻踩的夹子，对缺失的夹子要在周围仔细查找，记录当日捕捉的啮齿动物种类与数量及丢夹数。

②沿线随机选择 10 个样点，进行环境要素调查。

③使用过的木板夹用水或来苏水消毒清洗、晒干，以备再次使用。

④ 捕获量结果计算：

$$D = \left[\sum_{i=1}^{m} M_i \middle/ \sum_{i=1}^{m} (150 - d_i) \right] \times 100\%$$

式中，D 为捕获率（%）；M_i 为第 i 块样地捕获动物总数（只）；d_i 为第 i 块样地丢失的夹数（个）；m 为总样地数（个）。

去除法（IBP 标准最小值法）。根据生境类型，选取适当的捕获样地和样方，根据每日捕获数与捕获累积数之间的关系，估算种群数量。主要操作步骤：

① 木板夹（或其他捕捉工具）以及诱饵，在 16 m×16 m 的网格点上放置夹子，每点相隔各 15 m，每点放置 2 个夹子，共放置 512 个夹子。正式调查前诱捕 3 d，然后正式捕捉 5 d，逐日检查，记录捕捉种类与数量。

② 以每日捕获数为纵坐标，捕获累积数为横坐标，绘制曲线，用线性回归法估计动物数量。

③ 将估计值 K 除以样方面积 5.76 hm^2 便可求得单位公顷内动物的绝对数量。但这种计算方法过高估计了绝对密度，因为样方周围的动物也被计算在内。

④ 可以通过以下方法消除边界的影响：16 m×16 m 棋盘网格布夹从里到外形成 8 层夹线，每层夹数的夹子数分别是 8、24、40、56、72、88、104、120 个，共 512 个，计算每层夹线捕获率（%）。

通常最外层夹捕最高，向内依次降低，夹捕率稳定在某一水平时的边界可以作为有效边界，以此估算单位面积绝对数量，这个绝对密度基本上消除了边界的影响。

（2）鸟类种类与数量调查

调查地点集中在森林、草原、湿地及河流、湖泊等长期观测的主观测场内或其附近相似群落内进行。时间和频度，一年中在鸟类活动高峰期选择数月进行观察，在每个观察月份中，确定数天进行连续观察，观察时段选在鸟类活动高峰期（早晨 6:00 ～ 9:00，傍晚 4:00 ～ 7:00）。常用的方法有：路线统计法、样点统计法、样方法。观测工具包括标记木桩或 PVC 管、带铃绳子（30 ～ 40 m）、计步器、望远镜和记录表等。

样带法（路线统计法）。根据主观测场的面积大小以及生境的代表性，确定样带长度和宽度进行鸟类种类和数量的观察。如果行进路线为直线，限定统计线路左右两侧一定宽度（25 m 或 50 m），以一定速度（如 2 km/h）行进，记录所观察到的鸟种类和数量，则可求出单位面积上遇见的鸟数。通常，用肉眼或合适倍数的望远镜观察，有条件的地方或在必要情形下可用数码相机拍摄观察的关键过程，返回基地后对鸟种类和数量进行核查。调查时值得注意的事项包括：①调查者的行进速度要一定，行进过程不间断，否则间断时间要扣除；②统计时要避免重复统计，调查时由后往前飞的鸟不统计，而由前向后的鸟要统计在内。

样点法（样点统计法）。根据地貌地形、海拔高度、植被类型等划分不同的生境类型。在每种生境或植被类型内选择若干统计点，在鸟的活动高峰期，逐点对鸟以相同时间频度（一般 5 ～ 20 min）进行统计。也可以点为中心画出一定大小的样方（如 250 m×250 m），进行相同时间的统计。样点应随机选择，样点的距离必须大于鸟鸣距离，观察手段与样带法相同。

"线-点"统计法。即简化的样点统计法。该统计法一般先选定一条统计路线，隔一定距离，如200 m，标出一统计样点，在鸟类活动高峰期逐点停留（如30 min），记录鸟的种类和数量，但在行进路线上不做统计。这种方法只是统计鸟的相对多度，可以了解鸟类群落中各种鸟的相对多度及同一种鸟的种群季节变化。

样方法。适用于鸟类成对或群居生活的繁殖季节，统计鸟种群或群落。在观察区域内，每个垂直带设置3～5个一定面积大小，如100 m×100 m或50 m×50 m的样方，用木桩或PVC管做标记。然后，对样方内的鸟或鸟巢全部记数，并定期（隔天或隔周）进行复查。如果样方内植被稠密，能见度差，可将样方分段进行统计。用样方法调查鸟类时需注意：1）对样点、样带、样线的调查线路、范围作永久标记，并按比例绘制植被、生境、鸟巢分布位置等的草图，便于核查和下次复查；2）记录其他说明资料，如周边建筑物、道路、河流、土地利用变化、自然灾害以及人为干扰等。

鸟类的统计方法，主要内容包括频率指数、种群密度、物种多样性指数和均匀度指数等。对于数量多、比较熟悉的鸟类、通常根据鸟鸣声判断其种类，根据鸣声丰度推断其数量，或通过望远镜观察其形态特征判断其种类和数量。必要时采用数码摄像机拍摄其活动过程，然后，通过综合分析来确定其种类。对于数量少、遇见频率低的鸟类，在上述判别方法的基础上，野外采集标本，带回走访当地长期居住，有经验的村民群众都有助于对不确定鸟类的鉴别。

①鸟类频率指数。用各种鸟类遇见的百分率（R）与每天遇见数（B）的乘积作为指数，进行鸟类数量等级的划分。鸟类频率指数计算公式：

$$RB = \frac{d}{D} \times \frac{N}{D} \times 100$$

式中，RB为某种鸟类的频率指数，R为遇见某种鸟类的区分率（R= d/D）；d为遇见该种鸟类的天数（天）；B为平均每天遇见的该种鸟类的数量（B= N/D），D为调查总天数（天），N为遇见该鸟的总数。若RB ＞ 500，则为优势种；200 ＜ RB ＜ 500，则为普通种；RB ＜ 200，则为稀有种（李海涛，2012）。

②鸟类物种密度。计算公式如下：

$$M = \frac{N_i}{2 \times (\sum d/n) \times L}$$

式中，M为第i种鸟类的物种密度（只/m²）；N_i为第i种鸟类在整个观察样带中的所有记录数（只）；d 为第 i 种鸟类距样带中线的垂直距离（m）；n 为第 i 种鸟类在整个样带中的出现次数；L 为整个调查样带的长度（m）。

③物种多样性指数（Shannon-Wiener 指数）。计算公式如下：

$$H' = -\sum_{}^{s}(P_i \log_2 P_i)$$

式中，S 为调查鸟类的物种数；P_i 为调查鸟类第 i 个种类的个体数与所有鸟类物种总个体数之比。

④均匀度指数（Pielou 指数）。计算公式如下：

$$J = H' / H_{max}$$

式中，J 为某物种均匀度指数，H' 为某物种多样性指数，$H_{max} = \lg S$（S 为物种总数）。

（3）大中型兽类种类和数量调查方法

大中型兽类的调查常采用样线调查法和访问调查法相结合的方法进行。样线调查法一般在所围样地的对角线上进行；访问调查法，一般在野生大中型兽类栖息地周边区域进行。主要调查工具包括：路线图、GPS、望远镜、木板夹、计步器、油性记号笔等。调查内容与方法包括：

大型兽种类调查。根据不同兽类的活动习性，分别在黄昏、中午、傍晚沿样地线以一定的速度匀速前进，控制在每小时 2 ～ 3 km，统计和记录所遇到的动物、尸体、毛发及粪便，记录其距离样线的距离及数量，连续调查 3 天，整理分析后得到种类名录。

中小型兽种类调查。每日傍晚沿一样线布放置木板夹 50 个，间隔为 5m，于次日检查捕获情况；对捕获动物解剖登记，同一样线连续捕获 2 ～ 3 天；整理分析得到种类名录。

种群特征描述，包括物种组成、种群数量、性别结构等。一般，物种组成可直接记录样方中出现的所有野生动物中文名和拉丁名，而数量则可用一定面积上的动物个数来表示。

（4）两栖爬行类动物种类和数量调查

针对两栖动物生存在于水环境的周边，爬行动物生存在郊外的树林及草丛中的大致生境，确定了本次调查的基本区域为辉河保护区东南部的沙地樟子松林区、高林温都尔湿地核心区、草甸草原核心区，以及辉河河流近岸与草原湖沼周边湿地、水体等地。两栖爬行类动物种类和数量调查主要采用样线调查法，即沿被调查地段（森林、草地、湖泊、河流等）的横截面分别布设 2 ～ 3 条样线（带），每条样线（带）长 1 ～ 2 km。采用目视遇测法（Visual encounter surveys）和鸣声计数法（Call surveys），对每条样线（带），在不同时间重复统计 2 次，并适当采集标本，同时在各个样线周围 10 m² 的大样方中，取 1m×1m 的小样方进行数量统计，并记录下当地的经纬度、海拔、时间、地点等，用专业的相机对动物，特别是两栖爬行动物拍照。另外，在野外实地调查的同时，为弥补野外调查的不足，还应采用半访谈式的方式，走访当地居民，并参照图鉴，逐个翻阅并问询被调查居民所掌握的相关信息，即居民平时在周边地区看到、听到的关于两栖爬行类动物的活动信息，以及数量的变化情况，并记录了解到的实际情况。

依据《内蒙古动物志（第二卷）》（旭日干，2001）的各物种特征形态特征描述、图鉴等判断及确认标本的种名；并依据《中国物种红色名录》（汪松、解焱，2004），确定物种的保护等级。

2.4　草原植被高光谱遥感监测

2.4.1　基础数据与影像

（1）基础数据

草原植被高光谱遥感监测所用的基础数据，主要包括 1：100 万《中国植被类型图》（侯学煜，1982）来源于中国科学院植物研究所；1：400 万数字化《中国植被类型图》（侯学煜，1982）来源于国家地理信息系统重点实验室；1：400 万《中国土壤质地图》（邓时琴，1986）来源于全国生态环境调查；覆盖呼伦贝尔的数字高程（DEM）模型（1：25 万）来源于全国生态环境调查。

（2）TM 影像数据

使用调查年份生长季（6—9 月）的 TM 影像数据作为基本信息源，来源于中国科学院遥感卫星地面站。参考 1：25 万土地利用图、1：100 万中国植被类型图、1：25 万数字高程图等资料，并配合地面调查，重点部位用 GPS 定位。GIS 技术作为支持，采用目视解译方法对经过增强处理的 7、4、3 波段合成的相片进行各种景观类型的提取、分析、编辑。

在数据处理过程中，首先对 TM 影像进行了几何精纠正和灰度值重采样，整个影像配准的误差小于 1 个像元。参考刘纪远（1996）在"中国资源环境遥感宏观调查"中提出的分类体系，将土地利用类型划分为六大类（林地、草地、耕地、建设用地、水域及未利用地）；再依据土地经营特点、利用方式和覆盖特征将其再分为 20 个小类。综合考虑景观中地貌、水文和植被状况，按照统一的分类标准进行信息提取与制图，数据以

Coverage 格式存储，最后绘制完成基于遥感影像的研究区内 1：10 万土地利用图。

（3）MODIS 影像数据

使用 EOS-Modis/Terra（https://lpdaac.usgs.gov/）中 16 天合成的 NDVI（归一化植被指数）数据，图像空间分辨率为 250 m，数据格式为 HDF，为 MODIS 陆地产品中的植被指数产品 MOD13。时间段为每年 4 月至 9 月研究区的 NDVI 数据，在 Envi 软件中经过矫正、合成、坐标和存储格式的转化以后，在 Arcmap 中按研究区域进行裁切，然后，在 ArcMap 的 Spatial analyst 模块下的 cell statiscs 命令中求出整个生长季 NDVI 最大值的分布格局图。

利用所建立的计算植被覆盖度 Modis 光谱模型和像元分解模型，以及计算地上干物质量的 Modis 光谱模型和改进的光能利用率模型，基于 MODIS-NDVI 栅格图计算每年最大植被覆盖度和生物量。

对比分析野外实测的 ASD NDVI 和 MODIS NDVI 之间的关系时，MODIS-NDVI 的提取按照地面实测样地数据记录的经纬度坐标信息，提取相应点的遥感影像中的 NDVI。为克服像元影像坐标偏移及边缘畸变的影响，若地面样地中 5 个样方的经纬度点落到 2 个以上像元中或位于像元边缘，则取像元的影像像元值的平均值作为每个大样地的 NDVI 值（典型样地中 30 个样方地理坐标也随机选分布均匀的 5 个点），以减少"点对点"资料带来的偏差。

2.4.2　植被高光谱及相关参数测定

（1）植被光谱测定

使用美国 ASD 公司的 Fieldspec 3 光谱辐射仪进行草地植被光谱测定，视场角 25°，光谱范围：350～2 500 nm；采样间隔为 1.4 nm（350～1 000 nm 区间）和 2 nm（在 1 000～2 500 nm 区间）；数据间隔：1 nm，观测时传感器垂直向下，距离冠层 0.5 m，每隔 10～15 分钟用白板进行校正。为减少太阳辐照度的影响，选择天气状况良好，晴朗无云，风力较小，太阳光强度充足并稳定的时段，野外光谱测量的时间在 10:00—15:00。

每个 1m×1m 样方测量高光谱数据 5 组，用数据线连接光谱仪和 GPS，每组数据中带有地理坐标和海拔高度。为获取植被覆盖度和生物量数据，每个小样方测完光谱后，用数码相机垂直于地面，距离冠层 0.5 m 拍照，然后将植物沿地面齐剪下称其鲜重，并用布袋取回，放入烘箱内，80℃恒温烘干 10～12 小时后称其干重，将每个样方对应的光谱数据编号和照片编号、样方生物量数据以及样方植被描述等详细记录。

（2）草原植被盖度提取方法

采用在样方上方垂直照相法进行草原植被盖度提取，由于垂直照相属中心投影，相片四周变形较大，因此在计算机测算相片植被覆盖度前，先切除了相片的边缘部分，即当相片横着摆放时，左右两边分别平行地截除掉 1/5 的长度、上下两边分别平行地截除掉 1/8 的长度，相片剩余的中心部分用于进行植被覆盖度的计算机测量。

在 ERDAS（9.1）处理照片过程中，使用 Modeler 命令完成，将照片转变为灰度值，然后与原照片比较，找出植物与非植物部分临界点，将照片转化为 0、1 的黑白图，统计分析植物部分占整个分析区域的比例，得到每张照片也就是每个小样方的植被覆盖度。

2.4.3 高光谱数据提取 NDVI 方法

在 ViewSpec pro 软件（Version 5.6）中求取实测光谱曲线的近红外波段（0.841 ~ 0.876 μm）和红光波段（0.620 ~ 0.670 μm）的光谱反射率平均值，基本步骤：首先在 Process 选 Reflectance/Transmittance 命令将默认存储的辐射度光谱数据转化为光谱反射率，然后再在 Process 选 Lambda Integration 求取与 MODIS 近红外波段和红光波段一致的光谱反射率平均值。同时，根据试验记录结果，计算每个 1m×1m 样方对应的 5 个光谱数据的 NDVI 值，求取每个小样方对应的 5 个 NDVI 均值。

在野外样方数据采集过程中，由于每张植被投影照片对应 1 个植被覆盖度、1 个地上干物质量以及 1 个 NDVI 均值，为了使地面试验结果应用于高空遥感影像，按 GPS 记录的地理坐标信息，将每个样地的植被覆盖度、地上干物质量和实测 NDVI 均值求均值，用于建立预测植被覆盖度和地上干物质量的地面光谱模型和 MODIS 光谱模型。

2.4.4 地面遥感测产模型构建

（1）地面光谱 NDVI 与产草量关系模型

利用数学回归分析，建立不同样条样地上采集到的地面光谱 NDVI 数据与野外样方实测产草量间的回归模型。在建立回归模型时，分别选择一元线性函数、二元多项式函数、三元多项式、指数函数等四种拟合方程进行模型优化，然后，根据回归模型的曲线拟合精度决定其最优数学模型表达式。相应的模型表达式分别为：

一元线性函数表达式：$y = b_0 + b_1 x$

二元多项式函数表达式：$y = b_0 + b_1 x + b_2 x^2$

三元多项式函数表达式：$y = b_0 + b_1x + b_2x^2 + b_3x^3$

指数函数表达式：$y = b_0\, e^{b_1 x}$

式中，y 为产草量；x 为地面光谱 NDVI；b_0、b_1、b_2 和 b_3 为常数项。

（2）地面光谱 NDVI 与 MODIS NDVI 关系模型

选取与地面测定相应时间段的 250 m 分辨率的 MODIS NDVI 数据，在 Arc/INFO 9.2 上提取每个样地点所对应像元的 NDVI 值，并和地面样点采集的地面 NDVI 进行回归分析，建立 MODIS NDVI 与地面光谱 NDVI 的回归方程。

（3）模型精度检验

选用均方根误差（RMSE）和平均相对误差（MRE）进行精度检验，具体计算公式为：

$$RMSE = \sqrt{\sum_{i=1}^{n}(y - y')^2 / n}$$

$$MRE = \left(\sum_{i=1}^{n}\left|(y - y')/y\right|\right)/n$$

式中，y 为实测产草量；y' 是利用回归方程预测的产草量；n 为样本数。

附表 1：草原生态系统生物野外观测记录表

附表 1-1　样地生境要素调查记录总表

样地名称：＿＿＿＿＿＿＿＿

调查人：＿＿＿＿＿＿＿＿　　　　调查面积：＿＿＿＿＿＿＿＿m²

调查日期：＿＿年＿＿月＿＿日至＿＿月＿＿日

天气情况：＿＿＿＿＿＿＿＿＿＿＿＿＿＿＿＿＿＿

审核人：＿＿＿＿＿＿＿＿　　　　审核日期：＿＿年＿＿月＿＿日

植被类型：＿＿＿＿＿＿＿＿＿＿＿＿＿　群落名称：＿＿＿＿＿＿

群落郁闭度：＿＿＿＿　群落高度：＿＿＿＿m　群落优势种：＿＿＿＿＿＿

群落生长特征：＿＿＿＿＿＿＿＿＿＿＿＿＿＿＿＿＿＿＿＿＿＿＿＿

群落分层结构状况：＿＿＿＿＿＿＿＿＿＿＿＿＿＿＿＿＿＿＿＿＿＿

土壤类型：＿＿＿＿＿＿＿　土层深度：＿＿＿＿＿＿＿

地面覆盖（％）：＿＿裸露＿＿基岩、砾石＿＿＿凋落物＿＿＿草群＿＿其他＿＿＿

土壤 pH：＿＿＿＿＿＿＿

土壤有机碳：＿＿＿＿＿（g/kg）土壤全氮：＿＿＿＿＿土壤全磷：＿＿＿＿＿（g/kg)

土壤侵蚀状况：＿＿＿＿＿＿＿＿＿＿＿＿＿＿＿＿＿＿＿＿＿＿＿＿

＿＿＿＿＿＿＿＿＿＿＿＿＿＿＿＿＿＿＿＿＿＿＿＿＿＿＿＿＿＿＿

水分状况：＿＿＿＿＿＿＿＿＿＿＿＿＿＿＿＿＿＿＿＿＿＿＿＿＿＿

＿＿＿＿＿＿＿＿＿＿＿＿＿＿＿＿＿＿＿＿＿＿＿＿＿＿＿＿＿＿＿

人类活动（事件描述、影响程度）：＿＿＿＿＿＿＿＿＿＿＿＿＿＿＿＿

＿＿＿＿＿＿＿＿＿＿＿＿＿＿＿＿＿＿＿＿＿＿＿＿＿＿＿＿＿＿＿

动物活动（主要种类、影响程度）：＿＿＿＿＿＿＿＿＿＿＿＿＿＿＿＿

利用方式和利用强度：＿＿＿＿＿＿＿＿＿＿＿＿＿＿＿＿＿＿＿＿＿

样地及其周围管理、保护措施：＿＿＿＿＿＿＿＿＿＿＿＿＿＿＿＿＿＿

＿＿＿＿＿＿＿＿＿＿＿＿＿＿＿＿＿＿＿＿＿＿＿＿＿＿＿＿＿＿＿

备注：

附表 1-2 土壤剖面特征记录表

调查地点：_____

调 查 人：_____

审 核 人：_____

天气情况：_____

调查日期：_____年_____月_____日至_____月_____日

审核日期：_____年_____月_____日

剖面环境条件	地形		海拔	
	坡度		坡向	
	母质			
	排灌条件			
	侵蚀类型			
	主要植被			
	地下水		水位	
			水质	

土壤剖面性态描述	发育层次深度/cm	A₀		
		A		
		…		
	颜色	干		
		湿		
	结构			
	新生体	类别		
		形态		
		数量		
	干湿度			
	紧实度			
	pH			
	石灰反应			
	容量			
	根系			

土壤机械组成	土壤剖面深度/cm					
	编号					
	各粒径（mm）土粒含量/%	>2.0（石砾）	2.0~0.2	0.2~0.02	0.02~0.002	<0.002
		>1.0（石砾）	1.0~0.25	0.25~0.05	0.05~0.01	0.01~0.005
		0.005~0.001	<0.001			
	质地名称					

附表 1-3　　草地植物种类组成调查记录表

样地名称：＿＿＿＿＿＿＿＿　　　　样方号：＿＿＿＿＿＿＿＿

群落高度 /cm＿＿＿＿＿＿＿　　　　样方面积：＿＿m×＿＿m

采样方法和采样工具：＿＿＿＿　　　群落盖度 /%：＿＿＿＿＿＿

群落立枯干重 /g：＿＿＿＿＿＿　　　群落凋落物干重 /g：＿＿＿

调查人：＿＿＿＿＿＿＿＿　　　　　调查日期：＿＿＿ 年 ＿＿＿ 月 ＿＿＿ 日至 ＿＿＿ 日

天气情况：＿＿＿＿＿＿＿＿　　　　水分状况：＿＿＿＿＿＿＿＿

审核人：＿＿＿＿＿＿＿＿　　　　　审核日期：＿＿＿ 年 ＿＿＿ 月 ＿＿＿ 日

中文名	物候期	盖度 /%	株（丛）数	多度	生活型	平均高度 /cm		活体鲜重 /g	活体干重 /g	备注
						叶层		生殖枝		

＊：指频度小样方的面积。

附表 1-4　　乔木层每木调查记录表

样地名称：＿＿＿＿＿＿＿＿

群落郁闭度：＿＿＿＿＿＿＿　　　　II 级样方面积：＿＿m×＿＿m

层高度：T_1＿＿m，T_2＿＿m，T_3＿＿m

层盖度：T_1＿＿%，T_2＿＿%，T_3＿＿%

调查人：＿＿＿＿＿＿＿　　　　　　调查日期：＿＿＿ 年 ＿＿＿ 月 ＿＿＿ 日至 ＿＿＿ 日

天气情况：＿＿＿＿＿＿＿　　　　　水分状况：＿＿＿＿＿＿＿＿

审核人：＿＿＿＿＿＿＿　　　　　　审核日期：＿＿＿ 年 ＿＿＿ 月 ＿＿＿ 日

树号	II 级样方号	中文名	拉丁名	物候期	胸径 /cm	高度 /m	枝下高 /cm	冠幅 /(m×m)	生活型	备注

附表 1-5 灌木层植物种类组成与种群特征调查记录表

样地名称：＿＿＿＿＿＿＿＿

II 级样方面积：＿＿m×＿＿m   调查样方面积：＿＿＿＿＿m×＿＿＿＿＿m

层高度：S_1＿＿m，S_2＿＿m   层盖度：S_1＿＿%，S_2＿＿%

调查人：＿＿＿＿＿＿   调查日期：＿＿年＿＿月＿＿日至＿＿日

天气情况：＿＿＿＿＿＿   水分状况：＿＿＿＿＿＿

审核人：＿＿＿＿＿＿   审核日期：＿＿年＿＿月＿＿日

调查样方号	II 级样方号	种号	中文名	拉丁名	物候期	株（丛）数	多度	平均高度 /cm	盖度 /%	平均基径 /cm	生活型	备注

附表 1-6 草本层植物种类组成与种群特征调查记录表

样地名称：＿＿＿＿＿＿＿＿

II 级样方面积：＿＿m×＿＿m   调查样方面积：＿＿＿＿＿m×＿＿＿＿＿m

草本层高度：H＿＿＿＿＿m   草本层盖度：H＿＿＿%

生物量采样点总体布局：＿＿＿＿＿＿＿＿＿＿＿＿＿＿＿＿

生物量采样方法和采样工具：＿＿＿＿＿＿＿＿＿＿＿＿＿＿＿＿＿

根生物量取样深度：＿＿＿＿＿＿cm

调查人：＿＿＿＿＿＿   调查日期：＿＿年＿＿月＿＿日至＿＿日

天气情况：＿＿＿＿＿＿   水分状况：＿＿＿＿＿＿

审核人：＿＿＿＿＿＿   审核日期：＿＿年＿＿月＿＿日

调查样方号	II 级样方号	种号	中文名	拉丁名	物候期	株丛数	多度	高度 /cm	盖度 /%	生活型	地上部生物量 /g		地下部生物量 /g		备注
											鲜根	根重	鲜根	根重	

注：（1）采样点总体布局：给出采样样方（点）布置的方法及其依据；

（2）采样方法和采样工具：对地上部和地下部的采样方法分别进行说明；地下部采样如采样根钻法，需要对根钻钻头的规格、各采样点的取样点数及其布置进行说明。

附表 1-7　植物种频度调查记录表

样地名称：＿＿＿＿＿＿＿＿

乔木调查样方面积：＿＿＿＿＿ m²　　调查方法：＿＿＿＿＿＿

灌木调查样方面积：＿＿＿＿＿ m²　　调查人：＿＿＿＿＿＿

草本调查样方面积：＿＿＿＿＿ m²　　调查日期：＿＿＿年＿＿＿月＿＿＿日至＿＿＿日

天气情况：＿＿＿＿＿＿＿　　　　　水分状况：＿＿＿＿＿＿＿

审核人：＿＿＿＿＿＿＿　　　　　　审核日期：＿＿＿年＿＿＿月＿＿＿日

种号	中文名	拉丁名	样方编号											频度值	备注
			1	2	3	4	5	6	7	8	9	10	…		

附表 1-8　凋落物现存量调查记录表

样地名称：＿＿＿＿＿＿＿＿

调查样方面积：＿＿＿＿＿ m²　　　调查方法：＿＿＿＿＿＿

调查人：＿＿＿＿＿＿＿　　　　　　调查日期：＿＿＿年＿＿＿月＿＿＿日至＿＿＿日

天气情况：＿＿＿＿＿＿＿　　　　　水分状况：＿＿＿＿＿＿＿

审核人：＿＿＿＿＿＿＿　　　　　　审核日期：＿＿＿年＿＿＿月＿＿＿日

调查样方号	II 级样方号	干重/g								备注
		枝	叶	花果	皮	苔藓地衣	杂物	倒木	立枯木	

附表 1-9　主要动物种类名录

样地名称：＿＿＿＿＿＿＿

填表人：＿＿＿＿＿＿　　　　　　填表日期：＿＿＿年＿＿＿月＿＿＿日至＿＿＿日

天气情况：＿＿＿＿＿＿＿

审核人：＿＿＿＿＿＿　　　　　　审核日期：＿＿＿年＿＿＿月＿＿＿日

动物类别	中文名	拉丁名	保护级别

附表 1-10　鸟类调查记录表（样线法或路线统计法）

调查地点：＿＿＿＿＿＿＿

路线长：＿＿＿＿＿m　　路线宽：＿＿＿＿＿m　　行进速度：＿＿＿＿＿km/h

调查工具：＿＿＿＿＿＿＿＿＿＿＿＿＿＿＿＿＿＿＿＿＿＿＿

样地生境描述：＿＿＿＿＿＿＿＿＿＿＿＿＿＿＿＿＿＿＿＿

天气情况：＿＿＿＿＿＿＿＿＿＿＿＿＿＿＿＿＿＿＿＿＿＿

调查人：＿＿＿＿＿＿　　　　　　调查时间：＿＿＿年＿＿＿月＿＿＿日至＿＿＿日

审核人：＿＿＿＿＿＿　　　　　　审核日期：＿＿＿年＿＿＿月＿＿＿日

起始时间	中文名	拉丁名	遇见数量 / 只	调查人	备注

第3章　植被分布及多样性

3.1　植被分区特征

3.1.1　呼伦贝尔植被区划

植被是指某一地区植物群落的总和。植物群落是在一定地段上的植物组合，它具有均匀的种类组成和垒结，在植物之间、植物与环境之间存在着一致的相互关系。植物群落应该是在自然情况下或栽培情况下，植物在一定地段中的任何结合，这个植物结合具有一定的优势层片结构，反映着植物生态习性和生活型的共同性，并且在植物之间以及植物与环境之间具有一定关系的相互作用特征（侯学煜，1960）。植被具有很强的地域性，但世界上的自然群落是各地迥异的。植被分区的理论是基于植被的地理分布规律性，主要包括植被的纬度地带性、经度地带性和垂直地带性。除了三种地带性规律以外，还应考虑地貌、土壤、局部气候以及水文状况等因素与植被分布的关系（侯学煜，1964）。

根据 2006—2010 年呼伦贝尔地区野外植被调查所获得的各项资料，参照《内蒙古植被》（内蒙古植被编辑委员会，1985）和《中国呼伦贝尔草地》（潘学清等，1991）等文献，将呼伦贝尔地区的自然植被划分为 3 个植物区、3 个植物省、4 个植物州，其植被分区系统和各级分类单位如下：

（1）欧亚针叶林植物区

    1）大兴安岭山地北部针叶林植物省

        ①大兴安岭北部山地植物州

（2）东亚夏绿阔叶林植物区

    2）东北夏绿阔叶林植物省

②大兴安岭西东麓植物州

（3）欧亚草原植物区－亚洲中部亚区

3）蒙古高原草原植物省

③大兴安岭西麓植物州

④蒙古高原东部植物州

3.1.2　呼伦贝尔植被分区特征

（1）欧亚针叶林植物区

欧亚针叶林植物区是一个分布面积广大、植物区系成分相对简单的植物区，主要分布于北纬 45°～70° 的寒温带地区，即从挪威向东伸延，经瑞典、芬兰、俄罗斯和西北利亚，穿越白令海峡，一直到达北美阿拉斯加和加拿大地区。东西横贯欧亚大陆和北美的北部地区，在地域上形成了一条完整的针叶林地带。植被特点是以针叶林占优势，主要植物种类有落叶松（*Larix spp.*）、松（*Pinus spp.*）、云杉（*Picea spp.*）、冷杉（*Abies spp.*）等。

在我国境内，欧亚针叶林植物区集中分布于新疆的阿尔泰地区和内蒙古的大兴安岭山地北部地区，是欧亚针叶林区东南边缘的一个植物地理区域，也是我国针叶林分布面积最大的一个植物地理省，俗称寒温性针叶林区或泰加林区。其中，大兴安岭北部山地是我国分布面积最大的一个植物地理省。植被分区属于大兴安岭山地北部针叶林植物省、大兴安岭北部山地州。植物区系特点主要属于东西伯利亚（达乌里）分布型，植被组成以兴安落叶松（*Larix gmelinii*）占优势的明亮针叶林为主，并伴生有红皮云杉（*Picea koraiensis*）和黑桦（*Betula dahurica*），此外，还有樟子松林、蒙古栎林、白桦林等次生林，林下常见灌木和草本植物有越橘（*Vaccinium Vitis-Idaea*）、东方铃兰（*Convallaria majalis*）、圆叶鹿蹄草（*Pyrola rotundifolia*）、林地早熟禾（*Poa nemoralis*）、地榆、无芒雀麦（*Bromus inermis*）、茅香（*Cymbopogon spreng*）等泛北极成分，以及蒙古栎（*Quecus mongolica*）、胡枝子、线叶菊、贝加尔针茅等东亚植物成分和达乌里—蒙古成分，群落植物种类具有明显的过渡带特征。

（2）东亚夏绿阔叶林植物区

东亚夏绿阔叶林植物区分布于北纬 30°～50° 的温带地区。由于冬季落叶，夏季绿叶，所以又称"夏绿林"。该区域气候特点是：一年四季分明，夏季炎热多雨，冬季寒冷干燥。乔木树种都具有较宽的叶片，叶上通常无或少茸毛，厚薄适中。芽有包得很紧的鳞片，树干和枝丫也有很厚的树皮，以适应冬季寒冷环境的结构。东亚落叶阔叶林是以温带夏绿阔叶林和针阔混交林为优势植被的植物省，也是我国北方温带地区的主要森林植被类型，组成这种群落的乔木多数为冬季落叶的阳性阔叶树种，林下灌木也是冬季落叶的种类，草本植物冬季地上部分枯死或以种子过冬，因此冬季整个群落处于休眠状态。春季重新长出新叶，群落季相变化非常明显。

在呼伦贝尔地区，东亚阔叶林植物区主要属于东北夏绿阔叶林植物省、大兴安岭西东麓州，集中分布于大兴安岭东麓的 4 个旗市，地形特点为大兴安岭东麓山前丘陵，平均海拔 250 ～ 500 m，土壤类型为暗棕壤，地带性植被是以蒙古栎为建群种的温带夏绿阔叶林，植物区系以东亚成分占主导，如大果榆（*Ulmus macrocarpa*）、榛子（*Corylus heterophylla*）、野古草（*Arundinella hirta*）等，此外，还有达乌里—蒙古成分，如线叶菊、贝加尔针茅、羊草、叉分蓼（*Polygonum divaricatum*）、草木樨状黄芪（*Astragalus melilotoides*）等，以及日阴菅、冰草等。

（3）欧亚草原植物区－亚洲中部亚区

欧亚草原区是世界上草原分布面积最大的区域。该区的分布范围：西起欧洲多瑙河下游（东经 28°），东达我国松辽平原（东经 128°），北以南泰加林为界（北纬 56°），往南一直延伸到我国的青藏高原（北纬 28°）。空间上，呈连续带状往东延伸，经东欧平原、西西伯利亚平原、哈萨克丘陵、蒙古高原，直达中国东北的松辽平原，东西绵延近 110 个经度，构成地球上最宽广的欧亚草原区。根据区系地理成分和生态环境的差异，欧亚草原区可区分为 3 个亚区，即黑海—哈萨克斯坦亚区、亚洲中部亚区和青藏高原亚区。

呼伦贝尔草原位于欧亚草原区的东段，并与蒙古国境内的草原区、内蒙古境内的草原区共同构成亚洲中部草原亚区的主体部分，是温带半湿润地区向半干旱地区过渡的一种地带性植被类型。植被特征由低温旱生多年生草本植物（有时为旱生小半灌木）组成的植物群落为主，主要建群植物除针茅属的光芒组外，禾本科赖草属的羊草、菊科线叶菊属的线叶菊也是达乌里—蒙古分布型的草原建群植物种，是蒙古高原东部草原区的典型代表植物，反映了优势植物区系与区域水热关系的组合。

呼伦贝尔草原植被地理区划属于欧亚草原植物区－亚洲中部亚区、蒙古高原草原植物省，靠近大兴安岭山地外围低山丘陵地段属于大兴安岭西麓州，位于蒙古高原东部、呼伦贝尔草原西部地区属于蒙古高原东部州。其中，前者植物区系虽以草原成分为主，但也明显地表现草原区系与森林区系交错的过渡带特征，并具有达乌里—蒙古型山地森林草原区系的复杂性。后者，以高平原为主，地形开阔平坦，局部有石质丘陵、台地和河谷低地。气候具有大陆性半干旱气候的典型特征。植被以大针茅、羊草占优势的典型草原，向西逐步演替为克氏针茅 (*Stipa krylovii*)、糙隐子草、冷蒿为主的丛生禾草、蒿类半灌木草原。

3.1.3 辉河保护区植被分区特征

辉河国家级自然保护区植被地理区域属于欧亚草原区－亚洲中部亚区、蒙古高原草原植物省、大兴安岭西麓植物州的一个重要组成部分。区域地理特点处于大兴安岭山地向呼伦贝尔高平原的过渡区域，区内地形起伏，河流湖沼水系发育充裕，地带性草原和低湿地草甸面积广大，群落植物种类相对丰富，植物区系成分以蒙古成分、达乌里－蒙古成分、戈壁－蒙古成分、哈萨克斯坦－蒙古成分为主，并与相邻地区的植物区系保持着一定联系。

辉河自然保护区境内的草原植被是以达乌里－蒙古成分为主的贝加尔针茅、羊草及线叶菊占优势为特征，并由这些建群种分别形成了生态差异比较显著的丛生型禾草草原、根茎型禾草草原和直根型杂类草草原，并在保护区境内的低山丘陵地和波状高平原上构成了一种相对稳定的植被生态序列。草原植被群落物种组成中，除针茅属光芒组的贝加尔针茅、大针茅占优势外，禾本科的隐子草属 (*Cleistogenes* L.)、冰草属 (*Agropyron* L.)、溚草属 (*Koeleria* L.)、赖草属 (*Leymus* L.) 的不少种也是辉河自然保护区境内草原的恒有成分，多为重要优势植物种，而羊茅属 (*Festuca* L.)、鹅观草属 (*Roegneria* L.)、银穗草属 (*Leucopoa* L.) 等科属植物在靠近山地草原植被中具有重要作用。许多杂类草种属的作用，因地形特征的不同而变异较大，其中菊科 (Asteraceae)、豆科 (Leguminosae)、蔷薇科 (Rosaceae)、毛茛科 (Ranunculaceae)、伞形科 (Umbellales)、十字花科 (Cruciferae)、石竹科 (Caryophyllaceae)、唇形科 (Lamiaceae)、玄参科 (Scrophulariaceae)、桔梗科 (Campanulaceae)、百合科 (Liliaceae)、鸢尾科 (Iridaceae) 等植物种类相对丰富，重要的植物属有线叶菊属 (*Filifolium Kitamura*)、蒿属 (*Artemisia* L.)、委陵菜属 (*Potentilla* L.)、岩黄芪属 (*Hedysarum* L.)、扁蓄豆属 (*Pocockia* L.)、狗哇花属 (*Heteropappus* Less.)、唐松草属 (*Thalictrum* L.)、柴胡属 (*Bupleurum* L.)、沙参属 (*Adenophora* Fisch.)、葱属 (*Allium* L.)、鸢尾属 (*Iris* L.)、麦瓶草属 (*Silene* L.) 等。在草原沙地或草原退化地段，灌木、半灌木和小半灌木类较为发达，如冷蒿、差巴嘎蒿、光沙蒿 (*Artemisia oxycephala*) 等，小灌木锦鸡儿属 (*Caragana Fabr.*) 中的种类在沙地中所起的作用较为突出，既是沙地先锋植物，也是优良的固沙植物。

此外，在辉河国家级自然保护区东南部的固定沙地上，还分布有高大乔木－沙地樟子松，构成了半干旱半湿润区草原植被的一个特殊生态类型，并在空间分布上与黑沙土上发育着的线叶菊、贝加尔针茅草甸草原有着密切的联系，构成一幅森林和草原相结合的异型景观。沙地樟子松林是山地樟子松林的延续，在辉河流域乃至哈拉哈河上游一带的固定沙地上多为纯林，郁闭度 0.5 左右，成年林树高约 10 ～ 15 m；由此往西，樟子松林郁闭度则逐渐下降，并成为疏林或孤树，直到最后由沙地灌木、小灌木或半灌木所替代。沙地樟子松林草地的土壤多为黑沙土或疏林沙土，地表一般覆盖一层厚 3～5 cm 的松针、树皮、球果残落物等植物残体，土壤腐殖质层明显，但发育不充分，相对于其他类型沙地而言，樟子松疏林沙地土壤水分含量相对较好，也为林下草本植被的发育奠定了良好的水肥条件。

辉河两岸泛洪地带、草原湖泊周边低地以及地下水位相对较高、地势低平且常年积水或季节性积水的地段，土壤潮湿、水分相对充裕，而且土层比较深厚，有机质含量比较丰富，土壤生草化过程明显，肥力较高，在此地段发育的土壤类型主要有典型草甸土、草甸黑土、潜育草甸土、盐化草甸土等。植被类型大多为低湿地草甸、沼泽草甸等耐水湿植被，植物群落种类组成十分丰富，群落植物基本的地理区系成分大多属于北半球温带植物区系，其中绝大多数建群种和优势种是泛北极成分、古北极成分和欧亚大陆温带地区广布种，如无芒雀麦、草地早熟禾 (*Poa pratensis*)、看麦娘 (*Alopecurus aequalis*)、假苇拂子茅 (*Calamagrostis pseudophragmites*)、老芒麦 (*Elymus sibiricus*)、黄花苜蓿 (*Medicago falcata*) 等。在土壤含盐量相对较高的盐湿地上，大多分布有地中海成分，如芨芨草、多根葱、细叶鸢尾 (*Iris tenuifolin*) 等。一般，低湿地草甸植被的建群种以禾本科植物的作用最为突出，单位面积内的植物种数也最多；其次，是莎草科植物，如苔草、三棱草等；构成低湿地草甸植被的植物层片主要是根茎禾草层片、疏丛禾草层片、根茎苔草层片和杂类草层片。

在辉河两岸的河滩地或湖沼泛水地等常年积水地段，一般水深在 20～80 cm，土壤多为腐殖质沼泽土。由于土壤水分常年呈饱和状态，生态条件相对均一，变幅不大，在植物区系组成中耐水湿的广布种相对较多。特别是一些沼泽生境，水分补给来源充裕，加之地势地平，地表、地下排水困难，土壤微生物分解作用缓慢，多有利于泥炭层的积累，导致土壤通气性较差。植被组成中多以耐水湿的莎草科（Cyperaceae）、禾本科（Poaceae）和香蒲科（Typhaceae）的挺水植物为主，如芦苇、香蒲 (*Typha orientalis*) 等；其次，为眼子菜科（Potamogetonaceae）、水麦冬科（Juncaginaceae）、天南星科（Araceae）等植物种类。植物生活型以多年生草本植物占优势，个别地段着生有柳等湿生灌木。植被生态类型基本上是属于湿生和水生植物。

3.2　草原植被分类

3.2.1　植被分类系统

中国近代植被分类始于 20 世纪 30 年代（Hu Hsenhsu, 1933），1960 年侯学煜在《中国的植被》一书中第一次系统地对中国植被进行了分类，并提出了群落综合特征的植被分类学方法，即根据植物群落的生态外貌、区系组成和生境特征进行群落分类。1980 年，吴征镒在《中国植被》一书中，参照国外一些地植物学派的分类原则和方法，明确提出了中国植被分类的植物群落学原则或植物群落学—生态学原则，即以植物群落本身的综合特征作为植被分类依据，群落的种类组成、外貌和结构、地理分布、动态演替等特征及其生态环境在不同的等级中均作了相应的反映。主要分类单位分为三级：植被型（高级单位）、群系（中级单位）和群丛（基本单位）。每一个等级之上和之下又各设一个辅助单位和补充单位。其中，高级单位的分类依据侧重于植物群落的外貌、结构和生态地理特征，中级和中级以下的单位则侧重于植物群落的种类组成。

此后，周以良在《中国大兴安岭植被》（1991）和《中国小兴安岭植被》（1994）中继承了《中国植被》的分类原则，但略有不同。植被高级分类单位依据群落的外貌或生态地理等特征，群落分类的依据是群落的植物种类组成，以优势种（或建群种）作为划分的标准，有时还要参考植物群落标志种。

表 3-2-1　中国植被基本分类系统

等级	基本分类系统	备注
高级单位	植被型组（Vegetation type group）	高级辅助单位
	植被型（Vegetation type）	
	植被亚型（Vegetation subtype）	高级补充单位
中级单位	群系组（Formation group）	中级辅助单位
	群系（Formation）	
	亚群系（Subformation）	中级补充单位
基本单位	群丛组（Association group）	基本辅助单位
	群丛（Association）	
	亚群丛（Subassociation）	基本补充单位

中国植被分类系统的基本特征概括如下：

植被型组：植被型的辅助单位。植物群落中，凡建群种生活型相近，且群落外貌相似的植物群落联合称为植被型组。这里的生活型是指较高级别的生活型，如针叶林、阔叶林、草原、荒漠等。

植被型：在植被型组内，把建群种生活型（一级或二级）相同或相似，同时对水热条件的生态关系一致的植物群落联合称为植被型，如寒温性针叶林、夏绿阔叶林、温带草原、热带荒漠等。

植被亚型：是植被型的补充单位。在植被型内，根据优势层片或指示层片的差异来划分亚型。这种层片结构的差异一般是由于气候亚带的差异，或一定的地貌、基质条件的差异而形成的，如温带草原可分为三个亚型：草甸草原（半湿润）、典型草原（半干旱）

和荒漠草原（干旱）。

群系组：群系的辅助单位，即在植被型或亚型范围内，根据建群种亲缘关系近似（同属或相近属）、生活型（三级和四级）近似或生境相近而划分的，如草甸草原亚型可分为：丛生禾草草甸草原、根茎禾草草甸草原和杂类草草甸草原。

群系：凡是建群种或共建种相同的植物群落联合称为群系。如，凡是以大针茅为建群种的任何群落都可归为大针茅群系。以此类推，如兴安落叶松群系、羊草群系、红沙 (*Reaumuria soongorica*) 荒漠群系等。如果群落具共建种，则称共建种群系，如兴安落叶松、白桦 (*Betula platyphylla*) 混交林群系。

亚群系：群系的补充单位，即在生态幅度比较广的群系内，根据次优势层片及其反映的生境条件的差异而划分亚群系。如羊草草原群系可划出：羊草 + 中生杂类草草原（或称羊草草甸草原），多生长于森林草原带的显域性生境或典型草原带的沟谷，土壤以黑钙土和暗栗钙土为主；羊草 + 旱生丛生禾草草原（或称羊草典型草原），多生于典型草原带的显域性生境下，土壤以栗钙土为主；羊草 + 盐中生杂类草草原（或称羊草盐生草原），多生于轻度盐渍化低湿地草甸上，土壤碱化栗钙土、碱化草甸土、柱状碱土为主。对于大多数草原植被而言，植物群系下一般不再划分亚群系。

群丛组：群丛的辅助单位，即凡是层片结构相似，而且优势层片与次优势层片的优势种或共优种相同的植物群落联合称为群丛组。如在羊草 + 丛生禾草亚群系中，羊草 + 大针茅草原和羊草 + 丛生小禾草（糙隐子草）就是两个不同的植物群丛组。

群丛：是植物群落分类的基本单位，相当于植物分类中的种。凡是层片结构相同，各层片的优势种或共优种相同的植物群落联合为群丛。如羊草 + 大针茅这一群丛组内，羊草 + 大针茅 + 黄囊苔 (*Carex korshinskyi*) 草原和羊草 + 大针茅 + 柴胡 (*Bupleurum scorzonerifolium*) 草原都是不同的群丛。

亚群丛：群丛的补充单位，即在群丛范围内，由于生态条件的某些差异，或因发育年龄上的差异往往不可避免地在区系成分、层片配置、动态变化等方面出现若干细微的变化。亚群丛就是用来反映这种群丛内部的分化和差异的，是群丛内部的生态—动态变型。

3.2.2　草原植被分类依据

草地类型是反映植被基本特征一致、生境条件基本一致的所有草原地段的总称。草地类型本身就客观地反映了区域的水热、地形和土壤等生态条件，而且是用草原分类系统来表达各类型草地的从属关系，并通过草地类型组合特点，分析草地植被发生学上的联系。

草地类型划分的理论依据是：在草地发生与发展规律指导下，根据草地的自然特性和经济特性加以抽象、类比，按其实质的区别与联系，探讨各类草地的发生学关系，确定其发生系列等。其中，草地的生境条件，包括气候、土壤、水文等，以及草地植被是划分草地类型的重要依据。

（1）气候条件

气候条件是草地植被发生学中最为关键的生境条件之一，同时决定着草地类型的形成与发展，也是划分草地类型的重要依据。草地类型学理论产生于草地发生学，即草地类型来源于草地的发生。草地受气候、地形、土壤、生物等多种因素综合作用和相互影响下，不断地发展变化，并形成了类型各异的草地。其中，气候条件是最基本的影响因素，特别是水热要素的差异决定着草原生物生存与繁衍的基本条件，水热条件越好，草原植物生长越繁茂，草原生物群落结构越稳定，反之，则逐渐衰亡或衰败，表现为草原生物对环境中水热要素的高度依赖性。同时，气候要素空间上的有规律分布，也促成了草原植被的地带性分异，并决定着草原类型的基本特征，表现为草原生物对气候因素的高度适应性。具体地说，这种草原生物对气候要素的适应性就是指在一定的水热条件下产生相应的草原生物群落，形成各具特色的草原生态系统，更为主要的是气候因素的复杂性，以及广泛而持久的影响性，在草地植被形成过程的诸因素中具有较高的稳定性，并在生境条件各项因素中居主导地位，并成为草原植被形成与发展的决定因素。

（2）土壤条件

土壤条件也是草原植被发生与发展过程中必不可少的关键生境因素之一。土壤和土壤质地是植物在陆地环境中生长发育的基本支撑体和营养物质的供给体，土壤类型及其理化性质直接影响草地植物的营养组成、生长发育、种类成分和草地生态经济类群，而气候和土壤对草地植物的作用又因为地形、地貌、地势的不同而发生着改变，特别是地形、地势有把区域水热条件再分配的作用过程和能力，进一步影响着土壤的堆积和剥蚀。尽管地形对草原植物的影响是间接的，它主要是通过调节环境中光、热、水、气资源的再分配过程而影响植物的生长发育，特别是巨地形制约着当地及周边地区的气候和土壤等生态条件，使草原植被按着地形、地势特点进行有规律的分布，并且也使这些自然条件和草原植被特征具有明显的地域性特征。因此，生境条件中的地形因素也是草原分类中不可忽视的重要依据之一。

（3）草地植被

草地植被是构成草地的主体因素，也是划分草地类型的主要依据。

在陆地生态系统中，草地植被是自然条件和生物活动综合作用的直接反映，也是人类从事草原保护、放牧利用等生产性经营活动的直接对象。每一类型的草地植被都反映着本草地植物群落的物种组成、植被发育的强度和草地的自身性状。草原植被的物种组成、群落结构、草群覆盖度、草层高度、株丛密度、物种频度，以及生物生产力水平、植物的生物学性状等，都是草地植被综合性状的具体表现，不同的草地植被类型反映着不同的自然条件。因此，草地植物种类、群落结构、植被特征是反映草地自然特性和生态经济特性最活跃、最灵敏的指标，也是划分草地类型最重要的依据之一。

3.2.3　草原植被分类原则

草原是指分布在我国境内的天然草原和人工草地。天然草原包括草地、草山和草坡，人工草地包括改良草地和退耕还草地。在草原植被分类中，天然草原通称为天然草地。根据草地植被的自然特性、经济特性和发生与发展规律，确立草地植被的分类原则，必须坚持分类要素的完整性、分类体系的综合性、分类指标的稳定性、同级指标的可比性、特征指标的确限性以及分类系统的普适性六大原则，并科学划分草地类型。

（1）分类要素完整性原则

草地植被分类方法作为一种完整的分类体系，必须具备四项基本要素，即草地分类的理论依据、体系结构、不同级别的分类指标和命名法则。

（2）分类体系的综合性

分类体系内涵是指草地分类体系的因素。草地是在大气、土壤、水、生物等多种因素共同作用和相互影响下，不断发展变化的综合自然体。作为一个草地分类体系，所有的影响因素都要综合考虑，分清其对草地植被影响的主次地位，并考虑其相互影响、相互制约关系，使草地自然特性和经济特性更能完整地表现出来。

（3）分类指标的相对稳定性

划分草地类型时，各级分类指标必须保持相对稳定，尤其是高级分类指标要具有基本稳定的性质。如果分类指标易变，则分类体系本身无法稳定，草地分类就毫无意义。草地分类次级或低级指标，其稳定性相对较差，主要原因是草地植被易受气候因素或人为因素的影响。

（4）同级指标的可比性

在同一草地级别条件下，草地分类指标应具有可比性，如草地类与类之间的指标比较产生不同的草地类，组与组之间比较产生不同的草地组，而型与型之间的比较产生不同的草地型。同级指标便于比较，而不同级指标因各自所处的地位不同，不能进行相互比较。

（5）特征指标的确限性

特征指标的确限性是指各分类级别使用的指标项目要具体、明确，如气候、地形、土壤、植被等，所使用的指标概念要清晰，并能具体表示其确切的界限范围。一般，"草地类"一级是用草地植被型或亚型作为特征指标之一，"草地组"一级用群落植物生活型或生态经济类群作为特征指标，"草地型"一级是用优势种作为特征指标。

（6）分类系统的普适性

草地分类系统应具有普遍性和广泛的适用性。任何一级的草地类别均能在分类体系中找到准确的位置，并以此来判断不同草地类型之间的发生学联系。同时，要表现草地植物群落当前所处的演替阶段、群落的层片结构、生态经济类群和植物生活型等特征。

3.2.4　草原植被分类系统

（1）草地分类系统

按照草地分类的基本原则，依据草地植被特征和生境因素进行草地分类后，将一类草地按照从属关系进行从高级分类单位向低级分类单位的顺序排列。草地分类是将植被和生境条件类似的归纳为同一类型，把性质相近的类型再归纳为较高的组合的过程。

在草地资源野外调查并确定其分类系统过程中，各大类草地已经基本确定，并按照各大类草地所占有的一定地带性或地域性，只确定"草地类"以下的各级单位的从属关系，并组成分类的顺序等级，以构成相对精确的草地发生序列。

（2）分类单位

草地植被是由地形、土壤、气候、生物等多种因素影响下的综合自然体，对草地的分类必须考虑各项要素的总体，同时要分清主导要素，确立其主导因素所起的主导作用，用起主导作用的因素划分出草地类；然后，再按照作用草地各因素的重要程度，确立相应的特征指标，并依次划分草地组和草地型。

草地植被分类单位采用三级分类标准，即草地类（高级单位）、草地组（中级单位）和草地型（基本单位）。为了充分显示影响草地植被的巨地形特征，在草地类下设置一个辅助单位，即草地亚类。

草地植被各级分类单位具体划分标准如下：

草地类（Grassland classes）

草地亚类（Grassland subclasses）

草地组（Grassland groups）

草地型（Grassland patterns）

（3）分类指标与命名

第一级"草地类"。

草地分类的高级单位，是"草地组"的联合，重点反映以区域水热条件为中心的大气候带特征和一定优势植被型或植被亚型的特征及其地理景观。各草地类之间有独特的地带性，或反映局部生境条件的隐域性特征，各类之间的自然经济特性具有质的差异。

　　地带性草地类的指标是"大气候带特征＋植被型或亚型"，如温性草甸草地类、温性干草原草地类等。草地类的命名法则是以植被型或亚型为基础，前面加以大气候带特征；由隐域性植被草甸或沼泽构成的草地类，其命名是以草甸或沼泽植被型为基础，前面再加上地理景观，即地理景观＋植被型，如低地草甸草地类、沼泽草地类。

　　一般，在"草地类"之内，由于巨地形条件的不同，可划分出不同的"草地亚类"，并作为草地类的辅助单位。草地亚类的特征是"巨地形＋植被型或亚型"，其命名法则是以植被型或亚型为基础，前面加上巨地形条件，并与草地类构成从属关系，如温性草甸草原草地类中的山地草甸草原亚类、平原丘陵草甸草原亚类等。隐域性草地类中的亚类是依据影响草甸或沼泽的主导因素水分（或盐分）的多少来划分的，如典型草甸草地亚类、沼泽草甸草地亚类及草本沼泽草地亚类、丘陵沼泽草地亚类。

　　第二级"草地组"。

　　草地分类的中级单位，"草地型"的联合，是以相同的生态、经济类群或生活型所组成的草地植被，其特征指标是植被群系组的划分标准，并具有一致的中地形或土壤基质条件或土壤类型，各草地组之间具有量的差异性。

　　草地组的划分指标是"中地形或土壤基质条件或土壤类型＋生态经济类群或生活型"。因此，草地组的命名，原则上是以反映植被特征的植物生态经济类群或生活型为基础，前面再加上中地形或土壤基质条件或土壤类型。但是，为避免命名上的繁琐，或明确表达该草地组的植被特征和生境条件，一般只用生活型、生态经济类群为指标，如温性干草原类的丛生禾草草地组，等等。

　　第三级"草地型"。

　　草地分类的基本单位。同一草地型具有相同的优势种植物和一致的生境条件，相当于植被分类单位中的"群丛组"。

　　草地型的划分单位是优势种。群落优势种的确立是根据各种植物在群落中的相对优势度确定的，其计算公式为：

$$RSD = \frac{D' +' H' + D' + C' + P'}{5}$$

　　式中，RSD 为优势度；F' 为相对频度；H' 为相对高度；D' 为相对密度；C' 为相对盖度；P' 为相对重量。

　　草地型命名时，如果群落中某种植物的相对优势度在 60% 以上，该草地型的名称即以该种植物的名称命名；如果两种或两种以上的植物相对优势度之和达到 60% 以上，则以该两种或两种以上的植物名称命名该草地型。其中，同层植物间用"＋"符号连接，不同层植物间用"－"符号连接；如大针茅草地型，大针茅＋糙隐子草草地型，大针茅＋糙隐子草-冷蒿草地型，小叶锦鸡儿-大针茅＋羊草草地型等。

（4）草地分类与植被分类的对应关系

为突出辉河国家级自然保护区的自然环境特色和重点保护对象，也为了便于开展草地生态学应用基础研究，并指导该区域草原资源的可持续利用，有必要阐明辉河自然保护区草地分类与传统植被分类的对应关系。

草地类的划分是依据巨（大）地形和植被型或植被亚型来划分的。在辉河自然保护区，由于大兴安岭山地的巨（大）地形条件影响，在一定程度上阻止了东南部太平洋暖湿气流的北移，导致大兴安岭岭东与岭西两侧的水热条件发生明显差异。其中，辉河自然保护区所处的大兴安岭岭西地区呈明显的半干旱、半湿润气候特征，并由此形成了以草原为主体的植被型或亚型。由于草地分类是草地植被自然特征的综合反映，是长期适应于某一区域自然条件的结果，特别是辉河国家级自然保护区，地处大兴安岭西麓山地森林与呼伦贝尔草原过渡地带的草原一侧，整体植被以草原为主体，具有草原植被的典型性。因此，以气候类型和植被型或亚型来划分草地类一级单位，更能符合辉河自然保护区的植被特征。

草地组划分所用植被特征指标与植被分类中的"群系组"相对应。在植被分类中，植被群系组是以草群中建群种的亲缘关系相近、生活型相近、生境条件相似为主要依据的，而草地分类中"草地组"的划分是以草群中建群层片或共建层片的植物生态经济类群或生活型为指标，并叠加了中地形土壤基质条件，使二者既有根本的区别，又存在内在的联系。

草地分类中，"草地型"的划分是以优势层片的优势种或共优种的一致性来区别的。"草地型"之间的差别主要反映在植被分布地段具体的生态条件和优势种上，即同一草地型，要求生境相同，优势种相同；而植被"群丛组"的划分是要求植物群落的层片结构相似，在层片的配置上，优势层片、亚优势层片的优势种或共优种相同。事实上，生境条件相同，优势种也相同的植物群落，层片结构也相似，优势层片和亚优势层片的优势种或共优种也一定相同。

由此可见，草地分类所用的植被特征指标与植被分类的对应关系是：草地类、草地组和草地型分别对应植被分类中的植被型或亚型、植被群系组和植被群丛组。草地分类是以植被分类为基础。

3.3 辉河保护区草原植被

3.3.1 地带性草原植被

地带性植被的分异从一个侧面集中反映了区域自然地带的各个地理环境要素，如地形地貌、土壤类型、气候水文等特征，特别是以水热条件为主的气候条件起着决定性的作用。

呼伦贝尔草原地域辽阔，地形复杂多变，大兴安岭岭东与岭西气候水文条件差别较大，也孕育着丰富多样的植物种类，并导致植被的地带性分异特征十分明显。在地理位置上，呼伦贝尔草原处于欧亚大陆东部的温带气候区，最北部的根河市及额尔古纳市的北部地区邻近西伯利亚寒温带气候区，海拉尔河流域的鄂温克族自治旗、新巴尔虎左旗、新巴尔虎右旗、陈巴尔虎旗、牙克石市等以南草原区基本处于中温带气候区，区域植被类型基本上由北向南呈寒温带森林植被类型向中温带草原植被类型过渡。此外，由于不同地区距离海洋的远近不同，接受东南季风影响的强弱程度不一致，特别是受南北走向的大兴安岭山地阻隔影响，岭东和岭西气候的干湿程度差异较大，以大兴安岭山脊为界，由东部到西部分别形成了半湿润、湿润（大兴安岭地区）、半湿润—半干旱、半干旱气候区，并在这些不同的气候区分别发育着森林草原（草甸草原）、夏绿落叶阔叶林、落叶针叶林、森林草原（草甸草原）、典型草原等不同类型的地带性植被。尤其是在大兴安岭西麓地区，由于气候条件逐渐由半湿润型向中温型半湿润—半干旱特征过渡，森林植被外围草原植被的发育也逐渐明显，并形成了山地林缘草甸、温性草甸草原、温性干草原等地带性草原植被。根据植被的优势种及其组合特点的不同，又划分出森林草原亚带和典型草原亚带两个部分，构成了欧亚草原区中国境内的重要地带性草原植被。草原植被的水平分布规律主要体现在呼伦贝尔高平原上，属经向地带性分布，并由东到西依次为线叶菊、贝加尔针茅、羊草、大针茅、克氏针茅5大植物群系构成了不同类型的草原植被。

（1）线叶菊草原

线叶菊草原是欧亚大陆草原区中部亚区山地植被中特有的一种以双子叶植物线叶菊占优势的草原植物群系，其建群种属于典型达乌里—蒙古成分。

在呼伦贝尔草原区，线叶菊草原主要分布在大兴安岭东西两麓低山丘陵地带和呼伦贝尔高平原东部边缘，大多出现在中低山中上部的薄层黑钙土上，并且与贝加尔针茅草原、羊草草原形成了相对稳定的生态序列组合，个别地段的淡黑钙土和暗栗钙土区也有线叶菊草原的退化生态类型分布。在辉河国家级自然保护区内，线叶菊草原主要分布在东部草甸草原区地势相对较高的低山坡顶、漫岗及樟子松林边缘地带，并与贝加尔针茅、大针茅、羊草等草甸草原常见优势植物构成复合群落，并分化出不同的植物群系。

线叶菊草原的植物生活型、生态类群中，以适应半湿润—半干旱森林草原（草甸草原）气候的多年生中旱生植物居首位，比例约占草群植物种数的40%左右；其次，为草原广旱生植物、草甸中生植物和森林草甸中生植物，所占比例分别约为群落植物种数的20%左右。群落植物区系地理成分以亚洲中东部蒙古成分（包括中国东北—达乌里—蒙古成分）构成群系的基本核心，并混生有东古北极成分、中国东北成分、华北成分、东亚成分、古北极成分，以及泛北极成分等。

由于植物地理区系背景和所处的生态地理条件包括水分、热量、土壤基质的不同，以及其他影响因素的差异，线叶菊草原又分化为线叶菊－贝加尔针茅草原、线叶菊－大针茅草原、线叶菊－羊茅草原、线叶菊－日阴菅草原。此外，在大兴安岭西麓低山丘陵区和呼伦贝尔草原东部边缘的淡黑钙土和暗栗钙土区，还分布有小叶锦鸡儿－线叶菊草原。其中，线叶菊－贝加尔针茅草原分布范围最广，且类型多样。在大兴安岭东西两麓森林草原地带和低山丘陵坡中部地段占有较大面积，在一定程度上表现为明显的地带性分布特征。在大兴安岭西麓森林草原向典型草原过渡地段的无林地带，线叶菊－贝加尔针茅草原多出现在海拔 750~800m 的阳坡，在呼伦贝尔高原东部、辉河国家级自然保护区东南部的沙地樟子松林区，这类草原多出现在固定沙丘间的开阔平地上，贝加尔针茅为稳定的优势种，且草群中的杂类草成分繁多，生态类群分化比较明显，既有草原群落中旱生成分，如柴胡、防风、黄芩 (*Scutellaria baicalensis*)、展枝唐松草、麻花头等，又有草原区广布的旱中生植物成分，如绵团铁线莲、白头翁等。线叶菊－大针茅草原是最接近地带性典型草原植被的一个分化类型，在呼伦贝尔地区主要分布在大兴安岭西麓森林草原的无林地带向典型草原转化的过渡地段，即辉河流域以东的草甸草原向典型草原过渡区。该群丛组的出现，主要原因是大气降水递减后，草甸草原生境条件旱生化的结果，群落中的大针茅逐渐上升为优势植物，并逐渐代替了贝加尔针茅，草群中的旱中生杂类草作用减弱，草木樨状黄芪、达乌里芯芭、山竹岩黄芪 (*Hedysatum fruticosum*)、矮葱等中旱生、旱生杂类草增多，形成了这一特殊群落类型。

（2）贝加尔针茅草原

贝加尔针茅草原是欧亚大陆草原区中部亚区东部特有的一种原生性草原类型，较大针茅草原、克氏针茅草原有好的耐寒性和耐湿性，是杂类草层片最发达、种类组成最复杂的针茅草原，建群种属典型达乌里－蒙古成分。

贝加尔针茅草原主要分布于大兴安岭东西侧森林草原亚带及呼伦贝尔高平原的东部半湿润气候区，土壤类型多为黑钙土和暗栗钙土及其过渡区，海拔高度平均在 600～700 m，并沿着大兴安岭走向大体由北向南呈带状分布，在植被垂直分布上，与山地中上部的线叶菊草原相衔接，是构成森林草原地带无林区相对稳定的植被生态系列，在辉河国家级自然保护区境内，贝加尔针茅草原分布面积较广，是构成辉河保护区草甸草原核心区的主要植被类型。贝加尔针茅除了作为草甸草原建群种形成群落外，还是羊草草原、线叶菊草原和大针茅草原的亚优势种。以贝加尔针茅为建群种的草甸草原植物群落，植物种类最多的科是菊科、豆科和禾本科，植物生态型中建群种、亚建群种和优势种大多以典型旱生和广旱生植物为主，中旱生植物次之，中生和旱中生植物种数虽然较多，但在群落中多以伴生植物出现。植物地理区系成分大多为达乌里—蒙古成分、东北成分、泛北极成分等。根据植物群落组成成分和生境条件的一致性，贝加尔针茅草原又可划分为贝加尔针茅＋羊草草原、贝加尔针茅＋线叶菊草原2个基本群落类型（群丛组）。其中，贝加尔针茅＋羊草群丛组是本群系最基本、最具代表性的一个类型，分布面积最广，集中分布于丘陵斜坡和丘间平坦的高台地上，土层深厚，多以暗栗钙土为主。此外，在与大针茅草原过渡区域，还分布有贝加尔针茅＋大针茅丛生禾草等过渡性群落类型。

表 3-3-1　辉河国家级自然保护区贝加尔针茅草原主要群落类型

编号	群丛纲	群丛组	群丛
I	贝加尔针茅—根茎禾草	贝加尔针茅—羊草	贝加尔针茅＋羊草＋线叶菊
			贝加尔针茅＋羊草＋羊茅
			贝加尔针茅＋羊草＋日阴菅
			贝加尔针茅＋羊草
			贝加尔针茅＋羊草＋糙隐子草＋达乌里胡枝子
II	贝加尔针茅—杂类草	贝加尔针茅—线叶菊	贝加尔针茅＋线叶菊＋羊茅
			贝加尔针茅＋线叶菊＋扁蓄豆
III	贝加尔针茅—丛生禾草	贝加尔针茅—大针茅	贝加尔针茅＋大针茅
			贝加尔针茅＋大针茅＋达乌里胡枝子

（3）羊草草原

羊草草原是欧亚大陆草原区东部特有的一种植物群系，主要分布在呼伦贝尔高平原的中、东部地区和大兴安岭东西侧，也是辉河自然保护区分布面积较大的一类地带性草原类型。羊草草原生境类型十分复杂，群系生态适应幅度较广，大多分布在地形开阔的平原或高平原，以及丘陵坡地等排水良好的部位，但在河谷低地、河滩地等低湿地上也有分布，土壤类型主要是黑钙土、暗栗钙土、草甸化栗钙土、盐碱土等，土壤质地多为轻壤土，通透性较好。其中，水分条件和土壤盐分含量的差异是羊草草原群落分化的重要生态因素。

在大兴安岭西麓森林草原半湿润气候带，由于降水充足，大气湿润度高，羊草草原在地带性生境中发育良好，并形成发达的羊草群系。一般，在低山丘陵地带，羊草大多占据了中下部广阔地段，并形成了羊草＋贝加尔针茅草原、羊草＋杂类草草原、羊草＋无芒雀麦草甸、羊草＋中生杂类草草甸等；在典型草原地带的东部，因降水减少，羊草草原仅出现在具有地表水或潜水补给的宽谷地及河漫滩上；在土壤轻度盐渍化低地上，形成了耐盐碱的羊草草甸。此外，在草原撂荒地植被演替中，根茎禾草阶段的羊草群聚表现出人为干扰的次生性质。在呼伦贝尔草原上，羊草草原的群落类型最多、最复杂，主要包括：羊草＋旱生丛生禾草草原、羊草＋苔草草原、羊草＋旱生杂类草草原、羊草＋中生禾草草原、羊草＋中生杂类草草原、羊草＋耐盐禾草草原、羊草＋耐盐杂类草草原、羊草＋耐盐性苔草原以及羊草＋小半灌木草原9个群丛纲（表3-3-2）。

表3-3-2　辉河国家级自然保护区羊草草原群落类型

编号	群丛纲	群丛组	群丛
I	羊草－旱生丛生禾草草原	羊草－贝加尔针茅	羊草＋贝加尔针茅＋旱生丛生小禾草
			羊草＋贝加尔针茅＋日阴菅
			羊草＋贝加尔针茅＋线叶菊
			羊草＋贝加尔针茅＋裂叶蒿
			羊草＋贝加尔针茅＋柴胡
			羊草＋贝加尔针茅＋直立黄芪
			羊草＋贝加尔针茅＋蓬子菜
			小叶锦鸡儿－羊草＋贝加尔针茅
		羊草－狭叶早熟禾	羊草＋狭叶早熟禾＋贝加尔针茅
			羊草＋狭叶早熟禾＋日阴菅
			羊草＋狭叶早熟禾＋杂类草
		羊草－大针茅	羊草＋大针茅＋糙隐子草
			羊草＋大针茅＋克氏针茅
			羊草＋大针茅＋冷蒿
			羊草＋大针茅＋杂类草
			小叶锦鸡儿－羊草＋大针茅
		羊草－菭草	羊草＋菭草＋丛生禾草
			羊草＋菭草＋杂类草
		羊草－冰草	羊草＋冰草＋杂类草
			羊草＋冰草＋糙隐子草
		羊草＋糙隐子草	羊草＋糙隐子草＋冷蒿
II	羊草－苔草草原	羊草－日阴菅	羊草＋日阴菅＋线叶菊
			羊草＋日阴菅＋贝加尔针茅
			羊草＋日阴菅＋中旱生杂类草
			羊草＋日阴菅＋中生杂类草
III	羊草－旱生杂类草草原	羊草－直立黄芪	羊草＋直立黄芪＋大针茅
			羊草＋直立黄芪＋贝加尔针茅
		羊草－蓬子菜	羊草＋蓬子菜＋贝加尔针茅
		羊草－裂叶蒿	羊草＋裂叶蒿＋日阴菅
IV	羊草－中生禾草草原	羊草－无芒雀麦	羊草＋无芒雀麦＋中生杂类草群丛
		羊草－拂子茅	羊草＋拂子茅＋中旱生杂类草

编号	群丛纲	群丛组	群丛
V	羊草－中生杂类草草原	羊草－沙参	羊草＋沙参＋中生禾草
		羊草－黄花苜蓿	羊草＋黄花苜蓿＋中生杂类草
		羊草－野豌豆	羊草＋野豌豆＋中生杂类草
		羊草－地榆	羊草＋地榆＋中生杂类草
VI	羊草－耐盐性禾草草原	羊草－芨芨草	羊草＋芨芨草＋耐盐中生杂类草
VII	羊草－耐盐性苔草草原	羊草－寸草苔	羊草＋寸草苔＋杂类草
			羊草＋寸草苔＋早熟禾
			羊草＋寸草苔＋冷蒿
VIII	羊草－耐盐性杂类草草原	羊草－马蔺	羊草＋马蔺＋中生杂类草
IX	羊草－小半灌木草原	羊草－冷蒿	羊草＋冷蒿＋糙隐子草
			羊草＋冷蒿＋星毛委陵菜

（4）大针茅草原

大针茅草原是亚洲中部草原亚区特有的一个草原类型，也是我国典型草原带中东部地区的一种典型的禾草草原。在呼伦贝尔草原区，大针茅草原主要分布在海拔 600～1 000 m 的东部和中部波状高平原上，土壤一般为土层较厚的壤质或沙质栗钙土及暗栗钙土，分布区域气候具有中温带半干旱特征，也是构成了大针茅草原呈现地带性分布的基本条件。在植被地带性区划中，大针茅草原是区分森林草原亚带的典型标志。在辉河国家级自然保护区境内，大针茅草原主要分布在中西部的岗地、慢坡及沙地外围草地等区域，并构成保护区的实验区，分布面积相对较大，群落类型齐全，结构完相对整，是呼伦贝尔大针茅草原的缩影。

大针茅草原植物地理区系以达乌里－蒙古成分为主，植物种类组成约有 100 多种，其中 70% 以上的植物生活型为多年生草本，植被生态条件比较脆弱，在呼伦贝尔草原区，大针茅草原是牧民群众主要的放牧场和割草场。在个别地段，由于放牧压力过大，且土壤基质砾沙性较强，常出现明显的退化或灌丛化现象，草原植物群落中小灌木、半灌木和小半灌木层片逐渐增多，如小叶锦鸡儿、草麻黄 (*Ephedra sinica*) 等；在草原退化或沙化严重地段，还可形成灌丛化大针茅草原，同时伴生有一、二年生植物，如狗尾草、黄花蒿、灰绿藜等。

大针茅草原植物群落的生态类群多以旱生植物占优势，其中包括中旱生、典型旱生、强旱生植物。根据群落的层片结构、建群种和优势种的差异，以及不同的生境特点，大针茅草原又可划分为旱中生化的大针茅＋羊草草原、典型旱生的大针茅＋糙隐子草草原、沙生化的小叶锦鸡儿－大针茅草原 3 个基本群丛组，具体群落类型参见表 3-3-3。

表 3-3-3　辉河国家级自然保护区大针茅草原群落类型

编号	群丛组	群丛	基本特征
I	大针茅－羊草群丛组	大针茅＋羊草＋贝加尔针茅群丛	接近森林草原带西缘地段
		大针茅＋羊草＋糙隐子草群丛	旱生禾草增多，并占优势
		大针茅＋羊草＋冷蒿群丛	大针茅、羊草草原退化序列
		大针茅＋羊草＋线叶菊群丛	大针茅、羊草草原寒生化
II	大针茅－糙隐子草群丛组	大针茅＋糙隐子草＋落草群丛	高平原中西部，生境旱生化
		大针茅＋糙隐子草＋冷蒿群丛	西部河间平坦处，旱生化明显
		大针茅＋糙隐子草＋克氏针茅群丛	连接克氏针茅草原的过渡地带
III	小叶锦鸡儿－大针茅群丛组	小叶锦鸡儿－大针茅＋羊草群丛	土壤基质沙生化，生境退化
		小叶锦鸡儿－大针茅＋糙隐子草群丛	砾石性和沙性基质，灌丛化
		小叶锦鸡儿－大针茅＋杂类草群丛	固定沙地及其外围沙化草地

（5）克氏针茅草原

克氏针茅草原与大针茅草原一样，都是亚洲中部草原亚区特有的一个典型草原群系。在呼伦贝尔草原区，其分布区域的东部与大针茅草原交错重叠，向西与荒漠草原过渡并逐渐被戈壁针茅 (*Stipa gobica*) 所代替。由于生态地理条件的不同，以及群落中亚建群种和优势种的差异，克氏针茅草原又可划分为：克氏针茅＋糙隐子草群丛组、克氏针茅＋羊草群丛组、克氏针茅＋大针茅群丛组、克氏针茅＋冷蒿群丛组、小叶锦鸡儿－克氏针茅群丛组 5 个基本群落类型。其中，克氏针茅＋糙隐子草群丛组是克氏针茅草原的具有代表性的基本群落类型，主要分布在呼伦贝尔高平原中部和西部的典型栗钙土区；克氏针茅＋羊草群丛组，生境条件稍微湿润些，并以羊草为优势种，杂类草成分显著；克氏针茅＋大针茅群丛组，是克氏针茅草原与大针茅草原的混生类型，典型群落类型为克氏针茅＋大针茅＋糙隐子草＋冷蒿群丛，生境旱生化现象显著；克氏针茅＋冷蒿群丛组是一种克氏针茅草原退化演替类型的变型，冷蒿、星毛委陵菜、寸草苔等耐牲畜践踏和耐土壤侵蚀的植物种侵入量增大，导致群落中克氏针茅的数量下降；小叶锦鸡儿－克氏针茅群丛组是一种克氏针茅草原的灌丛化和沙生化变体，常与未灌丛化的克氏针茅草原呈交错分布，灌木层片的景观作用十分显著，植物群落结构具有明显的镶嵌现象。

在呼伦贝尔草原，克氏针茅草原主要分布在新巴尔虎左旗、陈巴尔虎旗的中西部，以及新巴尔虎右旗、满洲里市等旗市区境内，在辉河国家级自然保护区尚无明显的克氏针茅草原分布。

表3-3-4 辉河国家级自然保护区地带性植物群系分布规律及基本特征*

植物群系	分布地带	土壤类型	基本群落类型	主要植物种类	群落基本特征			
					高度/cm	盖度/%	种数/m²	干草重/(g/m²)
线叶菊群系	丘陵坡地中上部	浅层黑钙土、暗栗钙土	线叶菊+贝加尔针茅	柴胡、防风、羊草、日阴菅、沙参	55~70	40~50	15~20	350~400
		栗钙土	线叶菊+日阴菅	地榆、柴胡、委陵菜、野火球、野豌豆、狭叶青蒿	30~45	35~45	15~17	240~310
贝加尔针茅群系	丘陵坡地中下部	黑钙土、暗栗钙土	贝加尔针茅+线叶菊	日阴菅、麻花头、大针茅、柴胡、羊草、蓬子菜	60~70	40~50	20~30	350~500
			贝加尔针茅+羊草	糙隐子草、洽草、达乌里胡枝子、扁蓄豆、日阴菅	50~60	45~60	20~23	350~510
羊草群系	高平原、丘陵坡地等排水良好地段	黑钙土、暗栗钙土、栗钙土、草甸化栗钙土	羊草+贝加尔针茅	蓬子菜、日阴菅、线叶菊、柴胡、达乌里胡枝子	70~85	35~55	12~18	450~600
			羊草+中生杂类草	山野豌豆、细叶沙参、黄花苜蓿、地榆、蓬子菜	70~80	45~55	12~21	350~400
			羊草+旱生杂类草	冰草、糙隐子草、直立黄芪、知母、麻花头	65~75	35~40	13~20	300~360
			羊草+日阴菅	蓬子菜、柴胡、展枝唐松草、铁线莲、委陵菜	85~90	25~40	20~25	300~350
大针茅群系	高平原中东部地区	栗钙土、暗栗钙土	大针茅+羊草	洽草、糙隐子草、贝加尔针茅、柴胡、星毛委陵菜	50~70	40~45	10~15	260~370
			大针茅+糙隐子草	羊草、冰草、冷蒿、伏地肤、草木樨状黄芪	50~60	25~30	10~16	150~230
			小叶锦鸡儿+克氏针茅	糙隐子草、冷蒿、寸苔、伏地肤、阿尔泰狗哇花	40~50	20~35	10~15	120~230

*摘自中国呼伦贝尔草地编辑委员会编辑的《中国呼伦贝尔草地》，吉林科学技术出版社。

3.3.2 非地带性草地植被

在呼伦贝尔草原区，非地带性植被是指分布地域相对较窄，具有本区域自然环境特点的隐域性植被类型，主要包括低湿地草甸植被、草本沼泽植被和沙地植被3个隐域性植被类型。

（1）低湿地草甸植被

在呼伦贝尔草原区分布有大约1 000多条河流和大小3 000多个草原湖泡，由于该地段表层土壤常年或季节性保持湿润状态，形成了潮湿低地，适宜典型草甸、旱中生草甸群落发育及沼泽草甸的发育。

低湿地草甸植被是由多年生草本植物建群的一类植物群落，也是呼伦贝尔草原区广泛分布的一种隐域性植被类型。低湿地草甸主要发育于土壤水分主要来源是埋层较浅的地下水和河流、湖泡、地表径流汇集处等地表水丰富的低湿地上，而且土层深厚，土壤有机质含量丰富，生草化过程明显，主要有典型草甸土、草甸黑土、潜育草甸土、盐化草甸土等。植物地理区系大多属于北半球温带植物区系，其中部分建群种和优势种是泛北极成分和欧亚大陆温带区域的广布种，如无芒雀麦、拂子茅、地榆、黄花苜蓿等。植物群落组成以禾本科植物为最多，其次是莎草科植物、菊科植物和豆科植物，植物层片主要有根茎型禾草层片、疏丛型禾草层片、根茎型苔草层片和杂类草层片，并按照群落中植物对土壤水分和盐分的适应性进一步划分为典型草甸、沼泽草甸、盐化草甸和旱中生草甸4种不同草地类型。其中，典型草甸分布面积最广，是低湿地草甸植被的基本群落类型；旱中生草甸植被多以披碱草群系为代表，但因生境条件相对均一，无典型群丛分化。

表 3-3-5 辉河国家级自然保护区典型草甸植物群落类型

编号	群系	群丛	基本特征
I	无芒雀麦群系	无芒雀麦＋拂子茅＋杂类草群丛	典型沙质草甸土，群落以中生杂类草为主
		无芒雀麦＋羊草＋杂类草群丛	沟谷、高河漫滩和风蚀凹地，草原化特征
		无芒雀麦＋扁蓿豆＋杂类草群丛	发育于丘间宽谷地，杂类草成分较多
II	拂子茅群系	拂子茅＋地榆＋杂类草群丛	丘间谷地常见类型，草甸黑土或淋溶黑钙土
		拂子茅＋芦苇＋中生禾草群丛	多见于河漫滩，轻度沼泽化，禾草层片发达
		拂子茅＋披碱草＋杂类草群丛	发育土层深厚的高河漫滩，无盐渍化现象
		拂子茅＋羊草＋杂类草群丛	发育东部丘间宽谷地草甸黑土，中生草类为主
III	地榆群系	地榆＋无芒雀麦＋杂类草群丛	高大中生禾草发达，无芒雀麦为共建种
		地榆＋拂子茅＋杂类草群丛	拂子茅为优势种，日阴菅为恒有种
		地榆＋鹅观草＋杂类草群丛	鹅观草为优势种，日阴菅为恒有种
		地榆＋苔草＋杂类草群丛	苔草为优势种，中生杂类草丰富
		地榆＋日阴菅＋拂子茅群丛	日阴菅为优势种，中生杂类草丰富
		地榆＋中生杂类草群丛	分布于山间沟谷，杂类草层片显著占优势

编号	群系	群丛	基本特征
IV	苔草群系	苔草 + 小叶章 + 杂类草	丘间滩地，草层致密，层片分化不明显
		苔草 + 中华隐子草群丛	分布于河流阶地，中华隐子草为次优势种
		柳灌丛—苔草 + 杂类草群丛	分布于河漫滩，柳灌丛发育显著

沼泽草甸是以湿中生多年生草本植物为优势种的植物群落，一般出现在地表有季节性积水的泛滥低地上，土壤为沼泽草甸土，代表植物群系为小叶章沼泽草甸，以禾草层片和苔草层片占优势，优势植物主要有小叶章、苔草，群落伴生种主要有看麦娘、菵草 (*Bec kmannia syzigachne*)、散穗早熟禾 (*Poa subfastigiata*)、芦苇等，为典型割草场，主要群落类型有小叶章 + 苔草 + 杂类草和小叶章 + 杂类草 2 个群丛。

盐化草甸是由耐盐性中生多年生草本植物为优势种的植物群落，多分布于呼伦贝尔草原中西部低湿地上有不同程度盐渍化的草甸土上，群落组成中以丛生和根茎禾草为主，也包含了一些耐盐性的杂类草，伴生植物种有耐盐、适盐的小半灌木和小灌木，以及一些一年生盐生草本植物。主要植被类型包括芨芨草盐化草甸、马蔺盐化草甸、碱茅盐化草甸及一年生盐化草甸群系。

表 3-3-6　辉河国家级自然保护区盐化草甸植物群落类型

编号	群系	群丛	基本特征
I	芨芨草群系	芨芨草 + 碱蓬 + 羊草群丛	分布于河漫滩、湖泡洼地，面积较大，盐化轻
		芨芨草 + 星星草群丛	多分布于盐化低地
		芨芨草 + 碱茅群丛	多分布于盐化低地
		芨芨草 + 羊草群丛	多分布于河谷阶地、丘间谷地及湖泡周边
		芨芨草 + 寸草苔群丛	多分布于丘间谷地、河谷阶地等盐化较轻地段
II	马蔺群系	马蔺 + 羊草 + 杂类草群丛	生于盐渍化草甸土，壤质，地下水位较高
		马蔺 + 寸草苔 + 杂类草群丛	生于盐渍化草甸土，壤质，地下水位高
		马蔺 + 芨芨草 + 杂类草群丛	生于盐渍化草甸土，芨芨草为优势种
		马蔺 + 野大麦 + 杂类草群丛	生于盐渍化草甸土，野大麦为优势种
III	碱茅群系	碱茅 + 碱蓬 + 杂类草群丛	一年生盐化草甸，土壤盐渍化较重

（2）草本沼泽植被

草本沼泽植被是由湿生植物在地表积水，土壤湿度过大，常伴有泥炭积累的生境所组成的植物群落。由于沼泽生境多水，地面（水面）蒸发量较小，地形低洼，地下排水不畅，土壤微生物分解缓慢，有利于泥炭的积累，导致土壤通透性较差。植物种类多以耐水湿的莎草科、禾本科、香蒲科等植物为主，其次有眼子草科、水麦冬科、天南星科等植物，生活型以多年生草本占优势，生态型基本属于湿生和水生植物。植物群落类型包括芦苇沼泽、乌拉草 (*Carex meyeriana*) 沼泽、扁秆藨草 (*Scirpus planiculmis*) 和三棱藨草 (*Cyperus rotundus*) 沼泽等植物群系。

芦苇沼泽，主要分布在辉河流域两岸沼泽或湖泡泛滥地，土壤为典型腐殖质沼泽土。由于芦苇属高大草本植物，地下横走茎发达，营养繁殖能力强大，容易形成稳定的单优势种植物群落，伴生植物常有水葱 (*Scirpus tabernaemontani*)、香蒲、三棱藨草、甜茅 (*Glyceria acutiflora*)、针蔺 (*Eleocharis valleculosa*)、泽芹 (*Sium suave*)、沼委陵菜 (*Comarum palustre*)、水蓼 (*Polygonum hydropiper*) 等。

乌拉草沼泽，俗称塔头甸子。主要分布在海拉尔河流域河岸两侧的河滩地、河湾曲流形成的牛轭湖等积水地段，群落中有明显的草丘，夏秋季积水深度 20～50 cm，冬春季节常干枯，地表有泥炭堆积和草根层形成，土壤为泥炭沼泽土，植物群落以乌拉草为建群成分为主，还含有膨囊苔草 (*Carex lehmanii*)、红穗苔草 (*C. argyi*) 等，杂类草成分有沼委陵菜、沼生柳叶菜 (*Epilobium palustre*)、驴蹄草 (*Trollius paluster*)、毛水苏 (*Stachys lanata*) 以及东北眼子菜 (*Potamogeton distinctus*) 等。

扁秆藨草和三棱藨草沼泽，广泛分布于河滩泛滥地及丘间低地，常与其他草甸植被形成复合植被。群落夏秋季积水深度 10～40 cm，土层无明显的泥炭积累，也无草丘形成。植物种类成分主要为莎草科藨草属植物，还有东北藨草 (*Scirpus asiaticus*)、菌草、水甜茅 (*Glyceria maxima*) 等，伴生植物种类有小灯芯草 (*Juncus bufonius*)、海韭菜 (*Triglochin maritimum*)、沼生柳叶菜等。此外，在湖泡周边的浅水中还有单优势种组成的水葱沼泽、香蒲沼泽。

（3）沙地植被

沙地植被是呼伦贝尔草原的一个独特生态类型，是在半湿润、半干旱气候区特殊生境条件下发育的具有独特自然景观的半隐域性草地植被。在呼伦贝尔草原区，沙地植被主要分布在三条沙带上，由于沙地以砾砂层和砂层为基质，土壤结构性和稳定性差，且昼夜温差大，肥力低，蒸发弱，透水性强，地下径流循环条件好，土体可给态水较多等特点，沙地上生长的植物都具有耐贫瘠、寡营养等特性，植被一旦被破坏，极易造成土壤沙化。沙地生境类型以固定沙地为主，部分是半固定沙地，流动沙地面积较小。沙地植被的分布特点，在靠近大兴安岭山地森林草原交错带的外围地段（即辉河自然保护区东南部沙地），植被特征以具乔木的沙地草甸草原为主，乔木植物种类主要有沙地樟子松、春榆，灌木种类主要有山杏 (*Prunus armeniaca*)、山榛子、沙柳 (*Salix cheilophila*) 等，草地优势植物主要有贝加尔针茅、羊草、胡枝子等，土壤多为黑沙土和栗沙土等；在呼伦贝尔草原的中西部区，即辉河以西的典型草原区，因气候相对干旱，植被旱生化现象明显，草原沙地内常发育着以具刺灌木、半灌木为主的沙生植被，草地中的建群植物和优势植物主要有小叶锦鸡儿、差巴嘎蒿、沙蒿、冰草、麻花头 (*Serratula chinensis*)、扁蓿豆 (*Pocockia ruth*)、歧花鸢尾 (*Iris dichotoma*)、瓣蕊唐松草 (*Thalictrum petaloideum*) 等，对维护草原沙地生态系统平衡起着至关重要的作用。

沙地樟子松林。呼伦贝尔沙地樟子松林属于大兴安岭山地樟子松林的沙生系列变型，具有明显的草原化特征，并在空间分布上与黑沙土上分布的线叶菊、贝加尔针茅草甸草原有密切的联系，构成一幅森林和草原（草甸草原）相结合的异型景观。呼伦贝尔沙地樟子松林主要分布在海拉尔河中游及伊敏河支流、辉河流域和哈拉哈河上游一带的固定沙地上，东部多为大兴安岭樟子松纯林，林木郁闭度约在 0.5 左右，平均株高在 15 m 以上，林下草本植被和灌丛植被相对欠发达；向西随着经度的西移，林木郁闭度逐渐下降或成为孤树，林下常混生一些沙生灌木、半灌木类植物，林相也逐渐由密林变成疏林，最后成为孤立状态散生在沙质草原上。沙地樟子松林的土壤类型多以黑沙土和松林沙土为主，林下地表残落物层相对较厚，平均 3 ～ 5 cm，最厚处可达 20 cm 左右，对保持沙地土壤水分，促进地表草本植被发育起到积极作用。此外，沙地樟子松具有耐寒、耐旱、耐贫瘠和生长迅速等特性，是北方干旱寒冷地区的珍贵绿化树种之一，也是黄土丘陵、砾石山地和草原沙地防风固沙、保持水土的优良植物材料。

小叶锦鸡儿灌丛。该类型草地多生长在呼伦贝尔草原沙地的半固定沙丘上，也是北方草原沙地广泛分布的一类旱生具刺灌丛。小叶锦鸡儿具有较强的防风固沙能力，在半干旱沙地上生长最为旺盛，平均株高达 1m 以上，群落中常见的伴生植物有差巴嘎蒿、叉分蓼、山竹岩黄芪、棘豆以及沙蒿、沙生冰草 (Aqropyron desertorum) 等沙生植物。

差巴嘎蒿群系。该类型草地主要分布在海拉尔河中上游、伊敏河两岸的温带半湿润半干旱区典型草原的半固定沙地上，土壤多为松林沙土，个别沙化或地表植被破坏较严重的地段，土壤表面出现不同程度的活化，并退化成为风沙土。差巴嘎蒿群系是草甸草原向典型草原过渡地带的一个特有群系，建群种差巴嘎蒿具有根系发达、喜湿耐盐、耐沙埋、耐风蚀、生长迅速等特点，最适宜生长在水分条件相对较好的半固定沙地，是干湿润、半干旱典型草原区常见的沙生植被类型。植物群落中优势物种除差巴嘎蒿外，还有黄柳 (Salix gordejevii) 和小叶锦鸡儿灌丛，有叉分蓼、羊草、冰草等多年生草本植物，以及沙韭 (Allium bidentatum)、蒙古山萝卜 (Scabiosa comosa)、扁蓄豆等杂类草和沙蒿、百里香、胡枝子等小半灌木、半灌木等。差巴嘎蒿群系在植被演替序列中，常常处于过渡性的居间地位，在呼伦贝尔草原沙地一般由 3 个群丛构成，即黄柳－差巴嘎蒿＋冰草＋羊草群丛、胡枝子－差巴嘎蒿＋杂类草群丛、小叶锦鸡儿－差巴嘎蒿＋杂类草群丛。

表 3-3-7　辉河国家级自然保护区沙地樟子松林植物群落类型

编号	群丛组	群丛
I	黄柳－差巴嘎蒿群丛组	黄柳－差巴嘎蒿＋冰草＋羊草群丛
		黄柳－差巴嘎蒿＋羊草＋杂类草群丛

编号	群丛组	群丛
II	小叶锦鸡儿－差巴嘎蒿群丛组	小叶锦鸡儿－差巴嘎蒿＋冰草＋糙隐子草群丛
		小叶锦鸡儿－差巴嘎蒿＋杂类草群丛
III	胡枝子－沙蒿群丛组	胡枝子－沙蒿＋冰草＋糙隐子草群丛
		胡枝子－沙蒿＋杂类草群丛
		胡枝子－差巴嘎蒿＋杂类草群丛
IV	差巴嘎蒿＋羊草群丛组	差巴嘎蒿＋羊草＋糙隐子草＋杂类草群丛
V	贝加尔针茅＋日阴菅群丛组	贝加尔针茅＋日阴菅＋杂类草群丛
VI	羊草＋杂类草群丛组	羊草＋日阴菅＋杂类草群丛

3.4 辉河保护区草地资源评价

3.4.1 辉河保护区草地类型组合

为保持辉河国家级自然保护区草地类型组合与呼伦贝尔草地类型组合的一致性，在2007～2011年连续5年野外调查的基础上，根据《北方草地调查规程和类型划分方案》（任继周，1979）提出的草地植被分类依据、原则、单位和各单位指标，并参照《中国呼伦贝尔草地》（潘学清等，1991）中所划分的呼伦贝尔草地植被分类系统，对辉河国家级自然保护区自然植被进行了草地类（亚类）、草地组、草地型的系统划分，以此确定了辉河国家级自然保护区自然植被划分为4个草地类、7个草地亚类、20个草地组、46个草地型，分别占呼伦贝尔草原各草地类、草地亚类、草地组和草地型的80.0%、87.5%、48.8%和40.0%。辉河国家级自然保护区天然草地类型组合参见表3-4-1。

表 3-4-1 辉河国家级自然保护区天然草地类型组合

I. 低地草甸类

  I_A. 典型草甸亚类

    1. 柳灌丛、杂类草组

      （1）柳灌丛、红顶草、杂类草型

      （2）柳灌丛、三棱苔草、杂类草型

      （3）柳灌丛、羊草、杂类草型

      （4）柳灌丛、地榆、杂类草型

    2. 中型禾草、杂类草组

      （1）小糠草、三棱苔草、杂类草型

      （2）小糠草、拂子茅、杂类草型

      （3）羊草、杂类草型

3. 中型莎草、杂类草组

　　（1）寸草苔、杂类草型

　I_B. 盐化草甸亚类

1. 中型禾草、杂类草组

　　（1）羊草、星星草、碱蒿型

2. 粗大禾草、杂类草组

　　（1）芨芨草、碱蓬、星星草型

3. 一年生盐生杂类草组

　　（1）碱蓬、碱蒿、星星草型

4. 鸢尾类、杂类草组

　　（1）马蔺、杂类草型

　I_C. 沼泽化草甸亚类

1. 粗大禾草、杂类草组

　　（1）芦苇、三棱苔草、拂子茅型

Ⅱ. 温性草甸草原类

　Ⅱ_A. 丘陵平原草甸草原亚类

1. 中型禾草、杂类草组

　　（1）贝加尔针茅、线叶菊、日阴菅、杂类草型

　　（2）羊草、杂类草型

　　（3）羊草、贝加尔针茅、杂类草型

　　（4）羊草、日阴菅、杂类草型

　　（5）贝加尔针茅、羊草、日阴菅型

　　（6）大针茅、中旱生杂类草型

2. 苔草、杂类草组

　　（1）日阴菅、线叶菊、贝加尔针茅型

　Ⅱ_B. 具乔木沙地植被草地亚类

1. 灌木、半灌木、杂类草组

　　（1）黄柳、差巴嘎蒿、冰草、羊草型

　　（2）胡枝子、沙蒿、沙韭型

　　（3）沙蒿、羊草、杂类草型

2. 中型禾草、杂类草组

　　（1）贝加尔针茅、日阴菅型

　　（2）羊草、斜茎黄芪、多叶棘豆型

Ⅲ. 温性干草原类

　Ⅲ_A. 平原丘陵干草原亚类

1. 具刺灌木、禾草、杂类草组

　　（1）小叶锦鸡儿、羊草、杂类草型

　　（2）小叶锦鸡儿、糙隐子草、大针茅型

（3）小叶锦鸡儿、冷蒿、糙隐子草型

（4）小叶锦鸡儿、大针茅、杂类草型

　　2. 小半灌木、禾草、杂类草组

（1）冷蒿、羊草、杂类草型

（2）冷蒿、糙隐子草、杂类草型

（3）百里香、冷蒿、羊茅、杂类草型

　　3. 中型禾草、杂类草组

（1）羊草、大针茅型

（2）羊草、杂类草型

（3）大针茅、羊草型

（4）大针茅、糙隐子草、杂类草型

（5）冰草、大针茅型

（6）大针茅、冷蒿、杂类草型

　　4. 小型禾草、杂类草组

（1）羊茅、羊草、禾草型

（2）糙隐子草、羊草、冰草型

Ⅲ_B. 沙地植被草地亚类

　　1. 具刺灌木、半灌木、杂类草组

（1）黄柳、差巴嘎蒿、杂类草型

（2）小叶锦鸡儿、差巴嘎蒿、杂类草型

（3）小叶锦鸡儿、山竹岩黄芪、杂类草型

　　2. 半灌木、杂类草组

（1）差巴嘎蒿、冰草、杂类草型

（2）沙蒿、杂类草型

Ⅳ. 沼泽类

　　1. 粗大禾草组

（1）芦苇型

　　2. 中型莎草、杂类草组

（1）单穗薹草、苔草型

3.4.2　辉河保护区草地特征

　　根据辉河国家级自然保护区天然草地植被分类系统，保护区天然草地共有低地草甸类、温性草甸草原类、温性干草原类和沼泽类 4 个草地类，共有典型草甸亚类、盐化草甸亚类、沼泽化草甸亚类、丘陵平原草甸草原亚类、具乔木沙地植被草地亚类、平原丘陵干草原亚类、沙地植被草地亚类 7 个草地亚类，共计有 20 个草地组，46 个草地型（见表 3-4-2）。

（1）低地草甸类

低地草甸类草地是辉河国家级自然保护区分布面积最大，生态功能最为突出、保护价值最为显著的一个草地类。低地草甸类草地与沼泽类草地一起，是构成辉河国家级自然保护区天然湿地的重要组成部分，也是东北亚地区白天鹅、鸿雁、灰鹤等国际重要鸟类的栖息地、繁殖场和迁徙通道上的重要驿站。

表 3-4-2 辉河国家级自然保护区各草地类基本特征

草地类	草地面积 /hm²	占保护区 / %	草层高度 /cm	草群盖度 /%	主要植物种类
低地草甸类	104 037.84	30.02	45 ~ 60	60 ~ 80	三蕊柳、红顶草、地榆、羊草、三棱苔草、拂子茅
温性草甸草原类	12 539.57	3.62	45 ~ 70	50 ~ 70	贝加尔针茅、羊草、日阴菅、线叶菊、拂子茅、胡枝子、斜茎黄芪
温性干草原类	203 355.67	58.67	30 ~ 60	40 ~ 60	大针茅、羊草、糙隐子草、小叶锦鸡儿、冷蒿、多根葱、寸草苔
沼泽类	11 769.14	3.39	60 ~ 90	30 ~ 50	芦苇、单穗薹草、三棱苔草、马蔺、香蒲、水葱
合计	331 702.23	95.70			

注：表中草地面积未包括沙地樟子松林。

在辉河国家级自然保护区境内，低地草甸类草地主要分布辉河两岸的低平地带、河漫滩湿地、草原湖泡周边区域以及地表水丰富与地下水沟通的平原低地和丘间凹地上，平均海拔高度 500 ~ 600 m，土壤多为草甸土和沼泽草甸土，土壤水分条件优越，土层深厚，土壤潜育化程度较高，肥力水平相对较好，植被主要由中生、湿中生、旱中生及中旱生的禾本科植物和莎草科植物构成。

低地草甸类草地由隐域性的草甸植被所形成，在上述生境条件下，一般有较大面积的分布，并处于温性草甸草原和温性干草原之中，属非地带性草原植被类型。在呼伦贝尔草原牧区，由于该类草地地上生物量相对较高，草质相对粗糙，牧民一般将其作为秋季打草场加以利用。根据土壤水分条件和含盐碱程度，低地草甸类草地又由典型草甸亚类、盐化草甸亚类、沼泽化草甸亚类 3 个草地亚类组合而成。其中，以典型草甸亚类草地占居主导地位，分布面积相对广泛，柳灌丛杂类草草地组在该亚类草地中占有绝对优势，而中型禾草、杂类草草地和中型莎草、杂类草草地所占比例相对较小，仅分布在常年泛水地段或土壤水分含量相对较高的地段。

I_A. 典型草甸草地亚类

低地草甸类典型草甸草地亚类是辉河自然保护区分布面积较大的一类湿地，主要分布在地形、土壤等生境条件与类相一致的地段，草群组成中以中生草本植物为主，在辉河两岸及河漫滩生境条件下，柳灌丛发育旺盛，湿生植物占有一定比重。在不同的植物群落中，由禾本科草类和莎草科草类分别形成不同的草地型。该草地是辉河流域重要的乳牛、肉牛生产基地，是四季放牧场和割草场，在当地草地畜牧业生产中扮有较重要的角色。根据植物的生活型或生态经济类群，低地草甸类典型草甸草地亚类又由3个草地组、8个草地型构成。

——柳灌丛杂类草草地。该组草地在辉河境内的分布面积相对较小，主要出现在辉河中下游河岸边，土壤为沼泽土或沼泽草甸土。草群结构比较复杂，植物种类成分相对较多；灌木层植物有三蕊柳 (*Salix triandra*)、绣线菊 (*Spiraea salicifolia*) 等，草本层植物主要有小糠草 (*Agrostis alba*)、三棱苔草 (*Carex tristachya*)、地榆、羊草等，伴生植物种类有拂子茅 (*Calamagrostis epigeios*)、野豌豆 (*Vicia sepium*)、无芒雀麦、歪头菜 (*Vicia unijuga*)、老鹳草 (*Geranium wilfordii*)、野火球 (*Trifolium lupinaster*)、瓣蕊唐松草、苇状看麦娘 (*Alopecurus arundinaceus*) 等；草群高度平均46cm，植被覆盖度＞85%；每平方米物种数量在11种。在辉河流域，该组草地主要用于牛、马等大家畜放牧，也用于秋后打草。根据草地建群种或优势种不同，该组草地由4个草地型构成，即柳灌丛、红顶草、杂类草草地型，柳灌丛、三棱苔草、杂类草草地型，柳灌丛－羊草＋杂类草草地型和柳灌丛－地榆＋杂类草型。

——中型禾草、杂类草草地。该组草地主要沿着辉河两岸季节性积水地段和牛轭湖周边泛水地段分布，在辉河自然保护区境内面积相对较大，土壤潜育化程度较高，多为沼泽草甸土和草甸黑土。草群结构相对简单，植物种类组成相对贫乏，每平方米物种数量在10种左右，主要建群植物有红顶草、三棱苔草、拂子茅、羊草等，主要伴生植物有野豌豆、草地风毛菊 (*Saussurea amara*)、蓬子菜 (*Galium verum*)、直立黄芪 (*Astragalus adsurgens*)、柳叶沙参 (*Adenophora caronopifolia*)、水艾蒿 (*Artemisia selengensis*)、地榆等。草层平均高度30～37 cm，草群覆盖度75%～80%，草群中植物均为多年生草本植物，生物量平均达1 100～1 400 kg/hm^2。根据草地建群种或优势种不同，该组草地由3个草地型构成，即红顶草、三棱苔草、杂类草草地型，红顶草、拂子茅、杂类草草地型，以及羊草、杂类草草地型。

——中型莎草、杂类草草地。该组草地在辉河自然保护区境内主要呈零星状或斑块状分布，土壤类型为草甸土或沼泽草甸土。相对于中型禾草、杂类草草地而言，该组草地草群生长茂盛，草层高度较高，但草群植物种类成分相对较少，建群植物种以乌拉苔草为主，并形成明显的苔草层片，伴生植物种有地榆、风毛菊 (*Saussurea jaoonica*)、山野豌豆 (*Vicia amoena*)、拂子茅、水蓼等，草群覆盖度平均在 90% 以上，草层高度平均达 60 cm 以上，以多年生草本植物尤以莎草科植物占绝对优势，而一年生植物仅占 10% 左右，土壤类型多为草甸土或草甸黑钙土。根据草地建群种或优势种不同，该组草地仅由 1 个草地型构成，即苔草、杂类草草地型。

表 3-4-3　辉河国家级自然保护区典型草甸亚类各草地型特征

草地组	草地型	草群盖度 /%	草层高度 /cm	植物种数 /(种/m²)	平均产量 /(kg/hm²)
柳灌丛、杂类草组	柳灌丛、红顶草、杂类草型	87.3	53	7	1 575
	柳灌丛、三棱苔草、杂类草型	92.0	38	11	1 420
	柳灌丛、羊草、杂类草型	83.7	47	13	1 240
	柳灌丛、地榆、杂类草型	90.6	42	12	1 160
中型禾草、杂类草组	小糠草、三棱苔草、杂类草型	83.1	28	8	1 370
	小糠草、拂子茅、杂类草型	78.3	33	11	1 050
	羊草、杂类草型	80.4	36	12	1 150
中型莎草、杂类草组	苔草、杂类草型	90	62	7	980

注：表中单位面积产草量为"青干草产量"。

I$_B$. 盐化草甸亚类草地

在辉河自然保护区境内，盐化草甸亚类草地主要牛轭湖及草原湖泡的周边等地势低洼、开阔，地下水位和矿化度相对较高，地表蒸发量较大，导致盐碱在地表集聚而形成盐化草甸土的区域。盐化草甸亚类草地地势相对平坦，植被组成中，主要以耐盐型较强的盐生植物组成。此外，在辉河下游沿河两侧地段也有不同面积的盐化草甸出现。根据建群植物或优势植物的生活型、生态经济类群以及土壤等生境条件的差异，该亚类草地由 4 个草地组和 4 个草地型组成。4 个草地组分别为中型禾草、杂类草草地组，粗大禾草、杂类草草地组，一年生盐生杂类草草地组，以及鸢尾类、杂类草草地组。其中，中型禾草、杂类草草地和粗大禾草、杂类草草地在辉河自然保护区境内均占有较大的面积，而一年生盐生杂类草草地和鸢尾类、杂类草草地仅出现在土壤盐渍化程度相对较高、其他草本类植物难以生存的地段。

——**中型禾草、杂类草草地**。主要分布在草原湖泡的周边、土壤盐渍化程度相对较高的地段，群落组成中优势植物种为星星草、羊草等，伴生植物种主要有碱蓬、芦苇、灯芯草、蒲公英 (*Taraxacum mongolicum*)、西伯利亚蓼 (*Polygonum sibiricum*)、猪毛菜

(*Salsola collina*)、灰绿藜 (*Chenopldium glaucum*)、碱地风毛菊 (*Saussurea runcinata*) 等；草群覆盖度约 70%，草层高度平均在 25～30 cm，每平方米物种数量 6～8 种，青干草产量平均 1 150～1 300kg/hm²。其中，多年生草本植物约占 85% 以上，一年生杂类草占 15% 左右。草地土壤主要为盐化草甸土。

——**粗大禾草、杂类草草地**。该组草地在辉河自然保护区境内主要呈斑块状分布，面积相对较小，土壤类型为盐土、碱土或盐化草甸土。草群结构简单，主要植物种类为芨芨草、碱蓬和羊草，伴生植物还有碱地风毛菊、西伯利亚蓼、碱蒿、碱茅、多根葱、碱菀 (*Tripolium vulgare*)，一年生植物主要有伏地肤、藜 (*Chenopodium album*) 等。草群覆盖度平均 45%～50%，草层高度平均 30～40 cm，每平方米物种数在 9～11 种，单位面积地上部生物量 900～1100 kg/hm²。在该类草地组成中，灌木和半灌木类植物相对较少，占 5%～6%，多年生草本植物占 60%～70%，菊科和藜科等耐盐植物占 10%～15%，百合科等其他科杂类草占 10%～15%。根据植物群落建群种或优势种，该组草地由 1 个草地型构成，即芨芨草 + 碱蓬 + 星星草草地型。

——**一年生盐生杂类草草地**。在辉河自然保护区境内，主要呈零星状分布，面积相对较小。土壤为盐土或碱土。由于土壤中盐碱含量较高，多年生植物较难生存，植被组成中主要以一年生盐生植物为主，如碱蓬、碱蒿、星星草等，伴生植物有伏地肤、藜、灰绿藜、虫实等。草群植被覆盖度较低，30%～40%，草层高度平均 18～20 cm，每平方米物种数量平均在 5 种以内。由于该组草地主要是由一年生植物构成的，地上生物量变幅较大，不能形成稳定的生产能力。根据草地建群种和优势种，该组草地仅有 1 个草地型，即碱蓬 + 碱蒿 + 星星草草地型。

——**鸢尾类、杂类草草地**。属盐化草甸亚类草地的一个草地组，在辉河自然保护区境内仅有零星、斑块状分布，建群植物为马蔺，伴生植物主要有西伯利亚蓼、碱地风毛菊、碱蒿、星星草等，草群覆盖度 50%～60%，草层高度 20～25 cm，每平方米物种数量 5～7 种，青干草产量为 980～1 100 kg/hm²，以一年生植物为主，其比例约占单位面积青干草产量的 60% 以上，多年生草本植物仅占 40% 左右，尤以菊科和藜科植物为主，比例约占单位面积青干草产量的 50% 以上，禾本科植物仅占 20% 左右，其他为杂类草。土壤为盐化草甸土。

表 3-4-4　辉河国家级自然保护区盐化草甸亚类各草地型特征

草地组	草地型	草群盖度 /%	草层高度 /cm	植物种数 /(种 /m²)	平均产量 /(kg/hm²)
中型禾草、杂类草组	羊草、星星草、碱蒿型	65.2	32.0	7	1 210
粗大禾草、杂类草组	芨芨草、碱蓬、星星草型	60.6	40.8	6	1 130

草地组	草地型	草群盖度 /%	草层高度 /cm	植物种数 /(种 /m²)	平均产量 /(kg/hm²)
一年生盐生杂类草组	碱蓬、碱蒿、星星草型	52.3	22.5	5	960
鸢尾类、杂类草组	马蔺、杂类草型	50.2	19.1	5	970

注：表中单位面积产草量为"青干草产量"。

I$_C$. 沼泽化草甸亚类草地

在沼泽化草甸亚类草地中，仅粗大禾草、杂类草草地 1 组，建群植物种类主要是芦苇、三棱苔草、拂子茅等。主要分布在地形低洼、季节性积水或常年积水地段，土壤为沼泽化草甸土、潜育沼泽土和泥炭沼泽土，植被以湿生、中生粗大禾草和杂类草组成，草地伴生植物还有小糠草、毛水苏、水蓼、地榆、泽芹、草甸老鹳草 (*Geranium sibiricum*)、风毛菊、卡氏沼生马先蒿 (*Pedicularis palustris*) 等，草群覆盖度约为 80% 以上，草层高度平均 95 cm 以上，每平方米物种数量约在 8 种以上，鲜草产量 5 100 ～ 6 000 kg/hm²。草群植物以多年生草本为主，质量相对粗糙，其中豆科、菊科植物仅占 20% 左右，禾本科、莎草科植物分别占 30% 左右，其他为杂类草。

（2）温性草甸草原类

温性草甸草原类草地属于地带性植被，是我国北方温带草原区最东部的一个类型，在呼伦贝尔草原占据着大兴安岭东西两侧山坡及坡麓以及呼伦贝尔高平原的东段，也是我国大兴安岭山地森林与草原交错带及其外围分布面积较广、生态区位最重要的草地类。区域气候为半湿润、半干旱特征，全年降水量平均 350 ～ 400 mm，≥ 10℃的积温约 2 300℃左右，土壤类型以黑钙土为主，植被以中旱生植物为主体，在辉河国家级自然保护区分布面积较大，约 26 530 hm²，约占保护区总面积的 7.7%，也是辉河国家级自然保护区的重要保护对象之一，其中，草甸草原核心区面积 4 400 hm²，缓冲区面积 22 130 hm²，实验区面积 111 757 hm²，分别占辉河自然保护区总面积的 1.3%、6.4% 和 32.2%。

在辉河国家级自然保护区境内，温性草甸草原类草地共由丘陵平原草甸草原和具乔木（樟子松）沙地植被草地 2 个亚类草地组合而成。其中，前者由中型禾草杂类草草地和苔草杂类草草地 2 个草地组构成；后者由灌木、半灌木、杂类草草地和中型禾草、杂类草草地 2 个草地组构成，共计 4 个草地组、12 个草地型，分别占辉河自然保护区草地组和草地型总数的 19.05% 和 25.0%。温性草甸草原类草地主要分布在辉河自然保护区东半部的波状丘陵高平原上，并以草甸草原核心区和沙地樟子松疏林草地核心区为中心，构成了辉河自然保护区的重点保护区域，其分布面积及所占比例参见表 3-4-5。

表 3-4-5　辉河国家级自然保护区温性草甸草原类核心区分布面积

功能区划		面积 /hm²	占本功能区 /%	占总面积 /%
核心区	高林温都尔草原湿地	88 917	83.80	25.6
	温性草甸草原	4 400	4.15	1.3
	沙地樟子松疏林草地	12 790	12.05	3.7
	合计	106 107	100	30.6
缓冲区	高林温都尔草原湿地	95 203	73.81	27.4
	温性草甸草原	22 130	17.16	6.4
	沙地樟子松疏林草地	11 670	9.04	3.4
	合计	128 984	100	37.2
实验区		111 757	—	32.2
总计		346 848	—	100

II$_A$. 丘陵平原草甸草原亚类

该亚类草地主要分布于辉河自然保护区东部，以草甸草原核心区为主的地段，地形特征为波状起伏的丘陵高平原，平均海拔高度 800～1 000 m，相对高差 50 m 左右，土壤为普通黑钙土、少腐殖质黑钙土和暗棕壤。植被组成随地形变化而十分复杂，既有大兴安岭山地草甸成分，又有东北平原和呼伦贝尔高平原的草原成分，但以草原成分为主，在群落中以禾本科和菊科植物占优势。一般，地形开阔地带，土壤为普通黑钙土，并常与暗栗钙土形成复合区。植被组成中中旱生植物占优势，草地代表类型是由贝加尔针茅、羊草、线叶菊分别为建群种和优势种所构成，并形成不同的草地组和草地型，也是构成辉河自然保护区植被的主体部分。

——**中型禾草杂类草草地**。属构成辉河国家级自然保护区温性草甸草原核心区和缓冲区的主体部分，分布面积约为 26 530 hm²，占保护区总面积的 7.7%，主要由贝加尔针茅＋线叶菊＋日阴菅＋杂类草草地、羊草＋杂类草草地、羊草＋贝加尔针茅＋杂类草草地、羊草＋日阴菅＋杂类草草地、大针茅＋中旱生杂类草草地、贝加尔针茅＋羊草＋日阴菅草地 6 个草地型构成，也是构成丘陵平原草甸草原亚类的主体草地组，植物群落建群种和优势种为贝加尔针茅、羊草和大针茅，亚优势种为线叶菊、日阴菅等，伴生植物有麻花头、苔草、红柴胡、防风 (Saposhnikovia divaricata)、黄花苜蓿、沙参、扁蓄豆 (Melilotoides ruthenica)、展枝唐松草 (Thalictrum aquilegifolium) 等。草群覆盖度平均为 60%～85%，草层平均高度 25～45 cm，每平方米物种数 12～20 种，地上生物量平均 980～1 700 kg/hm²（风干重）。但是，草群结构相对简单，种类组成较单一，其中禾本科草类所占比例较大，约占 40% 以上，菊科植物约占 30% 左右，豆科植物约占 10% 左右，其他杂类草约占 20% 左右。土壤类型为典型黑钙土、少腐殖质黑钙土或暗栗钙土，土壤肥力相对较高，土层结构良好，也是当地优良的打草场和四季放牧场。辉河保护区丘陵平原草甸草原亚类中型禾草杂类草组各型草地特征参见表 3-4-6。

　　——苔草、杂类草草地。主要分布在辉河自然保护区土壤水分相对较好，地势较中型禾草杂类草组草地分布较平坦、放牧或割草利用相对较重的地段。植物群落中日阴菅上升为优势种或建群种，线叶菊、贝加尔针茅成为亚优势种，其他伴生植物有草木樨状黄芪、细叶百合 (*Lilium pumilum*)、蓬子菜、野豌豆、羊草、柴胡、野艾蒿 (*Artemisia lavandulaefolia*) 等。草群覆盖度约 50% 左右，草层高度平均为 23.8 cm，每平方米物种数达 12 种以上，地上生物量平均为 900 kg/hm² (风干重)。

表 3-4-6　辉河国家级自然保护区丘陵平原草甸草原亚类中型禾草杂类草组各型草地特征

草地型名称	草地型号	草群盖度 /%	草层高度 /cm	植物种数 /（种 /m²）	平均产量 /（kg/hm²）
贝加尔针茅、线叶菊、日阴菅、杂类草型	II$_A$1（1）	60.1	46.4	14	1 100
羊草、杂类草型	II$_A$1（2）	57.3	37.8	11	1 050
羊草、贝加尔针茅、杂类草型	II$_A$1（3）	78.4	39.6	15	1 690
羊草、日阴菅、杂类草型	II$_A$1（4）	76.8	90.0	20	1 380
贝加尔针茅、羊草、日阴菅型	II$_A$1（5）	65.4	49.0	17	1 150
大针茅、中旱生杂类草型	II$_A$1（6）	56.2	44.5	13	1 300

注：表中单位面积产草量为"青干草产量"。

II$_B$. 具乔木沙地植被草地亚类

　　具乔木沙地植被草地亚类草地是呼伦贝尔温性草甸草原一个特殊的草地亚类。该亚类草地集中分布在辉河自然保护区的东南部的沙坨地段上，气候具半湿润、半干旱特征，地形特点是沙丘起伏，并以固定沙丘和半固定沙丘为主，沙丘丘体形态大小不一，沙岗垄状居多数，相对高差约 20 m，土壤类型有黑沙土、栗沙土和松林沙土。由于草地生境条件复杂，植被生活型多样化，植被组成中乔木主要有樟子松、春榆，灌木、半灌木有黄柳 (*Salix gordeivii*)、旱柳 (*Salix matsudana*)、小叶锦鸡儿等，沙地草本植被发育良好，根据建群植物的生活型和优势植物的生态经济类群，该亚类又分为灌木、半灌木、杂类草组和中型禾草、杂类草组 2 个草地组、5 个草地型。其中，前者包括黄柳－差巴嘎蒿－冰草＋羊草型、胡枝子＋沙蒿－沙韭型、沙蒿－羊草＋杂类草型 3 个草地型，后者包括贝加尔针茅＋日阴菅型、羊草＋斜茎黄芪＋多叶棘豆型 2 个草地型。

　　——灌木、半灌木、杂类草草地。该草地组土壤结构松散，渗透性强，土壤有机质含量在 1% ～ 3%，植被以分散的常绿针叶乔木樟子松、春榆为背景，在沙丘岗地上零散不规则地分布着一些黄柳、旱柳、小叶锦鸡儿、山刺玫、山榛子、稠李以及胡枝子、差巴嘎蒿、沙蒿等灌木、半灌木和小半灌木类植物，草本层植物主要有冰草、羊草、沙韭、糙隐子草、麻花头、亚洲百里香 (*Thymus serpyllum*)、苔草、扁蓿豆、蒙古山萝卜、唐松草等。由于成土条件和成土过程的不同，在发育较好的黑沙土、栗沙土上，冰草等沙生植物生长旺盛，在半固定沙丘的松林沙土上，小叶锦鸡儿、差巴嘎蒿等灌木、半灌木和小半灌木类植物生长发育良好，同时一年生植物如黄花蒿 (*Artemisia annua*)、猪毛菜、虫实 (*Corispermum hyssopifolium*) 等也发育繁茂。草群覆盖度平均在 50% 以上，草层高度平均 22 ~ 26 cm，每平方米物种数达 10 ~ 16 种，草本层地上生物量平均在 600 ~ 1 100 kg/hm²。

——**中型禾草、杂类草草地**。该草地集中分布于辉河自然保护区东南部、南辉苏木境内地势相对平缓的沙地上，并保留少量沙岗残丘，土壤类型主要是栗沙土，土壤结构松散，水分状况相对较好。地上植被中，灌木类植物相对较少，并成为群落的偶见种或稀有种，草本层片中禾本科植物得到充分发育，贝加尔针茅、羊草、冰草逐渐成为群落的建群种或优势种。除此之外，亚优势种有日阴菅、斜茎黄芪、多叶棘豆等，伴生植物有红柴胡、歪头菜、莓叶委陵菜 (*Potentilla fragarioides*)、防风、拂子茅、苦荬菜 (*Ixeris denticulate*)、沙参、落草 (*Koeleria cristata*)、蒙古山萝卜等。草群覆盖度平均高达 60% 以上，草层高度 30 ~ 40 cm，单位面积地上生物量 600 ~ 1 000 kg/hm²，其中多年生草本植物和一年生草本植物占草群重量的 70% 以上。温性草甸草原具乔木沙地植被草地亚类各草地组、草地型群落特征参见表 3-4-7。

表 3-4-7　辉河国家级自然保护区具乔木沙地植被草地亚类各草地组（型）群落特征

草地组	草地型	草群盖度 /%	草层高度 /cm	植物种数 /（ 种 /m²）	平均产量 /(kg/hm²)
灌木、半灌木、杂类草组	黄柳、差巴嘎蒿、冰草、羊草型	45.0	22.3	10	632.8
	胡枝子、沙蒿、沙韭型	50.2	28.7	14	859.6
	沙蒿、羊草、杂类草型	55.0	35.3	16	1 002.8
中型禾草、杂类草组	贝加尔针茅、日阴菅型	65.7	34.2	20	968.7
	羊草、斜茎黄芪、多叶棘豆型	61.3	38.7	17	1 102.4

注：表中单位面积产草量为"青干草产量"。

（3）温性干草原类

温性干草原类草地是我国温带草原区分布范围最广、面积最大的地带性植被类型，在呼伦贝尔草原区占据着呼伦贝尔高平原的中西部，是构成呼伦贝尔草原的主体部分。在辉河国家级自然保护区境内，温性干草原类草地主要集中于广大实验区，分布面积为 111 757 hm²，占保护区总面积的 32.2%，居其他各类草地面积之首。

温性干草原类草地的气候主要受西伯利亚－蒙古高原干燥寒冷气流控制和大兴安岭山地的阻隔，东南暖湿气流难以越过大兴安岭，使岭西呼伦贝尔高平原呈现半干旱气候特征。全年降水量 240 ~ 350 mm，湿润度 0.3 ~ 0.4，全年蒸发量是降水量的 5 ~ 7 倍，

≥ 0℃的积温在 2 280 ~ 2 670℃。区域地形为山地外围丘陵和高平原，代表性土壤类型是暗栗钙土和栗钙土。植被由旱生灌木、半灌木、小半灌木、根茎禾草、丛生禾草及杂类草组成。根据中地形特征和土壤基质条件的差异，由平原丘陵干草原和沙地植被草场2 个草地亚类构成。其中，平原丘陵干草原亚类草地分布面积较广，约占辉河自然保护区总面积的 97.6%；而沙地植被草场亚类草地主要分布在温性草甸草原类草地具乔木（樟子松）沙地植被草地亚类的外围地段，分布面积相对较小，约占保护区总面积 2.4%。根据中地形特征和土壤基质条件，以及群落中植物的生活型和生态经济类群的不同，该亚类草地又划分为 7 个草地组、22 个草地型。其中，平原丘陵干草原亚类草地由具刺灌木、禾草、杂类草草地组，小半灌木、禾草、杂类草草地组，中型禾草、杂类草草地组，小型禾草、杂类草草地组和葱类、禾草草地组 5 个草地组、17 个草地型组合而成，而沙地植被草场亚类草地则由具刺灌木、半灌木、杂类草草地组和半灌木、杂类草草地组 2 个草地组、5 个草地型组合而成。

III$_A$. 平原丘陵干草原亚类草地

平原丘陵干草原亚类草地是辉河国家级自然保护区实验区的主体植被类型，也占据着辉河自然保护区的绝大部分地区。该亚类草地集中分布于大兴安岭沙地坡底与呼伦贝尔高平原相连接的区域，以及高平原西部的低山丘陵区，地形坦荡辽阔、波状起伏，平均海拔 600 ~ 800 m，地势由东向西逐渐倾斜。土壤类型为典型栗钙土，部分地区分布着隐域性的沙质栗钙土和栗沙土，土层深厚，有明显的钙积层，多沙壤质或具伏砂层。植被以大面积的根茎禾草和丛生禾草为主，在具伏砂地段，小叶锦鸡儿等旱生小灌木大量侵入，并形成优势灌木层片，个别地区已构成灌丛化草地类型。

根据野外植被生态学调查，在平原丘陵干草原草地中，以羊草、大针茅等中型禾草为建群种或优势种构成的中型禾草、杂类草草地分布面积最大，并成为温性干草原类草地的典型代表。其次，以灌木层的建群种小叶锦鸡儿和草本层的建群种并优势种羊草、大针茅、糙隐子草、冷蒿、多根葱等构成的不同草地型，也在该亚类草地中占有重要地位。其中，

——**具刺灌木、禾草、杂类草草地**。主要分布在辉河自然保护区南部辉苏木境内，生境特点是缓坡丘陵和波状高平原，土壤以暗栗钙土为主，表层土壤粗糙，地表多有复沙，个别地段因常年过度利用已明显沙化，为旱生灌木小叶锦鸡儿创造了良好生长条件，并随着土壤沙化程度的逐步明显，小叶锦鸡儿在群落中的参与度逐渐增大，在景观上形成了明显的草地灌木层片。松散的土壤基质条件也为根茎禾草、丛生禾草提供了良好的繁衍、生长地，下层草本植物主要有羊草、大针茅、糙隐子草、冷蒿、多根葱等，伴生植物主要有麻花头、阿尔泰狗哇花、山韭 (*Allium senescens*)、直立黄芪、红柴胡、寸草苔、鹅绒委陵菜 (*Potentilla anserina*)、糙叶黄芪 (*Astragalus scaberrimus*) 等，一年生植物

有大籽蒿（*Artemisia sieversiana*）、黄花蒿、猪毛菜、虫实等。草群植物种类组成相对复杂，但以小叶锦鸡儿和禾草类植物种占优势，草群覆盖度 50% ～ 65%，草层高度平均 15 ～ 35 cm，每平方米物种数平均有 8 ～ 13 种，单位面积地上部生物量 700 ～ 850 kg/hm²（风干重），其中灌木、半灌木类植物所占比例较大，约为 20%；多年生草本植物约占 70% 以上，一年生植物平均在 10% 以内。该亚类草地目前是辉河流域最重要的四季放牧场和打草场，在当地草原畜牧业生产中起着十分重要的作用。

表 3-4-8　辉河国家级自然保护区具刺灌木、禾草草地型基本特征

草地型名称	草地型符号	草群盖度 /%	草层高度 /cm	植物种数 /（种 /m²）	平均产量 /（kg/hm²）
小叶锦鸡儿、羊草、杂类草型	ⅢA1（1）	68.3	34.6	13	723.8
小叶锦鸡儿、大针茅、糙隐子草型	ⅢA1（2）	56.7	28.9	12	716.2
小叶锦鸡儿、大针茅、杂类草型	ⅢA1（3）	64.3	29.0	11	759.3
小叶锦鸡儿、冷蒿、糙隐子草型	ⅢA1（4）	49.5	19.7	8	747.5

注：表中单位面积产草量为"青干草产量"。

——**小半灌木、禾草、杂类草草地**。集中分布在保护区南部的南辉苏木境内，具刺灌木、禾草、杂类草草地的外围地区。地形特征属起伏不平的高平原，由于气候干旱现象逐年显现，以及草场长期过度放牧利用，使栗钙土表层出现板结，个别放牧利用严重地段地表出现明显的沙化现象，草地植被退化演替进程显著。旱生小半灌木冷蒿、亚洲百里香在草群中大量繁衍，并逐渐形成优势层片，与丛生禾草羊茅、糙隐子草、大针茅及杂类草分别构成不同的草地型，即冷蒿、羊草、杂类草型草地，冷蒿、糙隐子草、杂类草型草地，百里香、冷蒿、羊茅、杂类草型。其他伴生植物种类有菭草、阿尔泰狗哇花、寸草苔、冰草、星毛委陵菜（*Potentilla acaulis*）、细叶韭（*Allium tenuissimum*）、多叶棘豆等。草群覆盖度 60% 左右，草层高度 19 cm，每平方米物种数最多可达 14 种，地上部生物量平均 500 ～ 600 kg/hm²。植物生态经济类群中灌木、半灌木占 36.0%，多年生草本植物约占 55%，一年生植物约占 10%。小半灌木、禾草、杂类草草地属退化草地，各草地型基本特征参见表 3-4-9。

表 3-4-9　辉河国家级自然保护区小半灌木禾草草地各型基本特征

草地型名称	草地型符号	草群盖度 /%	草层高度 /cm	植物种数 /（种 /m²）	平均产量 /（kg/hm²）
冷蒿、羊草、杂类草型草地	ⅢA2（1）	51.3	31.2	13	520.6
冷蒿、糙隐子草、杂类草型草地	ⅢA2（2）	50.1	21.7	13	570.1
百里香、冷蒿、羊茅、杂类草型	ⅢA2（3）	55.6	18.6	14	557.2

注：表中单位面积产草量为"青干草产量"。

——**中型禾草、杂类草草地**。该组草地主要分布在辉河保护区波状起伏的缓坡丘陵地，土壤类型为暗栗钙土，土层后 30～50 cm，土壤结构疏松，羊草等根茎禾草发育旺盛，并成为建群种和优势种，是连接温性草甸草原类、丘陵平原草甸草原亚类、中型禾草杂类草草地组的旱生化外延部分。在靠近高平原的西部地区，随着气候的逐渐干旱，植物群落中根茎禾草羊草逐渐被大针茅、克氏针茅、冰草等旱生植物所替代，并成为该草群的建群种和优势种。由于草群中羊草、冰草等禾草植物占优势，显得群落植物种类比较贫乏，每平方米的物种数为 10～14 种；此外，亚优势植物有糙隐子草和冷蒿，伴生种有草地早熟禾（*Poa pretensis*）、达乌里芯芭、麻花头、莓叶委陵菜、落草、阿尔泰狗哇花、直立黄芪等。群落结构比较简单，禾草层片发育明显。草群覆盖度约为 60%，草层高度 20～40 cm，是当地牧民群众理想打草场和四季放牧场，适宜养殖以绵羊为主的小型草食家畜。根据优势种和亚优势种植物的不同，该组草地又划分为 6 个草地型，即羊草 + 大针茅草地型、羊草 + 杂类草草地型、大针茅 + 羊草草地型、大针茅 + 糙隐子草 + 杂类草草地型、冰草 + 大针茅草地型、大针茅 + 冷蒿 + 杂类草草地型。

表 3-4-10　辉河国家级自然保护区中型禾草草地各型基本特征

草地型名称	草地型符号	草群盖度 /%	草层高度 /cm	植物种数 /（种 /m²）	平均产量 /（kg/hm²）
羊草、大针茅型草地	Ⅲₐ3（1）	60.3	36.8	14	1 086.2
羊草、杂类草型草地	Ⅲₐ3（2）	63.7	39.8	16	960.7
大针茅、羊草型草地	Ⅲₐ3（3）	51.6	37.0	13	901.2
大针茅、糙隐子草、杂类草型草地	Ⅲₐ3（4）	61.5	21.8	12	654.8
冰草、大针茅型草地	Ⅲₐ3（5）	65.2	32.0	12	998.6
大针茅、冷蒿、杂类草型	Ⅲₐ3（6）	57.6	18.9	14	780.9

注：表中单位面积产草量为"青干草产量"。

——**小型禾草、杂类草草地**。该组草地主要分布在辉河自然保护区中北部的丘陵地带，地表粗糙，土壤紧实度高，丛生禾草发育旺盛，由建群种并优势种植物羊茅、糙隐子草、大针茅、羊草、冰草、寸草苔等植物构成不同的草地型。因地形条件相对复杂，植物群落结构组成单一，每平方米物种数为 8～13 种，其他伴生植物种类有冷蒿、柴胡、细叶韭、落草、达乌里芯芭、麻花头、硬质早熟禾、阿尔泰狗哇花、轮叶婆婆纳 (*Veronicastrum sibiricum*)、直立黄芪等。草群覆盖度约为 55%，草层高度平均 23 cm 左右，单位面积地上部生物量约为 560 kg/hm²。草群植物生态经济类群中灌木、半灌木比例较少，以多年生禾草类植物为主。目前，该类草场属退化草地，主要用于草原牧区夏秋季放牧场。根据优势种和亚优势种植物的不同，该组草地又划分为 2 个草地型，即羊茅 + 羊草禾草草地型、糙隐子草 + 羊草 + 冰草草地型。

III~~B~~. 沙地植被草地亚类草地

III_B. 沙地植被草地亚类草地

沙地植被草地亚类草地集中出现在呼伦贝尔草原的三条沙带上，在辉河自然保护区境内，该亚类草地主要分布在辉苏木以南、沙地樟子松林外围的固定、半固定沙丘以及向西延伸的沙化草原地段。生境条件复杂多变，平均海拔高度 700～800 m，地形沙丘起伏，丘体形态大小不一，相对高差 15～20 m，多以固定、半固定沙丘为主，个别退化严重地段沙质地表活化，形成流沙地。土壤类型有黑沙土、栗沙土、松林沙土和风沙土，结构疏松，保水保肥性能较差。地上植被生态、生活型多样化，由灌木、半灌木及沙生杂类草组成的草地是该亚类草地的主体植被类型。根据建群种植物生活型的不同，该亚类草地又分为具刺灌木、半灌木、杂类草草地组和半灌木、杂类草草地组。其中，前者由黄柳—差巴嘎蒿—杂类草草地型，小叶锦鸡儿—差巴嘎蒿—杂类草草地型，小叶锦鸡儿—山竹岩黄芪、杂类草草地型共 3 型草地构成，后者由差巴嘎蒿—冰草—杂类草型和沙蒿—杂类草型 2 型草地构成。

——具刺灌木、半灌木、杂类草组草地。该组草地为温性干草原类草地、沙地植被草地亚类草地的主体部分，地形、土壤特征等同于亚类草地，在沙丘岗地上，零星分布着一些残存的樟子松，并且呈不规则状发育着一些灌木、半灌木，如黄柳、旱柳、小叶锦鸡儿、山刺玫、山榛子、稠李等，小半灌木有差巴嘎蒿、沙蒿、山竹岩黄芪、胡枝子等，草本植物有冰草、麻花头、虫实等。草群结构上，灌木层和草本层分化明显，但在不同层次上有不尽相同的优势植物。而且，随着地形的变化，土壤和植被差异较大，不同生态类型的杂类草也随之增多，一年生植物也占有一定的比例。草群覆盖度 35%～40%，草层高度平均 20 cm 左右，每平方米物种数 8～10 种，单位面积地上生物量为 560～750 kg/hm^2（风干物）。

——半灌木、杂类草组草地。该组草地面积相对较小，在辉河保护区主要呈零星状不规则分布。土壤多为栗钙土型沙土和松林沙土，建群种并优势种有差巴嘎蒿、沙蒿，其他伴生植物有冷蒿、冰草、匍枝委陵菜（*Potentilla flagellaris*）、草木栖状黄芪、唐松草、虫实、沙米、狗尾草等。草群覆盖度 40%～50%，草层高度 20～30 cm，每平方米物种数量 8～13 种，单位面积地上生物量（风干物）600～800 kg/hm^2，且该组草地植被具有明显的退化特征，生境条件比较脆弱，是一类值得保护与恢复的沙化草地。

表 3-4-11　辉河国家级自然保护区沙地植被草地亚类各草地组（型）群落特征

草地组	草地型	草群盖度 /%	草层高度 /cm	植物种数 /（种 /m^2）	平均产量 /（kg/hm^2）
具刺灌木、半灌木、杂类草草地组	黄柳、差巴嘎蒿、杂类草型	45	23	12	735.4

草地组	草地型	草群盖度 /%	草层高度 /cm	植物种数 / (种 /m²)	平均产量 / (kg/hm²)
具刺灌木、半灌木、杂类草草地组	小叶锦鸡儿、差巴嘎蒿、杂类草型	40	26	13	570.6
	小叶锦鸡儿、山竹岩黄芪、杂类草型	35	30	8	469.1
半灌木、杂类草草地组	·差巴嘎蒿、冰草、杂类草型	40	32	11	597.4
	沙蒿、杂类草型	50	18	13	453.2

注：表中单位面积产草量为"青干草产量"。

（4）沼泽类草地

沼泽是指地表过湿或有薄层常年或季节性积水，土壤水分几达饱和，生长有喜湿性和喜水性沼生植物的地段。在地质学上，沼泽是介于陆地和水体间的自然复合体。一般，沼泽具有三个基本特征，即一是地表经常过湿或有薄层积水；二是其上生长湿生植物或沼生植物；三是有泥炭积累或无泥炭积累，但有潜育层存在，沼泽排水差，潜水面位于地表。

在高纬度地区，典型的沼泽常呈现一定的发育过程。随着泥炭的逐渐积累，基质中的矿质营养由多而少，而地表形态却由低洼而趋向隆起，植物也相应发生改变。沼泽发育过程由低级到高级阶段，因此有富养沼泽（低位沼泽）、中养沼泽（中位沼泽）和贫养沼泽（高位沼泽）之分。其中，低位沼泽、中位沼泽、高位沼泽是根据沼泽土壤中水的来源划分的。欧亚大陆沼泽分布有明显的规律性，因受气候的影响，在温凉湿润的泰加林地带沼泽类型多，面积大。泰加林带以南的森林草原和草原地带，气候相对较干旱，没有隆起的贫养泥炭藓沼泽，有富养苔草沼泽、芦苇沼泽和小面积桤木沼泽。

辉河国家级自然保护区沼泽类草地面积分布相对较大，在沼泽类型上主要属于欧亚大陆泰加林带以南的森林草原和草原地带的富养苔草沼泽和芦苇沼泽，是辉河自然保护区的重点保护对象之一，也是欧亚东段草原区最重要的湿地资源和众多候鸟迁徙通道的重要驿站与繁殖地。在辉河自然保护区，沼泽类草地主要分布在辉河的河流两岸、终年或季节性积水的牛轭湖以及草原湖泡浅水区域内，因积水区域水分对土壤的浸泡左右，造成了土壤的嫌气性条件而促进了土壤的潜育化过程，形成了泥炭沼泽土和潜育沼泽土。植被种类单一，主要由水生或湿生植物组成。根据土壤水分条件和植物生态生活型，该类草地可分为粗大禾草草地组和中型莎草、杂类草草地组 2 个草地组、2 个草地型。

——**粗大禾草草地组**。沼泽类粗大禾草草地是辉河两岸最主要的草地组，分布面积约 5 618.6hm²，占辉河自然保护区总面积的 16.20%。由于该草地组地表常年积水，水生和湿生植物生长旺盛，并发育成以芦苇等粗大禾草为主的沼泽植被。草群中主要建群植物或优势植物种类有芦苇、水蓼、宽叶香蒲 (Typha latifolia) 等，伴生植物种类有野慈菇 (Sagittaria trifolia)、翼果苔草 (Carex neurocarpa)、黑三棱 (Sparganium stoloniferum)、

菰 (*Zizania latifolia*)、水葱、浮萍 (*Lemna minor*)、灯芯草、海乳草 (*Glaux maritima*) 等。草群覆盖度 80% ～ 90%，草层高度 110 ～ 160 cm，每平方米物种数量平均在 6 种左右，大多数地段形成了以芦苇为主的单优势植物群落，单位面积生物量平均在 3 800 ～ 4 200 kg/hm² （风干物）。草群中，禾本科草类平均占 80% 左右，莎草科植物平均占 2.0% ～ 5.0%，其他杂类草占 15% ～ 18%。根据植物群落建群种或优势种的不同，该组草地在辉河自然保护区境内仅有 1 个草地型，即芦苇型草地。

——中型莎草、杂类草草地组。沼泽类中型莎草、杂类草草地，在辉河自然保护区境内主要呈零星状分布，面积相对较小，地表为季节性积水或常年积水，土壤类型多为沼泽土和沼泽草甸土。植物群落建群种主要以莎草科植物为主，如单穗藨草 (*Scirpus radicans*)、黑三棱、乌拉苔草、芦苇等，主要伴生植物有柳叶菜、红顶草、达香蒲 (*Typha davidiana*)、水蓼、地榆、苇状看麦娘、西伯利亚蓼、水麦冬 (*Triglochin palustre*) 以及水芹 (*Oenanthe javanica*)、狸藻 (*Utricularia vulgaris*) 等。草群覆盖度平均达 90% 以上，草层高度 45 ～ 50 cm，每平方米物种数量平均在 8 种左右，草群单位面积地上部生物量平均达 2 100 kg/hm² 以上，且莎草科植物平均占 60% 以上，禾本科植物平均占 20% 左右，菊科等其他科植物平均占 20% 左右。辉河自然保护区植被类型分布见图 3.4.1。

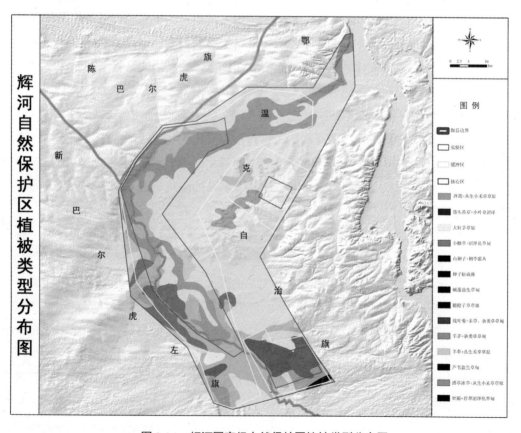

图 3.4.1　辉河国家级自然保护区植被类型分布图

第4章 维管束植物多样性

4.1 维管束植物科属组成

4.1.1 维管束植物

在植物学中，凡是有维管系统的植物都称维管植物，包括蕨类植物、裸子植物和被子植物三大类群，它们与藻类、菌类、地衣、苔藓植物不同之处在于具有发达的维管束系统。植物的维管束系统主要由木质部和韧皮部组成，木质部中含有运输水分的管胞或导管分子，韧皮部中含有运输无机盐和养料的筛胞或筛管，它们大多为陆生植物，只有少数植物在受精过程需要在水中进行。

蕨类植物和种子植物主要生活在陆域环境，通常这些植物是绿色植物、具有胚胎且个体较高大。其体内具专供运输物质的组织，液体在这些组织中可作快速的流动，而达到运输的目的，这些组织就是维管束组织。因此，蕨类植物和种子植物又被称为维管束植物或高等植物，而苔藓、地衣、菌类、藻类植物则被称为非维管束植物或低等植物。

4.1.2 维管束植物形态特征

由于在维管束植物的根茎叶内，有专司水分运输的木质部、养分运输的韧皮部，在木质部及韧皮部内的细胞上下排列成管状，并聚集成束状，所以特别称为维管束组织。维管束组织可由根部延伸至茎部，再延伸至叶，叶内的维管束组织为叶脉。导管、假导管和筛管则分别自根、茎至叶互相连成运输的管道，使根吸收的水与矿物质向上运输至茎和叶，叶所制造的养分则输送到茎与根。

维管束植物有如下形态特征：

（1）维管束植物为多细胞植物体，细胞分化明显，有组成各种不同功能的组织，有根、茎、叶的分化。

（2）植物体有由特化的细胞所组成的维管束，能承担支持和运输植物体生命活动所需要的水分、养分等功能。

（3）植物生殖器官构造复杂，特别是被子植物有完善的花，胚由受精卵细胞形成。

（4）世代交替明显而有规律，不受外界条件的影响而变化。无性世代占优势。

4.1.3　辉河维管束植物科属种构成

在辉河自然保护区野生植物调查中，按照植被类型的不同，分别采用样线、样点和固定样地相结合的方法，重点调查了野生维管束植物的科属种特征。野外调查结果统计，辉河国家级自然保护区境内，已发现的野生维管束植物有 65 科、227 属、380 种，分别占呼伦贝尔市野生维管束植物科、属、种的 60.19%、48.50% 和 31.15%；占内蒙古自治区野生维管束植物科、属、种的 50.78%、32.90% 和 16.73%。其中，蕨类植物有 1 科、1 属、2 种；种子植物中裸子植物 2 科、2 属、2 种；被子植物 64 科、226 属、378 种；分别占呼伦贝尔市裸子植物科属种的 66.67%、40.0% 和 33.33%，占呼伦贝尔市被子植物科属种的 65.98%、49.78% 和 31.61%（参见表 4-1-1）。

表 4-1-1　辉河国家级自然保护区维管束植物区系组成比较 *

植物类群		内蒙古自治区			呼伦贝尔市			辉河自然保护区		
		科	属	种	科	属	种	科	属	种
蕨类植物		13	20	50	11	14	24	1	1	2
种子植物	裸子植物	3	7	22	3	5	6	2	2	2
	双子叶植物	93	505	1 676	76	351	909	49	178	305
	单子叶植物	19	158	523	18	98	281	13	46	76
	小计	115	670	2 221	97	454	1 196	64	226	378
合计		128	690	2 271	108	468	1 220	65	227	380

* 内蒙古自治区和呼伦贝尔市植物科属种数据摘自《中国呼伦贝尔草地》，吉林科学技术出版社，1991.

在辉河自然保护区维管束植物类群中，共发现有单子叶植物 13 科、46 属、76 种，主要为香蒲科、黑三棱科（Sparganiaceae）、眼子菜科、水麦冬科、泽泻科（Alismataceae）、花蔺科（Butomaceae）、禾本科、莎草科、浮萍科（Lemnaceae）、灯芯草科（Juncaceae）、百合科、鸢尾科和兰科（Orchidaceae）。其中，种类分布中最多的科为禾本科植物，有

28 属、41 种，分别占辉河保护区单子叶植物属种数的 60.87% 和 53.95%；其次为百合科植物，共发现有 3 属 10 种，占保护区单子叶植物属数和种数的 6.52% 和 13.16%；莎草科共有 4 属 8 种，占保护区单子叶植物属数和种数的 8.70% 和 10.53%；泽泻科植物有 2 属 3 种，占保护区单子叶植物属数和种数的 4.35% 和 3.95%；鸢尾科植物有 1 属 3 种，占保护区单子叶植物属数和种数的 2.17% 和 3.95%；香蒲科、黑三棱科和灯芯草科植物均为 1 属 2 种，分别占保护区单子叶植物属数和种数的 2.17% 和 2.63%。其余科植物均为 1 属 1 种，所占比例相对较少（参见表 4-1-2）。

表 4-1-2　辉河国家级自然保护区单子叶植物科属种组成及其比例

序号	植物科名称	属			种		
		数量	占类群 /%	占保护区 /%	数量	占类群 /%	占保护区 /%
1	香蒲科（Typhaceae）	1	2.17	0.44	2	2.63	0.53
2	黑三棱科（Sparganiaceae）	1	2.17	0.44	2	2.63	0.53
3	眼子菜科（Potamogetonaceae）	1	2.17	0.44	1	1.32	0.26
4	水麦冬科（Juncaginaceae）	1	2.17	0.44	1	1.32	0.26
5	泽泻科（Alismataceae）	2	4.35	0.88	3	3.95	0.79
6	花蔺科（Butomaceae）	1	2.17	0.44	1	1.32	0.26
7	禾本科（Poaceae）	28	60.87	12.33	41	53.95	10.79
8	莎草科（Cyperaceae）	4	8.70	1.76	8	10.53	2.11
9	浮萍科（Lemnaceae）	1	2.17	0.44	1	1.32	0.26
10	灯芯草科（Juncaceae）	1	2.17	0.44	2	2.63	0.53
11	百合科（Liliaceae）	3	6.52	1.32	10	13.16	2.63
12	鸢尾科（Iridaceae）	1	2.17	0.44	3	3.95	0.79
13	兰科（Orchidaceae）	1	2.17	0.44	1	1.32	0.26
	合计	46	100	20.26	76	100	20.00

在辉河自然保护区野生维管束植物类群中，共发现有双子叶植物 49 科、178 属、305 种。其中，植物种类有 5 种以上的科依次为菊科 36 属 83 种，豆科 15 属 29 种，蔷薇科 8 属 20 种，唇形科 12 属 16 种，毛茛科 12 属 16 种，蓼科（Polygonaceae）2 属 13 种，藜科（Chenopodiaceae）6 属 8 种，伞形科 8 属 9 种，玄参科 6 属 8 种，龙胆科（Gentianaceae）5 属 8 种，桔梗科 3 属 8 种、十字花科 6 属 6 种，以上共计 12 科 119 属 224 种，分别占辉河自然保护区野生植物类群中双子叶植物科属种的 24.49%、66.85% 和 74.67%；少于 3 种以上的科依次为大戟科（Euphorbiaceae）1 属 4 种，旋花科（Convolvulaceae）3 属 4 种，紫草科（Boraginaceae）4 属 4 种，茜草科（Rubiaceae）2 属 4 种，杨柳科（Salicaceae）1 属 3 种，荨麻科（Urticaceae）1 属 3 种，石竹科 3 属 3 种，牻牛儿苗科（Geraniaceae）2 属 3 种，报春花科（Primulaceae）2 属 3 种，萝藦科（Asclepiadaceae）3 属 3 种，茄科（Solanaceae）3 属 3 种，车前科（Plantaginaceae）1 属 3 种，共计 12 科 26 属 40

种，分别占辉河自然保护区野生植物类群中双子叶植物科属种的 24.49%、14.61% 和 13.33%；其余植物科种数均小于 2 种，属少数种（参见表 4-1-3）。

表 4-1-3　辉河国家级自然保护区双子叶植物科属种组成及其比例

序号	科名称	属			种		
		属数	占本类群 /%	占保护区 /%	种数	占本类群 /%	占保护区 /%
1	杨柳科（Salicaceae）	1	0.56	0.44	3	1.00	0.79
2	桦木科（Betulaceae）	1	0.56	0.44	1	0.33	0.26
3	榆科（Ulmaceae）	1	0.56	0.44	1	0.33	0.26
4	桑科（Moraceae）	2	1.12	0.88	2	0.67	0.53
5	荨麻科（Urticaceae）	1	0.56	0.44	3	1.00	0.79
6	檀香科（Santalaceae）	1	0.56	0.44	1	0.33	0.26
7	蓼科（Polygonaceae）	2	1.12	0.88	13	4.33	3.42
8	藜科（Chenopodiaceae）	6	3.37	2.64	8	2.67	2.11
9	苋科（Amaranthaceae）	1	0.56	0.44	2	0.67	0.53
10	马齿苋科（Portulacaceae）	1	0.56	0.44	1	0.33	0.26
11	石竹科（Caryophyllaceae）	3	1.69	1.32	3	1.00	0.79
12	睡莲科（Nymphaeaceae）	2	1.12	0.88	2	0.67	0.53
13	毛茛科（Ranunculaceae）	12	6.74	5.29	16	5.33	4.21
14	罂粟科（Papaveraceae）	2	1.12	0.88	2	0.67	0.53
15	十字花科（Cruciferae）	6	3.37	2.64	6	2.00	1.58
16	景天科（Crassulaceae）	2	1.12	0.88	2	0.67	0.53
17	蔷薇科（Rosaceae）	8	4.49	3.52	20	6.67	5.26
18	豆科（Leguminosae）	15	8.43	6.61	29	9.67	7.63
19	牻牛儿苗科（Geraniaceae）	2	1.12	0.88	3	1.00	0.79
20	亚麻科（Linaceae）	1	0.56	0.44	1	0.33	0.26
21	蒺藜科（Zygophyllaceae）	1	0.56	0.44	1	0.33	0.26
22	芸香科（Rutaceae）	2	1.12	0.88	2	0.67	0.53
23	远志科（Polygalaceae）	1	0.56	0.44	1	0.33	0.26
24	大戟科（Euphorbiaceae）	1	0.56	0.44	4	1.33	1.05
25	锦葵科（Malvaceae）	2	1.12	0.88	2	0.67	0.53
26	堇菜科（Violaceae）	1	0.56	0.44	2	0.67	0.53
27	瑞香科（Thymelaeaceae）	2	1.12	0.88	2	0.67	0.53
28	千屈菜科（Lythraceae）	1	0.56	0.44	1	0.33	0.26
29	柳叶菜科（Onagraceae）	2	1.12	0.88	2	0.67	0.53
30	杉叶藻科（Hippuridaceae）	1	0.56	0.44	1	0.33	0.26
31	伞形科（Umbelliferae）	8	4.49	3.52	9	3.00	2.37
32	报春花科（Primulaceae）	2	1.12	0.88	3	1.00	0.79
33	白花丹科（Plumbaginaceae）	1	0.56	0.44	1	0.33	0.26

序号	科名称	属			种		
		属数	占本类群/%	占保护区/%	种数	占本类群/%	占保护区/%
34	龙胆科（Gentianaceae）	5	2.81	2.20	8	2.67	2.11
35	萝藦科（Asclepiadaceae）	3	1.69	1.32	3	1.00	0.79
36	旋花科（Convolvulaceae）	3	1.69	1.32	4	1.33	1.05
37	花荵科（Polemoniaceae）	1	0.56	0.44	1	0.33	0.26
38	紫草科（Boraginaceae）	4	2.25	1.76	4	1.33	1.05
39	唇形科（Lamiaceae）	12	6.74	5.29	16	5.33	4.21
40	茄科（Solanaceae）	3	1.69	1.32	3	1.00	0.79
41	玄参科（Scrophulariaceae）	6	3.37	2.64	8	2.67	2.11
42	紫葳科（Bignoniaceae）	1	0.56	0.44	1	0.33	0.26
43	列当科（Orobanchaceae）	1	0.56	0.44	1	0.33	0.26
44	狸藻科（Lentibulariaceae）	1	0.56	0.44	1	0.33	0.26
45	车前科（Plantaginaceae）	1	0.56	0.44	3	1.00	0.79
46	茜草科（Rubiaceae）	2	1.12	0.88	4	1.33	1.05
47	川续断科（Dipsacaceae）	1	0.56	0.44	2	0.67	0.53
48	桔梗科（Campanulaceae）	3	1.69	1.32	8	2.67	2.11
49	菊科（Asteraceae）	36	20.22	15.86	83	27.67	21.84
	合　计	178	100	78.41	305	100.00	78.95

在辉河自然保护区野生维管束植物类群中，含 5 种以上植物种的科有 14 个，它们依次为菊科、禾本科、豆科、蔷薇科、毛茛科、唇形科、蓼科、百合科、藜科、伞形科、龙胆科、桔梗科、莎草科（Cyperaceae）和十字花科。其中，菊科植物是辉河自然保护区分布最多的植物类群，共有 36 属 83 种，占呼伦贝尔市同科野生植物属数的 70.59%、种数的 49.40%，占内蒙古自治区同科野生植物属数的 49.32%、种数的 29.02%。禾本科植物次之，有 28 属 41 种，分别占呼伦贝尔市和内蒙古自治区同科植物属数的 63.64%、42.42%，种数的 37.96%、21.03%。豆科植物是辉河自然保护区第三大野生植物类群，共有 15 属 29 种，分别占呼伦贝尔市和内蒙古自治区同科野生植物属数的 83.33%、57.69%，种数的 47.54%、18.83%。蔷薇科植物是辉河自然保护区第四大野生植物类群，共有 8 属 20 种，分别占呼伦贝尔市和内蒙古自治区同科野生植物属数的 34.78%，植物种数的 30.30%、19.80%。毛茛科和唇形科植物均为 12 属 16 种，是辉河自然保护区第五大野生植物类群。其中，毛茛科植物的属数和种数，分别占呼伦贝尔市和内蒙古自治区同科野生植物属数的 80.00%、66.67%，植物种数的 26.67%、14.55%；唇形科植物的属数和种数，分别占呼伦贝尔市和内蒙古自治区同科野生植物属数的 63.16%、54.55%，植物种数的 61.54%、35.56%（参见表 4-1-4）。

表 4-1-4　辉河国家级自然保护区优势植物科属种比较分析

序号	植物科名	属			种			种占比例 /%	
		辉河	呼盟	内蒙古	辉河	呼盟	内蒙古	呼盟	内蒙古
1	菊科（Asteraceae）	36	51	73	83	168	286	49.40	29.02
2	禾本科（Poaceae）	28	44	66	41	108	195	37.96	21.03
3	豆科（Leguminosae）	15	18	26	29	61	154	47.54	18.83
4	蔷薇科（Rosaceae）	8	23	23	20	66	101	30.30	19.80
5	毛茛科（Ranunculaceae）	12	15	18	16	60	110	26.67	14.55
6	唇形科（Lamiaceae）	12	19	22	16	26	45	61.54	35.56
7	蓼科（Polygonaceae）	2	5	6	13	35	64	37.14	20.31
8	百合科（Liliaceae）	3	15	20	10	41	64	24.39	15.63
9	藜科（Chenopodiaceae）	6	13	20	8	35	81	22.86	9.88
10	伞形科（Umbelliferae）	8	19	25	9	31	43	29.03	20.93
11	龙胆科（Gentianaceae）	5	8	11	8	15	23	53.33	34.78
12	桔梗科（Campanulaceae）	3	4	6	8	14	23	57.14	34.78
13	莎草科（Cyperaceae）	4	8	11	8	57	116	14.04	6.90
14	十字花科（Cruciferae）	6	22	31	6	39	67	15.38	8.96
	合计	148	264	358	275	756	1372	36.38	20.04

注：表中"呼盟"指呼伦贝尔市。

4.2　辉河植物区系分析

4.2.1　植物地理成分

辉河自然保护区位于呼伦贝尔森林草原交错区外围，欧亚草原区与欧亚针叶林区和东亚夏绿阔叶林区的交界处，显著的交错带效应孕育了复杂的物种区系成分。辉河自然保护区植物区系成分及代表种主要包括：

达乌尔—蒙古成分。以蒙古高原、松辽平原及大兴安岭山地为基本分布区的植物种类，往南也常渗入华北和黄土高原地区。这一区系地理成分是欧亚草原区亚洲中部亚区的基本成分，植物种类数量最多，在呼伦贝尔草原的植物区系成分中具有主要地位。属于这一植物区系的地带性草原的建群种，有贝加尔针茅、大针茅、羊草、线叶菊、小叶锦鸡儿等，优势种及常见伴生种有草木樨状黄芪、斜茎黄芪、多叶棘豆、黄芩、山野豌豆、轮叶委陵菜 (Potentilla verticillaris)、叉分蓼、瓦松 (Orostachys fimbriata)、红柴胡、芯芭 (Cymbaria dahurica)、火绒草 (Leontopodium leontopodioides)、远志 (Polygala tenuifolia)、轮叶沙参 (Adenophora tetraphylla)、祁州漏芦 (Stemmacantha uniflora)、野亚麻 (Linum stelleroides) 等。

泛北极成分。泛北极植物种一般是指被半球温带、寒带大陆（包括欧、亚、北美）

广泛分布的种,但其分布中心在北温带。辉河自然保护区位于呼伦贝尔草原腹地,区域内沼泽、湿地、草原等类型多样,地理环境相对复杂,因而泛北极植物种数量也较多。由于该成分植物种多为湿生、中生植物,所以在浅水、沼泽、草甸和森林植被中大量分布。因此比较起来在草原植被中的泛北极成分就相对较少。

辉河自然保护区内的水生泛北极植物浮萍,杉叶藻科的杉叶藻 (*Hippuris vulgaris*),狸藻科的狸藻、水葫芦苗 (*Halerpestes sarmentosa*) 等。草甸常出现的泛北极植物有地榆、无芒雀麦、草地早熟禾 (*Poa pretensis*) 等,这些植物种均为河滩草甸和沼泽化草甸的建群植物,鹅绒委陵菜、匍地委陵菜、海乳草、广布野豌豆 (*Vicia cracca*) 等均为矮化盐生草甸优势植物和草甸中常见的中生植物。中生杂类草有葶苈 (*Draba nemorosa*)、野燕麦 (*Avena fatua*) 等。冷蒿是干旱草原的优势成分,还有常见的多裂委陵菜 (*Potentilla multifida*)、画眉草 (*Eragrostis pilosa*)、黄花蒿等。

古北极成分。古北极种是欧亚大陆温带、寒带(包括湿润地区及干旱区的特殊条件下)广泛分布的植物种。在辉河自然保护区植物区系中占有一定地位,其中许多种是草甸植被的重要组成成分,水生植物、湿生植物及森林、灌丛中的中生植物和草原中的旱生植物也有一些植物种类。

在辉河自然保护区古北极成分的中生草甸种主要有拂子茅、老芒麦、披碱草 (*Elymus dahuricus*)、黄花苜蓿、老鹳草、草甸老鹳草、块根糙苏(*Phlomis tuberosa*) 等。常见于草甸草原的古北极种有野火球、白婆婆纳(*Veronica incana*)、高山紫菀(*Aster alpinus*)、蓼 (*Polygonum alpinum*) 等旱中生或中旱生植物。

在山地森林与灌丛中古北极成分有樟子松、沙地柏 (*Sabina vulgaris*)、龙牙草 (*Agrimonia pilosa*)、白屈菜 (*Chelidonium maj*) 等。水生和湿生的古北极种有水葱、金鱼藻 (*Ceratophyllum demersum*)、小香蒲 (*Typha minima*)、花蔺 (*Butomus umbellatus*)等。属于古北极种的杂类草有猪毛菜、马齿苋 (*Portulaca oleracea*)、天仙子 (*Hyoscyamus niger*)、独行菜 (*Lepidium latifolium*)、车前 (*Plantago asiatica*)、苍耳 (*Xanthium sibiricum*) 和星星草 (*Puccinellia tenuiflora*) 等。

东古北极成分。在古北极植物区内的乌拉尔山脉以东亚洲温带湿润区与干旱区广泛分布的植物种。在辉河自然保护区多见于灌丛和草甸、沼泽植被中,也有一些草原中旱生和旱生种。其中,分布于草甸植被的东古北极种有稠李、裂叶堇菜 (*Viola dissecta*)、并头黄芩 (*Scutellaria scordifolia*)、歪头菜、亚洲蓍 (*Achillea asiatica*)、瓣蕊唐松草、山野豌豆、返顾马先蒿 (*Pedicularis resupinata*)、野豌豆 (*Vicia multicaulis*)、苦马豆 (*Sphaerophysa salsula*)、紫苞鸢尾 (*Iris ruthenica*)、山黧豆 (*Lathyrus humilis*)、白花驴蹄草 (*Caltha natans*)、平车前 (*Plantago depressa*) 等,生长于草甸草原和典型草原的东古北极植物种主要有沙质草原的建群种冰草、防风、腺毛委陵菜 (*Potentilla longifolia*)、阿尔泰狗哇花、细叶白头翁 (*Pulsatilla turczaninovii*)、扁蓿豆、地蔷薇 (*Chamaerhodos erecta*)、牻牛儿苗 (*Erodium stephanianum*)，其他杂类草有大籽蒿、迷果芹 (*Sphallerocarpus gracilis*)、麻叶荨麻 (*Urtica cannabina*)、瓦松等。

东亚成分。分布于亚洲东南部阔叶林区的区系成分，在呼伦贝尔草原外围的大兴安岭山地森林植被中有着较丰富的东亚种。其中，森林成分是东亚种的主要组成部分。在辉河自然保护区植物区系组成中，东亚成分植物种主要有山杏 (*Armeniaca sibirica*)、榛 (*Corylus mandshurica*)、胡枝子、土庄绣线菊 (*Spiraea pubescens*)、白莲蒿 (*Artemisia sacrorum*)、蒙古荚蒾 (*Viburnum mongolicum*) 等。中生草甸植物有野古草、桔梗 (*Platycodon grandiflorus*) 等，生于草原植被中的旱生植物有隐子草 (*Cleistogenes polyphylla*)、达乌里胡枝子 (*Lespedeza davurica*)、委陵菜 (*Potentilla chinensis*)、毛茛 (*Ranunculus japonicus*)、苦荬菜 (*Ixeris denticulata*)、碱蓬、苦参 (*Sophora flavescens*) 等。

东西伯利亚成分。分布中心在西伯利亚的东部，在辉河自然保护区植物区系组成中属于东西伯利亚成分的植物种有灌木小红柳 (*Salix microstachya*)，草本植物有草乌头 (*Aconitum kusnezoffii*)，它是有毒植物，草甸植被的伴生种委陵菜，盐生草甸种的滨藜 (*Atriplex fera*) 等一年生植物。

亚洲中部成分。分布在亚洲中部的干旱与半干旱地区，包括戈壁荒漠区和蒙古高原、松辽平原及黄土高原的草原区的干旱与半干旱地区，以旱生化植物种属为特征，是荒漠和草原植被的基本成分。该成分在辉河自然保护区植物区系组成中数量不多，但也有一定比列，主要有克氏针茅、多根葱、狭叶锦鸡儿 (*Caragana stenophylla*)、蓖齿蒿 (*Artemisia pectinata Pall*)、虫实、沙蓬 (*Agriophyllum squarrosum*) 等。

黑海—哈沙克斯坦—蒙古成分。该种成分的分布从东欧的黑海沿岸一直到我国东北松辽平原，包括欧亚大陆草原区及其邻近地区。它包含着一些草原旱生植物、草甸植物以及山地植物。在辉河自然保护区植物区系组成中种类相对较少，在典型草原中主要有糙隐子草、沙生冰草 (*Agropyron desertorum*)、华北岩黄芪 (*Hedysarum gmelinii*)、麻花头、细叶鸢尾等，在盐生草甸中有草地风毛菊 (*Saussurea amara*)、盐生酸模 (*Rumex marschallianus*)，草原砾石生植物有莲座蓟 (*Cirsium esculentum*) 等。

世界成分。世界种是南、北半球各个湿润与干旱植物地理区域广泛分布的植物种。在辉河自然保护区植物区系组成中所占比例很小，对植被的组成也缺乏重要作用，主要是一些沼泽成分、水生成分及农田和村边的杂草。如沼泽及沼泽草甸的建群种狭叶香蒲 (*Typha angustifolia*)、芦苇，常见种小眼子菜 (*Potamogeton pusillus*)、千屈菜 (*Lythrum salicaria*)、狗尾草 (*Setaria viridis*)、金狗尾草 (*Setaria luescens*)、藜、田旋花 (*Convolvulus arvensis*) 等。

哈萨克—蒙古成分。分布范围从哈萨克斯坦境内起，一直到蒙古高原、黄土高原、松辽平原以及西伯利亚南部与东部都有分布，其植物成分包括草原成分、草甸成分和山地成分等。在辉河自然保护区植物区系组成中，主要植物种类有艾蒿 (*Artemisia argyi*)、星毛委陵菜、银灰旋花 (*Convolvulus ammannii*)、百里香等。

古地中海成分。古地中海成分是地中海常绿林区、亚非荒漠区及欧亚草原区整个古地中海干旱、半干旱区所分布的植物种。分布区范围包括地中海常绿林区、亚非荒漠区及欧亚草原区，即整个古地中海干旱、半干旱地区所分布的种。该成分在辉河自然保护区植物区系组成中数量很少，主要有芨芨草、角果碱蓬 (*Suaeda corniculata*)、地肤 (*Kochia scoparia*) 等。

东北成分。属于东亚植物区系组成部分，但它以我国东北分布中心。在辉河自然保护区植物区系组成中，东北种的代表植物种主要有山刺玫、尖叶胡枝子 (*Lespedeza hedysaroides*)、狼毒大戟 (*Euphorbia fischeriana*) 等。

华北成分。属于东亚植物区系的组成部分，其分布以黄河流域为基本分布区，并以森林和灌丛为主，而且又多分布在山区。在辉河自然保护区植物区系组成中，属于华北种的代表植物种有虎榛子 (*Ostryopsis davidiana*)、多花胡枝子 (*lespedeza floribunda*)、知母 (*Anemarrhena asphodeloides*) 等。

欧洲—西伯利亚成分。属欧亚大陆针叶林区广泛分布的植物种。在辉河自然保护区植物区系组成中，只含少数欧洲—西伯利亚种，如中生灌木五蕊柳 (*Salix pentandra*) 见于林间草甸及沼泽草甸，杂类草猪毛蒿 (*Artemisia scoparia*) 等。

蒙古种与戈壁蒙古成分。这两类种属成分都是属于亚洲中部植物区系的组成部分，以荒漠草原、典型草原及荒漠植物为主。在辉河自然保护区植物区系组成中，该植物成分只分布于较干旱的地带。代表种有女蒿 (*Hippolytia trifida*)、油蒿 (*Artemisia ordosica*)、蒙古糙苏 (*Phlomis mongolica*)、蒙古葱 (*Allium mongolicum*) 等。

从整体上看，达乌尔—蒙古成分是构成辉河自然保护区植物区系的基本成分，而草甸和沼泽植被主要是由泛北极成分、古北极成分和东古北极成分构成，东西伯利亚成分和东亚成分是构成该地森林和灌丛植被的基本成分。呼伦贝尔草原植物区系应属于泛北极植物区域，但上述达乌尔—蒙古等区系成分都占有重要地位，这充分说明近代水热环境是构成在辉河自然保护区植物区系成分独特性的首要原因。

4.2.2 植物生活型谱

植物生活型是各种生态因子对植物综合作用的结果，即植物在漫长的系统发育过程中对综合的生境条件长期适应所表现出来的共同外貌特征。按照植物基本的生长方式，辉河自然保护区被子植物的生活型主要分为乔木、灌木、半灌木、多年生草本及一、二年生草本植物 5 种生活型。

（1）乔木

在辉河自然保护区的天然草地上，分布有乔木 4 种，占野生植物总数的 1.04%。其中针叶乔木 1 种，为松科（Pinaceae）的樟子松。阔叶乔木有杨柳科的旱柳、榆科的春榆和蔷薇科的稠李 3 种。其中，樟子松主要分布在辉河自然保护区东南缘的固定、半固定沙地，稠李常为伴生树种，为大兴安岭樟子松林向草原延伸的一个沙生系列变型，并具有明显的草原化特征，在空间分布上与黑沙土上的线叶菊、贝加尔针茅草甸草原有密切联系，构成一幅森林与草原相结合的异型景观。旱柳和春榆常散生于地势低平的河岸两侧低湿地或村屯周边等地。

（2）灌木

灌木是没有明显主干，从根茎部就开始分枝的木本植物。较之乔木细弱而矮小，属于矮高位芽或地上芽植物。调查发现，辉河自然保护区共有野生灌木 10 种，占野生种子植物的 2.63%。其中，湿生灌木 2 种、中生灌木 5 种、旱生灌木 3 种，分别占本类群的 20%、50% 和 30%。灌木类植物多在林下、沙地以及河滩地等零星分布，在呼伦贝尔草原植被组成中几乎不起什么作用。其中，以小叶锦鸡儿分布面积最广，主要分布在辉河保护区南部典型草原外围的沙地草场及沙质土壤上，饲用价值和生产价值均不高，但在沙地生活力旺盛，属优良固沙先锋植物。

（3）半灌木

半灌木是灌木与草本植物中间的一个类型。属于地上芽植物，枝条木质化程度弱，有一部分入冬前死去，木质化强的基部枝条可以越冬。

调查发现，辉河自然保护区共有野生半灌木 12 种，占辉河自然保护区野生植物总数 3.16%，主要作为伴生种出现在典型草原的比较干旱的沙地、砂砾质土壤上。其中蒿属中的差巴嘎蒿、沙蒿、光沙蒿、山竹岩黄芪（*Hedysarum fruticosum*）等，在发育良好的典型草原区，达乌里胡枝子、尖叶铁扫帚（*Lespedeza junceea*）等常作为伴生种出现；冷蒿、亚洲百里香（*Thymus serpyllum var.asiaticus*）等，一般分布在沙质栗钙土上或典型草原退化地段，伏地肤、优若藜（*Ceratoides latens*）等在局部地区可成为优势种，但多为放牧过度地段由于生境变干旱的退化草场，它们是比较好的优良牧草，可做成放牧场。

（4）多年生草本植物

多年生草本植物是构成草原植被、草甸植被的主体生活型，且在林下及灌丛中也大量出现。呼伦贝尔草原多年生草本植物种类繁多，在辉河自然保护区总计有 317 种，占辉河自然保护区野生植物总数的 83.42%。多年生草本植物是典型地面芽和地下芽植物，它们的共同特点是在严冬到来之前，地上枝条全部枯死，仅以地下器官度过漫长而严寒的冬季，当翌年春天到来时，由于气温逐渐回升，休眠后的多年生草本植物再由地面芽或地下芽萌发出新的枝条，并完成本年度一年的生活史。

多年生草本植物的生态特征非常复杂，根据对生境条件的适应途径不同，可划分以下几个类型：

①直根型草本植物。植物的根系具有明显的主根，属地面芽植物。大多数双子叶植物属于这一类型。在辉河自然保护区有直根型草本植物204种，占辉河自然保护区野生植物总数的53.68%，是辉河自然保护区内草原植被组成的主要生活型，如豆科中的苜蓿属 (Medicago L.)、黄芪属 (Astragalus Linn.)、棘豆属 (Oxytropis DC.)、野豌豆属 (Vicia Linn.)、山黧豆属 (Lathyrus Linn.)，蔷薇科的委陵菜属，菊科中的草本蒿类等。直根型草本植物的饲用价值都比较高，是优等草场的重要组成成分。

②根茎型草本植物。该类型植物具有发达的地下茎，茎节上有更新芽，可萌发新的枝条，属地下芽植物。在呼伦贝尔草原中占重要地位，其物种数约有310种之多。在辉河自然保护区野生植物类群中，属于根茎型草本植物有18种，约占辉河自然保护区野生植物种总数的4.74%，主要有禾本科中的赖草属、拂子茅属 (Calamagrostis Adans.)、冰草属、早熟禾属 (Poa L.)、芦苇属 (Phragmites Trin.)、苔草属 (Carex L.) 等植物。其中，广泛分布在典型草原、草甸草原并为建群种的羊草，构成优质高产的打草场。拂子茅、假苇拂子茅、赖草 (*Leymus secalinus*) 在草甸植被中起着建群作用，芦苇是沼泽草甸、沼泽植被的主要建群种，干草原中的寸草苔、细叶百合等都是重要的伴生种根茎型植物。

③须根型草本植物。该类植物无明显的主根，地上枝条从分蘖节处形成，常呈丛生状，可分为密丛状和疏丛状的多年生丛生草本植物。该类型是草原群落最基本的生活型，在辉河自然保护区须根型草本植物共有37属53种，占辉河自然保护区野生植物总种数的13.59%，也是构成典型草原、草甸草原和低地草甸植物群落的主要建群成分。特别是丛生禾草在多数草场中起重要的作用，例如针茅属 (Stipa L.)、隐子草属、羊茅属中的若干种在草甸草原、典型草原中是主要建群种植物，洽草属、碱茅属 (Puccinellia L.) 及鹅观草属的一些种在局部地区也有建群作用，早熟禾属、剪股颖属 (Agrostis L.) 的许多植物种在草场中都有一定数量的分布。除丛生禾草之外，在莎草科、百合科及鸢尾科中的一些须根型多年生草本植物，在不同类型的草场中也占有较重要的地位。

④鳞茎型草本植物。该类植物具有地下鳞茎，更新芽着生在鳞茎节上，属地下芽植物。百合科的大多数属于这一类，在辉河自然保护区的天然草场中共有8种，占辉河自然保护区野生植物总种数的2.11%，并且多为伴生种，只在干旱的杂类草草地中葱类植物才成为优势种。

⑤块根块茎型草本植物。该类植物具有短而肥大的地下块根或块茎，属地下芽植物。在辉河自然保护区的各类草地中，块根块茎型草本植物共有2种，即唇形科糙苏属的块根糙苏和川续断科蓝盆花属的蒙古山萝卜，在天然草场中作用不大。

⑥匍匐型草本植物。该类植物具有匍匐生长横卧地面的地上茎，具较强的营养繁殖能力，但饲用价值不高。在辉河自然保护区内，匍匐型草本植物共有5科、10属、30种，

分别占辉河自然保护区野生植物科属种的 7.69%、4.41% 和 7.89%。主要分布在蔷薇科的委陵菜属、菊科的风毛菊属 (Saussurea DC.)、车前属 [Plantago (Tourn.) L.]、蒲公英属 (Taraxacum L.)，旋花科的打碗花属 (Calystegia R. Br.)、旋花属（Convolvulus L.)、紫草科的附地菜属 (Trigonotis Stev.)，茜草科的拉拉藤属 (Galium Linn.)、茜草属（Rubia L.)，以及萝摩科的鹅绒藤属 (Cynanchum L.)。其中，蔷薇科的委陵菜属植物最多，有 10 种，占同类群植物的 33.3%。匍匐型草本植物常为草甸草原、典型草原、低地草甸等植被的伴生成分，饲用价值较低。

⑦寄生型草本植物。该类植物依靠从寄主植物体内吸取营养而生存，可分全寄生和半寄生两类。它们在呼伦贝尔草场中只有 2 种，如菟丝子 (Cuscuta chinensis)、黄花列当 (Orobanche pycnostachya) 等。

⑧一二年生草本植物。该类植物在呼伦贝尔共有 3 种，占野生植物总数的 9.74%。这类植物在草甸草原中只是次要的伴生种，所起作用较小。在干草原中尚能形成层片，其作用也不大。它们在干旱的沙地、盐碱地、退化较严重的草场和沙地草场上有很重要的作用，特别是降雨比较多的年份可形成盖度大又比较高的一二年生草本植物群落。另外村旁路边的杂草也多为这一生活型植物。属于这一生活型的植物种类主要有禾本科狗尾草属 (Setaria Beauv.)、虎尾草属 (Chloris Sw.)、画眉草属 (Eragrostis Beauv.)，藜科的猪毛菜属 (Salsola L.)、藜属 (Chenopodium L.)、虫实属 (Corispermum L.)，苋科的苋属 (Amaranthus L.)，唇形科的夏至草属 (Lagopsis Bunge ex Benth.)、益母草属 (Leonurus L.) 及蒿类的一些种类。

呼伦贝尔市辉河自然保护区野生维管植物生活型谱参见表 4-2-1。

表 4-2-1　辉河国家级自然保护区野生维管束植物生活型谱

植物生活型		物种数 / 种	占总种数比 / %	代表物种
乔木类	针叶型	1	0.26	樟子松
	阔叶型	3	0.79	旱柳、春榆、稠李
灌木类	灌木	10	2.63	黄柳、榛、绣线菊、山刺玫、山杏、小叶锦鸡儿
	半灌木	7	1.84	山竹岩黄芪、胡枝子、差巴嘎蒿、光沙蒿
	小半灌木	5	1.32	优若藜、伏地肤、细叶胡枝子、达乌里胡枝子
多年生草本类	轴根型	204	53.68	黄花苜蓿、扁蓄豆、黄芪、野豌豆、柴胡、防风
	根茎型	18	4.74	羊草、赖草、冰草、草地早熟禾、拂子茅、芦苇
	密丛型	53	13.95	贝加尔针茅、大针茅、糙隐子草、羊茅、雀麦
	鳞茎型	8	2.11	细叶百合、野葱、野韭、蒙古韭、碱韭、山韭
	根茎块茎型	2	0.53	块根糙苏、蒙古山萝卜
	匍匐型	30	7.89	打碗花、车前、委陵菜、附地菜、拉拉藤、茜草
	寄生型	2	0.53	菟丝子、黄花列当
一二年生草本类		37	9.74	狗尾草、虎尾草、灰藜、猪毛菜、苋菜、独行菜
合　计		380	100	

4.2.3　植物生态型谱

在植物生态学上，通常根据生长在不同自然地带和不同生态环境中植物对水分条件、土壤盐分状况及土壤基质条件等重要生态因素所表现出来的适应方式和适应能力的差异，把植物划分为不同类群。尤其是植物水分生态类型的划分对于认识植被特点、确定植被类型和草地类型（类）等都具有现实重要意义。

根据植物生态学家瓦尔明（E,Warming, 1909）的分类系统，按照植物对水分条件的适应性，辉河自然保护区野生被子植物划分为水生植物、湿生植物、中生植物、旱生植物 4 大类群。

①水生植物。是指植物体全部或部分淹没在水中生存的一类植物。辉河自然保护区共有水生植物 11 种，占辉河自然保护区野生植物总种数的 2.89%。其中有浮水植物，如浮萍；浮叶根生植物，如睡莲 (Nymphaea tetragona)、萍蓬草 (Nuphar pumilum)；挺水植物，如泽泻 (Alisma orientale)、野慈姑、宽叶香蒲、达香蒲、芦苇。辉河自然保护区水生植物主要分布在境内的草原湖泊、水泡以及辉河两岸的边缘地带。

②湿生植物。是指生长在沼泽及沼泽草甸等季节性积水或泛水地段，是生长在土壤过分潮湿生境中的一类植物。湿生植物根系极不发达，叶片柔软，海绵组织发达，保护组织不发达，防止蒸腾和调节水分能力很差，是陆生植物中抗旱能力最弱的一类植物。调查发现，辉河自然保护区共有野生湿生植物 29 种，占辉河自然保护区野生植物总种数的 7.63%。常见的湿生植物种类有水蓼、水毛茛 (Batrachium bungei)、水葱、单穗薹草、槽杆荸荠 (Eleocharis valleculosa) 等一些植物种。此外，还包括水莎草及苔草属 (Carex L.) 的一些种。在呼伦贝尔草原区，湿生植物组成的沼泽植物常被作为秋季打草场及冬营地。

③中生植物。是指生长在水分条件适中的生境中的一类植物，它是介于湿生与旱生植物之间的中间类型。中生植物是辉河自然保护区野生植物中种类最多、分布最广的一个植物类群。据调查发现，在辉河自然保护区共有中生植物 244 种，占辉河自然保护区野生植物总种数的 64.21%，居第一位。中生植物是森林、灌丛、草甸植被的建群成分，在草甸草原也占一定优势，在典型草原中呈伴生种。

根据中生植物对水分条件的适应情况可分为湿中生植物、典型中生植物和旱中生植物三种类型。其中，

湿中生植物是中生植物中偏湿生的种类，多为沼泽草甸的建群成分。在辉河自然保护区，常见的有两栖蓼 (Polygonum amphibium)、白花驴蹄草、小白花地榆 (Sanguisorba tenuifolia var.alba)、毛茛、水棘针 (Amethystea caerulea)、翻白草 (Potentilla discolor)、鼠掌老鹳草 (Geranium sibiricum)、五脉山黧豆 (Lathyrus quinquenervius)、轮叶婆婆纳、短瓣金莲花 (Trollius ledebourii) 等 67 种，占辉河自然保护区野生植物总种数的 17.63%。

典型中生植物是指生于水分适中生境中的植物种类。在辉河自然保护区野生植物中，典型中生植物多达112种，占辉河自然保护区野生植物总种数的29.47%，也是草甸、森林外围草地的代表成分。乔木中包括春榆、稠李，灌木有榛子、柳叶绣线菊等。在典型草甸中典型中生植物最多，主要代表植物有地榆、山野豌豆、歪头菜、鹅绒委陵菜、莓叶委陵菜、风毛菊 (*Saussurea jaoonica*)、柳叶蒿 (*Artemisia integrifolia*)、蓬子菜、轮叶沙参、小黄花菜 (*Hemerocallis minor*)、拂子茅、假苇拂子茅、桔梗、巨序剪股颖 (*Agrostis gigantea*)、无芒雀麦、披碱草、纤毛鹅观草 (*Roegneria ciliaris*)、草地早熟禾 (*Poa pratensis*)、马蔺、草乌头、山刺玫等，典型中生植物众多种类是组成典型的五花草甸的主要成分，也是当地优良的打草场或冬季放牧场，但多因处于山地，利用很不充分。

旱中生植物是中生植物向旱生植物过渡类型，有一定的耐旱性，是构成草甸草原、典型草原重要成分。在呼伦贝尔地区共有65种，占辉河自然保护区野生植物总种数的17.11%。常见的代表植物有黄柳、叉分蓼、尖萼耧斗菜 (*Aquilegia oxysepala*)、翠雀 (*Delphinium grandiflorum*)、瓣蕊唐松草、野罂粟 (*Papaver nudicaule*)、独行菜、芨芨草、赖草、羊茅、蓖齿蒿等。

④旱生植物。是指生于干旱的生境中，能忍受较长时间的干旱，并能保持水分平衡和正常发育的一类植物。旱生植物在陆生植物中抗旱能力最强，植物具有明显的旱生结构，如叶片缩小且有的内卷、气孔凹陷，具发达的角质层和表面密生毛层，根系以及栅栏组织发达，细胞液浓度高等旱生生理特征。该类型植物分布地域广，在草原、沙漠、沙地植被以及盐生植被中都占重要的地位。

据调查发现，在辉河自然保护区分布的旱生植物共有96种，占辉河自然保护区野生植物总种数的25.26%。常见植物主要分布在放牧场及打草场。依据植物对干旱的适应程度又将旱生植物分为中旱生植物、典型旱生植物和强旱生植物3个类群。其中，中旱生植物是旱生植物中抗旱能力最弱的植物，也是草甸草原的建群成分，同时在草甸及典型草原中也大量分布。在辉河自然保护区，中旱生植物22种，占辉河自然保护区野生植物总种数的5.79%。常见代表植物主要有线叶菊、贝加尔针茅、棉团铁线莲 (*Clematis hexapetala*)、细叶白头翁、展枝唐松草、射干鸢尾 (*Iris dichotoma*)、草地风毛菊、麻花头、羊草、斜茎黄芪、多叶棘豆、草木樨状黄芪、红柴胡、黄花苜蓿、野火球等。

典型旱生植物是典型草原及沙地植被的建群成分，也存在于草甸草原及荒漠草原中。在辉河自然保护区有60种典型旱生植物，占辉河自然保护区野生植物总种数的15.79%。主要代表植物有大针茅、冰草、糙隐子草、中华隐子草 (*C. Chinensis*)、亚洲百里香、冷蒿、火绒草、星毛委陵菜、变蒿 (*Artemisia commutate*)、细叶胡枝子 (*Lespedeza junceea*)、节节草 (*Equisetum ramosissimum*)、问荆 (*Equisetum arvense*)、蒙古韭 (*Allium mongolicum*)、砂韭 (*A. bidentatum*)、知母、细叶鸢尾等。

　　强旱生植物是旱生植物中耐旱能力很强的一类植物，为荒漠草原的建群植物，在典型草原中较干旱地段也有一定量的分布。在辉河自然保护区中仅有 14 种，占辉河自然保护区野生植物总种数的 3.68%。主要有小叶锦鸡儿、苦参、沙蒿、光沙蒿、差巴嘎蒿、茵陈蒿 (*A. capillaries*)、蒺藜 (*Tribulus terrestris*)、鹤虱 (*Lappula myosotis*)、大果琉璃草 (*Cynoglossum divaricatum*)、米氏冰草 (*Agropyron michnoi*)、狗尾草、落草、小画眉草等。

　　辉河自然保护区地处大兴安岭西麓，呼伦贝尔草原区东缘，由于受太平洋季风影响，形成半湿润半干旱的森林、草甸、草原混生植被，适宜于中生植物的生长，特别是由于局部生境的水分、土壤条件的影响而大面积发育的草甸植被和湿地，也是导致中生植物占绝对优势的重要因素。再者，辉河自然保护区处于泛北极植物区域内，而这一成分以中生植物居多。此外，大兴安岭以西地区，受蒙古寒冷干燥气流影响，降水量为 250～380 mm，湿润度 0.32～0.57，使整个呼伦贝尔高原形成半干旱的草原气候，适于旱生植物发育。从植物水分生态类型的分布上看，中生和旱生植物具有地带性分布，主要受降水量这一气候要素制约。局部生境的水分状况则是导致水生、湿生植物非地带性分布的唯一因素。

表 4-2-2　辉河草原湿地维管植物生态型统计

植物生态型		物种数/种	占总种数比例/%	代表物种
水生植物		11	2.89	浮萍、睡莲、香蒲、泽泻、芦苇
湿生植物		29	7.63	水蓼、水毛茛、水葱、槽杆荸荠、苔草
中生植物	湿中生植物	67	17.63	短瓣金莲花、翻白草、五脉山黧豆、轮叶婆婆纳、鼠掌老鹳草、两栖蓼、白花驴蹄草
	典型中生植物	112	29.47	地榆、山野豌豆、莓叶委陵菜、风毛菊、柳叶蒿、轮叶沙参、拂子茅、桔梗、无芒雀麦
	旱中生植物	65	17.11	黄柳、叉分蓼、耧斗菜、翠雀、瓣蕊唐松草、野罂粟、独行菜、芨芨草、赖草、蓍齿蒿
旱生植物	中旱生植物	22	5.79	线叶菊、贝加尔针茅、棉团铁线莲、展枝唐松草、蓬子菜、射干鸢尾、草地风毛菊
	典型旱生植物	60	15.79	大针茅、冰草、糙隐子草、亚洲百里香、冷蒿、火绒草、星毛委陵菜、变蒿、蒙古韭
	强旱生植物	14	3.68	小叶锦鸡儿、苦参、沙蒿、差巴嘎蒿、蒺藜、鹤虱、米氏冰草、狗尾草、落草、小画眉草
合计		380	100	

4.3 植物物种编目

植物物种编目是指对一定生态区域内存在的植物类群加以鉴定并汇集成名录。编目与分类学关系密切，分类学研究包括了编目的内容，但侧重于研究分类单元的亲缘关系和等级关系；编目则强调对现有植物类群进行登记和评估，只要求将登记的对象区分开来，分成可识别的分类单元或所谓的形态种，给予编码登录，而不必给予详细的鉴定。

辉河国家级自然保护区编目的意义在于：①确定辉河地区已鉴定物种的名录，表明物种存在与否，直接提供物种的地理或栖息地分布信息，这是进行其他分析的基础；②可直接利用编目数据进行辉河流域范围内物种多样性特征（物种丰富、特有性等）的分析和比较，确定特有性集中地区和物种高度丰富地区，这些知识对指定保护对策甚为重要；③对辉河地区重要的经济物种的编目数据可直接用于指导生产实践；④物种编目可作为辉河保护区自然监测的一个重要手段，通过物种编目监测辉河地区的物种种类和分布的变化动态，并可选择某些环境敏感类群作为环境指示类群进行长期的跟踪编目，达到环境监测的目的，从这个意义上说编目和监测是自然保护中相互紧密联系的两个环节。

4.3.1 蕨类植物门

一、木贼科 Equisetaceae

1. 节节草 *Equisetum ramosissimum* Desf.

问荆属多年生草本植物，地上茎常绿，根茎细长入土深，黑褐色。生境喜近水，生于路旁、溪边、地埂等，农田杂草。全草入药，有明目退翳、清热利尿、治骨髓炎、小便不利等症；马驹食用后容易引起中毒。

2. 问荆 *Equisetum arvense* L.

问荆属多年生草本植物，地上茎直立，根状茎横生地下，黑褐色。生于田边、沟旁。全草有清热利尿、止血、止痛消肿的功能，清热止咳。对牲畜有毒，不宜作草料。

4.3.2 裸子植物门

二、松科 Pinaceae

3. 樟子松 *Pinus sylvestnis var.mongolica* Litvin.

松属常绿乔木，树干高超过 30 m，树干下部的树皮较厚，灰褐色或黑褐色，呈不规则的块状开裂，上部的树皮黄色至黄褐色。多生长在砂地、山脊、向阳山坡及石砾砂土地带。材质较强，纹理直，可供建筑、家具等用材。树干可割树脂，提取松香及松节油，树皮可提取栲胶。

三、柏科 Cupressaceae

4. 西伯利亚刺柏 *Juniperus sibirica* Burg.

刺柏属匍匐灌木，高 30 ~ 70 cm；枝皮灰色，小枝密，粗壮，径约 2 mm。生于碛石山地或疏林下。产于东北大兴安岭及小兴安岭高山上部、吉林长白山区海拔 1 500 ~ 2 000 m、新疆阿尔泰山海拔 1 400 ~ 1 600 m、西藏定日等地海拔 3 500 ~ 4 200 m 地带；欧洲经俄罗斯亚洲部分的中亚细亚地区、西伯利亚、朝鲜、日本及阿富汗至喜马拉雅山区也有分布。多为高山上部的水土保持树种。

4.3.3 被子植物门

四、杨柳科 Salicaceae

5. 三蕊柳 *Salix triandra* L.

柳属落叶小乔木，树皮暗褐色或近黑色，小枝褐色或灰绿褐色，有时有白粉，幼枝稍有短柔毛。常生于海拔 500 m 以下的林区溪流旁。木材供作薪炭，本种为早春蜜源植物，又可作为护堤岸及绿树种，枝条柔软，木质部洁白，适于编织筐、篮等手工艺品。

6. 旱柳 *Salix matsudana* Koidz.

落叶乔木，树冠圆卵形或倒卵形。树皮灰黑色，纵裂。枝条斜展，枝顶微垂，小枝淡黄色或绿色。生于干旱及水湿地区，为平原地区常见树种。木材白色，轻软，供建筑、器具、造纸及火药等用。细枝可编筐篮。为早春蜜源树种和固沙保土、四旁绿化树种。

7. 黄柳 *Salix gordeivii* Chang et Skv.

多年生灌木，高 1 ~ 3 m。老枝黄白色，有光泽；嫩枝黄褐色。叶条形或条状披针形。喜光。喜生于草原地带地下水位较高的固定沙丘、半固定沙丘。黄柳的幼嫩枝叶为山羊和骆驼所喜食，秋天干枯后，山羊、绵羊、牛喜食。

五、桦木科 Betulaceae

8. 榛 *Corylus heterophylla* Fisch.

榛属落叶灌木或小乔木，幼枝有软毛及腺毛，卵形至倒卵形的叶子，顶端稍平截，有长尖头，边缘有不规则锯齿和小裂片，果实叫榛子，果皮坚硬，果仁可食。生长于海拔 200 ~ 1 000 m 的地区，见于山地阴坡灌丛中。果实营养丰富，果仁中含有人体所需的多种氨基酸和维生素。

六、榆科 Ulmaceae

9. 春榆 *Ulmus davidiana* var. *japonica* (Rehder) Nakai

榆属落叶乔木，树皮暗灰色，粗糙，不规则纵裂。生于阳光充沛的区域，喜光，耐寒，适应性强。可作为景观用树种，庭荫树、行道树；其果实（榆钱）、树皮、叶、根入药。

七、桑科 Moraceae

10. 葎草 *Humulus scandens* (Lour.) Merr.

葎草属多年生茎蔓草本植物，又称拉拉秧、拉拉藤、五爪龙。雌雄异株，群生，茎和叶柄上有细倒钩，茎喜缠绕其他植物生长。生于篱笆、田边等，常缠绕在农作物或者果树上，耐寒、抗旱、喜肥、喜光。嫩茎和叶可做食草动物饲料。可入药。田间杂草。

八、大麻科 Cannabaceae

11. 大麻 *Cannabis sativa* L.

大麻属一年生草本，根木质。茎直立，具纵沟，灰绿色，密被短柔毛，皮层富含纤维。生长在世界各地，在我国是一种重要的经济作物，作为工业纤维、植物油脂、宗教用途以及药用之上。

九、荨麻科 Urticaceae

12. 麻叶荨麻 *Urtica cannabina* L.

荨麻属多年生草本，被有短柔毛和螫毛。多生长于丘陵性草原、河谷、沙丘坡上、坡地、河漫滩及溪旁。有毒植物，在开花期以前，茎脆叶嫩，各种营养成分含量都比较丰富，为饲用植物和药用植物。

13. 狭叶荨麻 *Urtica angustifolia* Fisch. ex Hornem

荨麻属多年生草本，有木质化根状茎。茎高四棱形，疏生刺毛和稀疏的细糙毛。生于山地林缘、灌丛或沟旁。传统的可药可食的野生植物。富含蛋白质、脂肪、氨基酸及无机元素，又有一定的药用价值。

14. 宽叶荨麻 *Urtica laetevirens* Maxim.

荨麻属多年生草本，全株淡绿色疏生螫毛和微柔毛，不分枝或分枝。生于山地林下或沟边。多生在山谷溪边及山坡林下阴湿处。以全草、根和种子入药，治风湿、虫咬等。茎皮纤维供纺织和制绳索用。

十、檀香科 Santalaceae

15. 长叶百蕊草 *Thesium longifolium* Turcz.

百蕊草属多年生草本，茎簇生，有明显的纵沟。表面偶有分叉的纵脉（棱），宿存花被比果短。生于荒坡草丛中或疏林下。

十一、蓼科 Polygonaceae

16. 酸模 *Rumex acetosa* L.

酸模属多年生草本，俗名野菠菜。生于山坡、路边、荒地或沟谷溪边湿处。嫩茎叶味酸可生食，全草入药，酸模浸液可作农药，叶可提取绿色染料，根可提制栲胶。

17. 直根酸模 *Rumex thyrsiflorus* L.

酸模属多年生草本，俗称东北酸模。根为直根，粗壮。茎直立，具深沟槽，无毛。花序圆锥状，顶生，花单性，雌雄异株；瘦果椭圆形，褐色，有光泽。生山坡草地、山谷水边。

18. 毛脉酸模 *Rumex gmelinii* Turcz.

酸模属多年生草本，茎直立，粗壮，无毛，具沟槽，黄绿色或淡红色，叶下面沿叶脉密生乳头状突起，边缘全缘或呈微波状；花序圆锥状，花两性，瘦果卵形，深褐色，有光泽。生山坡草地、山谷水边。

19. 巴天酸模 *Rumex patientia* L.

酸模属多年生草本，茎直立，粗壮，不分枝或分枝，有沟槽。瘦果卵形，褐色，光亮。生于村边、路旁、潮湿地和水沟边。根含鞣质可提制栲胶。

20. 狭叶酸模 *Rumex stenophyllus* Ledeb.

酸模属多年生草本，根粗壮，茎直立，通常上部分枝具浅沟槽。瘦果椭圆形，顶端急尖，基部狭窄，褐色，有光泽。生于路旁、潮湿地带和沟渠边。

21. 长刺酸模 *Rumex maritimus* L.

酸模属多年生草本，茎直立，具棱槽，自中下部分枝。适生于水湿地。为夏收作物田杂草，在低洼水稻田块常发生。果入药，可杀虫，清热，凉血。用于痈疮肿痛，秃疮疥癣，跌打肿痛。

22. 萹蓄 *Polygonum aviculare* L.

蓼属一年生草本，茎平卧或上升，自基部分枝，有棱角。为习见的野草，生于田野、荒地。全草药用，有清热、利尿、解毒之效。

23. 酸模叶蓼 *Polygonum lapathifolium* L.

蓼属一年生草本，茎直立，有分枝。生于路旁湿地和沟渠水边。全草入中药，味辛，性温，具利湿解毒、散瘀消肿、止痒功能；全草入蒙药，蒙古族民间称该植物为"huraganchihi"，在新鲜状态下直接食用其嫩叶或作蔬菜食用。

24. 西伯利亚蓼 *Polygonum sibiricum* Laxm.

蓼属多年生草本，有细长的根状茎，茎斜上或近直立。生于盐碱荒地或砂质含盐碱土壤。有疏风清热、利水消肿之功能。分布于黑龙江、吉林、辽宁、内蒙古、河北、山西、甘肃、山东、江苏、四川、云南和西藏等地。

25. 叉分蓼 *Polygonum divaricatum* L.

蓼属多年生草本，茎直立或斜升，多叉状分枝。蒙药名：希没乐得格，生于草甸草原、沙地、林缘草甸等地。分布于兴安北部、岭东、岭西、兴安南部、辽河平原、呼一锡高原、阴山。我国东北、华北；朝鲜、蒙古、俄罗斯。全草或根入药。

26. 两栖蓼 *Polygonum amphibium* L.

蓼属一种多年生草本植物，根状茎横走。生于湖泊边缘的浅水中、沟边及田边湿地，两栖蓼普遍分布于亚洲、欧洲和北美。两栖蓼的全草可用于痢疾和疔疮。此外，两栖蓼的叶大，花穗大，粉红色花序惹人喜爱，是园林水景颇佳的观赏植物。

27. 水蓼 *Polygonum hydropiper* L.

蓼属一年生的草本植物，又名泽蓼、辣蓼草等，直立或下部伏地。水蓼生活在水边或水中，分布于东北、华北、河南、陕西、甘肃、江苏、浙江、湖北、福建、广东、广西和云南；印度、欧洲及北美也有。生田野水边或山谷湿地。全草入药，有消肿解毒、利尿、止痢之效。

28. 卷茎蓼 *Polygonum convolvulus* L.

蓼属一年生蔓状草本，俗称荞麦蔓，花淡绿色，一年生杂草。生于山坡草地、山谷灌丛、沟边湿地。产于中国大陆东北、华北、西北、山东、江苏北部、安徽、台湾、湖北西部、四川、贵州、云南及西藏自治区。印度、欧洲、非洲北部及美洲北部也有分布。

十二、藜科 Chenopodiaceae

29. 优若藜 *Eurotiaceratoides* (L.)Mey.

藜科优若藜属半灌木植物。具有耐寒、抗旱的特性，营养丰富，大小家畜均喜食，常作为饲用植物栽培。清肺化痰药，止咳药。广泛分布于我国新疆、内蒙古、宁夏、陕西北部。

30. 猪毛菜 *Salsola collina* Pall.

猪毛菜属一年生草本植物，分枝甚多。圆柱形肉质线状叶，先端有尖刺；多生于盐碱的沙质土上，一般生长在路边、村边及荒芜场所。分布于蒙古及中国大陆的西藏、江苏、西北、西南、东北、山东、河南、华北等地。全草可供药用，能降低血压，亦可作饲料。

31. 碱蓬 *Suaeda glauca* Bge.

碱蓬属一年生草本。线形肉质叶子，种子横生或斜生。一般生于渠岸、海滨、荒地及田边等含盐碱的土壤上。入药可治清热，消积，治瘰疬、腹胀。分布在西伯利亚、蒙古、朝鲜、日本、远东以及中国大陆的宁夏、新疆、河南、黑龙江、山西、青海、甘肃、陕西、江苏、内蒙古、河北、浙江、山东等地。

32. 木地肤 *Kochia prostrata*(L.) Schrad.

木地肤属半灌木，根粗壮，木质；茎基部木质，分枝斜升，生白色柔毛。生于砂地、半荒漠、山谷、山坡或草原。分布于西北、东北、华北和西藏；蒙古、俄罗斯西伯利亚和中亚地区、伊朗、欧洲也有。为优等饲用植物。

33. 虫实 *Corispermum hyssopifolium* L.

虫实属一年生草本，茎直立，圆柱形，基部通常红色，有毛或后期脱落。虫实是一种虫草药，全草入药，具有清湿热、利小便之功效。分布于我国华北、西北，俄罗斯和欧洲一些国家也有分布。

34. 灰绿藜 *Chenopldium glaucum* L.

藜属一年生草本，茎通常由基部分枝，斜上或平卧，有沟槽与条纹。一般生长在农田、菜园、村旁及水边等轻度碱的土壤上，分布在南北半球的温带、台湾岛以及中国大陆的江西、贵州、福建、云南、广东、广西等地。

35. 尖头叶藜 *Chenopodium acuminatum* Willd.

藜属一年生草本，茎直立，多分枝或不分枝，无毛，有绿色条棱。生于河岸、荒地以及田边。分布在蒙古、朝鲜、中亚、西伯利亚、日本以及中国大陆的河北、陕西、吉林、山东、青海、辽宁、内蒙古、河南、新疆、浙江、黑龙江、宁夏、甘肃、山西等地。

36. 藜 *Chenopodium album* L.

藜属一年生草本，茎直立，粗壮，具条棱，绿色或紫红色条纹，多分枝。生于田间、路边、荒地、宅旁等地。分布于全球温带及热带以及中国各地。幼苗饲牲畜，也可供食用。全草入药，能止泻痢、止痒；种子可榨油，供食用和工业用。

十三、苋科 Amaranthaceae

37. 凹头苋 *Amaranthus ascendens* L.

苋属一年生草本，全体无毛，茎伏卧而上升，从基部分枝，淡绿色或紫红色。生于田野以及人家附近的杂草地上。分布在日本、非洲、南美、欧洲以及中国大陆的西藏、内蒙古、青海、宁夏等地。入药，用于清热利湿。

38. 苋菜 *Amaranthus retroflexus* L.

苋属一年生草本植物，又名野苋菜、赤苋、雁来红，英文名为 Edible Amaranth。叶呈卵形或棱形，菜叶有绿色或紫红色，茎部纤维一般较粗，咀嚼时会有渣。苋菜菜身软滑而菜味浓，入口甘香，有润肠胃清热功效。苋菜也是畜禽优良青绿多汁饲料。

十四、马齿苋科 Portulacaceae

39. 马齿苋　*Portulaca oleracea* L.

马齿苋属一年生肉质草本植物，民间俗称"马蜂菜"，是一种特色野菜。通常匍匐，无毛，茎常带紫色。叶对生，倒卵状楔形。常生于原野、园地或荒地。分布于全世界温热带地区，中国分布很广。中医用地上全草入药。味甘酸、性寒、无毒。功效为清热解毒，散血消肿，除湿止痢，利尿润肺，止渴生津。

十五、石竹科 Caryophyllaceae

40. 细叶繁缕　*Stellaria filicaulis* Makino

繁缕属多年生草本，根状茎细。叶对生，线形或狭线形。多生于湿草甸，沼泽地踏头、河滩湿草地及山坡下湿草地、水田旁草地。分布于北京、黑龙江、内蒙古、山西、辽宁、河北、吉林等地。

41. 旱麦瓶草　*Silene jenisseensis* Willd.

麦瓶草属多年生草本，主根圆柱形，叶对生。多生在草原、草坡、林缘或固定沙丘。分布于蒙古、俄罗斯、朝鲜以及中国大陆的辽宁、山西、内蒙古、河北、黑龙江、吉林等地。

42. 兴安石竹　*Dianthus chinensis* L. var. *versicolor* (Fisch. ex Link) Y. C. Ma

石竹属多年生草本，根粗大，根状茎分歧。分布于草甸、林区向阳干山坡、山坡灌丛及石砬子上。分布于我国东北、西北，蒙古、俄罗斯亦有分布。

十六、睡莲科 Nymphaeaceae

43. 睡莲　*Nymphaea tetragona* Georgi.

睡莲属多年生水生草本，外型与荷花相似，不同的是荷花的叶子和花挺出水面，而睡莲的叶子和花浮在水面上。广泛分布于北半球，东亚（如中国、朝鲜半岛、日本北海道、蒙古等）、中亚、西伯利亚、东南亚亚热带（如越南、缅甸）、印度、东欧、北欧、北美洲西北部。

44. 萍蓬草　*Nuphar pumilum* (Hoffm.) DC.

萍蓬草属多年生浮叶型水生草本植物，根状茎肥厚块状，横卧。分布于广东、福建、江苏、浙江、江西、四川、吉林、黑龙江、新疆等地。日本、俄罗斯的西伯利亚地区和欧洲也有分布。

十七、毛茛科 Ranunculaceae

45.　白花驴蹄草　*Caltha natans* Pall.

驴蹄草属多年生草本植物，全株无毛。茎细长，分枝，节部生根。分布于湿草甸中、河岸湿地。产于黑龙江省伊春市、北安县及呼伦贝尔盟额尔古纳左旗、牙克石。分布于中国（东北）、俄罗斯（西伯利亚、远东地区）、北美。

46.　短瓣金莲花　*Trollius ledebourii* Reichb.

金莲花属多年生草本，植株全体无毛，根状茎粗短，着生多数须根。分布于黑龙江及内蒙古东北部。在俄罗斯西伯利亚东部及远东地区也有分布。

47.　尖萼耧斗菜　*Aquilegia oxysepala* Trautv. et C. A. Mey.

耧斗菜属多年生草本，根粗壮，圆柱形，外皮黑褐色。生于林下、林缘及山麓草地。分布于我国东北，朝鲜、俄罗斯也有分布。

48.　展枝唐松草　*Thalictrum squarrosum* Stephan ex Willd.

唐松草属多年生草本，植株全部无毛。根状茎细长，有细纵槽，叶向上直展。生于平原草地、田边或干燥草坡。在我国分布于陕西北部、山西、河北北部、内蒙古、辽宁、吉林、黑龙江。在蒙古，俄罗斯西伯利亚东部和远东地区也有分布。

49.　瓣蕊唐松草　*Thalictrum petaloideum* L.

唐松草属多年生草本，全株无毛。别名"马尾黄连"，在公路边、沟中及高海拔均有分布，它们几乎在各种环境均可生长，但总的来说喜阳。分布于我国四川、青海、甘肃、陕西、河南、安徽、山西、河北、内蒙古和东北等地。根、茎入药，清热，燥湿，解毒。

50.　二歧银莲花　*Anemone dichotoma* L.

银莲花属多年生草本，根茎横走，细长，暗褐色。多生长在丘陵湿草地或林中。分布于亚洲、欧洲以及中国大陆的吉林、黑龙江等地。以根入药，疮痈舒筋活血药；清热解毒药。

51.　细叶白头翁　*Pulsatilla turczaninovii* Kryl. Et Serg.

白头翁属多年生草本，开花时长出地面叶二至三回羽状复叶。分布于大兴安岭北部南部，以及大兴安岭东西两麓、呼伦贝尔—锡林郭勒高原、阴山—贺兰山，我国东北、河北、宁夏。

52.　水毛茛　*Batrachium bungei* (Steud.) L.

水毛茛属多年生沉水草本。茎无毛或在节上有疏毛。叶有短或长柄，叶片轮廓近半圆形或扇状半圆形。分布于辽宁、河北、山西、江西、江苏、甘肃、青海及四川、云南和西藏。

53. 长叶碱毛茛 *Halerpestes ruthenica* (Jdcq.)Ovcz.

碱毛茛属多年生草本，成株有细长的匍匐茎。生盐碱沼泽地或湿草地。在我国分布于新疆、青海、甘肃、宁夏、陕西、山西、河北、内蒙古、辽宁、吉林、黑龙江。在蒙古、俄罗斯西伯利亚地区也有。植株有毒，可作农药用。

54. 毛茛 *Ranunculus japonicus* Thunb.

毛茛属多年生草本，全株被白色细长毛，尤以茎及叶柄上为多。须根多数，肉质，细柱状。产各地，生于田野、路边、沟边、山坡杂草丛中；东北至华南都有分布。全草为外用发泡药，治疟疾、黄疸病；鲜根捣烂敷患处可治淋巴结核；也可作农药。

55. 石龙芮 *Ranunculus sceleratus* L.

毛茛属一年生草本，须根簇生，茎直立。生于河沟边及平原湿地。在全国各地均有分布，在亚洲、欧洲、北美洲的亚热带至温带地区广布。全草含原白头翁素，有毒，药用能消结核、截疟及治痈肿、疮毒、蛇毒和风寒湿痹。

56. 茴茴蒜 *Ranunculus chinensis* Bunge

毛茛属一年生草本，须根多数簇生，茎直立粗壮。生于海拔 700 ～ 2 500 m，平原与丘陵、溪边、田旁的水湿草地。分布于我国各地，印度、朝鲜、日本及俄罗斯西伯利亚、远东地区也有。全草药用，外敷引赤发泡，有消炎、退肿、截疟及杀虫之效。

57. 棉团铁线莲 *Clematis hexapetala* Pall.

铁线莲属直立草本，高 30 ～ 100 cm。老枝圆柱形，有纵沟；茎疏生柔毛，后变无毛。分布于生于草地、林缘、沟谷。野生于山谷、山坡林边或灌木丛中。以根和根茎入药，有解热、镇痛、利尿、通经作用，治风湿症、水肿、神经痛、痔疮肿痛。在我国分布于甘肃东部、陕西、山西、河北、内蒙古、辽宁、吉林、黑龙江。生固定沙丘、干山坡或山坡草地，尤以东北及内蒙古草原地区较为普遍。朝鲜、蒙古、俄罗斯西伯利亚东部也有。

58. 翠雀 *Delphinium grandiflorum* L.

翠雀属多年生草本植物。因其花形别致，酷似一只只燕子，故又名飞燕草、鸽子花。生长于海拔 500 ～ 2 800 m 的地区，多生于山地草坡及丘陵砂地。分布在俄罗斯、蒙古以及中国大陆的辽宁、四川、山西、河北、吉林、黑龙江、内蒙古、云南等地。根茎入药，翠雀花花形别致，色彩淡雅。或丛植，栽植花坛、花境，也可用作切花。

59. 东北高翠雀 *Delphinium korshinskyanum* Nakai

翠雀属多年生草本，茎直立，被伸展的白色长毛。生长于海拔 370 ～ 750 m 的地区，一般生于山地草甸、林间草地或灌丛草地。产于黑龙江省爱辉、呼玛、尚志等县，呼伦贝尔市的额尔古纳、牙克石。分布在俄罗斯以及中国大陆的黑龙江等地，俄罗斯远东地区也有分布。

60.　北乌头　*Aconitum kusnezoffii* Reichb.

乌头属多年生草本，块根常 2 ～ 5 块连生，倒圆锥形。生于海拔 1 000 ～ 2 400 m 山地草坡或疏林中。我国分布于山西、河北、内蒙古、辽宁、吉林和黑龙江；朝鲜、俄罗斯西伯利亚地区也有分布。块根有巨毒，可入药，治风湿性关节炎、神经痛、牙痛、中风等症。块根可作农药，防治稻螟虫、棉蚜等虫害。

十八、罂粟科 Papaveraceae

61.　白屈菜　*Chelidonium majus* L.

白屈菜属多年生草本，主根粗壮，圆锥形。生于海拔 500 ～ 2200m 的山坡、山谷林缘草地或路旁、石缝。我国大部分省区均有分布；朝鲜、日本、俄罗斯及欧洲也有分布。种子含油，全草入药，有毒，含多种生物碱，有镇痛、止咳、消肿、解毒之功效，亦可作农药。

62.　野罂粟　*Papaver nudicaule* L.

罂粟属多年生草本，主根圆柱形，延长，上部粗下渐狭，或为纺锤状。生于林下、林缘、山坡草地，许多省区有栽培。产河北、山西、内蒙古、黑龙江、陕西、宁夏、新疆等地，两半球的北极区及中亚和北美等地有分布。全草入药，有毒，有消肿、解毒、止泻、止咳之功效。

十九、十字花科 Brassicaceae

63.　独行菜　*Lepidium apetalum* Willd.

独行菜属一年生或二年生草本，茎直立或斜升，多分枝，被微小头状毛。生长于村边、路旁、田间撂荒地，也生于山地、沟谷。分布于我国的东北、浙江、华北、西南、西北、安徽、江苏、内蒙古等地。嫩叶作野菜食用；全草及种子供药用，有利尿、止咳、化痰功效；种子可葶苈种子，亦可做榨油。

64.　葶苈　*Draba nemorosa* L.

葶苈属一年或二年生草本，茎直立，单一或分枝，疏生叶片或无叶。生于田边路旁、山坡草地及河谷湿地。东北、华北、华东的江苏和浙江，西北、西南的四川及西藏均有分布。北温带其他地区都有分布。种子入药，但在商品上，作药用的并非本种种子。种子含油，可供制皂工业用。

65.　荠菜　*Capsella bursa-pastoris*(L.)Medic.

荠属一年或二年生草本，茎直立，无毛、有单毛或分叉毛，单一或从下部分枝。生在山坡、田边及路旁。分布全国，全世界温带地区广布。全草入药，有利尿、止血、清热、明目、消积功效；茎叶作蔬菜食用；种子含油，供制油漆及肥皂用。

66. 小花花旗杆 *Dontostemon micranthus* C. A. Mey.

花旗杆属一年或多年生草本，被直立糙毛及柔毛。生于山坡草地、河滩、固定砂丘及山沟。产于黑龙江、吉林、辽宁、内蒙古、河北、山西、青海。模式标本采自阿尔泰山区；蒙古也有分布。

67. 播娘蒿 *Descuminia Sophia* (L.) Webb. ex Prantl

播娘蒿属一年生草本，有毛或无毛，毛为叉状毛，以下部茎生叶为多，向上渐少。生于山坡、田野及农田。除华南外全国各地均产；亚洲、欧洲、非洲及北美洲均有分布。种子含油，工业用，并可食用；种子入药，有利尿消肿、祛痰定喘的效用。

68. 曙南芥 *Stevenia cheiranthoides* DC.

曙南芥属多年生草本，全株密被紧贴2叉毛、星状毛及少数分枝毛，主根圆锥状。生长于多石质的山坡、碎石缝中及碱化草原上。内蒙古的昭乌达盟、博克图、锡林郭勒盟西、乌珠穆沁旗有分布；西伯利亚地区、蒙古也有分布。

二十、景天科 Crassulaceae

69. 瓦松 *Orostachys fimbriata* (Turcz.) A. Berger

瓦松属二年生草本。一年生莲座丛的叶短，二年生花茎高，叶互生，疏生，有刺。生于海拔1 600 m以下，在甘肃、青海可到海拔3 500 m以下的山坡石上或屋瓦上。产于北方大部分地区；朝鲜、日本、蒙古也有分布。全草药用，有止血、活血、敛疮之效。

70. 土三七 *Sedum aizoon* L.

景天属多年生草本，又名费菜，根状茎短，粗茎高而直立。产于四川、湖北、江西、安徽、浙江、江苏、青海、宁夏、甘肃、内蒙古、河南、山西、陕西、河北、山东、辽宁、吉林、黑龙江；蒙古、日本、朝鲜也有。模式标本采自西伯利亚地区。根或全草药用，有止血散瘀、安神镇痛之效。

二十一、蔷薇科 Rosaceae

71. 假升麻 *Aruncus sylvester* Kostel.

假升麻属多年生草本，基部木质化，茎圆柱形，无毛，带暗紫色。生于山沟、山坡杂木林下。产于黑龙江、吉林、辽宁、河南、甘肃、陕西、湖南、江西、安徽、浙江、四川、云南、广西、西藏；也分布于西伯利亚、日本、朝鲜等地区。根入药，用于治疗跌打损伤、筋骨痛。

72. 柳叶绣线菊 *Spiraea Salicifolia* L.

绣线菊属直立灌木，高1～2 m；枝条密集，小枝稍有棱角，黄褐色，嫩枝具短柔毛。生长于河流沿岸、湿草原、空旷地和山沟中。分布在我国黑龙江、吉林、辽宁、内蒙古、河北等地；蒙古、日本、朝鲜以及欧洲东南部均有分布。可用于栽培供观赏，又为蜜源植物。

73.　土庄绣线菊　*Spiraea pubescens* Turcz.

绣线菊属直立灌木，高 1 ～ 2 m；小枝开展，稍弯曲，嫩时被短柔毛，褐黄色。生于干燥岩石坡地、向阳或半阴处、杂木林内，海拔 200 ～ 2 500 m。我国分布于黑龙江、吉林、辽宁、内蒙古、河北、河南、山西、陕西、甘肃、安徽等地；蒙古和朝鲜也有分布。

74.　山刺玫　*Rosa davurica* pall.

蔷薇属直立灌木，高约 1.5 m；分枝较多，紫褐色或灰褐色，有带黄色皮刺。多生于山坡阳处或杂木林边、丘陵草地。分布于我国黑龙江、吉林、辽宁、内蒙古、河北、山西等地；朝鲜、西伯利亚东部、蒙古南部也有分布。果、根入药，健脾胃，助消化、止咳祛痰。

75.　龙牙草　*Agrimonia pilosa* Ledeb.

龙牙草属多年生草本，根多呈块茎状，基部常数个地下芽。常生于溪边、路旁、草地、灌丛、林缘及疏林下。我国南北各省区均有分布；欧洲中部以及蒙古、朝鲜、日本和越南北部也有分布。全草入药，收敛止血、解毒、驱虫。

76.　地榆　*Sanguisorba officinalis* L.

地榆属多年生草本，根粗壮，多呈纺锤形。生于草原、草甸、山坡草地、灌丛中及疏林下。我国均有分布；广布于欧洲、亚洲北温带。根入药，治疗烧伤、烫伤；嫩叶可食，可作茶饮。

77.　小白花地榆　*Sanguisorba tenuifolia var.alba* Trautv.

地榆属多年生草本，本种与原变种不同在于，花白色，花丝比萼片长 1 ～ 2 倍；而原变种则花红色，花丝比萼片长 1/2 ～ 1 倍，有些花淡红带白。生于湿地、草甸、林缘及林下。我国黑龙江、吉林、辽宁、内蒙古有分布；蒙古、朝鲜和日本均有分布。

78.　鹅绒委陵菜　*Potentilla anserina* L.

委陵菜属多年生草本，根向下延长，有时在根的下部长成纺锤形或椭圆形块根，称"蕨麻"或"人参果"。生于河岸、路边、山坡草地及草甸。我国北方地区均有分布，欧亚美三洲北半球温带以及南美、大洋洲新西兰及塔斯马尼亚岛等地均有分布。根入药，治贫血和营养不良等，茎叶可提取黄色染料，又是蜜源植物和饲料植物。

79.　匍枝委陵菜　*Potentilla flagellaris* Willd. ex Schlecht.

委陵菜属多年生匍匐草本，根细而簇生。生长于阴湿草地、水泉旁边以及疏林下。分布在中国大陆的辽宁、甘肃、黑龙江、山西、吉林、山东、河北等地；朝鲜、俄罗斯和蒙古。全草入药，可清热解毒。

80. 星毛委陵菜 *Potentilla acaulis* L.

委陵菜属多年生草本，植株灰绿色，根圆柱形，多分枝。生于山坡草地、砂原草滩、黄土坡、多砾石瘠薄山坡。分布于我国黑龙江、内蒙古、河北、山西、陕西、甘肃、青海、新疆；蒙古也有分布。全草入药，用于清热解毒，止血止痢。

81. 白叶委陵菜 *Potentilla betonicaefolia* Poiret

委陵菜属多年生草本，根粗壮，圆柱形，常木质化。生于山坡草地及岩石缝间。分布在黑龙江、吉林、辽宁、内蒙古、河北等地；蒙古也有分布。全草入药，消肿利水。

82. 莓叶委陵菜 *Potentilla fragarioides* L.

委陵菜属多年生草本，根极多，簇生。生于地边、沟边、草地、灌丛及疏林下。我国各地均有分布；日本、朝鲜、蒙古、西伯利亚等地区也有分布。全草入药，补益中气、止血，治疝气。

83. 翻白草 *Potentilla discolor* Bunge

委陵菜属多年生草本，根粗壮，下部常肥厚呈纺锤形。生于荒地、山谷、沟边、山坡草地、草甸及疏林下。我国各地均有分布；日本和朝鲜也有分布。全草入药，能解热、消肿、止痢、止血。块根含丰富淀粉，嫩苗可食。

84. 轮叶委陵菜 *Potentilla verticillaris* Steph. Ex Willd.

委陵菜属多年生草本，根长圆柱形，向下延伸生长深达 20 cm 以上，植株一般比较矮小，花朵较少。生于干旱山坡、河滩沙地、草原及灌丛下。分布在黑龙江、吉林、内蒙古、河北等地；西伯利亚地区、蒙古、朝鲜和日本均有分布。

85. 细叶委陵菜 *Potentilla multifida* L.

委陵菜属多年生草本，根圆柱形，稍木质化。生于山坡草地、沟谷及林缘。分布在黑龙江、吉林、辽宁、内蒙古、河北、陕西、甘肃、青海、新疆、四川、云南、西藏；广布于北半球欧亚美三洲。全草入药，清热利湿、止血、杀虫，外伤出血，可研末外敷伤处。

86. 委陵菜 *Potentillae Chinensis* Ser.

委陵菜属多年生草本，根粗壮，圆柱形，稍木质化。生于山坡草地、沟谷、林缘、灌丛或疏林下。我国各地均有分布；日本和朝鲜也有分布。全草入药，能清热解毒、止血、止痢；嫩苗可食并可做猪饲料；根含鞣质，可提制栲胶。

87. 二裂委陵菜 *Potentilla bifurca* L.

委陵菜属多年生草本或亚灌木，内蒙古俗称"地红花"，根圆柱形，纤细，木质。生于地边、道旁、沙、滩、山坡草地、黄土坡上、半干旱荒漠草原及疏林下。分布于我国黑龙江、内蒙古、河北、新疆、四川等地；蒙古、朝鲜也有分布。可入药，能止血，为中等饲料植物。

88.　毛地蔷薇　*Chamaerhodos canescens* J. Krause

又名灰毛地蔷薇，地蔷薇属多年生草本，根木质，茎多数，丛生，直立或上升，基部密生短腺毛及疏生长柔毛。生于山坡岩石间。分布在黑龙江、吉林、辽宁、内蒙古、河北、山西等地。

89.　稠李　*Prunus padus* L.

李属落叶乔木，高可达 15 m，树皮粗糙而多斑纹，老枝紫褐色或灰褐色，有浅色皮孔。生于山坡、山谷或灌丛中。分布在黑龙江、吉林、辽宁、内蒙古、河北、山西、河南、山东等地；朝鲜和日本也有分布。在欧洲和北亚长期栽培，供观赏用。叶入药，可镇咳祛痰。

90.　山杏　*Prunus sibirica* L.

李属灌木或小乔木，高 2～5 m，树皮暗灰色，小枝无毛，稀幼时疏生短柔毛，灰褐色或淡红褐色。生于干燥向阳山坡上、丘陵草原或与落叶乔灌木混生，海拔 700～2 000 m。分布于黑龙江、吉林、辽宁、内蒙古、甘肃、河北、山西等地。蒙古东部和西伯利亚也有。是选育耐寒杏品种的优良原始材料。果仁入药用，可作扁桃的代用品，也可榨油。

二十二、豆科 Leguminosae

91.　苦参　*Sophora flavescens* Aiton var. flavescens

苦参属草本或亚灌木，稀呈灌木状，通常高 1m 左右。生于山坡、沙地草坡灌木林中或田野附近，海拔 1 500 m 以下。在我国南北各省区均有；印度、日本、朝鲜、俄罗斯西伯利亚地区也有分布。根入药，有清热利湿、抗菌消炎、健胃驱虫之效。种子可作农药；茎皮纤维可织麻袋等。

92.　披针叶黄华　*Thermopsis lanceolata* R.Br.

又名披针叶野决明，野决明属多年生草本，茎直立，分枝或单一，具沟棱。生于草原沙丘、河岸和砾滩。分布在内蒙古、河北、山西、陕西、宁夏、甘肃等地；蒙古、中东各地区也有分布。植株有毒，少量供药用，有祛痰止咳功效。

93.　扁蓿豆　*Melilotoides ruthenica* (L.)Sojak.

又名花苜蓿，扁蓿豆属多年生草本，主根深入土中，根系发达。生于草原、砂地、河岸及砂砾质土壤的山坡旷野。我国东北、华北各地及甘肃、山东、四川均有分布；蒙古、俄罗斯（西伯利亚、远东地区）也有分布。全草入药，治发烧、肺热咳嗽、赤痢腹痛，外用治出血。

94.　天蓝苜蓿　*Medicago lupulina* L.

苜蓿属二年生或多年生草本，全株被柔毛或有腺毛，主根浅，须根发达。常见于河岸、路边、田野及林缘。我国南北各地，以及青藏高原；欧亚大陆广布，世界各地都有归化种，是重要的牧草。全草入药，用于治疗黄疸、白血病、咳嗽、腰腿痛、风湿痹痛；外用于治疗疮毒、毒虫、蛇咬伤。

95. 黄花苜蓿 *Medicago falcate* L.

又名野苜蓿，苜蓿属多年生草本，主根粗壮，木质，须根发达。生于砂质偏旱耕地、山坡、草原及河岸杂草丛中。在我国东北、华北、西北各地；欧洲盛产，俄罗斯中东地区分布也很广泛，世界各国都有引种栽培。全草入药，健脾补虚，利尿，治浮肿。

96. 野火球 *Trifolium lupinaster* L.

车轴草属多年生草本，根粗壮，发达，常多分叉，茎直立。生于低湿草地、林缘和山坡。分布在我国东北、内蒙古、河北、山西、新疆等地；朝鲜、日本、蒙古和俄罗斯均有分布。全草入药，用于治疗瘰疬、痔疮、皮癣。

97. 小叶锦鸡儿 *Caragana microphylia* Lam.

锦鸡儿属灌木，高 1～3 m，老枝深灰色或黑绿色，嫩枝被毛，直立或弯曲。生于固定、半固定沙地。分布在我国东北、华北及山东、陕西、甘肃等地；蒙古和俄罗斯也有分布。果实入药，清热解毒，滋阴养血。枝条可做绿肥；嫩枝叶可做饲草。固沙和水土保持植物。

98. 少花米口袋 *Guedenstaedtia verna* (Georgi) Bunge.

米口袋属多年生草本，主根直下，分茎具宿存托叶。一般生于海拔 1 300 m 以下的山坡、路旁、田边等。我国黑龙江北部及内蒙古东部有分布；俄罗斯西伯利亚地区也有分布。

99. 米口袋 *Gueldenstaedtia vernaf. multiflora*（Bunge）H. B. Cui

米口袋属多年生草本，主根圆锥状，分茎极缩短，叶及总花梗于分茎上丛生。一般生于海拔 1 300 m 以下的山坡、路旁、田边等。分布在我国东北、华北、华东、陕西中南部、甘肃东部等地区；俄罗斯中、东西伯利亚和朝鲜北部亦有分布。在我国东北、华北全草作为紫花地丁入药。

100. 华黄芪 *Astragalus chinensis* L.

黄芪属多年生草本，又名华黄耆，茎直立，通常单一，无毛，具深沟槽。生于向阳山坡、路旁砂地和草地上。分布在辽宁、吉林、黑龙江（依兰、佳木斯）、内蒙古（通辽、乌兰浩特）、河北、山西。种子入药，补肝肾、固精、明目。

101. 草木樨状黄芪 *Astragalus melilotoides* Pall.

黄芪属多年生草本，又名草木樨状黄耆，根很深，茎直立，有疏柔毛。生长于山坡沟旁或河床沙地、草坡。分布在内蒙古、山西、河北、河南、山东、陕西、甘肃；蒙古也有。可作牧草。

102. 草原黄芪 *Astragalus arkalycensis* Bunge.

黄芪属多年生草本，又名边塞黄耆，根粗壮，茎极短缩，不明显，丛生。生于山地草原及山顶。分布在内蒙古、宁夏和新疆北部，西伯利亚、中亚、哈萨克斯坦西部也有分布。

103. 糙叶黄芪 *Astragalus scaberrimus* Bunge.

黄芪属多年生草本，又名糙叶黄耆，密被白色伏贴毛，根状茎短缩，多分枝，木质化。生于山坡石砾质草地、草原、沙丘及沿河流两岸的砂地。分布在我国东北、华北、西北各省区；西伯利亚、蒙古也有分布。可作牧草及保持水土植物。种子入药，可补肾益肝、固精明目。

104. 斜茎黄芪 *Astragalus adsurgens* Pall.

黄芪属多年生草本，又名斜茎黄耆，生长于向阳山坡灌丛或林缘地带。分布在我国的东北、西北、西南、华北等地；蒙古、俄罗斯、朝鲜、日本、北美也有分布。具有防风固沙和水土保持的作用。

105. 湿地黄芪 *Astragalus uliginosus* L.

黄芪属多年生草本，又名湿地黄耆，茎单一或数个丛生，直立，被白色伏贴毛。生于林下湿草地及沼泽地带。公布在东北各省及内蒙古自治区；朝鲜、蒙古及西伯利亚都有分布。全草治浮肿、脾胃疾病。

106. 线叶棘豆 *Oxytropis filiformis* DC.

棘豆属多年生草本，又名线棘豆，茎缩短，分枝多，呈丛生状。生于石质山坡、草甸或丘陵坡地。分布在内蒙古（锡林郭勒盟、大青山、哲里木盟、呼伦贝尔市）；蒙古和俄罗斯（东西伯利亚）也有分布。绵羊和山羊于夏季和秋季最喜采食。

107. 糙毛棘豆 *Oxytropis muricata* (Pall.)DC.

棘豆属多年生草本，又名糙荚棘豆，根径约1cm，茎缩短，丛生。生于山坡或丘陵坡地。我国为分布新记录。俄罗斯（西西伯利亚和东西伯利亚）和蒙古北部也有分布。

108. 多叶棘豆 *Oxytropis myriophylla* (Pall.)DC.

棘豆属多年生草本，全株被白色或黄色长柔毛，根褐色，粗壮，深长。生于砂地、平坦草原、干河沟、丘陵地、轻度盐渍化沙地、石质山坡或海拔 1 200～1 700 m 的低山坡。分布在黑龙江、吉林、辽宁、内蒙古、河北、山西、陕西及宁夏等省区；俄罗斯（东西伯利亚）、蒙古也有分布。全草入药，有清热解毒、消肿、祛风湿、止血之功效。

109. 山竹岩黄芪 *Hedysarum fruticosum* Pall.

岩黄芪属半灌木或小半灌木，又名山竹岩黄耆。根系发达，主根深长，茎直立，多分枝。生于草原带沿河、湖沙地、沙丘或古河床沙地。主要分布在内蒙古呼伦贝尔；俄罗斯达乌里和蒙古北部好有分布。为优良的饲料植物，为天然放牧场重要豆科植物及固沙植物。

110. 胡枝子 *Lespedeza bicolor* Turcz.

胡枝子属直立灌木，多分枝，小枝黄色或暗褐色，有条棱，被疏短毛。生于海拔 150～1 000 m 的山坡、林缘、路旁、灌丛及杂木林间。分布于黑龙江、吉林、辽宁、河北、内蒙古、山西、陕西、甘肃、山东、江苏、安徽、浙江、福建、台湾、河南、湖南、广东、广西等省区；朝鲜、日本、西伯利亚地区也有分布。种子油可供食用或作机器润滑油；叶可代茶；枝可编筐。性耐旱，是防风、固沙及水土保持植物，为营造防护林及混交林的伴生树种。

111. 达乌里胡枝子 *Lespedeza davurica* (Laxm.) Schindl.

胡枝子属草本状半灌木，茎单一或数个簇生，通常稍斜升。生于荒漠草原、草原带的沙质地、砾石地、丘陵地、石质山坡及山麓。分布在辽宁（西部）、内蒙古、河北、山西、陕西、宁夏、甘肃、青海、山东、江苏、河南、四川、云南、西藏等省区。为优质饲用植物；性耐干旱，可作水土保持及固沙植物。

112. 尖叶铁扫帚 *Lespedeza junceea* L.

胡枝子属小灌木，高可达 1m，全株被伏毛，分枝或上部分枝呈扫帚状。生于海拔1 500 m 以下的山坡灌丛间。分布在黑龙江、吉林、辽宁、内蒙古、河北、山西、甘肃及山东等省区；朝鲜、日本、蒙古、原俄罗斯（西伯利亚）也有分布。

113. 鸡眼草 *Kummerowia striata* (Thunb.) Schindl.

鸡眼草属一年生草本，披散或平卧，多分枝，茎和枝上被倒生的白色细毛。生于路旁、田边、溪旁、砂质地或缓山坡草地，海拔 500 m 以下。在我国东北、华北、华东、中南、西南等省区；朝鲜、日本、原俄罗斯（西伯利亚）东部也有分布。全草供药用，有利尿通淋、解热止痢之效；又可作饲料和绿肥。

114. 歪头菜 *Vicia unijuga* A.Br.

野豌豆属多年生草本，根茎粗壮近木质，须根发达，表皮黑褐色。生于低海拔至4 000 m 山地、林缘、草地、沟边及灌丛。分布在东北、华北、华东、西南；朝鲜、日本、蒙古、俄罗斯西伯利亚及远东均有。全草药用，有补虚、调肝、理气、止痛等功效。亦用于水土保持及绿肥，为早春蜜源植物。

115. 山野豌豆 *Vicia amoena* Fisch. ex Ser.

野豌豆属多年生草本，植株被疏柔毛，稀近无毛，优良牧草。生于海拔80～7 500 m 草甸、山坡、灌丛或杂木林中。分布在东北、华北、陕西、甘肃、宁夏、河南、湖北、山东、江苏、安徽等地；俄罗斯西伯利亚及远东、朝鲜、日本、蒙古亦有。全草入药，有祛湿、清热解毒之效。防风、固沙、水土保持及绿肥作物之一；亦可作绿篱、荒山、园林绿化，建立人工草场和早春蜜源植物。

116. 广布野豌豆 *Vicia cracca* L. var. cracca.

野豌豆属多年生草本，根细长，多分枝，茎攀援或蔓生，有棱，被柔毛。广布于我国各省区的草甸、林缘、山坡、河滩草地及灌丛；欧亚、北美也有。本种为水土保持绿肥作物。嫩时为牛羊等牲畜喜食饲料，花期早春为蜜源植物之一。

117. 多茎野豌豆 *Vicia multicaulis* Ledeb.

野豌豆属多年生草本，根茎粗壮，茎多分枝，具棱，被微柔毛或近无毛。生于石砾、沙地、草甸、丘陵、灌丛。分布在东北、内蒙古、新疆；蒙古、日本、俄罗斯西伯利亚也有分布。全草治风湿痛、双手麻木。

118. 山黧豆 *Lathyrus quinquenervius* (Miq.) Litv.

山黧豆属多年生草本，又名五脉山黧豆，根状茎不增粗。生于山坡、林缘、路旁、草甸等处。分布于东北、华北及陕西等地，甘肃南部、青海东部也有；朝鲜、日本及俄罗斯远东地区也有分布。全草入药，用于祛风除湿、止痛。

119. 野大豆 *Glycine soja* Siebold & Zuccarini

大豆属一年生缠绕草本，茎、小枝纤细，全体疏被褐色长硬毛。生于潮湿的田边、沟旁、湖边和岛屿向阳的矮灌木丛或芦苇丛中，稀见于沿河岸疏林下。除新疆、青海和海南外，遍布全国。全株为家畜喜食的饲料，可栽作牧草、绿肥和水土保持植物。全草入药用，有补气血、强壮、利尿等功效。

二十三、牻牛儿苗科 Geraniaceae

120. 牻牛儿苗 *Erodium stephanianum* Willd.

牻牛儿苗属多年生草本，根为直根，较粗壮，少分枝。生于干山坡、农田边、沙质河滩地和草原凹地等。分布长江中下游以北的华北、东北、西北、四川西北和西藏；俄罗斯西伯利亚和远东地区、尼泊尔亦广泛分布。全草供药用，有祛风除湿和清热解毒之功效。

121. 朝鲜老鹳草 *Geranium koreanum* Kom.

老鹳草属多年生草本，根茎短粗，木质化，下部簇生细纺锤形长根，上部围以基生托叶。生于山地阔叶林下和草甸。分布于辽宁东部和山东沿海地区；俄罗斯远东和朝鲜有分布。

122. 鼠掌老鹳草 *Geranium sibiricum* L.

老鹳草属一年生或多年生草本，根为直根，有时具不多的分枝。生于林缘、疏灌丛、河谷草甸或为杂草。分布于东北、华北、湖北、西北、西南；欧洲、高加索、中亚、俄罗斯（西伯利亚）、蒙古、朝鲜和日本北部皆有分布。全草入药，祛风止泻，收敛。

二十四、亚麻科 Linaceae

123. 野亚麻 *Linum stelleroides* Planch.

亚麻属一年生或二年生草本，茎直立，圆柱形，基部木质化。生于海拔630～2 750 m的山坡、路旁和荒山地。分布于江苏、广东、湖北、河南、河北、山东、吉林、辽宁、黑龙江、山西、陕西、甘肃、贵州、四川、青海和内蒙古。俄罗斯（西伯利亚）、日本和朝鲜也有分布。种子入药，养血润燥，祛风解毒。茎皮纤维可作人造棉、麻布和造纸原料。

二十五、蒺藜科 Zygophyllaceae

124. 蒺藜 *Tribulus terrestris* L.

蒺藜属一年生草本，茎平卧，无毛，被长柔毛或长硬毛，偶数羽状复叶。生于沙地、荒地、山坡、居民点附近。全国各地有分布；全球温带都有。青鲜时可做饲料。果入药能平肝明目，散风行血。果刺易黏附家畜毛间，有损皮毛质量。为草场有害植物。

二十六、芸香科 Rutaceae

125. 北芸香 *Haplophyllum dauricum* (L.) G. Don

拟芸香属多年生宿根草本，茎的地下部分颇粗壮，木质。生于低海拔山坡、草地或岩石旁。分布于黑龙江、内蒙古、河北、新疆、宁夏、甘肃等省区；蒙古、俄罗斯也有。饲用植物。

126. 白鲜 *Dictamnus dasycarpus* Turcz.

白鲜属多年生宿根草本，茎基部木质化，根斜生，肉质粗长，淡黄白色。生于丘陵土坡或平地灌木丛中或草地或疏林下，石灰岩山地亦常见。分布于我国东北、西北、河北、山东、河南、山西、江西、四川等省区；朝鲜、蒙古、俄罗斯也有。根皮入药，清热燥湿，祛风解毒。

二十七、远志科 Polygalaceae

127. 远志 *Polygala tenuifolia* Willd.

远志属多处生草本，主根粗壮，韧皮部肉质，浅黄色。生于草原、山坡草地、灌丛中以及杂木林下，海拔 460～2 300 m。分布在东北、华北、西北和华中以及四川；朝鲜、蒙古和俄罗斯也有。本种根皮入药，有益智安神、散郁化痰的功能。

二十八、大戟科 Euphorbiaceae

128. 地锦 *Euphorbia humifusa* Willd.

大戟属一年生草本，根纤细，常不分枝。除海南外，分布于全国。生于原野荒地、路旁、田间、沙丘、海滩、山坡等地，较常见，特别是长江以北地区。广布于欧亚大陆温带。全草入药，有清热解毒、利尿、通乳、止血及杀虫作用。

129. 狼毒大戟 *Euphorbia fischeriana* Steud.

大戟属多年生草本，根圆柱状，肉质，除生殖器官外无毛。生于草原、干燥丘陵坡地、多石砾干山坡及阳坡稀疏的松林下。分布在黑龙江、吉林、辽宁、内蒙古和山东；蒙古和俄罗斯也有分布。根入药，主治结核类、疮瘘癣类等，有毒。

130. 乳浆大戟 *Euphorbia esula* L.

大戟属多年生草本，根圆柱状，不分枝或分枝，常曲折，褐色或黑褐色。生于路旁、杂草丛、山坡、林下、河沟边、荒山、沙丘及草地。除海南、贵州、云南和西藏外，分布于全国；广布于欧亚大陆，且归化于北美。种子含油，工业用；全草入药，具拔毒止痒之效。

131. 大戟 *Euphorbia pekinensis* Rupr.

大戟属多年生草本，根圆柱状，分枝或不分枝。生于山坡、灌丛、路旁、荒地、草丛、林缘和疏林内。广布于全国（除台湾、云南、西藏和新疆），北方尤为普遍。分布于朝鲜和日本。根入药，逐水通便，消肿散结。

二十九、锦葵科 Malvaceae

132. 苘麻 *Abutilon theophrasti* Medicus Malv.

苘麻属一年生亚灌木状草本，高达 1～2 m，茎枝被柔毛。常见于路旁、荒地和田野间。我国除青藏高原不产外，其他各省区均有，东北各地有栽培；越南、印度、日本以及欧洲、北美洲等地区有分布。茎皮纤维色白，可用作纺织材料。种子作药用称"冬葵子"，润滑性利尿剂，并有通乳汁、消乳腺炎、顺产等功效。种子含油，供制皂、油漆和工业用。

133. 野西瓜苗 *Hibiscus trionum* L.

木槿属一年生直立或平卧草本，茎柔软，被白色星状粗毛。产于全国各地，无论平原、山野、丘陵或田埂，处处有之，是常见的田间杂草。原产非洲中部，分布欧洲至亚洲各地。全草和果实、种子作药用，治烫伤、烧伤、急性关节炎等。

三十、堇菜科 Violaceae

134. 紫花地丁 *Viola philippica* Cav.

堇菜属多年生草本，无地上茎，根状茎短，垂直，淡褐色。生于田间、荒地、山坡草丛、林缘或灌丛中，在庭园较湿润处常形成小群落。产于全国各地。朝鲜、日本、俄罗斯远东地区也有。全草供药用，能清热解毒，凉血消肿。嫩叶可作野菜，可作早春观赏花卉。

135. 早开堇菜 *Viola prionantha* Bunge

堇菜属多年生草本，无地上茎，根状茎垂直，短而较粗壮。生于山坡草地、沟边、宅旁等向阳处。分布于黑龙江、吉林、辽宁、内蒙古、河北、山西、陕西、宁夏、甘肃、山东、江苏、河南、湖北、云南。朝鲜、俄罗斯远东地区也有分布。全草供药用，有清热解毒、除脓消炎的作用。

三十一、瑞香科 Thymelaeaceae

136. 草瑞香 *Diarthron linifolium* Turcz.

粟麻属一年生草本，多分枝，扫帚状，小枝纤细，圆柱形，淡绿色，无毛，茎下部淡紫色。生于沙质荒地。分布在东北地区、甘肃、新疆、江苏；俄罗斯西伯利亚地区也有分布。根茎入药，活血止痛，外用于风湿痛。

137. 狼毒 *Stellera chamaejasme* Linn.

狼毒属多年生草本，俗称断肠草。根茎木质，粗壮，圆柱形。生于干燥而向阳的高山草坡、草坪或河滩。在我国北方各省区及西南地区有分布；俄罗斯西伯利亚也有分布。狼毒毒性较大，可以杀虫；根入药，有祛痰、消积、止痛之功能，外敷可治疗癣。根还可提取工业用酒精，根及茎皮可造纸。为草原有害草。

三十二、千屈菜科 Lythraceae

138. 千屈菜 *Lythrum salicaria* L.

千屈菜属多年生草本，根茎横卧于地下，茎直立，多分枝。生于河岸、湖畔、溪沟边和潮湿草地。产全国各地，亦有栽培；分布于亚洲、欧洲、非洲的阿尔及利亚、北美和澳大利亚东南部。全草入药，治肠炎、痢疾、便血；外用于外伤出血。花卉植物。

三十三、柳叶菜科 Onagraceae

139. 月见草 *Oenothera biennis* L.

月见草属二年生粗状草本，茎基莲座状，叶丛紧贴地面。常生于荒坡、路旁。在我国东北、华北、华东、西南有栽培，并早已沦为逸生。原产北美，早期引入欧洲，后迅速传播世界温带与亚热带地区。根入药，祛风湿，强筋骨。

140. 柳兰 *Epilobium angustifolium* L.

柳叶菜属多年粗壮草本，丛生，根状茎匍匐于表土层。生于山区较湿润草坡灌丛、火烧迹地、高山草甸、河滩、砾石坡地带。广布于北温带与寒带地区，多为火烧后先锋植物，也是重要蜜源植物，茎叶可作猪饲料，根状茎可入药，能消炎止痛，治疗跌打损伤；全草含鞣质，可制栲胶。

三十四、杉叶藻科 Hippuridaceae

141.　杉叶藻　*Hippuris vulgaris* L.

杉叶藻属多年生水生草本，全株光滑无毛。多群生在池沼、湖泊、溪流、江河两岸等浅水处。分布于内蒙古、华北北部、西北、台湾、西南、西藏等省区；全世界有分布。可作猪、禽类及草食性鱼类的饲料。全草入药，清热凉血，生津养颜。

三十五、伞形科 Umbelliferae

142.　红柴胡　*Bupleurum scorzonerifolium* Willd.

柴胡属多年生草本，主根发达，圆锥形，支根稀少。生于干燥的草原及向阳山坡上，灌木林边缘。红柴胡广布于我国东北地区，河北、山东、山西、陕西、江苏、安徽、广西及内蒙古、甘肃诸省区。根入药，疏风退热，舒肝，升阳。

143.　泽芹　*Sium suave* Walt.

泽芹属多年生草本，根光滑，有成束的纺锤状根和须根。生于沼泽、湿草甸子、溪边、水边较潮湿处。我国东北、华北、华东各省，西伯利亚、亚洲东部和北美有分布。全草入药，散风寒，止头痛，降血压。

144.　柳叶芹　*Czernaevia laevigata* Turcz.

柳叶芹属二年生草本，根圆柱形，有数个支根。生长于河岸、沿河的牧场、草地、灌丛、阔叶林下及林缘。我国东北及华北各省区，朝鲜和西伯利亚东部有分布。嫩茎叶可作饲料。

145.　全叶山芹　*Ostericum maximowiczii* (F. Schmidt) Kitag.

山芹属多年生草本，有细长的地下匍枝，节上生根。生长于高山至平地、路旁、湿草甸子、林缘或混交林下。我国吉林、黑龙江等省；朝鲜、日本和俄罗斯远东地区有分布。茎叶可作牲畜饲料。全草入药，用于治疗毒蛇咬伤。

146.　山芹　*Ostericum sieboldii* (Miq.) Nakai

山芹属多年生草本，主根粗短，有 2～3 分枝，黄褐色至棕褐色。生长于海拔较高的山坡、草地、山谷、林缘和林下。我国东北及内蒙古、山东、江苏、安徽、浙江、江西、福建等省区，于朝鲜、日本和俄罗斯远东地区分布。根入药，主治风湿痹痛，腰膝酸痛。幼苗可做春季野菜。

147.　水芹　*Oenanthe javanica* (Bl.) DC.

水芹属多年生草本，茎直立或基部匍匐。多生于浅水低洼地方或池沼、水沟旁。我国各地均有；印度、缅甸、越南、马来西亚、印度尼西亚的爪哇及菲律宾等地也有分布。茎叶可作蔬菜食用；全草民间也作药用，有降低血压的功效。

148. 毒芹 *Cicuta virosa* L.

毒芹属多年生粗壮草本，高 70～100 cm，主根短缩，支根多数。生于杂木林下、湿地或水沟。分布在黑龙江、吉林、辽宁、内蒙古、河北、陕西、甘肃、四川、新疆等省区。俄罗斯的远东地区、蒙古、朝鲜、日本也有分布。含有毒物质，牲畜误食会引起中毒。根状茎入药，用于拔毒、散瘀。外用于附骨疽。

149. 迷果芹 *Sphallerocarpus gracilis* (Besser ex Trevir.) Koso-Pol.

迷果芹属多年生草本，高 50～120 cm。根块状或圆锥形。生长在山坡路旁、村庄附近、菜园地以及荒草地上。分布在黑龙江、吉林、辽宁、河北、山西、内蒙古、甘肃、新疆、青海等地。蒙古和俄罗斯西伯利亚东部、远东地区也有分布。

150. 防风 *Saposhnikovia divaricata* (Turcz.) Schischk.

防风属多年生草本，根粗壮，细长圆柱形，分枝，淡黄棕色。生长于草原、丘陵、多砾石山坡。分布在黑龙江、吉林、辽宁、内蒙古、河北、宁夏、甘肃、陕西、山西、山东等省区。根入药，为东北地区著名药材之一。有发汗、祛痰、驱风、发表、镇痛的功效。

三十六、报春花科 Primulaceae

151. 东北点地梅 *Androsace filiformis* Retz.

点地梅属一年生草本，主根不发达，具多数纤维状须根。生于潮湿草地、林下和水沟边。分布于我国东北、内蒙古和新疆北部。朝鲜、蒙古和俄罗斯远东地区亦有。全草入药，清热解毒，消炎止痛。

152. 点地梅 *Androsace umbellata* (Lour.) Merr.

点地梅属一年生或二年生草本。主根不明显，具多数须根。生于林缘、草地和疏林下。分布于东北、华北和秦岭以南各省区。朝鲜、日本、菲律宾、越南、缅甸、印度均有分布。民间用全草治扁桃腺炎、咽喉炎、口腔炎和跌打损伤。

153. 海乳草 *Glaux maritima* L.

海乳草属一种盐生草本植物，稍肉质，直立或下部匍匐，通常有分枝。生于海边及内陆河漫滩盐碱地和沼泽草甸中。分布在黑龙江、辽宁、内蒙古、河北、山东、陕西、甘肃、新疆、青海、四川（西部）、西藏等省区。日本、俄罗斯以及欧洲、北美洲均有分布。全草入药，清热解毒。

三十七、白花丹科 Plumbaginaceae

154. 二色补血草 *Limonium bicolor* (Bunge) O.Kuntze.

补血草属多年生草本，全株（除萼外）无毛，叶基生。主要生于平原地区，也见于山坡下部、丘陵和海滨，喜生于含盐的钙质土上或砂地。分布在东北、黄河流域各省区和江苏北部；蒙古也有。全草入药，可补血、止血、散瘀、调经、益脾、健胃。

三十八、龙胆科 Gentianaceae

155.　鳞叶龙胆　*Gentiana squarrosa* Ledeb.

龙胆属一年生草本，茎黄绿色或紫红色，枝铺散，斜升。生于山坡、山谷、山顶、干草原、河滩、荒地、路边、灌丛中及高山草甸。分布于西南（除西藏）、西北、华北及东北等地区。俄罗斯、蒙古、朝鲜和日本也有分布。

156.　秦艽　*Gentiana macrophylla* Pall.

龙胆属多年生草本，全株光滑无毛，基部被枯存的纤维状叶鞘包裹。生于河滩、路旁、水沟边、山坡草地、草甸、林下及林缘。分布在新疆、宁夏、陕西、山西、河北、内蒙古及东北地区。俄罗斯及蒙古也有分布。全草入药，可治风湿关节痛。

157.　草甸龙胆　*Gentiana praticola* Franch.

龙胆属多年生草本，根略肉质，粗壮，根皮易剥落。生于山坡草地、山谷草地、干山坡、荒山坡及林下。分布在我国内蒙古、云南、四川、贵州等地。

158.　达乌里龙胆　*Gentiana dahurica* Fisch.

龙胆属多年生草本，又名达乌里秦艽。全株光滑无毛，基部被枯存的纤维状叶鞘包裹。生于田边、路旁、河滩、湖边沙地、水沟边、向阳山坡及干草原等地。分布在四川北部及西北部、西北、华北、东北等地区。俄罗斯、蒙古也有分布。全草入药，治黄水疮、扁桃腺炎、关节疼痛。

159.　扁蕾　*Gentianopsis barbata* (Froel.)Ma.

扁蕾属一年生或二年生草本，茎单生，直立，近圆柱形。生于水沟边、山坡草地、林下、灌丛中、沙丘边缘。分布于西南、西北、华北、东北等地区及湖北西部。全草入药，清热解毒，消肿。

160.　淡味獐牙菜　*Swertia diluta* (Turcz.) Benth. & Hook.f.

獐牙菜属一年生草本，根黄色，茎直立，四棱形，棱上具窄翅。生于阴湿山坡、山坡林下、田边、谷地。分布于四川北部、青海、甘肃、陕西、内蒙古、山西、河北、河南、山东、黑龙江、辽宁、吉林等地；俄罗斯、蒙古、朝鲜、日本也有分布。全草治黄疸型肝炎、肝胆疾病。

161.　花锚　*Halenia corniculata* (L.)Cornaz.

花锚属一年生草本，直立，根具分枝、黄色或褐色。生于山坡草地、林下及林缘。分布在陕西、山西、河北、内蒙古、辽宁、吉林、黑龙江。俄罗斯、蒙古、朝鲜、日本以及加拿大有分布。全草入药，能清热、解毒、凉血止血，主治肝炎、脉管炎等症。

162. 莕菜 *Nymphoides peltata* (Gmel.) O. Kuntze.

莕菜属多年生水生草本，茎圆柱形，多分枝，密生褐色斑点，节下生根。生于池塘或不甚流动的河溪中。全国绝大多数省区有分布；在中欧、俄罗斯、蒙古、朝鲜、日本、伊朗、印度、克什米尔地区也有分布。全草用于治疗感冒发热、无汗、麻疹透发不畅、荨麻疹、痈疮肿毒、水肿、小便不利。

三十九、萝藦科 Asclepiadaceae

163. 杠柳 *Periploca sepium* Bunge

杠柳属落叶蔓性灌木，长可达 1.5 m，主根圆柱状，外皮灰棕色，内皮浅黄色。生于平原及低山丘的林缘、沟坡、河边沙质地或地埂等处。分布于吉林、辽宁、内蒙古、河北、山东、山西、江苏、河南、贵州、四川、陕西和甘肃等省区。根皮、茎皮可药用，能祛风湿、壮筋骨、强腰膝，治风湿关节炎、筋骨痛等。

164. 萝藦 *Metaplexis japonica* (Thunb.) Makino

萝藦属多年生草质藤本，具乳汁，茎圆柱状，下部木质化。生长于林边荒地、山脚、河边、路旁灌木丛中。分布于东北、华北、华东和甘肃、陕西、贵州、河南和湖北等省区；日本、朝鲜和俄罗斯也有。全株可药用，果可治劳伤、虚弱、腰腿疼痛、缺奶、白带、咳嗽等；茎皮纤维坚韧，可造人造棉。

165. 地梢瓜 *Cynanchum thesioides* (Freyn) K.Schum.

鹅绒藤属直立半灌木，地下茎单轴横生，茎自基部多分枝。生长于山坡、沙丘或干旱山谷、荒地、田边等处。分布于黑龙江、吉林、辽宁、内蒙古、河北、河南、山东、山西、陕西、甘肃、新疆和江苏等省区；朝鲜、蒙古和俄罗斯亦有分布。全株含橡胶和树脂，可作工业原料；幼果可食；种毛可作填充料。全株入药，清热降火，生津止渴，消炎止痛。

四十、旋花科 Convolvulaceae

166. 菟丝子 *Cuscuta chinensis* Lam.

菟丝子属一年生寄生草本。茎缠绕，黄色，纤细，无叶。生于田边、山坡阳处、路边灌丛或海边沙丘，通常寄生于豆科、菊科、蒺藜科等多种植物上。产于黑龙江、吉林、辽宁、河北、山西、陕西、宁夏、甘肃、内蒙古、新疆、山东、江苏、安徽、河南、浙江、福建、四川、云南等省；伊朗、阿富汗向东至日本、朝鲜，南至斯里兰卡、马达加斯加，澳大利亚也有分布。

167. 日本打碗花 *Calystegia japonica* Choisy.

打碗花属一年生草本，全体不被毛，植株通常矮小。为农田、荒地、路旁常见的杂草。我国各地均有，从平原至高海拔地方都有，分布于东非的埃塞俄比亚，亚洲南部、东部以至马来亚。根药用，治妇女月经不调，红白带下。

168. 田旋花 *Convolvulus arvensis* L.

旋花属多年生草本，根状茎横走，茎平卧或缠绕。生于耕地及荒坡草地上。分布于我国吉林、黑龙江、辽宁、河北、河南、山东、山西、陕西、甘肃、宁夏、新疆、内蒙古、江苏、四川、青海、西藏等省区。广布两半球温带，稀在亚热带及热带地区有分布。全草入药，调经活血，滋阴补虚。

169. 阿氏旋花 *Convolvulus ammannii* Desr.

旋花属多年生草本，又名银灰旋花。根状茎短，木质化，茎少数或多数。生干旱山坡草地或路旁。分布于我国内蒙古、辽宁、吉林、黑龙江、河北、河南、甘肃、宁夏、陕西、山西、新疆、青海及西藏东部；朝鲜、蒙古、俄罗斯。

四十一、花荵科 Polemoniaceae

170. 小花荵 *Polemonium liniflorum* V.Vassil.

花荵属多年生草本；茎直立，不分枝，细长，无毛。生于向阳草坡、湿草甸子。分布于黑龙江省小兴安岭南北、内蒙古东北部；俄罗斯东、西西伯利亚、远东地区、蒙古。根及根状茎入药，可祛痰、止血、镇静。

四十二、紫草科 Boraginaceae

171. 大果琉璃草 *Cynoglossum divaricatum* Steph. ex Lehm.

琉璃草属多年生草本，高 25 ~ 100 cm，具红褐色粗壮直根。生于山坡、草地、沙丘、石滩及路边。分布在新疆、甘肃、陕西以及华北和东北；蒙古及俄罗斯、西伯利亚也有分布。根入药，性淡，寒，用于清热解毒，主治扁桃体炎及疮疖痈肿。

172. 鹤虱 *Lappula myosotis* Moench.

鹤虱属一年生或二年生草本，茎直立，中部以上多分枝，密被白色短糙毛。生于草地、山坡草地等处。分布于华北、西北、内蒙古西部等省区；欧洲中部和东部、北美洲、阿富汗、巴基斯坦、俄罗斯也有分布。果实入药，有消炎杀虫之功效。

173. 附地菜 *Trigonotis peduncularis* (Trev.)Benth.ex Baker et Moore.

附地菜属一年生或二年生草本。茎通常多条丛生，稀单一散生，茎密集，铺散。生于平原、丘陵草地、林缘、田间及荒地。分布于西藏、云南、广西北部、江西、福建至新疆、甘肃、内蒙古、东北等省区；欧洲东部、亚洲温带的其他地区也有分布。全草入药，能温中健胃，消肿止痛。

174. 湿地勿忘草 *Myosotis caespitosa* Schultz.

勿忘草属多年生草本，密生多数纤维状不定根。生于溪边、水湿地及山坡湿润地。

分布在云南、四川、甘肃、新疆、河北及东北地区。亚洲、欧洲的温带及亚热带地区、北美洲及非洲北部也有分布。

四十三、唇形科 Lamiaceae

175. 水棘针 *Amethystea caerulea* L.

水棘针属一年生草本，茎直立，圆锥状分枝，被疏柔毛或微柔毛。生于田边旷野、河岸沙地、开阔路边及溪旁。分布于吉林、辽宁、内蒙古、河北、河南、山东、山西、陕西、甘肃、新疆、安徽、湖北、四川及云南；伊朗、俄罗斯、蒙古、朝鲜、日本也有。

176. 纤弱黄芩 *Scutellaria dependens* Maxim.

黄芩属一年生草本；根茎细，在节上生纤维状须根。生于溪畔或落叶松林中湿地上。在我国黑龙江、辽宁、吉林、内蒙古及山东有分布；俄罗斯、朝鲜、日本也有分布。

177. 黄芩 *Scutellaria baicalensis* Georgi

黄芩属多年生草本；根茎肥厚，肉质，伸长而分枝。生于向阳草坡地、休荒地上。分布在黑龙江、辽宁、内蒙古、河北、河南、甘肃、陕西、山西、山东、四川等地；俄罗斯东西伯利亚、蒙古、朝鲜、日本均有分布。根茎为清凉性解热消炎药。

178. 并头黄芩 *Scutellaria scordifolia* Fisch. ex Schrank

黄芩属多年生直立草本，在棱上疏被上曲的微柔毛，或几无毛。生于草地或草甸。分布于内蒙古、黑龙江、河北、山西及青海；俄罗斯、蒙古、日本也有。根状茎入药，叶代茶用。

179. 夏至草 *Lagopsis supine* (Staph.)IK. Gal．ex Knorr.

夏至草属多年生草本，披散于地面或上升，具圆锥形的主根。杂草，生于路旁、旷地上。分布于黑龙江、吉林、辽宁、内蒙古、河北、河南、山西、山东、浙江、江苏、安徽、湖北、陕西、甘肃、新疆、青海、四川、贵州、云南等地；俄罗斯西伯利亚、朝鲜也有。地上部分入药，养血调经。

180. 多裂叶荆芥 *Schizonepeta multifida* (L.) Briq.

裂叶荆芥属多年生草本；根茎木质，由其上发出多数萌株。生于松林林缘、山坡草丛中或湿润的草原上。分布于蒙古、河北、山西、陕西、甘肃；俄罗斯、蒙古也有。全株含芳香油，油透明淡黄色，味清香，适于制香皂用。

181. 香青兰 *Dracocephalum moldavica* L.

青兰属一年生草本，直根圆柱形，直径 2～4.5 mm。生于干燥山地、山谷、河滩多石处。分布于黑龙江、吉林、辽宁、内蒙古、河北、山西、河南、陕西、甘肃及青海；俄罗斯西伯利亚、东欧、中欧、南延至克什米尔地区均有分布。全株含芳香油，油的主要成分为柠檬醛、香叶醇和橙花醇。蒙药（毕日阳古），地上部分治黄疸、肝热、胃扩散热、食物中毒。

182. 块根糙苏 *Phlomis tuberosa* L.

糙苏属多年生草本，根块根状增粗。生于湿草原或山沟中。分布在黑龙江、内蒙古及新疆；中欧各国、巴尔干半岛至伊朗、俄罗斯、蒙古也有。全草入药，微苦，解毒。

183. 益母草 *Leonurus japonicus* L.

益母草属多年生草本，根茎木质，斜行，其上密生纤细须根。生于草坡及灌丛中。分布在我国东北、辽宁、吉林及河北北部；俄罗斯、朝鲜、日本也有。茎、叶可接骨止痛，固表止血。用于治疗筋骨疼痛、虚弱、痿软、自汗、盗汗、血崩、跌打损伤、腹痛。

184. 华水苏 *Stachys chinensis* Bunge ex Benth.

水苏属多年生草本，直立，茎单一，不分枝，或常于基部分枝，四棱形。生于水沟旁及沙地上。分布在黑龙江、吉林、辽宁、内蒙古、河北、山西、陕西及甘肃；俄罗斯也有。

185. 水苏 *Stachys japonica* Miq.

水苏属多年生草本，有在节上生须根的根茎。生于水沟、河岸等湿地上。分布在辽宁、内蒙古、河北、河南、山东、江苏、浙江、安徽、江西、福建；俄罗斯、日本也有。全草或根入药，可治百日咳、扁桃体炎、咽喉炎、痢疾等症，根又治带状疱疹。

186. 兴安薄荷 *Mentha dahurica* Fisch. ex Benth.

薄荷属多年生草本。茎直立，单一，稀有分枝，向基部无叶。生于草甸上。分布在我国黑龙江、吉林、内蒙古东北；俄罗斯远东地区、日本北部也有。叶或全草入药，治风寒感冒。

187. 薄荷 *Mentha haplocalyx* Briq.

薄荷属多年生草本，茎直立，下部数节具纤细的须根及水平匍匐根状茎，锐四棱形。生于水旁潮湿地。产南北各地；热带亚洲、俄罗斯远东地区、朝鲜、日本及北美洲也有。幼嫩茎尖可作菜食，全草又可入药，可治感冒发热喉痛、头痛，此外对痈、疽、疥、癣、漆疮亦有效。提取物用于糖果、饮料、牙膏、牙粉以及用于皮肤黏膜局部镇痛剂的医药制品。

188. 地笋 *Lycopus lucidus* Turcz.ex. Benth.

地笋属多年生草本，根茎横走，具节，节上密生须根。生于沼泽地、水边、沟边等潮湿处。分布于黑龙江、吉林、辽宁、河北、陕西、四川、贵州、云南；俄罗斯、日本也有。

189. 亚洲百里香 *Thymus serpyllum* L.var.asiaticus Kitag.

百里香属多年生小半灌木，这一变种与原变种不同在于叶披针形或线状披针形，宽通常不超过 2 mm。生于干山坡。分布于内蒙古、黄河以北地区，特别是西北地区。

190. 香薷 *Elsholtzia ciliate* (Thunb.) Hyland.

香薷属直立草本，高 0.3 ～ 0.5 m，具密集的须根。生于路旁、山坡、荒地、林内、河岸，海拔达 3400 m。除新疆、青海外几产全国各地；俄罗斯西伯利亚、蒙古、朝鲜、日本、印度、中南半岛也有分布，欧洲及北美也有引入。全草入药，治急性肠胃炎、恶寒无汗、霍乱、水肿、鼻衄、口臭等症。嫩叶尚可喂猪。

四十四、茄科 Solanaceae

191. 龙葵 *Solanum nigrum* L.

茄属一年生直立草本，茎无棱或棱不明显，绿色或紫色，近无毛或被微柔毛。喜生于田边、荒地及村庄附近。我国几乎全国均有分布。广泛分布于欧、亚、美洲的温带至热带地区。全株入药，可散瘀消肿，清热解毒。

192. 曼陀罗 *Datura stramonium* L.

曼陀罗属草本或半灌木状，高 0.5～1.5 m，全体近于平滑或在幼嫩部分被短柔毛。常生于住宅旁、路边或草地上，也有作药用或观赏而栽培。广布于世界各大洲；我国各省区都有分布。全株有毒，含莨菪碱，药用，有镇痉、镇静、镇痛、麻醉的功能。种子油可制肥皂和掺和油漆用。

193. 小天仙子 *Hyoscyamus bohemicus* Schmidt

天仙子属一年生草本，全体生腺毛，根细瘦，木质，茎常不分枝。常生于村边宅旁多腐殖质的肥沃土壤上。分布于我国东北及河北；俄罗斯也有。根、叶、种子药用，含莨菪碱及东莨菪碱，有镇痉镇痛之效，可作镇咳药及麻醉剂。种子油可供制肥皂。

四十五、玄参科 Scrophulariaceae

194. 轮叶婆婆纳 *Veronicastrum sibiricum* (L.)Pennell.

腹水草属多年生草本植物，又名草本威灵仙。根状茎横走，节间短，根多而须状。生路边、山坡草地及山坡灌丛内。分布于东北、华北、陕西北部、甘肃东部及山东半岛。朝鲜、日本及俄罗斯亚洲部分也有。

195. 白婆婆纳 *Veronica incana* L.

婆婆纳属多年生草本植物。植株全体密被白色绵毛，呈白色，仅叶上面较稀而呈灰绿色。茎数支丛生，直立或上升，不分枝。生于草原及沙丘上。分布在黑龙江西北部及内蒙古。欧洲至俄罗斯东西伯利亚地区也有。

196. 长尾婆婆纳 *Veronica Longifolia* L.

婆婆纳属多年生草本植物，又名兔儿尾苗。茎单生或数支丛生，近于直立，不分枝或上部分枝，无毛或上部有极疏的白色柔毛。生于草甸、山坡草地、林缘草地、桦木林下。分布于新疆和黑龙江、吉林；欧洲至俄罗斯远东地区及朝鲜北部也有。全草入药，祛风除湿，解毒止痛。

197.　柳穿鱼　*Linaria vulgaris* Mill. subsp. *sinensis* (Bebeaux) Hong.

柳穿鱼属多年生草本，主根黄白色，细长。生沙地、山坡草地及路边。喜光，较耐寒，不耐酷热，宜中等肥沃、适当湿润而又排水良好的土壤。这是一个广布种，欧洲和亚洲北部都有，有许多地方类型，常被当作独立的种处理。我国有两个亚种。全草入药，清热解毒、散瘀消肿，利尿。

198.　阴行草　*Siphonostegia chinensis* Benth.

阴行草属一年生草本，直立，干时变为黑色，密被锈色短毛。生于海拔800～3 400 m的干山坡与草地中。在我国分布甚广，东北、内蒙古、华北、华中、华南、西南等省区都有，并东至日本、朝鲜、俄罗斯也有分布。全草入药，破血通经，敛疮消肿，利湿。

199.　芯芭　*Cymbaria dahurica* L.

芯芭属多年生草本，又名达乌里芯芭，密被白色绢毛，使植体成为银灰白色。生于海拔620～1 100 m的干山坡与砂砾草原上。分布于我国黑龙江（龙江、安达）、内蒙古（满洲里、海拉尔、官村、九峰山、东科后旗、包头）、河北（小五台山、北京）等省区，俄罗斯东西伯利亚及蒙古亦有分布。全草入药，微苦、凉。祛风湿、利尿、止血。

200.　卡氏沼生马先蒿　*Pedicularis palustris* L. Subsp. *Karoi* (Fregn) Tsoong

马先蒿属一年生草本，主根短而渐细，侧根聚生于根颈周围。生长在山脚潮湿处；分布于我国内蒙古及东北部大兴安岭一带。俄罗斯顿河下游、乌拉尔、西西伯利亚南部、东西伯利亚南部及蒙古亦有之。地上部分入药，用于石淋、小便不利、疟疾寒热。

201.　沼生马先蒿　*Pedicularis resupinala* L.

马先蒿属一年生草本，主根短而渐细，侧根聚生于根颈周围。生长在山脚低湿地、沼泽地边缘。分布于我国内蒙古及东北部大兴安岭一带。地上部分入药，用于石淋、小便不利、中风湿痹、带下病。

四十六、紫葳科 Bignoniaceae

202.　角蒿　*Incarvillea sinensis* Lam.

角蒿属一年生至多年生草本，具分枝的茎，根近木质而分枝。生于山坡、田野。分布在东北、河北、河南、山东、山西、陕西、宁夏、青海、内蒙古、甘肃西部、四川北部、云南西北部、西藏东南部。全草入药，用于口疮、齿龈溃烂、耳疮、湿疹、疥癣。

四十七、列当科 Orobanchaceae

203.　黄花列当　*Orobanche Pycnostachya* Hance

列当属二年生或多年生草本，全株密被腺毛。生于沙丘、山坡及草原上，寄生于蒿属植物根上。分布于东北、华北及陕西、河南、山东和安徽；朝鲜和俄罗斯的东西伯利亚及远东地区也有分布。

四十八、狸藻科 Lentibulariaceae

204. 狸藻 *Utricularia vulgaris* L.

狸藻属水生草本，匍匐枝圆柱形，多分枝，无毛，叶器多数。生于湖泊、池塘、沼泽及水田中。分布于黑龙江、吉林、辽宁、内蒙古、河北、山西、陕西、甘肃、青海、新疆、山东、河南和四川西北部。广布于北半球温带地区。

四十九、车前科 Plantaginaceae

205. 盐生车前 *Plantago maritima* L. subsp. *ciliata* Printz

车前属一年生或二年生草本，直根长，具多数侧根，多少肉质。生于草地、河滩、沟边、草甸、田间及路旁。分布在黑龙江、吉林、辽宁、内蒙古、河北、山西、陕西、宁夏、甘肃、青海、新疆、山东、江苏、河南、安徽、江西、湖北、四川、云南、西藏。朝鲜、俄罗斯（西伯利亚至远东）、哈萨克斯坦、阿富汗、蒙古、巴基斯坦、克什米尔、印度也有分布。子或全草治发热、小便不通、泌尿系统结石、水肿等。

206. 平车前 *Plantago depressa* Willd.

车前属一年生或二年生草本，直根长，具多数侧根，多少肉质，根茎短。生于草地、河滩、沟边、草甸、田间及路旁。分布于黑龙江、吉林、辽宁、内蒙古、河北、山西、陕西、宁夏、甘肃、青海、新疆、山东、江苏、河南、安徽、江西、湖北、四川、云南、西藏。朝鲜、俄罗斯、哈萨克斯坦、阿富汗、蒙古、巴基斯坦、克什米尔、印度也有分布。全草入药，功效同车前。

207. 车前 *Plantago asiatica* L.

车前属二年生或多年生草本，须根多数。根茎短，稍粗。生于草地、沟边、河岸湿地、田边、路旁或村边空旷处。分布在黑龙江、吉林、辽宁、内蒙古、河北、山西、陕西、甘肃、新疆、山东、江苏、安徽、浙江、江西、福建、台湾、河南、湖北、湖南、广东、广西、海南、四川、贵州、云南、西藏。朝鲜、俄罗斯、日本、尼泊尔、马来西亚、印度尼西亚也有分布。

五十、茜草科 Rubiaceae

208. 蓬子菜 *Galium verum* L.

拉拉藤属多年生近直立草本，基部稍木质，茎有 4 角棱，被短柔毛或秕糠状毛。生于山地、河滩、旷野、沟边、草地、灌丛或林下。分布于黑龙江、吉林、辽宁、内蒙古、河北、山西、陕西、宁夏、甘肃、青海、新疆、山东、江苏、安徽、浙江、河南、湖北、四川、西藏；日本、朝鲜、印度、巴基斯坦、亚洲西部、欧洲、美洲北部也有分布。全草药用，用于清热解毒、疔疮疖肿、稻田皮炎、跌打损伤等的治疗。

209.　沼拉拉藤　*Galium uliginosum* L.

拉拉藤属多年生草本，茎和枝纤细，柔弱，无毛，具 4 角棱，沿棱具疏的短小刺。生于潮湿草地。分布于内蒙古、四川、云南等地；于欧洲、亚洲西部也有。全草入药，清热解毒，消肿止痛，利尿消食。

210.　大砧草　*Rubia chinensis* Regel et Maack.

茜草属多年生直立草本，又名中国茜草。具有发达的紫红色须根。常生山地林下、林缘和草甸。分布于东北和华北。俄罗斯阿穆尔地区、朝鲜和日本也有。根及根状茎入药，行血止血，通经活络，止咳祛瘀。

211.　茜草　*Rubia cordifolia* L.

茜草属草质攀援藤木，根状茎和其节上的须根均红色。常生于疏林、林缘、灌丛或草地上。分布在东北、华北、西北、四川及西藏（昌都地区）等地。朝鲜、日本和俄罗斯远东地区亦有分布。根治跌打损伤、咯血、吐血、风湿性关节炎。

五十一、川续断科 Dipsacaceae

212.　窄叶蓝盆花　*Scabiosa comosa* Fisch.ex Roem .et Schult.

蓝盆花属多年生草本，根单一或 2～3 头，外皮粗糙，棕褐色，里面白色，茎直立。生于干燥砂质地、砂丘、干山坡及草原上。分布于黑龙江、吉林、辽宁、河北北部、内蒙古；俄罗斯和蒙古也有分布。花入药，用于治疗肝火头痛，发热，肺热咳嗽，黄疸。

213.　华北蓝盆花　*Scabiosa tschiliensis* Grüning

蓝盆花属多年生草本，茎自基部分枝，具白色卷伏毛。生于山坡草地或荒坡上。分布于黑龙江、吉林、辽宁、内蒙古、河北、山西、陕西、甘肃东部、宁夏。根、花入药，用于治疗肝火头痛、发烧、肺热咳嗽。

五十二、桔梗科 Campanulaceae

214.　桔梗　*Platycodon grandiflorum* (Jacq.) A. DC.

桔梗属多年生草本，叶子卵形或卵状披针形，花暗蓝色或暗紫白色。生于阳处草丛、灌丛中，少生于林下。分布于东北、华北、华东、华中各省以及广东、广西、贵州、云南东南部、四川、陕西。朝鲜、日本、俄罗斯的远东和东西伯利亚地区的南部也有。根药用，含桔梗皂苷，有止咳、祛痰、治胸膜炎等效。可作观赏花卉。

215. 聚花风铃草　*Campanula glomerata* L.

风铃草属多年生草本，茎直立，高大。生于山坡、林缘、路旁及林缘草地。分布于我国东北地区。全草入药，清热解毒，止痛。用于咽喉炎、头痛。

216. 展枝沙参　*Adenophora divaricata* Franch. et Savat.

沙参属多年生草本，具白色乳汁，根胡萝卜状。生于林下、灌丛中和草地中。分布于内蒙古、吉林、辽宁、山西、河北、山东。朝鲜、日本、俄罗斯远东地区也有。蒙药，功用同轮叶沙参。

217. 荠苨　*Adenophora trachelioides* Maxim.

沙参属多年生草本，茎单生，直径可达近 1cm，无毛，茎常多有之字形曲折，有时具分枝。生于灌丛和草地中。分布于内蒙古、东北等地。根入药，清热解毒，化痰，用于治疗肺热咳嗽、咽喉痛、消渴、疔疮肿毒。

218. 柳叶沙参　*Adenophora gmelinii* (Biehler) Fisch.

沙参属多年生草本，根细长，皮灰黑色。茎单生或数支发自一条茎基上，不分枝。生于山坡草丛或灌丛下。分布在黑龙江、吉林、辽宁、内蒙古、山西、河北。蒙古东部及俄罗斯东西伯利亚南部和远东地区也有。根入药，可清热养阴，润肺止咳，祛痰。

219. 轮叶沙参　*Adenophora tetraphylla* (Thunb.) Fisch.

沙参属多年生草本，茎高大，可达 1.5 m，不分枝，无毛，少有毛。生于灌丛和草地中。分布于内蒙古、河北、山东、华东各省、广东、广西、云南、四川、贵州。朝鲜、日本、俄罗斯东西伯利亚和远东地区的南部、越南北部也有。根入药，清热养阴，润肺止咳。

220. 长柱沙参　*Adenophora stenanthina* (Led eb.)kitag.

沙参属多年生草本，茎常数支丛生，有时上部有分枝，通常被倒生糙毛。生于灌丛和草地中。分布于内蒙古、山东、河北、华东各省。根入药，清热养阴，利肺止咳，生津。

221. 沙参　*Adenophora stricta* Miq.

沙参属多年生草本植物，茎高 40 ～ 80 cm，不分枝，常被短硬毛或长柔毛，少无毛的。生于灌丛和草地中。分布于内蒙古、河北、华东各省。全株无毒，甘而微苦，可药用，具有滋补、祛寒热、清肺止咳功效，也可治疗心脾痛、头痛等病症，根煮去苦味后，可食用。

五十三、菊科 Compositae

222. 林泽兰　*Eupatorium lindleyanum* DC.

泽兰属多年生草本，根茎短，有多数细根，茎直立。生山谷阴处水湿地、林下湿地或草原上。除新疆未见记录外，遍布全国各地。俄罗斯西伯利亚地区、朝鲜、日本都有分布。枝叶入药，有发表祛湿、和中化湿之效。

223. 全叶马兰 *Kalimeris integrifolia* Turcz. ex DC.

马兰属多年生草本，有长纺锤状直根，茎直立，单生或数个丛生。生于山坡、林缘、灌丛、路旁。广泛分布于我国西部、中部、东部、北部及东北部。也分布于朝鲜、日本、俄罗斯、西伯利亚东部。全草入药，有清热解毒、止血消肿、利湿之功效。

224. 马兰 *Kalimeris indica* (L.) Sch.-Bip.

马兰属多年生草本，根状茎有匍枝，有时具直根。茎直立，上部有短毛，上部或从下部起有分枝。生于山坡、林缘、灌丛。广泛分布于我国西部、中部、东部、北部。全草药用，有清热解毒、消食积、利小便、散瘀止血之效。

225. 阿尔泰狗哇花 *Heteropappus altaicus* (Willd.) Novop.

狗哇花属多年生草本，有横走或垂直的根。生于草原、荒漠地、沙地及干旱山地。广泛分布于亚洲中部、东部、北部及东北部，也见于喜马拉雅西部。花序或全草入药，清热降火，排脓。用于肝胆火旺、疱疹疮疖。根可散寒润肺，降气化痰，止咳利尿。

226. 女菀 *Turczaninowia fastigiata* (Fisch.) DC.

女菀属多年生草本，根颈粗壮。茎直立，被短柔毛，下部常脱毛，上部有伞房状细枝。生于荒地、山坡、路旁。广泛分布于我国东北部及河北、山西、山东、河南、陕西、湖北、湖南、江西、安徽、江苏、浙江等省。也分布于朝鲜、日本及俄罗斯西伯利亚东部。全草入药，温肺化痰，和中，利尿。用于咳嗽气喘、泄泻、痢疾、小便淋痛。

227. 莎菀 *Arctogeron gramineum* (L.) DC.

莎菀属多年生丛生草本，根粗壮，垂直或多少扭曲，伸长或缩短，根状茎近木质。生于干燥山坡或多砾石处。分布于黑龙江、内蒙古。俄罗斯西伯利亚及远东地区、蒙古也有分布。

228. 碱菀 *Tripolium vulgare* Ness

碱菀属多年生丛生草本，茎高 30～80 cm，单生或数个丛生于根颈上，下部常带红色，无毛，上部有多少开展的分枝。生于海岸、湖滨、沼泽及盐碱地。分布于新疆、内蒙古、甘肃、陕西、山西、辽宁、吉林、山东、江苏、浙江等省区。也分布于朝鲜、日本、俄罗斯西伯利亚东部至西部、中亚、伊朗、欧洲、非洲北部及北美洲。

229. 飞蓬 *Erigeron acer* L.

飞蓬属多年生草本植物。常生于山坡草地、牧场及林缘。分布于新疆、内蒙古、吉林、辽宁、河北、山西、陕西、甘肃、宁夏、青海、四川和西藏等省区。俄罗斯高加索、中亚、西伯利亚地区以及蒙古、日本、北美洲也有分布。蒙药，主治外感发热、泄泻、胃炎、皮疹、疖疮。

230. 火绒草 *Leontopodium leontopodioides* (Willd.) Beauv.

火绒草属多年生草本，地下茎粗壮，分枝短，为枯萎的短叶鞘所包裹。生于干旱草原、黄土坡地、石砾地、山区草地，稀生于湿润地，极常见。广泛分布于新疆东部、青海东部和北部、甘肃、陕西北部、山西、内蒙古南部和北部、河北、辽宁、吉林、黑龙江以及山东半岛。也分布于蒙古、朝鲜、日本和俄罗斯西伯利亚。全草入药，用于治疗急、慢性水肿，尿血，淋浊。

231. 团球火绒草 *Leontopodium conglobatum* (Turcz.) Hand.-Mazz.

火绒草属二年生草本。茎单生，稀数个，直立。生于干燥草原、向阳坡地、石砾地和沙地，稀灌丛或林中草地。分布于内蒙古东部及东北部和黑龙江北部（大兴安岭）。也分布于蒙古和俄罗斯西伯利亚中部、东部。全草入药，清热凉血，益肾利水。

232. 湿生鼠麴草 *Gnaphalium tranzschelii* Kirp.

鼠麴草属一年生草本，茎直立，基部略有木质化现象。生于湿润草地、路旁、河边及沟谷中。分布于辽宁、吉林、黑龙江等地。朝鲜、日本及俄罗斯远东地区也有分布。全草入药，用于治疗咳嗽痰喘，风湿关节痛，胃痛，高血压症。

233. 柳叶旋覆花 *Inula salicina* L.

旋覆花属多年生草本，地下茎细长，茎从膝曲的基部直立。生于寒温带及温带山顶、山坡草地、半温润和湿润草地。分布于内蒙古东部和北部、黑龙江、吉林、辽宁、山东、河南嵩山。欧洲、俄罗斯和朝鲜都有广泛的分布。花序入药，可降气平逆，祛痰止咳，健胃。

234. 欧亚旋覆花 *Inula britanica* L.

旋覆花属多年生草本，根状茎短，横走或斜升。生于河流沿岸、湿润坡地、田埂和路旁。分布在新疆北部至南部、黑龙江（黑河、克山等）、内蒙古、河北北部、华北、东北。欧洲、俄罗斯、朝鲜、日本等地都有广泛的分布。全草入药，用于治疗咳嗽痰喘，胁下胀痛，疔疮，肿毒。

235. 苍耳 *Xanthium sibiricum* Patrin ex Widder

苍耳属一年生草本，根纺锤状，分枝或不分枝。常生长于平原、丘陵、低山、荒野路边、田边。广泛分布于东北、华北、华东、华南、西北及西南各省区。俄罗斯、伊朗、印度、朝鲜和日本也有分布。为田间杂草。种子可榨油，也可作油墨、肥皂、油毡的原料。全草入药，用于缓解疔疮、痈疽、缠喉风、丹毒、高血压症、痢疾等病症。

236. 小花鬼针草 *Bidens parviflora* Willd.

鬼针草属一年生草本，下部圆柱形，有纵条纹。生于路边荒地、林下及水沟边。分布在东北、华北、西南及山东、河南、陕西、甘肃等地。日本、朝鲜及俄罗斯西伯利亚地区均有分布。全草入药，有清热解毒、活血散瘀之功效，主治感冒发热、咽喉肿痛、肠炎、阑尾炎、痔疮、跌打损伤、冻疮、毒蛇咬伤。

237. 狼杷草 *Bidens tripartita* L.

鬼针草属一年生草本，茎高，圆柱状或具钝棱而稍呈四方形。生于路边荒野及水边湿地。分布于东北、华北、华东、华中、西南及陕西、甘肃、新疆等省区。广布于亚洲、欧洲和非洲北部，大洋洲东南部亦有少量分布。全草入药，功效清热解毒。

238. 羽叶鬼针草 *Bidens maximovicziana* Oett.

鬼针草属一年生草本，茎直立，略具4棱或近圆柱形，无毛或上部有稀疏粗短柔毛。生于路旁及河边湿地。分布于黑龙江、吉林、辽宁和内蒙古东部。西伯利亚东部、朝鲜、日本均有分布。

239. 单叶蓍 *Achillea acuminata* (Ledeb.) Sch.

蓍属多年生草本，茎直立，单生，有时分枝。生于山坡下湿地、草甸、林缘。分布于青海、甘肃、宁夏、陕西、内蒙古及东北。朝鲜、日本、蒙古、俄罗斯也有分布。全草入药，活血祛风、止痛解毒、止血消肿。

240. 千叶蓍 *Achillea milleflium* L.

蓍属多年生草本，具有细的葡匐根茎。生于湿草地、荒地及铁路沿线。我国各地庭园常有栽培，新疆、内蒙古及东北少见野生。广泛分布于欧洲、非洲北部、伊朗、蒙古、俄罗斯西伯利亚。叶、花含芳香油，全草又可入药，有发汗、驱风之功效。

241. 高山蓍 *Achillea alpina* L.

蓍属多年生草本，具短根状茎，茎直立。常见于山坡草地、灌丛间、林缘。分布于东北、内蒙古、河北、山西、宁夏、甘肃东部等地区。朝鲜、日本、蒙古、俄罗斯东西伯利亚及远东地区也有。全草入药，辛、苦，平，有小毒，解毒消肿，止血，止痛。

242. 线叶菊 *Filifolium sibiricum* (L.) Kitam

线叶菊属多年生草本，根粗壮，直伸，木质化。生于山坡、草地。分布在黑龙江、吉林、辽宁、内蒙古、河北、山西。朝鲜、日本、俄罗斯东西伯利亚及远东地区也有分布。全草入药，清热解毒，安神镇惊，调经止血。用于治疗传染病高热，心悸，失眠，肾虚，带下病，中耳炎，肿痛，臁疮。

243. 沙蒿 *Artemisia desterorum* Spreng.

蒿属半灌木，根粗壮，褐色，多呈纤维状木质化，侧根斜生。多生长在荒漠和半荒漠地区，分布于我国新疆、甘肃、内蒙古、青海，以及蒙古南部、欧洲部分、高加索和中亚地区。常作为牛、羊等家畜冬季饲草，具备良好的固沙效果。

244. 变蒿 *Artemisia commutate* Bess.

蒿属多年生草本，常丛生，茎直立，上部有分枝及花序枝，被绢毛或近无毛。多生于草地、滩地。分布于我国东北部、北部及内蒙古，以及前西伯利亚及远东地区西伯利亚东部地区。

245. 东北牡蒿 *Artemisia manshurica* Komar.

蒿属多年生草本，主根不明显，侧根数枚，斜向下；根状茎稍粗，短，茎少数或单生。

生长于山地、林缘、林下及灌丛间。分布于我国东北、河北，以及朝鲜和日本。全草入药，可解表、清热、杀虫。

246. 猪毛蒿 *Artemisia capillaris* Thunb.

蒿属一或二年生草本，茎直立，根较发达，纺锤形，具多数须根，多生长在砂质土壤上。广布于我国各地，以及日本、朝鲜、蒙古、前西伯利亚及远东地区、欧洲、印度北部。幼苗入药，可清湿热。

247. 南牡蒿 *Artemisia eriopoda* Bunge.

蒿属多年生草本，茎直立，单生或数个簇生，近无毛但基部被密绒毛，上部或从下部起有花序枝。多生于林缘、草坡、灌丛、溪边、疏林内或林中空地。分布于我国北部、西部、东北部。全草可用于治疗风湿关节痛、头痛、浮肿、毒蛇咬伤。

248. 茵陈蒿 *Artemisia capillaries* Thunb.

蒿属多年生草本，茎直立，木质化，表面有纵条纹，紫色，多分枝，老枝光滑，幼嫩枝被有灰白色细柔毛。多生于山坡、河岸、沙砾地。我国大部分地区都有分布。可药用，具有解热、降压、利尿等作用。

249. 光沙蒿 *Artemisia oxycephala* Kitag.

蒿属半灌木状草本或为小灌木状。主根木质、粗长，根状茎稍粗短，木质，具多数营养枝。生于干草原、干山坡、固定沙丘、沙碱地或湖滨沙地池见于森林草原附近地区，局部地区成植物群落的建群种或主要伴生种。分布于我国黑龙江、吉林、辽宁、内蒙古、河北、山西。可作防风固沙的辅助性植物，也可作牧区牲畜的饲料。

250. 差巴嘎蒿 *Artemisia halodendron* Turcz.et Bess.

蒿属半灌木，茎直立，主根、侧根均木质，根状茎粗大，木质。生于中、低海拔地区的流动、半流动或固定的沙丘上，也见于荒漠草原、草原、森林草原、砾质坡地等。分布于我国东北、内蒙古、西北；蒙古和东西伯利亚地区也有分布。嫩枝及叶入药，有止咳、镇喘、祛痰、消炎、解表之效，蒙医用于治疗慢性气管炎及支气管哮喘等。

251. 蓖齿蒿 *Artemisia pectinata* Pall.

一、二年生草本，茎自基部分枝或不分枝，直立。生于荒漠、河谷砾石地及山坡荒地。分布于我国黑龙江、吉林、辽宁、内蒙古、河北、山西、陕西、甘肃、宁夏、青海、新疆及四川西部、云南西北部、西藏东南部；蒙古、中亚地区及东西伯利亚也有分布。全草可入药，具有清肝利胆、消肿止痛功效。

252. 柳蒿 *Artemisia integrifolia* L.

多年生草本。茎直立。生于湿润或半湿润地区的林缘、路旁、河边、草地、草甸、森林草原、灌丛及沼泽地的边缘。分布于我国东北部、北部；朝鲜、西伯利亚地区也有分布。植物多变异，曾被分为一些变型。可入药，具有清热解毒，治高血脂之功效。

253. 蒙古蒿 *Artemisia mongolica* Fisch.

多年生草本。根细，侧根多；根状茎短，半木质化。多生于山坡、灌丛、路旁，西北、华北地区还见于森林草原、草原和干河谷等地区。分布于我国东北、华北及西北；朝鲜、日本、蒙古及西伯利亚地区也有分布。全草入药，有散寒、祛湿等作用；可提取芳香油，供化工工业用；全株作牲畜饲料，又可作纤维与造纸的原料。

254. 艾蒿 *Artemisia argyi* Levl.et Vant.

多年生草本或略成半灌木状，植株有浓烈香气。主根明显，略粗长。生于路旁河边及山坡等地，也见于森林草原及草原地区。广布于全国各地；蒙古、朝鲜、远东地区也有分布。全草入药，有祛湿、散寒、止血、消炎抗过敏等作用。

255. 野艾蒿 *Artemisia lavandulaefolia* DC.

多年生草本，有时为半灌木状，植株有香气。主根稍明显，侧根多；根状茎稍粗。多生于路旁、林缘、山坡、草地、山谷、灌丛及河湖滨草地等。广布于全国各省区；日本、朝鲜、蒙古、西伯利亚东部及远东地区也有分布。可入药，有散寒、止血作用。嫩苗作菜蔬或腌制酱菜食用。鲜草作饲料。

256. 水艾蒿 *Artemisia selengensis* Turcz.ex Bess.

多年生草本；植株具清香气味。主根不明显或稍明显，具多数侧根与纤维状须根。多生于河湖岸边与沼泽地带，也见于湿润的疏林中、山坡、路旁、荒地等。广布于东北、河北及陕西等地；蒙古、朝鲜、西伯利亚及远东地区也有分布。全草入药，有止血、消炎、镇咳、化痰之效，嫩茎及叶作菜蔬或腌制酱菜。

257. 黄花蒿 *Artemisia annua* L.

一年生草本，植株有浓烈的挥发性香气，茎直立，根单生，垂直。生于山坡、林缘及荒地。广布于我国各地；亚洲其他地区，欧洲东部及北美洲也有。全草可入药，具有清热解毒功效。

258. 铁杆蒿 *Artemisia sacrorum* Ledeb.

半灌木状草本。根稍粗大，木质，垂直；根状茎粗壮。多生于山坡、路旁、灌丛地及森林草原地区。广布于我国各省区；日本、朝鲜、蒙古、阿富汗、印度（北部）、巴基斯坦（北部）、尼泊尔、克什米尔地区也有分布。可入药，具有清热、解毒之效，牧区也可作牲畜的饲料。

259. 莳萝蒿 *Artemisia anethoides* Mattf.

一、二年生草本；植株有浓烈的香气。主根单一，狭纺锤形，侧根多数。茎单生。多生长在干山坡、河湖边沙地、荒地、路旁、盐碱地附近。广布于我国东北、西北及西部地区；蒙古、西伯利亚及远东地区也有分布。可入药，具有清热利湿作用。

260. 碱蒿 *Artemisia anethifolia* Web. ex Stechm.

一、二年生草本；植株有浓烈的香气。主根单一，垂直，狭纺锤形。茎单生，稀少数。多生于干山坡、干河谷、碱性滩地、盐渍化草原附近、荒地及固定沙丘附近。分布于我国黑龙江、河北、山西、陕西、宁夏、甘肃、青海及新疆等省区；蒙古及西伯利亚地区也有分布。可作中药，牧区也可作牲畜饲料。

261. 大籽蒿 *Artemisia sieversiana* Willd.

一、二年生草本。主根单一，垂直，狭纺锤形。茎单生，直立。多生于路旁、荒地、河漫滩、草原、森林草原、干山坡或林缘等。广布于我国东北、华北、西北及西南各省区；朝鲜、日本、蒙古、中亚、西伯利亚及欧洲也有分布。全草入药，具有祛湿、清热、利湿功效。

262. 冷蒿 *Artemisia frigida* Willd.

多年生草本，茎基部木质，丛生，基部以上少分枝，被短茸毛。生于草原及山坡阳地，广布于新疆、青海、内蒙古、华北及东北。全草入药，有止痛、消炎、镇咳作用。在牧区为牲畜营养价值良好的饲料。

263. 大花千里光 *Senecio ambraceus* Turcz.

千里光属多年生草本；根状茎较短，有少数须根。茎纤细，直立或基部稍弯，不分枝，被白色蛛丝状毛或有时变无毛。广泛生长在田边、路旁、林缘及村舍附近。分布于我国的东北、西北、内蒙古，以及蒙古、朝鲜、西伯利亚及远东地区。中等饲用植物。

264. 羽叶千里光 *Senecio argunensis* Turcz .

千里光属多年生草本，全株有蛛丝状毛或近光滑。地下茎分枝，地上茎直立，单一或从中部分枝，有纵棱。 生于林缘、草甸。分布于我国东部、中部、北部及西北部，以及日本、朝鲜、蒙古、前西伯利亚及远东地区。全草可入药，具有清热解毒作用。

265. 狗舌草 *Senecio campestris*(Retz.)DC.subsp. *kirilowii* (Turcz.)Kitag.

千里光属多年生草本，根状茎斜升，常覆盖以褐色宿存叶柄，具多数纤维状根。茎单生，近葶状，直立。生于草原、草甸草原及山地林缘。产自呼伦贝尔盟、兴安盟、赤峰市，分布于我国北部，以及朝鲜、日本、远东地区。可入药，具有清热解毒，利尿作用。

266. 湿生千里光 *Senecio palustris* (L.)Hook

千里光属二年生或一年生草本，具多数纤维状根。茎单生，中空，直立，不分枝或上部有分枝，具茎叶，下部被腺状柔毛或稍变无毛。多生于沼泽及潮湿地或水池边，分布于黑龙江、内蒙古、河北，除格陵兰及欧洲西北部外，在世界各国均有分布。

267. 河滨千里光 *Senecio pierotii* Miq.

千里光属多年生草本。主根不发达，由不定根构成的须根系。茎直立，常单一，具纵沟，被蛛丝状毛。多生长在河边沙地、河滩草地及稻田田埂上。分布于东北、华北及内蒙古等地，朝鲜也有分布。

268. 全缘橐吾 *Ligularia mongolica*（Turcz.）DC

橐吾属多年生草本，茎直立，无毛。多生于旱山坡及草场上。分布于我国黑龙江、吉林、辽宁、河北、内蒙古，俄罗斯也有分布。

269. 北橐吾 *Ligularia sibirica* (L.)Cass.

橐吾属多年生草本。茎直立，根肉质，细而多。生于沼泽、湿草地、河边、山坡及林缘。分布于我国云南、四川、贵州、山西、内蒙古、河北、东北地区，以及前西伯利亚及远东地区、欧洲大部分地区也有分布。根及根状茎可入药，具有润肺、化痰、定喘、止咳、止血、止痛功效。

270. 兔儿伞 *Syneilesis aconitifolia* (Bunge) Maxim.

兔儿伞属多年生草本。茎直立，根状茎短，横走，具多数须根。多生于山地林下及林缘草甸。产自呼伦贝尔盟、赤峰市。分布于我国东北、华北、华东等地区，以及朝鲜、日本、远东地区。根可入药，可祛风除湿、解毒活血、消肿止痛。

271. 大丁草 *Leibnitzia anandria* (L.) Nakai

大丁草属多年生草本，植株有白色绵毛后脱落。叶全部基生。生于山坡路旁、林边、草地、沟边等阴湿处。分布于中国南北各省。可入药，具有清热利湿、解毒消肿、止咳、止血功效。

272. 驴欺口 *Echinops latifolius* Tausch.

蓝刺头属多年生草本，不分枝或少分枝，上部密生白绵毛，下部疏生蛛丝状毛。多生于林缘、干燥山坡。分布于东北、华北、甘肃、陕西、河南、山东，以及朝鲜、蒙古、前西伯利亚及远东地区。根可入药。花序入药，能活血、发散、主治跌打损伤；花序入蒙药，具有清热、止痛等功效。

273. 莲座蓟 *Cirsium esculentum* (Sievers)C. A. Mey.

蓟属多年生草本。根状茎短，有多数须根。多生于河岸湿草地及沼泽草甸。分布于我国东北、内蒙古、新疆，以及蒙古、前西伯利亚及远东地区。根可入蒙药，具有排脓止血、止咳消痰等功效。

274. 烟管蓟 *Cirsium pendulum* Fisch. ex DC.

蓟属二或多年生草本，茎直立，上部分枝，被蛛丝状毛。多生于河岸、草地、山坡林缘。分布于我国东北、内蒙古、河北、山西、陕西，以及朝鲜、日本、前西伯利亚及远东地区。可作大蓟入药。

275. 刺儿菜 *Cirsium setosum* (Willd.) Bess. ex M. Bieb.

蓟属多年生草本，茎直立，上部分枝，被疏毛或绵毛。多生于山野荒地及路旁。分布于全国各地。可入药，具有凉血、止血、消察散肿功效。

276. 飞廉 *Carduus crispus* L.

飞廉属二年生或多年生草本，茎单生或少数茎成簇生，通常多分枝，分枝细长，极少不分枝，全部茎枝有条棱。多生于山谷、田边或草地。分布在我国新疆、内蒙古，以及欧洲、北非、西伯利亚及远东地区中亚及西伯利亚。可作绿肥用或药用，具有祛风、清热、利湿、凉血散瘀等作用。

277. 牛蒡 *Arctium lappa* L.

牛蒡属二年生草本；根肉质。茎粗壮，有微毛，上部多分枝。生于村落路旁、山坡、草地。广布于我国东北至西南各省，以及欧洲、日本。根、茎、叶、种子均可入药，有利尿之效。

278. 祁州漏芦 *Stemmacantha uniflora* (L.) Dittrich

漏芦属多年生草本，茎直立，不分枝，簇生或单生，根状茎粗厚，根直伸。生于山地草原、草甸草原、石质山坡。分布于我国黑龙江、吉林、辽宁、河北、内蒙古、陕西、甘肃、青海、山西、河南、四川、山东等地，以及西伯利亚及远东地区及东西伯利亚、蒙古、朝鲜和日本。根及根状茎可入药，具有清热、解毒、排脓、消肿和通乳作用。

279. 麻花头 *Serratula centauroides* L.

麻花头属多年生草本，茎直立，不分枝或上部少分枝，有棱，下部具软毛。多生于路旁荒野或干山坡。分布于河北、山西、陕西、甘肃、内蒙古、山东，以及前西伯利亚及远东地区、蒙古。为中等牧草。

280. 伪泥胡菜 *Serratula coronata* L.

麻花头属多年生草本，茎直立，无毛，有棱，上部分枝。生于山坡、河滩草地。分布于东北、河北、内蒙古、新疆、陕西、湖北、江苏；俄罗斯也有。根入药，解毒透疹，用于麻疹初期透发不畅、风疹瘙痒。

281. 倒羽叶风毛菊 *Saussurea runcinata* DC.

风毛菊属多年生草本，茎直立，基部被纤维状残叶鞘，上部分枝或不分枝。生于河滩潮湿地、盐碱地、盐渍低地、沟边石缝中。分布于内蒙古、河北北部；蒙古、西伯利亚东部地区也有。

282. 草地风毛菊 *Saussurea amara* (L.) DC.

风毛菊属多年生草本，根状茎稍粗。茎直立，分枝或不分枝，近无毛。常生于荒地路边或森林草地。分布于东北、华北和西北，以及蒙古、前西伯利亚及远东地区。可药用，具有清热、消肿功效。

283. 风毛菊 *Saussurea jaoonica* (Thunb.) DC.

风毛菊属二年生草本，茎直立，粗壮，具纵棱，疏被细毛和腺毛。生于低山坡、丘陵地草丛中或路旁。分布于我国东北、华北、华东、华南及内蒙古、云南等省区。可药用，具有祛风活络、散瘀止痛的功效。

284. 达乌里风毛菊 *Saussurea daurica* Adam.

风毛菊属多年生草本，茎直立，全株灰绿色，根细长，黑褐色。多生于盐渍化低湿地，分布于我国黑龙江、内蒙古、宁夏、甘肃、青海等省区，以及俄罗斯、蒙古。

285. 龙江风毛菊 *Saussurea amurensis* Turcz.

风毛菊属多年生草本，根状茎细短，茎直立，被蛛丝状卷毛或近无毛。多生于沼泽草地和泛滥草甸。分布于吉林、黑龙江，以及朝鲜、西伯利亚东部及远东地区。可入药，具有清热燥湿、泻火解毒的功效。

286. 兴安毛连菜 *Picris dahurica* Fisch. ex Hornem.

毛连菜属二年生草本，茎直立、单一，上部分枝，密被钩状分叉硬毛。生于林缘、山坡草地、沟边、灌丛等处。分布于我国东北、华北、华中、华东、西北、西南，以及俄罗斯、朝鲜、日本。

287. 猫儿菊 *Achyrophorus ciliatus* (L.) Scop.

猫儿菊属年生草本。根垂直直伸，茎直立，有纵沟棱，不分枝。生于山坡草地、林缘路旁或灌丛中。分布在我国北京、黑龙江、吉林、辽宁、内蒙古、河北等地区，以及俄罗斯、蒙古、朝鲜。可入药，具有消肿作用。

288. 笔管草 *Scorzonera albicaulis* Bunge

鸦葱属大中型植物。根茎直立和横走，黑棕色，节和根密生黄棕色长毛或光滑无毛。地上枝多年生。枝一型。生于干山坡、固定沙丘、沙质地、山坡灌丛、林缘、路旁等处。分布于我国东北及黄河流域以北各省区，以及朝鲜、蒙古、俄罗斯（西伯利亚及远东地区）。

289. 狭叶鸦葱 *Scorzonera radiata* Fisch.

鸦葱属多年生草本，根粗壮，圆柱形，垂直或斜伸。生长于山地林下、林缘、草甸及河滩砾石地。分布于我国黑龙江、新疆；蒙古、西伯利亚和远东地区。可药用，有发表散寒，祛风除湿之功效。

290. 桃叶鸦葱 *Scorzonera sinensis* Lipsch.et krasch.

鸦葱属多年生草本。根圆柱状；茎无毛，有白粉。生于山坡草地。分布于我国黑龙江、吉林、辽宁、河北、山西和内蒙古。全草可药用，有清热解毒、消肿散结的功效。

291. 亚洲蒲公英 *Taraxacum asiaticum* Dahlst.

蒲公英属多年生草本。根颈部有暗褐色残存叶基。广泛生于河滩、草甸、村舍附近。分布于我国东北、华北、西北、四川，以及西伯利亚及远东地区。全草药用，可清热解毒。

292. 蒲公英 *Taraxacum mongolicum* Hand.-Mazz.

蒲公英属多年生草本。根垂直。叶莲座状平展，羽状深裂，多生于田野、路旁。广布于我国东北、华北、华东、华中、西北、西南，以及朝鲜，西伯利亚及远东地区也有。全草药用，可清热解毒。

293. 华蒲公英 *Taraxacum sinicum* Kitag.

蒲公英属多年生草本。根颈部有褐色残存叶基。生于稍潮湿的盐碱地或原野、砾石中。分布于我国南北各省，以及蒙古和俄罗斯。全草可药用，有清热解毒、消肿散结的功效。

294. 苦苣菜 *Sonchus oleraceus* L.

苦苣菜属一年生草本，根纺锤状。茎不分枝或上部分枝，无毛或上部有腺毛。生于田野、路旁、村舍附近。广布于全国各地，为世界广布种。全草可入药，具有清热、凉血、解毒等作用。

295. 北山莴苣 *Lactuca sibirica* (L.) Benth.

莴苣属多年生草本，茎单生，无毛。多生于林下、林缘、路旁、村旁、田间及沼泽地。分布于我国黑龙江、吉林、辽宁、河北、内蒙古，以及朝鲜、西伯利亚及远东地区、蒙古、日本。

296. 蒙山莴苣 *Lactuca tatarica* (L.) C.A.Mey.

莴苣属多年生草本，具长根状茎。根圆锥形，棕褐色。茎直立，单生或数个丛生，具纵棱，不分枝或上部分枝。多生于湖滨河滩地的盐化草甸中。广泛分布于我国东北、华北、西北各地，以及欧洲、西伯利亚及远东地区中亚至西伯利亚、蒙古等地区。为中上等饲料，各种家畜都喜采食。可药用，具有清热、解毒、活血、排脓作用。

297. 山莴苣 *Lactuca indica* L.

莴苣属多年生草本，根垂直直伸。茎直立，通常单生。多生于田间、路旁、灌丛或滨海处。除西北外，广布于全国各地。可药用，具有清热解毒、活血、止血作用。

298. 全缘山柳菊 *Hieracium hololeion* Maxim.

山柳菊属多年生草本，根状茎，茎直立，单生。生于草甸、沼泽草甸及溪流附近的低湿地。分布于我国东北、华北；朝鲜、日本、远东地区。

299. 还阳参 *Crepis crocea* (Lamk.) Babc.

还阳参属多年生草本，茎直立，根木质，粗或细，不分枝或分枝。生于山坡、田边、路旁或荒地的草丛中。分布于我国云南、广东、广西等地。可药用，具有补肾阳、益气血、健脾胃等作用。

300. 抱茎苦荬菜 *Ixeris sonchifolia*（Bunge）Hance

苦荬菜属多年生草本，无毛。茎直立，上部有分枝。多生于平原、山坡、河边。分布于我国东北、华北、华东和华南等省区，以及朝鲜、西伯利亚及远东地区。嫩茎叶可做鸡鸭饲料，全株可为猪饲料；全草可入药，具有清热、解毒、消肿作用。

301. 山苦荬 *Ixeris chinensis* (Thunb.) Nakai

苦荬菜属多年生草本，全体无毛。茎少数或多数簇生，直立或斜生。多生于山坡草地乃至平原的路边、农田或荒地上，为常见的杂草。分布于我国北部、东部、南部及西南部，以及西伯利亚及远东地区、朝鲜、日本、越南。嫩根和叶可食用，可作家畜饲料，也可入药，具有清热解毒、凉血、消痈排脓、祛瘀止痛功效。

302. 细叶苦荬 *Ixeris gracilis* (DC.) Stebb.

苦荬菜属多年生草本，细弱，无毛。生于林下、荒地、山坡、山谷林缘、田间以及草甸。分布于我国东北、华中、华南和西南；印度、尼泊尔也有。全草入药，具有清热解毒、消炎止痛功效。

303. 苦荬菜 *Ixeris denticulate* (Houtt.)Stebb.

苦荬菜属一年或二年生草本，无毛。多生于路边或低地。分布于我国华东、华南、华中及西南，以及朝鲜、日本和印度。嫩根和叶可食用，可作家畜饲料，也可入药，具有清热解毒、凉血、消痈排脓、祛瘀止痛功效。

304. 碱黄鹌菜 *Youngia stenoma* (Turcz.) Ledeb.

黄鹌菜属多年生草本，茎直立，单生或少数茎成簇生，具有纵棱，无毛。生于河滩、草甸、盐碱性低湿地。产自呼伦贝尔盟、锡林郭勒盟、伊克昭盟、阿拉善盟。分布于我国东北以及东西伯利亚地区。全草入药，可清热解毒、消肿止痛。

五十四、香蒲科 Typhaceae

305. 宽叶香蒲 *Typha latifolia* L.

香蒲属多年生水生或沼生草本。根状茎乳黄色，先端白色，地上茎粗壮。生于溪渠、湖泊或浅水中。产自呼伦贝尔盟、兴安盟。分布于我国东北、华北、西北，以及欧洲、前西伯利亚及远东地区。可作观赏花卉，用于美化水面和湿地；叶片可作编织材料；茎叶纤维可造纸；花粉入药，能消炎、止血、利尿。

306. 达香蒲 *Typha davidiana* (Kronf.)Hand.-Mazz.

香蒲属多年生水生或沼生草本。根状茎粗壮。地上茎直立，质地较硬。生于湖泊、河流近岸边及沟边湿地等环境。分布于我国新疆、内蒙古、江苏、浙江等省区，以及亚洲北部。可作为园林观赏花卉。

五十五、黑三棱科 Sparganiaceae

307. 小黑三棱 *Sparganium simplex* Huds.

黑三棱属多年生草本，无毛，茎直立，通常无根状茎。生于沼泽水草丛中。分布于我国云南、内蒙古（呼伦贝尔盟、兴安盟、锡林郭勒盟东部）、吉林、黑龙江，以及亚洲西部和北部、欧洲、北美洲。块茎可入药，具有破血祛瘀、行气消积、止痛等作用。

308. 黑三棱 *Sparganium stoloniferum* (Graebn.)Buch.-Ham.ex Juz.

黑三棱属多年生草本，无毛，有根状茎。生于水塘、湿地上或沼泽中。分布于西藏、西北、江西、江苏、华北、东北；亚洲西部至日本广布。块茎入药，祛瘀通经，破血消肿，行气消积。

五十六、眼子菜科 Potamogetonaceae

309. 菹草 *Potamogeton crispus* L.

眼子菜属多年生沉水草本，根状茎细长。茎多分枝，略扁平，侧枝顶端常结芽胞，脱落后长成新植株。生于静水池沼及稻田。我国各省区均产，为世界广布种。全草可作猪、鹅、鸭、鱼的饲料，并可作绿肥。

五十七、水麦冬科 Juncaginaceae

310. 水麦冬 *Triglochin palustre* L.

水麦冬属多年生草本。根状茎长，须根密而细。多生于河岸湿地、沼泽地或盐碱湿草地上。分布于我国东北、华北、西南、西北，以及欧洲、北美、西伯利亚及远东地区亚洲地区、蒙古、日本。在园林中可作为湿地、沼泽地区的地被植物。也可用作药物，具有消炎、止泻作用。

五十八、泽泻科 Alismataceae

311. 泽泻 *Alisma orientale* (Sam.) Juz.

泽泻属多年生沼生植物，地下有块茎，球形，外皮褐色，密生多数须根。多生于沼泽边缘。分布于我国黑龙江、吉林、辽宁、内蒙古、河北、山西、陕西、新疆、云南等地，以及西伯利亚及远东地区、日本、欧洲、北美洲、大洋洲等均有分布。可药用，具有利水、渗湿、泄热等功效。

312. 野慈姑 *Sagittaria trifolia* L.

慈姑属多年生草木，泥地生或水生，具有地下匍匐茎，匍匐茎的末端为小球茎，圆球形。生于浅水及水边沼泽，广布于我国南北各省，以及前西伯利亚及远东地区、朝鲜、日本和印度。可食用、药用，具有清热、解毒功效。

313. 浮叶慈姑 *Sagittaria natans* Pall.

慈姑属多年生沼生或水生草本。根状茎匍匐。产于黑龙江、吉林、辽宁、内蒙古、新疆等省区。生于池塘、水甸子、小溪及沟渠等静水或缓流水体中。西伯利亚及远东地区、蒙古、欧洲亦有分布。

五十九、花蔺科 Butomaceae

314.　花蔺　*Butomus umbellatus* L.

花蔺属多年生水生草本。根状茎横生，粗壮。多生于沼泽中或水边。分布于东北、新疆、陕西、内蒙古、河北、山西、山东、河南、江苏，以及欧洲、亚洲地区。根茎可制取淀粉，叶可作编织及造纸原料，花供观赏。

六十、禾本科 Gramineae

315.　老芒麦　*Elymus sibiricas* L.

披碱草属多年生草本。疏丛型，须根密集而发育。多生于草原上或含腐殖质较高的土壤中。分布于东北、内蒙古、西北、河北、山西、四川；朝鲜、日本、西伯利亚及远东地区也有。为优良牧草。

316.　披碱草　*Elymus dahuricus* Turcz.

披碱草属多年生草本。多生在山坡草地及路边。分布于东北、内蒙古、华北、西北、四川，以及朝鲜、俄罗斯、日本。为优质牧草。

317.　肥披碱草　*Elymus excelsus* Turcz.

披碱草属多年生草本，植株粗壮。秆直立。多生于山坡、草地和路边。分布于东北、华北、西北、四川，以及朝鲜、俄罗斯。经济价值：为优良牧草饲料。

318.　羊草　*Leymus chinensis* (Trin.) Tzvel.

赖草属多年生草本，具下伸或横走根茎；须根具沙套。秆散生，直立。多生于开阔平原、起伏的低山丘陵、河滩及盐碱低地。分布于我国的东北三省、内蒙古、河北、山西、陕西等省区，在新疆主要分布于北疆，以及前西伯利亚及远东地区、日本和朝鲜。羊草叶量多、营养丰富，是优质饲料。是很好的水土保持植物。羊草的茎秆也是良好的造纸原料。

319.　赖草　*Leymus secalinus* (Georgi) Tzvel.

赖草属多年生草本，具下伸和横走的根茎。秆单生或丛生，直立。多生于草原地带的低平滩地、河谷、湖滨低洼的盐渍化草甸土壤上。分布于我国东北的西部，河北、山西、陕西、宁夏、四川、青海、甘肃、内蒙古、新疆等省（区），以及前西伯利亚及远东地区，蒙古、日本和朝鲜。为优质牧草，根可入药，具有清热、止血利尿作用；同时也可用作防风固沙或水土保持草种。

320.　纤毛鹅观草　*Roegneria ciliaris* (Trin.) Nevski

鹅观草属多年生草本，秆直立，单生或成疏林，无毛，基部常膝曲。生于路旁、潮湿草地及山坡上。分布于我国东北、河北、山西、山东、山西、甘肃等省区；日本、朝鲜、远东地区也有分布。

321. 直穗鹅观草 *Roegneria turczaninovii* (Drob.) Nevski

鹅观草属多年生草本，植株具短根头，秆疏丛，细瘦。生于山地林缘草甸或林下、沟谷草甸等处，分布于我国东北、河北、山西、陕西、新疆；蒙古与中亚及西伯利亚地区也有分布。为牲畜喜食的饲料植物。

322. 偃麦草 *Elytrigria repens* (L.) Desv.

偃麦草属多年生草本，具横走根状茎，秆成疏丛。分布于新疆、青海，各地农业研究机构常有栽培；北半球温带其他地区也有。为优良的饲料植物，为各种牲畜所喜食。

323. 冰草 *Agropyron cristatum* (L.) Gaertn.

冰草属多年生草本。生于干燥草地、山坡、丘陵以及沙地。分布于我国东北、河北、山西、宁夏、陕西、甘肃、青海、新疆，以及俄罗斯西伯利亚、中亚、北美。是优良牧草，催肥饲料。根可作蒙药用，具有止血、利尿功效。

324. 根茎冰草 *Agropyron michnoi* Roshev.

冰草属多年生草本，植株具多分枝的根茎。秆丛生，直立，节常膝曲。为禾本科根茎型的典型无性系植物，耐盐碱。生于沙地、坡地。分布在内蒙古、甘肃、松嫩平原、山西等地。蒙古和俄罗斯也有分布。是饲用价值较高的优良牧草，亦可用作固沙。

325. 虎尾草 *Chloris virgata* Sw.

虎尾草属一年生草本。叶舌具微纤毛；叶片条状披针形。多生路边、荒野和沙地，分布于我国东北、华北、西北、西南，以及东西伯利亚、远东地区、蒙古和朝鲜。中等饲用牧草，为羊和马所喜食。

326. 菰 *Zizania latifolia* (Griseb.) Stapf.

菰属多年生草本，具匍匐根状茎，须根粗壮，秆高大直立。水生或沼生。分布于我国黑龙江、吉林、辽宁、内蒙古、河北、甘肃、陕西、四川、湖北、湖南、江西、福建、广东、台湾；日本、俄罗斯及欧洲也有分布。优良饲料，也可作药用，具有清热解毒、生津止渴等疗效。

327. 芦苇 *Phragmites australis* (Cav.)Trin.ex Staudel

芦苇属多年水生或湿生的高大禾草，地下有发达的匍匐根状茎。茎秆直立。生长在灌溉沟渠旁、河堤沼泽地等，世界各地均有分布，为保土固堤植物，苇秆可作造纸和人造丝、人造棉原料，也供编织席、帘等用；嫩时含大量蛋白质和糖分，为优良饲料；芦叶、芦花、芦茎、芦根、芦笋均可入药。

328. 羊茅 *Festuca ovina* L.

羊茅属多年生草本。秆稠密丛生，直立。多生于干燥坡地。分布于西北、西南，以及北温带地区。可作优良牧草，同时秆是造纸原料。

329. 草地早熟禾 *Poa pretensis* L.

早熟禾属多年生草本，具细根状茎。秆丛生，光滑。多生于山坡、路边或草地。分布于黄河流域、东北和江西、四川等地，以及北半球温带都有。可作为优良牧草。

330. 硬质早熟禾 *Poa sphondylodes* Trin.ex Bunge

早熟禾属多年生草本。秆丛生，细硬。多生草地、路旁及山坡。分布于我国东北、华北、西北、山东、江苏。可作牧草。

331. 星星草 *Puccinellia tenuiflora* (Griseb.) Scribn.et Merr.

碱茅属多年生草本，疏丛型。秆直立。多生于草原盐化湿地、固定沙滩、沟旁渠岸草地上，是形成盐生草甸的建群种。产于黑龙江、吉林、辽宁、内蒙古、河北、山西、安徽、甘肃、青海、新疆。中亚、俄罗斯西伯利亚、蒙古、伊朗、日本、北美均有分布。其茎叶含蛋白质较高，是家畜和骆驼喜食的优良牧草，其花序可药用，具有解毒、止痒等功效。

332. 无芒雀麦 *Bromus inermis* Leyss.

雀麦属多年生草本，有根状茎，秆无毛或于节下有倒毛。多生于山坡、道旁、河岸。分布于东北、西北，以及欧亚大陆温带。可作优良牧草，同时也是固沙的先锋植物。

333. 缘毛雀麦 *Bromus ciliatus* L.

雀麦属多年生草本，具地下根茎。生于森林草原地带的林缘草地、路旁及沟边。分布于我国东北；东西伯利亚地区、蒙古和北美西北部也有分布。

334. 溚草 *Koeleria cristata* (L.) Pers.

溚草属多年生草本，密丛型。广布于东北、内蒙古、华北、西北、华东；旧大陆温带地区都有。生于山坡草地或路边。幼嫩时可作牧草。

335. 光稃茅香 *Hierochloe glabra* Trin.

茅香属多年生草本，植株低矮，具细弱根茎。生于草原带、森林草原带的河谷草甸、湿润草地和田野，分布于我国东北、河北、青海；蒙古、东西伯利亚及远东地区。

336. 虉草 *Phalaris arundinacea* L.

虉草属多年生草本，具根状茎。秆较粗壮。多生于水湿处，对环境要求不高。分布于我国东北、华北、华中、江苏、浙江，以及全球温带地区。幼时为优良饲料；秆可供编织及造纸。

337. 苇状看麦娘 *Alopecurus arundinaceus* Poir.

看麦娘属多年生草本。具根茎，秆直立，单生或少数丛生。多生于沟谷河滩草甸、沼泽草甸及山坡草地，为中生植物。分布于我国东北、内蒙古、河北、宁夏、甘肃、新疆等省（区），在国外蒙古、西伯利亚及远东地区、欧洲、北美均有分布。可作优质牧草。

338. 拂子茅 *Calamagrostis epigeios* (L.) Roth

拂子茅属多年生草本。具根状茎；杆直立。多生于平原绿洲，水分条件良好的农田、地埂、河边及山地，土壤常轻度至中度盐渍化。可用于牧草栽植，也可入药，具有催产助生等疗效。

339. 假苇拂子茅 *Calamagrostis pseudophragmites* (Haller f.) Koeler

拂子茅属多年生草本，杆高 40～100 cm，叶片宽 1.5～5 mm，圆锥花序长圆状披针形。多生于山坡及阴湿处。广布于东北、华北、西北、四川、云南；欧亚大陆温带都有。可作饲料，又为防沙固堤植物。

340. 巨序剪股颖 *Agrostis gigantea* Roth

剪股颖属多年生草本，具根状茎或杆的基部僵卧。多生长于湿润草甸、草甸草原、河漫滩以及山地沟谷，而在干燥坡地较少见。在我国温带、暖温带的东北、华北、西北、西南以及亚热带的一些地区、长江流域均有分布。可作优质牧草，根茎发达，可形成松软的草地或草皮，利于放牧，并能防止土壤冲刷，有利于水土保持。

341. 红顶草 *Agrostis alba* L.

剪股颖属多年生草本，有较粗壮的根状茎。多生于生路边湿地、潮湿山坡或山谷中。分布于我国东北、华北等地区。

342. 菵草 *Bec* kmannia syzigachne (Steud.) Fern.

菵草属一年生或越年生。杆直立。多生于水边和潮湿地方，广布于南北各省区，以及朝鲜、日本、西伯利亚地区。为优质饲料。

343. 贝加尔针茅 *Stipa Baicalensis* Roshev.

又名狼针草，是禾本科针茅属多年生密丛禾草，属于草甸草原的一种中旱生禾草，性耐寒及干旱，一般见于排水良好的地带性生境，不耐盐碱，也常进入线叶菊草原或羊革草原等其他草地类型中，成为亚优势种。此外，狼针可进入由地森林带，成为林缘草地的常见优势种或伴生种，多生于草原地区，仅散见于山地阴坡，抽穗前为优良牧草。

344. 大针茅 *Stipa grandis* P. Smirn.

针茅属多年生草本，密丛型，杆直立。产自呼伦贝尔盟、兴安盟、哲里木盟、昭乌达盟、锡林郭勒盟、乌兰察布盟、伊克昭盟、阴山山地、贺兰山。分布于我国东北(松辽平原区)、黄土高原区、西伯利亚及远东地区东西伯利亚南部、外贝加尔及蒙古草原区。为优良牧草饲料。

345. 芨芨草 *Achnatherum splendens* (Trin.) Nevski.

芨芨草属多年生草本，须根具砂套，杆丛生，坚硬。多生于微碱性的草滩上，常形成所谓芨芨草滩。分布于西北、内蒙古，以及亚洲北部和中部。本种在早春幼嫩时，为牲畜的重要饲料；秆叶供造纸及人造丝；又可改良碱地，保护渠道，保持水土。

346.　光颖芨芨草　*Achnatherum sibiricum* (L.) Keng

芨芨草属多年生草本，疏丛型，秆直立，平滑，较坚硬。生于草甸草原、山地草原。分布于东北、华北、西北；西伯利亚地区也有分布。全草可作造纸原料，春夏季青鲜时为牲畜所喜食饲料。

347.　画眉草　*Eragrostis poaeoides* Beauv.et Roem.

画眉草属一年生草本，秆纤细，丛生。多生于荒芜田野、草地及路旁。分布于山东、江苏、安徽、河北、河南、陕西、宁夏、山西、内蒙古等地。可入药，具有清热解毒、疏风利尿等作用。

348.　糙隐子草　*Cleistogenes squarrosa* (Trin.) Keng

隐子草属多年生草本，秆高 12～30 cm，干后左右弯曲。叶鞘无毛，叶片条状披针形，多生于干燥草原。分布于内蒙古、华北、西北，以及蒙古、西伯利亚地区、欧洲。可作饲料。

349.　中华隐子草　*Cleistogenes Chinensis* (Maxim.) Keng

隐子草属多年生草本，须根较发达，秆多数丛生，直立。生于山坡或路旁。分布于我国东北、华北和西北地区。

350.　野古草　*Arundinella hirta* (Thunb.) C.Tanaka

野古草属多年生草本，具生有鳞片的根状茎，秆直立，单生。多生于河滩及山地草甸。广布于全国各地；东西伯利亚及远东地区、蒙古、日本、朝鲜也有分布。草质粗糙，适口性差，为劣等饲用禾草。

351.　稗　*Echinochloa crusgalli* (L.)Beauv.

稗属一年生草本，秆斜升，叶片条形。生于沼泽、水湿处，广布全球温暖地区；我国南北各地都有。可作饲料，也是稻田中的常见杂草。

352.　止血马唐　*Digitaria ischaemum* (Schreib.) Schreib. ex Muhl.

马唐属一年生草本，秆高 30～40 cm。叶片狭披针形。多生河畔、田边及荒野湿地。遍布全国南北各省区，以及欧、亚及北美的温带地区。秆叶柔嫩，可作饲料。

353.　金色狗尾草　*Setaria glauca*(L.)Beauv.

狗尾草属一年生草本，茎秆直立或基部倾斜，节外生根。生于较潮湿农田、沟渠或路旁。分布于全国各地、欧亚大陆的温暖地带，以及美洲、澳大利亚等国家。为田间杂草、秆、叶可作牲畜饲料，可作牧草。

354.　狗尾草　*Setaria viridis* (L.)Beauv.

狗尾草属一年生草本，秆高 30～100 cm。叶片条状披针形。多生于荒野，广布于全国各地，世界各地都有分布。可作饲料，也是田间杂草。

355.　荩草　*Arthraxon hispidus* (Thunb.) Makio.

荩草属一年生草本，秆细弱，基部倾斜或平卧并于节上生根。多生于山坡草地阴湿处，遍布全国各地及旧大陆的温暖区域。莐草具有止咳、定喘、杀虫的功效。

六十一、莎草科 Cyperaceae

356. 单穗藨草 *Scirpus radicans* Schkuhr

藨草属多年生草本。具短的根状茎，秆粗壮。生于河边沼泽。分布于我国内蒙古、黑龙江、辽宁；朝鲜、日本、东西伯利亚及远东地区也有分布。茎叶可作编织、造纸及人造纤维原料，亦可作牧草。

357. 水葱 *Scirpus tabernaemontani* Gmel.

藨草属多年生草本，具粗壮匍匐根状茎，秆单生。生于沼泽、湖边或浅水中。分布于东北、华北、江苏、西南、陕西、甘肃、新疆；朝鲜、日本、欧洲、美洲、大洋洲也有。秆可作编织材料，亦可作牧草，为中等饲用植物。

358. 具槽秆荸荠 *Eleocharis valleculosa* Ohwi

荸荠属多年生草本，簇生，具匍匐根状茎，秆丛生或单生茎无节，无叶或仅有叶鞘。常见于湿地上或水田中。分布于全球。

359. 褐穗莎草 *Cyperus fuscus* L.

莎草属一年生草本，秆丛生，扁锐三棱形。生于稻田中或沟边。分布于黑龙江、辽宁、河北、山西、内蒙古、陕西、甘肃、新疆；越南、印度、欧洲也有。属田间杂草。

360. 翼果苔草 *Carex neurocarpa* Maxim.

翼果苔草属多年生草本，根状茎丛生，全株密生锈色点线。生于水边或草丛中，分布于东北、华北、陕西、甘肃、四川、河南、山东、江苏、福建；朝鲜、日本、西伯利亚及远东地区也有。从春季到秋季牛、马喜食，为一种放牧型牧草。

361. 寸草苔 *Carex duriuscula* C.A.Mey.

苔草属多年生草本，根状茎细长，匍匐，秆疏丛生，纤细。多生于轻度盐渍低地及沙质地。分布于我国东北，朝鲜、蒙古、西伯利亚及远东地区也有。为牛、羊喜食，是有价值的放牧型植物。

362. 乌拉草 *Carex meyeriana* Kunth.

苔草属多年生草本，根状茎紧密丛生。生于踏头，分布于我国东北；西伯利亚、远东、蒙古、朝鲜、日本地区也有。可用作填充物，有保温作用；全草可供编织和造纸用。

363. 陌上菅 *Carex thunbergii* Steud.

苔草属多年生草本，根状茎短，具长匍匐茎。生于湖边潮湿草地或草甸。分布于我国东北、华北；日本也有。

六十二、浮萍科 Lemnaceae

364. 浮萍 *Lemna minor* L.

浮萍属浮水小草本。根 1 条、长 3～4 cm，纤细，根鞘无附属物，根冠钝圆或截切状。叶状体对称，倒卵形、椭圆形或近圆形。多生于池沼、湖泊或静水中。我国南北各省区均有；分布几乎遍布全世界温暖地区。全草供药用，有发汗、利水、消肿之效；也可作家禽饲料和稻田绿肥。

六十三、灯芯草科 Juncaceae

365. 小灯芯草 *Juncus bufonius* L.

灯芯草属一年生草本，簇生；须根。茎直立或斜升。常生于水边和湿草地。分布于我国长江以北各省区及四川、云南；朝鲜、日本、西伯利亚地区，欧洲等地。全草可入药，具有清热、通淋、利尿、止血的作用。

366. 扁茎灯芯草 *Juncus gracillimus*（Buch.）Krecz. et Gontsch.

灯芯草属多年生草本，簇生，根状茎横走。常生于水边湿地、河岸、塘边、田埂上和沼泽。分布于我国长江以北各省区以及江苏和四川；朝鲜、日本和俄罗斯也有。

六十四、百合科 Liliaceae

367. 野韭 *Allium ramosum* L.

葱属具横生的粗壮根状茎，略倾斜。鳞茎近圆柱状。多生于向阳山坡、草坡或草地上。分布于我国黑龙江、吉林、辽宁、河北、山东、山西、内蒙古、陕西、宁夏、甘肃、青海和新疆。西伯利亚及远东地区中亚、西伯利亚地区以及蒙古也有分布。叶可作蔬菜食用，花和花葶可腌渍做"韭菜花"调味佐食，同时也为优等饲用植物。

368. 蒙古韭 *Allium mongolicum* Regel

葱属多年生草本，具根茎。鳞茎柱形，簇生。生于海拔 2 000 m 以下的山坡、砂地。分布于内蒙古和西北地区；蒙古也有。叶及花可食用。地上部分入蒙药，能开胃、消食、杀虫，主治消化不良、不思饮食、秃疮、青腿病等，同时也是优等饲用植物。

369. 矮韭 *Allium anisopodium* Ledeb.

葱属多年生草本，根状茎明显，横生。鳞茎近圆柱状，数枚聚生。多生长于山坡、草地及沙丘。分布于中国大陆的河北、山东、内蒙古、吉林、黑龙江、辽宁、新疆等地，此外西伯利亚、朝鲜、蒙古、中亚地区也均有分布。属优等饲用植物。

370. 细叶韭 *Allium tenuissimum* L.

葱属多年生草本，具根状茎。鳞茎狭圆锥状柱形，簇生；多生于海拔 2 000 m 以下的山坡、草地或沙丘上。分布于长江流域以北各省区；西伯利亚、蒙古等也有分布。优等饲用植物，花序和种子可作调味品。

371. 砂韭 *Allium bidentatum* Fisch.

葱属多年生草本，具根状茎。鳞茎柱状，簇生；生于海拔 1 000 ～ 2 000 m 的草地。分布于中国东北和华北；蒙古、西伯利亚东部和远东地区也有。优等饲用植物。

372. 碱韭 *Allium polyrhizum* Turcz. ex Regel

葱属多年生草本，具根状茎，鳞茎细柱形，多生于山坡、草地上。分布于黄河流域以北各省区和新疆；蒙古、西伯利亚及远东地区中亚和远东地区也有。优等饲用植物。

373. 山韭 *Allium senescens* L.

葱属多年生草本，根状茎粗壮，横生。生于草原、草甸草原或砾石质山地上。分布于华北和新疆；欧洲到远东地区也有。嫩叶可作蔬菜食用，牛和羊喜食，是催肥的优等饲用植物。

374. 黄花葱 *Allium condensatum* Turcz.

葱属多年生草本，鳞茎柱状圆锥形，单生。生于海拔 1 000 m 以下的山坡、草地。分布于我国东北、华北等地区；东西伯利亚及远东地区、蒙古、朝鲜也有分布。

375. 细叶百合 *Lilium pumilum* DC.

百合属多年生草本，鳞茎圆锥形或长卵形。生于草甸草原、山地草甸及山地林缘。分布于我国东北、华北、西北地区东西伯利亚及远东地区、朝鲜、蒙古也有分布。鳞茎含淀粉，供食用，亦可入药，有滋补强壮、止咳祛痰、利尿等功效。花美丽，可栽培供观赏，也含挥发油，可提取供香料用。

376. 知母 *Anemarrhena asphodeloides* Bunge

知母属多年生草本；根状茎横生，粗壮，被黄褐色纤维。多生于干旱草地和沙地上。分布于东北、华北、陕西、甘肃。根状茎药用。具有清热泻火、生津润燥等功效。

六十五、鸢尾科 Iridaceae

377. 细叶鸢尾 *Iris tenuifolia* Pall.

鸢尾属多年生草本。根状茎细而坚硬；须根多数，细长，坚挺，棕褐色。多生于砂丘、砂砾、山坡或草原。分布于东北、河北、内蒙古、陕西、山西、甘肃、新疆；西伯利亚及远东地区及蒙古也有。根、种子与花可入药，具有安胎养血、治胎动血崩等作用。

378. 马蔺 *Iris lactea* Pall. *var.*chinensis (Fisch.)Koidz.

鸢尾属多年生密丛草本。根状茎粗壮，木质，斜伸。多生长于荒地路旁、山坡草丛、盐碱草甸中，尤以过度放牧的盐碱化草场上生长较多。广布于我国各省区。具有优良的水土保持、放牧、观赏和药用作用。

379.　野鸢尾　*Iris dichotoma* Pall.

鸢尾属多年生草本。根状茎较粗壮，常呈不规则结节状；须根多数,细长。多生于山坡、丘陵、草地。分布于我国东北、河北、山东、山西、陕西、甘肃；西伯利亚及远东地区也有。根状茎可供制土农药用。

六十六、兰科 Orchidaceae

380.　绶草　*Spiranthes sinensis*（Pers.）Ames.

绶草属一年生草本，根数条，指状，肉质，簇生于茎基部。生于山坡林下、灌丛、草地、河滩、沼泽、草甸中。广布于我国各省区。全草入药，可凉血解毒，具有抗癌、抗肿瘤作用；外用于毒蛇咬伤、疮肿。

第5章 野生植物经济利用评价

5.1 野生饲用植物

5.1.1 野生饲用植物生态类群

（1）饲用植物种类组成

饲用植物 (*forage plant of rangeland*) 是指草地中可供家畜放牧采食或人工收割后用来饲喂家畜的各种植物组成的群体。草地饲用植物资源是草地中能够为家畜放牧采食或人工收获（加工）后用来饲喂家畜的植物资源，是经过漫长的自然选择和人工培育而形成的再生性资源。它是发展食草家畜的物质基础，对改善和保持人类生存环境具有非常重要的作用。通常按饲用特性可将草地饲用植物分为四大类型：禾本科草类、豆科草类、莎草科草类以及杂类草。

辉河国家级自然保护区境内野生植物资源十分丰富，已调查发现的维管束植物种类有 65 科、227 属、385 种。其中，可供家畜饲用的野生维管束植物达 60 科、200 属、333 种，分别占辉河国家级自然保护区野生维管束植物科属种的 92.31%、88.10% 和 86.49%，占呼伦贝尔草原野生饲用植物种总数的 41.94%。在辉河国家级自然保护区野生饲用植物中，植物群落参与度较大，饲用价值较高的植物种类约有 20 科、138 属、254 种，主要集中分布在菊科、禾本科、豆科、蔷薇科、十字花科、藜科、蓼科和莎草科等几个较大科中，其中菊科有 33 属 81 种，禾本科有 28 属 41 种，豆科有 12 属 25 种（参见表 5-1-1）。

表 5-1-1　辉河国家级自然保护区野生饲用植物统计表

序号	科名	呼伦贝尔草原		辉河自然保护区			
		属数	种数	属数	比例 /%	种数	比例 /%
	饲用植物总数	222	794	200	90.09	333	41.94
1	菊科（Asteraceae）	33	141	33	100	81	57.45
2	禾本科（Poaceae）	42	112	28	66.67	41	36.61
3	豆科（Leguminosae）	17	66	12	70.59	25	37.88
4	蔷薇科（Rosaceae）	17	56	8	47.06	20	35.71
5	蓼科（Polygonaceae）	5	26	2	40.00	13	50.00
6	百合科（Liliaceae）	6	27	3	50.00	10	37.04
7	藜科（Chenopodiaceae）	12	39	9	75.00	9	23.08
8	莎草科（Cyperaceae）	5	48	4	80.00	8	16.67
9	玄参科（Scrophulariaceae）	6	12	6	100	8	66.67
10	唇形科（Lamiaceae）	6	15	6	100	7	46.67
11	伞形科（Umbelliferae）	6	10	6	100	7	70.00
12	十字花科（Cruciferae）	12	23	6	50.00	6	26.09
13	石竹科（Caryophyllaceae）	7	39	3	42.86	3	7.69
14	牻牛儿苗科（Geraniaceae）	2	10	2	100	3	33.33
15	旋花科（Convolvulaceae）	2	7	2	100	3	42.86
16	桔梗科（Campanulaceae）	3	17	2	100	8	47.08
17	景天科（Crassulaceae）	2	13	2	100	2	15.39
18	龙胆科（Gentianaceae）	2	8	2	100	2	25.00
19	车前科（Plantaginaceae）	1	4	1	100	3	75.00
20	鸢尾科（Iridaceae）	1	13	1	100	3	23.08
21	其他科（Others）	36	112	62	172.22	71	63.39

（2）饲用植物生活型

根据草原植物生活型分类系统，将辉河国家级自然保护区内分布的野生饲用植物生活型划分为乔木、灌木、半灌木、多年生草本和一、二年生草本 5 类。其中，乔木类饲用植物主要有西伯利亚刺柏、旱柳、春榆、稠李 4 种，占辉河保护区饲用植物总种数的 1.20%；灌木类饲用植物主要有三蕊柳、榛、柳叶绣线菊、土庄绣线菊、山刺玫、小叶锦鸡儿、杠柳、山杏 8 种，占辉河保护区饲用植物总种数的 2.40%；半灌木类饲用植物主要有藜科的优若藜、伏地肤，豆科的山竹岩黄芪、胡枝子、达乌里胡枝子、细叶胡枝子、尖叶胡枝子，菊科蒿属的沙蒿、茵陈蒿、光沙蒿、差巴嘎蒿、铁杆蒿、冷蒿 12 种，占辉河保护区饲用植物总种数的 3.60%；多年生草本类饲用植物最多，有 272 种，占辉河保护区饲用植物总种数的 81.69%；一、二年生类草本植物有 37 种，占辉河保护区饲用植物总种数的 11.11%。辉河保护区饲用植物生活型统计参见表 5-1-2。

表 5-1-2　辉河国家级自然保护区饲用植物生活型统计

项目	乔木类	灌木类	半灌木类	多年生草类	短年生草类	合计
种数 / 种	4	8	12	272	37	333
占饲用植物比例 /%	1.20	2.40	3.60	81.69	11.11	100

（3）饲用植物水分生态型

按照草原植物对水分生态条件的适应状况，将辉河国家级自然保护区内分布的野生饲用植物划分为湿生（包括水生、湿生）、中生（包括湿中生、典型中生、旱中生）和旱生（包括中旱生、典型旱生、强旱生）三个生态类型。从表 5-1-3 可以看出，辉河国家级自然保护区野生饲用植物中，主要以中生饲用植物的种数为最多，有 167 种，占保护区全部饲用植物总种数的 50.15%，其中，中生单子叶饲用植物 33 种，占中生饲用植物种数的 19.76%；中生双子叶饲用植物 133 种，占中生饲用植物种数的 79.64%。旱生饲用植物是辉河保护区饲用植物中第二大生态类群，有 127 种，占保护区全部饲用植物总种数的 38.14%，其中，旱生单子叶饲用植物 23 种，占旱生饲用植物种数的 18.11%；旱生双子叶饲用植物有 102 种，占旱生饲用植物种数的 80.31%。辉河自然保护区的湿生饲用植物相对较少，为保护区第三大生态类群，共有 39 种，占保护区全部饲用植物总种数的 11.71%，其中，湿生单子叶饲用植物 20 种，占湿生饲用植物种数的 51.28%；湿生双子叶饲用植物有 19 种，占湿生饲用植物种数的 48.72%。蕨类饲用植物和裸子饲用植物稀少，共有 3 种，占保护区饲用植物总种数的 0.9%。

表 5-1-3　辉河国家级自然保护区饲用植物水分生态型统计

生态型	合计	占饲用植物 /%	其中					
			单子叶	占类群 /%	双子叶	占类群 /%	其他	占类群 /%
湿生植物	39	11.71	20	51.28	19	48.72	—	—
中生植物	167	50.15	33	19.76	133	79.64	1	0.60
旱生植物	127	38.14	23	18.11	102	80.31	2	1.57
总计	333	100.00	76	22.82	254	76.28	3	0.90

5.1.2　饲用植物等级评价

饲用植物的饲用价值取决于植物的营养成分含量、适口性和消化率三个因素，其中营养成分中植物的粗蛋白质含量是植物饲用价值的主要评价指标。一般情况下，饲用植物的适口性和消化率随植物营养成分含量的变化而变化。在实际工作中，可用饲用植物的营养成分含量来衡量其饲用价值，而在饲用植物营养成分中粗蛋白质含量的多少又是评价其营养价值优劣的主要指标，饲用植物的适口性和消化率仅是参考指标，辉河国家级自然保护区野生饲用植物的饲用价值评价标准参见表 5-1-4。

表 5-1-4　辉河国家级自然保护区野生饲用植物评价标准

评价等级	优等	良等	中等	低等	劣等
	I	II	III	VI	V
粗蛋白质含量	>15%	15%～10%	10%～8%	8%～5%	<5%
饲草适口性	好	较好	中	较差	差
饲草消化率	高	较高	中	较低	低

　　根据上述评价标准，将辉河国家级自然保护区 331 种野生饲用植物进行饲用价值评价，其中，属于优等饲草的野生植物种有 20 种，占保护区饲用植物种总数的 6.01%；属于良等饲草的野生植物种有 41 种，占保护区饲用植物种总数的 12.31%；属于中等饲草的野生植物种有 88 种，占保护区饲用植物种总数的 26.43%；属于低等饲草的野生植物种有 148 种，占保护区饲用植物种总数的 44.44%；属于劣等饲草的野生植物种有 36 种，占保护区饲用植物种总数的 10.81%。辉河国家级自然保护区野生饲用植物评价参见表 5-1-5。

表 5-1-5　辉河国家级自然保护区野生饲用植物等级评价表

序号	饲用植物科名	不同等级饲用植物数量（种）				
		优等（I）	良等（II）	中等（III）	低等（VI）	劣等（V）
1	木贼科（Equisetaceae）					2
2	杨柳科（Salicaceae）			2	1	
3	桦木科（Betulaceae）				1	
4	榆科（Ulmaceae）				1	
5	桑科（Moraceae）			1		
6	荨麻科（Urticaceae）			3		
7	檀香科（Santalaceae）				1	
8	蓼科（Polygonaceae）			5	8	
9	藜科（Chenopodiaceae）		1	5	3	
10	苋科（Amaranthaceae）			2		
11	马齿苋科（Portulacaceae）		1			
12	石竹科（Caryophyllaceae）				3	
13	睡莲科（Nymphaeaceae）				1	
14	毛茛科（Ranunculaceae）				1	7
15	罂粟科（Papaveraceae）			2		
16	十字花科（Cruciferae）			3	3	
17	景天科（Crassulaceae）			1	1	
18	蔷薇科（Rosaceae）			11	8	1
19	豆科（Leguminosae）	11	4	8	2	
20	牻牛儿苗科（Geraniaceae）				3	1

序号	饲用植物科名	不同等级饲用植物数量（种）				
		优等（Ⅰ）	良等（Ⅱ）	中等（Ⅲ）	低等（Ⅵ）	劣等（Ⅴ）
21	亚麻科（Linaceae）				1	
22	芸香科（Rutaceae）				1	
23	远志科（Polygalaceae）			1		
24	锦葵科（Malvaceae）			1	1	
25	堇菜科（Violaceae）			2		
26	瑞香科（Thymelaeaceae）					1
27	千屈菜科（Lythraceae）			1		
28	柳叶菜科（Onagraceae）				1	1
29	杉叶藻科（Hippuridaceae）				1	
30	伞形科（Umbelliferae）			2	3	1
31	报春花科（Primulaceae）				1	1
32	白花丹科（Plumbaginaceae）					1
33	龙胆科（Gentianaceae）					4
34	萝藦科（Asclepiadaceae）			1	2	
35	旋花科（Convolvulaceae）				3	
36	花荵科（Polemoniaceae）				1	
37	紫草科（Boraginaceae）			1	1	1
38	唇形科（Lamiaceae）			2	4	1
39	茄科（Solanaceae）				1	1
40	玄参科（Scrophulariaceae）			3	3	2
41	紫葳科（Bignoniaceae）				1	
42	列当科（Orobanchaceae）					1
43	狸藻科（Lentibulariaceae）					1
44	车前科（Plantaginaceae）			2	1	
45	茜草科（Rubiaceae）					3
46	川续断科（Dipsacaceae）			1	1	
47	桔梗科（Campanulaceae）				8	
48	菊科（Asteraceae）		3	17	56	5
49	黑三棱科（Sparganiaceae）				2	
50	眼子菜科（Potamogetonaceae）				1	
51	水麦冬科（Juncaginaceae）					1
52	泽泻科（Alismataceae）				2	
53	花蔺科（Butomaceae）				1	
54	禾本科（Poaceae）	9	23	6	3	
55	莎草科（Cyperaceae）		2	2	4	
56	浮萍科（Lemnaceae）				1	
57	灯芯草科（Juncaceae）				2	
58	百合科（Liliaceae）		7	3		
59	鸢尾科（Iridaceae）				3	
60	兰科（Orchidaceae）				1	
	合计	20	41	88	148	36

5.1.3　饲用植物营养组成及特征

辉河国家级自然保护区饲用植物体内的营养物含量如粗蛋白、粗脂肪、碳水化合物、粗纤维、矿物质等虽然各不相同，但根据植物体内的碳氮含量大致可分为三大营养类群，即以禾本科植物为主的呈碳氮营养型（C-N）类群，以藜科植物呈氮碳－灰分型（N-C-A）类群，以其他科饲用植物为主均呈氮碳营养型（N-C）类群。

一般，禾本科植物体内粗纤维含量较其他科植物要高，平均为 32.05%，而粗蛋白质和钙、磷等矿物质元素的含量相对较低，钙：磷（质量比）约为 5.60。豆科植物粗蛋白质含量最高，平均为 17.71%，粗纤维和无氮浸出物含量相对较低，但钙含量较高，钙：磷（质量比）约为 7.60，仅次于蔷薇科植物。菊科植物粗脂肪含量较高，粗蛋白质、钙和磷的含量也处于较高水平，粗灰分、粗纤维和无氮浸出物含量居中等水平，钙：磷（质量比）为 5.80。莎草科植物的无氮浸出物含量较高，粗蛋白、粗脂肪含量较低，粗灰分、粗纤维和钙的含量中等，但磷含量相对较低，钙：磷（质量比）约为 10.20。藜科植物粗脂肪和粗纤维含量相对较低，粗灰分含量居其他科植物之首，且富含磷，钙：磷（质量比）约为 4.60，粗蛋白质含量平均约占 14.92%，处于良等饲草水平。蔷薇科植物是草原上各类草地的杂类草组成成分，富含无氮浸出物和钙，而且粗脂肪含量也较高，钙：磷（质量比）约为 7.70。百合科植物粗脂肪和粗纤维含量较高，粗蛋白含量平均 12.66%，属于良等饲草水平，粗灰分含量接近蔷薇科植物，但钙、磷含量中等，钙：磷（质量比）约为 7.20。

表 5-1-6　辉河国家级自然保护区饲用植物的营养状况

科名	粗蛋白质 /%	碳水化合物 /%	氮碳营养比	粗灰分 /%	钙：磷	营养型
禾本科	9.83	90.17	1：9.17	7.26	5.60	C-N
豆 科	17.71	82.29	1：4.65	6.73	7.60	N-C
菊 科	13.01	86.99	1：6.69	7.95	5.80	N-C
莎草科	11.97	88.03	1：7.53	7.53	10.20	N-C
藜 科	14.92	85.08	1：5.70	17.76	4.60	N-C-A
蔷薇科	12.10	87.90	1：7.26	8.27	7.70	N-C
百合科	12.66	87.34	1：6.90	8.33	7.20	N-C

注：此表数据参考潘学清主编《中国呼伦贝尔草地》，吉林科学技术出版社，1991。

辉河国家级自然保护区饲用植物的营养成分总体评价，各主要科植物粗脂肪、粗纤维和无氮浸出物含量偏高，粗蛋白质和粗灰分含量中等，钙磷比例为 4.6~10.2，各类草场中饲用植物营养价值处于中等偏上水平。

5.1.4 饲用植物经济类群及特征

在辉河国家级自然保护区各类草地中，禾本科饲用植物种类最多，分布最广，在各类草地中的参与度为 16.81% ～ 57.18%，以保护区中东部地区的草甸草原核心区及其周边地区、中西部面积广大的典型草原区和河流、湖泊周边的湿地区域参与度最高，分别为 76.83%、74.25% 和 49.67%。优等饲用植物主要有羊草、赖草、冰草、无芒雀麦、缘毛雀麦（*Bromus ciliatus* L.）等 9 种，良等饲用植物主要有披碱草属、羊茅属、隐子草属、早熟禾属、鹅观草属、针茅属等植物 23 种，芨芨草属、拂子茅属、芦苇属等 9 种植物属于草质中等偏下饲草。其中，羊草、贝加尔针茅、大针茅是辉河保护区草甸草原草场和典型草原草场的建群植物。

菊科饲用植物是辉河保护区第一大饲用植物类群，总数有 81 种，占辉河保护区饲用植物总种数的 24.32%，但多以伴生种形式出现在各类草地中，只有在出现轻度退化的典型草原或草甸草原草场上才上升为次优势种或主要伴生种。菊科饲用植物在辉河保护区的各类草场上均具有重要地位，其中以旱生半灌木冷蒿、差巴嘎蒿和着状亚菊饲用价值最大，属于良等饲用植物，分别是典型草原草场、沙地草场家畜仲秋时节的抓膘植物，其他蒿属植物、狗哇花属植物、蒲公英属植物、苦荬菜属植物等 17 种植物均为中等饲用植物，中等以上饲用植物种数占蒿属植物类群总种数的 24.69%，其余 61 种植物均为低等或劣等饲用植物。

在辉河保护区各类草地中，豆科饲用植物共有 12 属 25 种，属于辉河保护区第三大饲用植物经济类群，约占保护区饲用植物总种数的 7.51%。在温性典型草原草场、草甸草原草场、沙地草场等地分布最广。其中，野豌豆属、野大豆属、苜蓿属、扁蓄豆属、车轴草属等 11 种植物为优等饲用植物，占本类群植物种数的 44.0%，良等饲用植物有 4种，分别是胡枝子、达乌里胡枝子、斜茎黄芪、草木樨状黄芪，其余植物如细叶胡枝子、尖叶胡枝子、小叶锦鸡儿、糙叶黄芪、米口袋（*Gueldenstaedtia multiflora*）等 10 种植物为中等或低等饲用植物，约占保护区饲用植物总种数的 40.0%；家畜适口性，除米口袋、糙叶黄芪等稍差外，其余各种均为家畜喜食。

表 5-1-7　辉河国家级自然保护区饲用植物经济类群及特征

序号	经济类群	代表植物	主要特性和饲用特点
1	湿中生灌木类	三蕊柳、黄柳，以及绣线菊属、胡枝子属、假升麻属等植物	生于沼泽、山地灌丛、沟谷草甸的落叶灌木。牛羊采食其嫩枝叶，或加工成草粉、颗粒饲料等饲喂家畜
2	具刺旱生灌木或半灌木类	小叶锦鸡儿、冷蒿、差巴嘎蒿、光沙蒿、百里香、优若藜等	叶片退化成刺，或据明显旱生结构，叶片较小、被毛，草质粗糙，家畜采食嫩枝叶，可适当放牧利用或刈草后调制成干草饲喂家畜

序号	经济类群	代表植物	主要特性和饲用特点
3	高大禾草类	禾本科芨芨草属、拂子茅属、芦苇属、野古草属等植物	草层高 100cm 以上，草质粗糙，适口性差，具有中低等营养价值。一般以割草调制成干草饲喂为家畜，不适宜放牧利用
4	中型禾草类	禾本科赖草属、披碱草属、雀麦属、针茅属、看麦娘属、狗尾草属、稗草属等植物	草群叶层高 30～60 cm，草质柔软细嫩，饲用价值高。全年被草食家畜所喜食，可采取放牧、割草等多种利用方式利用
5	矮小细叶禾草类	禾本科冰草属、早熟禾属、羊茅属、落草属、隐子草属、䴙股颖属等植物	一般草层高 20～40 cm，为各类草地优势植物。草质良好，粗蛋白含量较高，牛羊等家畜全年喜食，可采取放牧、割草等多种利用方式利用
6	一年生禾草类	禾本科画眉草属、狗尾草属、马唐属、碱茅属等植物	草层高 10～20 cm，为各类草地伴生植物或草地退化、沙化指示植物。草质相对较好，适口性好，适合刈草或放牧利用
7	豆科草本类	野豌豆属、苜蓿属、扁蓿豆属、野大豆属、山黧豆属、野火球属、黄芪属、岩黄芪属等植物	植株高 20～40 cm，常为草甸草原或典型草原伴生种，草层叶量丰富，富含蛋白质，且适口性好，草食家畜均喜食，属放牧、割草兼用型饲草，也是各类草地优势植物
8	多年生蒿类	茵陈蒿、裂叶蒿、水蒿、铁杆蒿、柳蒿、蒙古蒿等	株高 30～50 cm，常为草甸草原或典型草原伴生种，营养价值中等，适口性一般，适宜放牧或割草利用，仲秋籽实成熟后，对牛羊有抓膘作用
9	其他杂草类	蓼科、藜科、莎草科、伞形科、唇形科、十字花科、蔷薇科、菊科等属植物	多为草甸草原或典型草原伴生种，多属草地杂类草成分。营养价值中等偏下，适口性一般，多适用于放牧或割草利用
10	葱类	野韭、蒙古韭、矮韭、细叶韭、山韭、沙韭、碱韭、黄花葱等	株高 10～30 cm，粗蛋白质含量较高，早期脂肪含量较高，富含大蒜素，适口性好，牛羊四季喜食，可改善牛羊肉质

5.2 野生有毒有害植物

5.2.1 有毒有害植物概述

有毒有害植物主要包括有毒植物和有害植物两大类群。其中，有毒植物是指植物体内含有有毒化学成分，人、畜或其他高等动物食用或接触后，引起明显中毒现象的一类植物。按照植物体内含有的有毒成分分为：含苷类的植物、含生物碱类的植物、含毒蛋白类的植物、含酚类的植物以及其他等五大类。

有害植物是指对生态环境造成一定损害甚至经济损失，或对人畜健康造成一定物理性危害作用的一类植物。有害植物的有害性是相对而言的，它随着植物发育时期的不同而有质的区别，如针茅属植物种熟后，种子芒针对牛羊皮肤有物理性伤害；鹤虱属植物种熟后，其带有钩刺的种子易黏附在家畜的皮毛上，降低皮毛质量，等等。

已调查发现，辉河国家级自然保护区内的有毒有害植物共有17科、30属、41种，分别占辉河国家级自然保护区维管束植物科属种的26.2%、13.2%和10.65%。其中，有毒植物有10科、23属、28种，分别占辉河保护区有毒有害植物总数的58.8%、76.7%和68.3%；有害植物有7科、7属、13种，分别占辉河保护区有毒有害植物总数的41.2%、23.3%和31.7%（表5-2-1）。

辉河国家级自然保护区内有毒植物主要在毛茛科、罂粟科、豆科、大戟科、瑞香科、伞形科、萝藦科、茄科、泽泻科等植物为主，其中，以毒芹 (Cicuta virosa)、草乌头、狼毒大戟、翠雀等植物所含毒性最烈，危害最大。这些植物主要分布在植物种类繁多、生长茂密的草甸草原草场、河漫滩草甸草场以及部分典型草原草场。一般，与优良饲用植物混合生长，不仅消耗草地土壤养分和水分，降低草场质量，而且家畜采食后极易中毒，或引起死亡。部分有害植物，如针茅属的贝加尔针茅、大针茅、鹤虱、苍耳等，会对草地放牧家畜产生一定的物理性危害或损伤，导致畜产品质量下降，对草地放牧家畜或人民群众无生命危险。

表 5-2-1　辉河国家级自然保护区有毒有害植物统计

科　别	属　名	种　名	拉丁名	有毒	有害
麻黄科	麻黄属	草麻黄	*Ephedra sinica*	√	
荨麻科	荨麻属	麻叶荨麻	*Urtica cannabina* L.		√
		狭叶荨麻	*U. angustifolia* Fisch. ex Hornem		√
		宽叶荨麻	*U. laetevirens* Maxim.		√
毛茛科	驴蹄草属	白花驴蹄草	*Caltha natans* Pall.	√	
	楼斗菜属	尖萼楼斗菜	*Aquilegia oxysepala* Trautv. et C. A. Mey.	√	
	白头翁属	细叶白头翁	*Pulsatilla turczaninovii* Kryl. Et Serg.	√	
	水毛茛属	水毛茛	*Batrachium bungei* (Steud.) L.	√	
	毛茛属	毛茛	*Ranunculus japonicus* Thunb.	√	
		石龙芮	*R. sceleratus* L.	√	
	铁线莲属	棉团铁线莲	*Clematis hexapetala* Pall.	√	
	翠雀属	翠雀	*Delphinium grandiflorum* L.	√	
		东北高翠雀	*D. korshinskyanum* Nakai	√	
	乌头属	草乌头	*Aconitum kusnezoffii* Reichb.	√	
罂粟科	白屈菜属	白屈菜	*Chelidonium majus* L.	√	
	罂粟属	野罂粟	*Papaver nudicaule* L.	√	
豆科	槐属	苦参	*Sophroa flavescens* Soland.	√	
	野决明属	披针叶黄华	*Thermopsis lanceolata* R.Br.	√	
	棘豆属	线叶棘豆	*Oxytropis filiformis* DC.	√	
		糙毛棘豆	*O. muricata* (Pall.)DC.	√	
		多叶棘豆	*O. myriophylla* (Pall.)DC.	√	
蒺藜科	蒺藜属	蒺藜	*Tribulus terrestris* L.		√
大戟科	大戟属	狼毒大戟	*Euphorbia fischeriana* Steud.	√	
		乳浆大戟	*E.. esula* L.	√	
		京大戟	*E. pekinensis* Rupr.	√	

科　别	属　名	种　名	拉丁名	有毒	有害
瑞香科	狼毒属	断肠草	*Stellera chamejasme* L.	√	
伞形科	毒芹属	毒芹	*Cicuta virosa* L.	√	
旋花科	菟丝子属	菟丝子	*Cuscuta chinensis* Lam.		√
萝藦科	杠柳属	杠柳	*Periploca sepium* Bunge	√	
紫草科	鹤虱属	鹤虱	*Lappula myosotis* Moench		√
茄科	茄属	龙葵	*Solanum nigrum* L.	√	
	曼陀罗属	曼陀罗	*Datura stramonium* L.	√	
	天仙子属	小天仙子	*Hyoscyamus bohemicus* Schmidt	√	
茜草科	拉拉藤属	蓬子菜	*Galium verum* L.		√
		沼拉拉藤	*G. uliginosum* L.		√
	茜草属	大砧草	*Rubia chinensis* Regel et Maack.		√
		茜草	*R. cordifolia* L.		√
菊科	苍耳属	苍耳	*Xanthium sibiricum* Patrin ex Widder		√
泽泻科	泽泻属	泽泻	*Alisma orientale* (Sam.) Juz.	√	
禾本科	针茅属	贝加尔针茅	*Stipa baicalensis* Roshev.		√
		大针茅	*Stipa grandis* P. Smirn.		√
合计	30	41		28	13

5.2.2　有毒植物

从表 5-2-1 可以看出，辉河自然保护区的有毒植物分布最大的科是毛茛科，分别有驴蹄草属的白花驴蹄草、耧斗菜属的尖萼耧斗菜、白头翁属的细叶白头翁、水毛茛属的水毛茛、毛茛属的毛茛和石龙芮、铁线莲属的棉团铁线莲、翠雀属的翠雀和东北高翠雀以及乌头属的草乌头，共计 8 属 10 种，占有毒植物总种数的 37.04%。毛茛科植物含有多种有毒化学成分，如黄酮类、呋喃色酮类、乌头原碱（Aconine）和次乌头碱（Hypaconitine）、各种苄基异喹啉类生物碱、毛茛苷（Ranu-nculin）及三萜皂苷等化合物。

豆科是辉河自然保护区第二大有毒植物类群，分别有槐属的苦参、野决明属的披针叶黄华、棘豆属的线叶棘豆、糙毛棘豆、多叶棘豆，共计 3 属 5 种，占保护区有毒植物种数的 18.52%。豆科类有毒植物体内多富含苦参碱（Matrine）、氧化苦参碱（Oxymatrine）、N- 氧化槐根碱（N-oxysophocarpine）、槐定碱（Sophoridine）等生物碱类，多种黄酮类化合物，三萜皂苷以及醌类化合物，无叶豆碱，N- 甲基金雀花碱，金雀花碱，白羽扇豆碱，黄华碱，臭豆碱，N- 甲醛基金雀花碱，以及酚类、氨基酸、蛋白类、甾体皂苷、还原糖、黄酮类等有毒化合物，是现代医药工业的重要原材料。

辉河自然保护区第三大有毒植物类群是茄科植物，主要植物种类有茄属的龙葵，曼陀罗属的曼陀罗，天仙子属的天仙子，共计 3 属 3 种，占辉河保护区有毒植物种数的 11.11%。茄科植物体内常含有多种类型的有毒化学成分，如甜菜碱（Betaine）、天仙子碱、曼陀罗碱等莨菪烷类生物碱，具有调节细胞渗透压、麻醉中枢神经、抑制副交感神经及调节人畜内脏器官活动等多方面的毒理作用，是有毒植物中最重要的植物科之一。目前，世界各国对茄科有毒植物的化学成分和毒理学效应研究已有 100 多年的历史，也取得了丰富成果，但仍有一些重要的有毒物质尚未进行详细研究。

大戟科植物是辉河自然保护区第四大有毒植物类群，主要植物种类包括大戟属的狼毒大戟、乳浆大戟和京大戟 1 属 3 种，占辉河保护区有毒植物种数的 11.11%。大戟科植物具有乳汁，且体内含多种黄酮类生物碱，有毒，也是生物医药和农药的原材料。

此外，辉河自然保护区有毒植物还有罂粟科白屈菜属的白屈菜、罂粟属的野罂粟、瑞香科狼毒属的断肠草、伞形科毒芹属的毒芹、萝藦科杠柳属的杠柳、泽泻科泽泻属的泽泻等 6 种，占辉河保护区有毒植物种数的 22.22%。

5.2.3 有害植物

有害植物是辉河自然保护区野生植物群落中一个特殊植物类群，有害植物有 6 科、6 属、10 种，占辉河保护区有毒有害植物种数的 27.03%。其中，包括蒺藜科蒺藜属的蒺藜、紫草科鹤虱属的鹤虱、茜草科拉拉藤属的蓬子菜和拉拉藤、菊科苍耳属的苍耳、禾本科针茅属的贝加尔针茅和大针茅。这些植物种类在特定的生育期如果熟期或种熟期，对人畜具有一定的危害作用，如针茅类植物，在营养生长期是良等饲用植物，但在种熟期后，种子上的芒针对采食家畜的口腔、皮肤等具有一定伤害作用，影响家畜健康或皮毛质量。其次，如紫草科的鹤虱、茜草科的拉拉藤、菊科的苍耳等植物种类，因其种熟期后，种子具有倒钩刺，容易黏附在人体或家畜体毛上，给人或家畜带来一定危害。

5.2.4 主要有毒有害植物

（1）草乌头 *Aconitum kusnezoffii* Reichb.

呼伦贝尔市和兴安盟的广布种。生长在山间草甸、山坡湿地、沟谷草甸或阔叶林下的林间草原。

草乌头全株有毒，以根的含量最多，种子次之，叶片的毒性最弱。马、牛、羊和猪各种家畜均能中毒，本地家畜容易识别，鲜草家畜不食，但外地家畜容易误食，误食中毒后，引起中枢神经系统及周围神经先兴奋后麻痹，并直接作用于心肌。

草乌头嫩叶和块根均有毒，经加工后入药，俗称"母根为乌头，子根为附子"。有祛风湿、散寒止痛、开痰、消肿等功效。

（2）细叶白头翁 *Pulsatilla turczaninovii* Kryl. Et Serg.

多年生草本，全株密被白色柔毛，花期 4—6 月份，瘦果宿存羽毛状柱头，形如白发老人，大兴安岭广布种，生长在荒山坡、草原、疏林下，喜生于干燥石质、沙土向阳的山坡草原上。

细叶白头翁全株有毒，根部最多，在春季家畜少量采食不会中毒，羊喜食，马也乐食；但家畜采食过多会引起中毒，症状为流涎、呕吐、腹痛等，重则呼吸困难、心力衰竭而死。

根入药称"白头翁"，具有清热解毒、凉血止痢、杀虫止痒等功效。

（3）翠雀 *Delphinium grandiflorum* L.

生于山谷草地、林缘、灌丛草地，花蓝色或蓝紫色，有距，花期7—8月份，果期8—9月份。

翠雀全草有毒，叶及根含毒物最多。植物体内主要含有翠雀碱、斯塔飞燕草碱等多种生物碱。最易造成牛中毒，马次之，但对羊，特别是对山羊和猪无毒。中毒多发生在春季饥饿时期，家畜中毒后表现出流涎、呕吐、腹痛、步态不稳、痉挛、麻痹、呼吸困难等症状，最终窒息而死。

全草、根和种子入药，有泻火、止痛、杀虫、除湿的功效。

（4）毛茛 *Ranunculus japonicus* Thunb.

多年生草本，茎高约40 cm，全株被白色细长毛。生长在森林草原、沼泽草甸、堤岸、河边湿地，在大兴安岭广泛分布。

毛茛全草含有白头翁原碱，毒物含量因生长季节及植物部位而不同，毛茛植株幼嫩期毒性不强，毒物成分在花中含量最多。通常当地家畜容易辨认，不致误食，但新引进的牛和羊容易误食中毒。症状为流涎、呕吐、疝痛，并排出黑色粪便，抽搐等。

以带根的全草入药。有利湿、消肿、止痛、杀虫的功能。用于治疗胃痛、黄疸、疟疾、淋巴结结核等疾病。

（5）披针叶黄华 *Thermopsis lanceolata* R.Br.

多年生草本，荚果扁条形，花期6—7月份。分布于大兴安岭北部、呼伦贝尔草原边缘地带的干燥沙质丘陵、河岸滩边。

披针叶黄华全草有毒，主要含有野决明碱和金雀花碱，以种子和花毒性最大。植株鲜绿时牛和羊不喜食，仅绵羊喜食其鲜花，容易中毒。羊中毒后表现为呼吸急促、四肢麻痹、痉挛。但果实成熟或干枯后，羊、牛及马均喜欢采食，一般不会中毒。家畜若为呼吸道中毒可移至新鲜空气处；皮肤染毒可用水洗涤，心跳慢可用阿托品等治疗。

全草入药，最好在夏秋季结果时采收，晒干或风干。有祛痰、止咳的功效。

（6）线叶棘豆 *Oxytropis filiformis* DC.

线叶棘豆生于河谷、盐渍化低湿草甸、林缘。单数羽状复叶，蝶形花冠，紫色，荚果下垂。

线叶棘豆全草有毒，含生物碱。另外，根、茎、叶和种子含有硒，家畜食量过多会引起硒中毒。最易造成马中毒，其次是山羊、牛和绵羊，猪较为迟钝，家畜误食后慢性中毒，夏秋季采食后，先发胖，继续采食表现为消瘦、神经迟钝、四肢发僵，严重时双目失明、体温升高、口吐白沫，甚至死亡。中毒初期的家畜在有葱属 (*Allium*) 和冷蒿多的草地上放牧可解毒。或灌服酸菜水、米醋、酸牛奶等解毒。

全草可入药，春季开花前挖采，晒干。有镇静、止痛、麻醉的功效。

（7）狼毒大戟 *Euphorbia fischeriana* Steud.

全株含白色乳汁，根肉质肥大，蒴果扁球形。生长在向阳丘陵草地、柞树 (*Quercus mongolica*) 林缘及疏林草原。

狼毒大戟全草有剧烈毒性，主要含大戟树脂、生物碱等。家畜中毒症状为呕吐白沫、腹痛、腹泻、痉挛、便血等。羊采食后大约十分钟就能死亡，即使是强壮的羊两个小时后也会死亡。中毒后先用 1% 盐水洗胃，内服通用解毒剂、轻泻剂；或灌服酸牛奶解毒。

狼毒大戟粗大含白色乳汁的根入药，俗称"狼毒"，能消肿散结、杀虫、利尿、止血、除湿止痒等功效。

（8）狼毒 *Stellera chamaejasme* Linn.

瑞香科狼毒属多年生草本，全株含白色乳汁，有肥大木质的圆柱形根茎，花萼白色带紫红色，花期5—6月。生长在干燥山坡、干草原、丘陵，在呼伦贝尔草原的退化草地上生长较旺盛。

狼毒全草有毒，根具大毒。主要含瑞香狼毒苷、狼毒素、二氢山奈酚等。各种家畜均可中毒，中毒初期引起家畜胃肠炎；严重时表现为呕吐、腹泻、腹部剧痛、卧地不起、心悸、粪便带血甚至死亡。中毒后及时用 1% 鞣酸洗胃，或投服硫酸镁排出毒物，并结合肌内注射安钠咖强心。

狼毒根入药，有散结、逐水、止痛、祛痰等功效，亦可作杀虫剂。

（9）毒芹 *Cicuta virosa* L.

生长在潮湿沼泽地草甸、林缘草甸，主要分布于水湿地、河滩地、湖泡周围的沼泽地，常与芦苇塘相伴，形成茂盛的毒草群落，一般密度为 $50\sim100$ 株 $/hm^2$。

毒芹全草有毒，粗大的根茎毒性最大，植物体内有毒成分为毒芹素和毒芹醇，在优良牧草返青前，毒芹返青较早，所以牧草返青期家畜容易误食中毒，一般发生在春秋两季，春季最为严重，毒芹有臭味，但根茎有甜味，马、牛和羊误食后都易中毒。中毒后中枢神经受刺激而引起麻痹，严重时呼吸困难，抽搐而死亡。

毒芹的根茎及全草入药，外用拔毒，祛瘀，主治化脓性骨髓炎。

（10）藜芦 *Veratrum nigrum* L.

分布于阴湿山地、山坡林下、灌草丛、林缘中，喜酸性土壤。

全株有毒，根茎有剧毒。主要含藜芦碱、胚芽儿碱、计莫林碱等生物碱，以根部含量为最高。即使是隔年的干草也容易引起中毒，各种家畜误食后均能中毒，但马、牛最易中毒，大约 200 g 干草可使马致死。家畜在出苗期采食容易中毒，家畜中毒后表现出流涎、呕吐、呼吸困难、下痢等症状，严重时便血、心律不齐、痉挛或虚脱而死。若中毒较轻，当地牧民用的土方是服用少量的亚麻 (*Linum usitatissimum*) 仁油或酸牛奶可以解毒，中毒后，先用 1% 鞣酸洗胃，其次静脉注射或口服水合氯醛。辉河保护区境内尚未发现该毒草，但在呼伦贝尔草原有一定面积分布。

藜芦根茎及全草入药，有催吐、祛痰、杀虫的功效。

总之，分布在呼伦贝尔天然草地上的 40 多种有毒植物中，以毒芹、狼毒、藜芦属和乌头属植物毒性最大，对家畜的危害也最大。但人类可以充分发挥它们的药用价值和化学工业等方面的重要作用。结合当地的草原保护，对有毒植物可采取人工和简单的机械挖除，对不同的有毒植物依据毒性大小差异、毒性部位的不同实施人工采摘、挖采、切段晒干，然后入药，发挥其药用价值。同时也降低了有毒植物给畜牧业生产带来的严重危害。

5.3 野生药用植物

5.3.1 野生药用植物编目

野生药用植物是野生植物资源开发利用的重要途径之一，也是传统植物学知识的重要组成部分。中华民族在与疾病长期斗争的过程中，不断认识植物的药用功能，并从周围环境中获得能够防病治病的药材，经过长期的实践和不断总结，积累了丰富多样的传统医药知识。其中，中药、蒙药、藏药等药物，就是以野生植物的根、茎、叶、花、果等植物器官为原料，利用植物体内所含有的对人或家畜有药用功能的成分，经科学配制或调制而成的能够防病治病的中医药。辉河国家级自然能保护区是鄂温克族、蒙古族等边疆少数民族的发祥地，千百年来，鄂温克人、蒙古人经过长期与疾病作斗争，利用草原上的野生植物资源，在医治人、畜疾病方面积累了诸多医药知识，建立了有文字记载、有古典医学文献可循、有传统的医学教育制度，并形成了具有本民族医药理论体系的民族传统药。

辉河国家级自然能保护区地处大兴安岭山地向呼伦贝尔草原的过渡地带，区内地形地貌以丘陵高平原为主，气候特征呈半湿润半干旱过渡类型，植被类型有草甸草原、典型草原、疏林沙地、低地草甸、沼泽草甸等多种类型，并孕育了丰富多样的野生药用植物资源。从 2008 年开始，在保护区野外调查基础上，采集和鉴定保护区主要野生植物标本，了解和掌握保护区野生植物区系特征。同时，选择辉河保护区及其周边区域内的牧民作为信息报告人或访谈对象，采用随机访谈和文献检索等方法，记录当地野生植物的药用知识。结果表明，辉河国家级自然能保护区具有药用价值的野生植物共有 57 科、158 属、251 种（包括亚种、变种或变型），分别占辉河自然保护区野生植物科属种的 87.69%、69.60% 和 65.19%。辉河国家级自然能保护区野生药用植物参见表 5-3-1。

表 5-3-1　辉河国家级自然能保护区野生药用植物编目

药用植物学名	药用器官	药用功效
1. 节节草 Equisetum ramosissimum	全株	止咳、利尿
2. 问荆 Equisetum arvense	全株	清热解毒、止血生津
3. 西伯利亚刺柏 Juniperus sibirica	嫩枝叶、果实	清热解毒
4. 旱柳 Salix matsudana	鲜嫩叶	祛湿消炎止痛
5. 榛 Corylus heterophylla	种仁	补脾、和中、开胃
6. 春榆 Ulmus davidiana var. japonica	嫩叶、果实	利尿、止咳祛痰、润肠
7. 葎草 Humulus scandens	全草	清热解毒，利尿消肿
8. 野大麻 Cannabis sativa	茎、叶、花	提神、止痛
9. 麻叶荨麻 Urtica cannabina	全草	止血、消炎、止痛
10. 狭叶荨麻 U. angustifolia	全草	止血、消炎、止痛
11. 宽叶荨麻 U. laetevirens	全草	止血、消炎、止痛
12. 长叶百蕊草 Thesium longifolium	茎叶	强肾、消炎、止痛
13. 酸模 Rumex acetosa	全草	清热解毒、止血消肿、杀虫
14. 东北酸模 Rumex thyrsiflorus	全草	清热解毒、止血消肿、杀虫
15. 毛脉酸模 R. gmelini	全草	清热解毒、止血消肿、杀虫
16. 巴天酸模 Rumex patientia	全草	清热解毒、止血消肿、杀虫
17. 狭叶酸模 R. stenophyllus	全草	清热解毒、止血消肿、杀虫
18. 长刺酸模 Rumex maritimus	全草	清热，消积，止泻
19. 扁蓄 Polygonum aviculare	地上部分	清热，利尿，止痒
20. 酸模叶蓼 P. lapathifolium	全草	清热，消积，止泻
21. 西伯利亚蓼 P. sibiricum	全草	清热，消积，止泻
22. 叉分蓼 P. divaricatum	全草	清热，消积，止泻
23. 两栖蓼 P. amphibium	全草	解毒，止泻，止血
24. 水蓼 P. hydropiper	全草	解毒，止泻，止血
25. 卷茎蓼 P. convolvulus	全草	解毒，止泻，止血
26. 优若藜 Ceratoides latens	花序	清肺、化痰、止咳
27. 猪毛菜 Salsola collina	全草	清热、降压
28. 伏地肤 Kochia prostrata	茎叶	清热、解毒、利尿
29. 虫实 Corispermum hyssopifolium	茎叶	清热、利尿
30. 灰绿藜 Chenopldium glaucum	全草	清热、止痒
31. 圆叶藜 C. acuminatum	全草	清热解毒、止痒

药用植物学名	药用器官	药用功效
32. 尖头叶藜 *C. acuminatum*	全草	清热、止痒
33. 藜 *Chenopodium album*	全草	清热解毒、止痒
34. 凹头苋 *Amaranthus ascendens*	全草	清热、利尿、止痛
35. 苋菜 *A. retroflexus*	全草	清热、利尿、止痛
36. 马齿苋 *Portulaca oleracea*	全草	清热、解毒、止血、化瘀
37. 细叶繁缕 *Stellaria filicaulis*	全草	清热、消肿
38. 旱麦瓶草 *Silene jenisseensis*	全草	清肺热、凉血
39. 兴安石竹 *Dianthus chinensis*	全草或根	清热利尿、破血通经
40. 睡莲 *Nymphaea tetragona*	根茎	强壮、补肾
41. 白花驴蹄草 *Caltha natans*	根、叶	清热利湿，解毒
42. 短瓣金莲花 *Trollius ledebourii*	花	清热、解毒
43. 尖萼耧斗菜 *Aquilegia oxysepala*	全草	止血、活血
44. 展枝唐松草 *Thalictrum aquilegifolium*	全草	解毒、利尿
45. 瓣蕊唐松草 *T. petaloideum*	全草	解毒、利尿
46. 二岐银莲花 *Anemone dichotoma*	花	解热，镇痛，消炎
47. 细叶白头翁 *Pulsatilla turczaninovii*	花	清热解毒
48. 黄戴戴 *Halerpestes ruthenica*	花	清热解毒
49. 毛茛 *Ranunculus japonicus*	全草	镇痛定喘
50. 石龙芮 *R. sceleratus*	全草	明睛、祛风
51. 茴茴蒜 *R. chinensis*	全草	消炎、止痛
52. 棉团铁线莲 *Clematis hexapetala*	全草	消肿、排脓
53. 翠雀 *Delphinium grandiflorum*	全草及种子	祛湿、止痛
54. 东北高翠雀 *D. korshinskyanum*	全草及种子	祛湿、止痛
55. 草乌头 *Aconitum kusnezoffii*	全草	镇痛、消炎
56. 白屈菜 *Chelidonium majus*	全草	镇痛、止咳、消肿
57. 野罂粟 *Papaver nudicaule*	全草	镇痛、止咳、止泻
58. 独行菜 *Lepidium apetalum*	种子	祛痰、止咳、消肿
59. 葶苈 *Draba nemorosa*	种子	消肿、除痰、止咳
60. 荠菜 *Capsella bursa-pastoris*	全草	和脾、利尿、止血、明目
61. 播娘蒿 *Descuminia sophia*	种子	定喘，祛痰止咳，消肿
62. 瓦松 *Orostachys fimbriatus*	地上部分	清热解毒，止血消肿
63. 土三七 *Sedum aizoon*	地上部分	消炎、止痛、祛湿
64. 假升麻 *Aruncus sylvester*	根	疏风解表，活血舒筋
65. 柳叶绣线菊 *Spiraea Salicifolia*	根	消炎止痛
66. 山刺玫 *Rosa davurica*	花、果	抗衰老、促眠
67. 龙牙草 *Agrimonia pilosa*	全草，根及冬芽	止血、强心、止痢及消炎

药用植物学名	药用器官	药用功效
68. 地榆 *Sanguisorba officinalis*	根、茎	补肾健体
69. 鹅绒委陵菜 *Potentilla anserina*	全草	止血，解毒，止泻
70. 匍枝委陵菜 *P. flagellaris*	全草	清热止血，止泻
71. 星毛委陵菜 *P. acaulis*	全草	清热止血，止泻
72. 三出委陵菜 *P. betonicaefolia*	全草	清热止血，止泻
73. 莓叶委陵菜 *P. fragarioides*	全草	清热止血，止泻
74. 翻白草 *P. discolor*	带根全草	清热，解毒，止血，消肿
75. 轮叶委陵菜 *P. verticillaris*	带根全草	清热，解毒，止血，消肿
76. 细叶委陵菜 *P. multifida*	带根全草	清热，解毒，止血，消肿
77. 委陵菜 *P. chinensis*	带根全草	清热，解毒，止血，消肿
78. 二裂委陵菜 *P. bifurca*	带根全草	清热，解毒，止血，消肿
79. 毛地蔷薇 *Chamaerhodos canescens*	全草	祛风湿
80. 山杏 *Prunus sibirica*	果实、果仁	生津，润肺，解毒
81. 苦参 *Sophroa flavescens*	根，花	清热燥湿平喘，祛风杀虫
82. 披针叶黄华 *Thermopsis lanceolata*	全草	祛痰、止咳、降压
83. 天蓝苜蓿 *Medicago lupulina*	全草	清热止咳、利湿、舒经活络
84. 野火球 *Trifolium lupinaster*	全草	镇静安神、止咳止血
85. 小叶锦鸡儿 *Caragana microphylia*	果实、花、根	养血安神，祛风止痛，化痰
86. 少花米口袋 *Guedenstaedtia verna*	全草	清热解毒，散瘀消肿
87. 米口袋 *G. multiflora*	全草	清热解毒，散瘀消肿
88. 华黄芪 *Astragalus chinensis*	种子	治肝肾亏虚、头目昏花
89. 草原黄芪 *A. arkalycensis*	根	补肺健脾，补气固表
90. 糙叶黄芪 *A. scaberrimus*	根	健脾利水，抗肿瘤
91. 线叶棘豆 *Oxytropis filiformis*	根	解毒消肿，祛风止血
92. 糙毛棘豆 *O. muricata*	根	解毒消肿，祛风止血
93. 多叶棘豆 *O. myriophylla*	根	解毒消肿，祛风止血
94. 胡枝子 *Lespedeza bicolor*	茎叶	清热润肺，利尿止血
95. 达乌里胡枝子 *L. davurica*	茎叶	解表驱寒，止咳
96. 鸡眼草 *Kummerowia striata*	全草	清热解毒，利湿止泻
97. 歪头菜 *Vicia unijuga*	全草	清热利尿，理气止痛，补虚
98. 山野豌豆 *Vicia amoena*	地上部	祛风除湿，活血舒筋，止痛
99. 广布野豌豆 *Vicia cracca*	地上部	祛风除湿，活血舒筋，止痛
100. 多茎野碗豆 *Vicia multicaulis*	地上部	祛风除湿，活血舒筋，止痛
101. 五脉山鷬豆 *Lathyrus quinquenervius*	全草、花、种子	祛风除湿，止痛，治关节炎
102. 牻牛儿苗 *Erodium stephanianum*	全草	祛风活血，解毒明目
103. 朝鲜老鹳草 *Geranium koreanum*	全草	祛风湿，止痛，解表

药用植物学名	药用器官	药用功效
104. 鼠掌老鹳草 *G. sibiricum*	全草	祛风湿，止痛，解表
105. 野亚麻 *Linum stelleroides*	地上部及种子	养血润燥，祛风解毒
106. 蒺藜 *Tribulus terrestris*	果实	平肝解郁，活血明目，止痒
107. 白鲜 *Dictamnus albus var.dasycarpus*	干燥根皮	清热燥湿，祛风解毒
108. 远志 *Polygala tenuifolia*	干燥根皮	安神益智，祛痰，消肿
109. 地锦 *Euphorbia humifusa*	根，茎	活筋止血、消肿
110. 狼毒大戟 *Euphorbia fischeriana*	全株	外用治头癣，杀鼠
111. 苘麻 *Abutilon theophrasti*	全草	解毒，祛风湿
112. 野西瓜苗 *Hibiscus trionum*	全草	祛风湿，止咳
113. 紫花地丁 *Viola yedoensis*	全草	清热解毒，凉血消肿
114. 千屈菜 *Lythrum salicaria*	全草	清热，凉血，解毒
115. 月见草 *Oenothera biennis*	全草，种子	抗血栓，降血糖，抗癌
116. 杉叶藻 *Hippuris vulgaris*	全草	清热凉血，生津养液
117. 红柴胡 *Bupleurum scorzonerifolium*	根	清热解毒
118. 毒芹 *Cicuta virosa*	根	镇静，降压
119. 迷果芹 *Sphallerocarpus gracilis*	根及根茎	祛肾寒，敛黄水，保健
120. 防风 *Saposhnikovia divaricata*	根	祛风止痛，止痉定搐
121. 东北点地梅 *Androsace filiformis*	全草	清热解毒、消肿止痛
122. 点地梅 *A. umbellata*	全草	清热解毒、消肿止痛
123. 二色补血草 *Limonium bicolor*	带根全草	调经血，散瘀，益脾健胃
124. 鳞叶龙胆 *Gentiana squarrosa*	根	祛风湿、退虚热、止痛
125. 秦艽 *G. macrophylla*	根	祛风湿，舒筋络，清虚热
126. 草地龙胆 *G. praticola*	根	祛风湿、退虚热、止痛
127. 达乌里龙胆 *G. dahurica*	根	祛风湿、退虚热、止痛
128. 扁蕾 *Gentianopsis barbata*	全草	清热解毒
129. 淡味獐牙菜 *Swertia diluta*	全草	清热，健胃，利湿
130. 花锚 *Halenia corniculata*	全草	清热利湿，平肝利胆
131. 荇菜 *Nymphoides peltata*	全草	发汗，利尿，透疹，消肿
132. 杠柳 *Periploca sepium*	根皮，茎枝	祛风强骨，强心利尿
133. 萝藦 *Metaplexis japonica*	根，全草	补气益精，消肿解毒
134. 地稍瓜 *Cynanchum thesioides*	带果实全草	益气通乳，降火生津，止泻
135. 菟丝子 *Cuscuta chinensis*	茎叶	补肾益精，养肝明目
136. 日本打碗花 *Calystegia japonica*	根状茎	调经血，利尿，健胃止痛
137. 田旋花 *Convolvulus arvensis*	全草	祛风止痒，消炎止痛
138. 花荵 *Polemonium liniflorum*	根茎及根	祛痰，止血，镇静
139. 鹤虱 *Lappula myosotis*	果实	杀虫消积

药用植物学名	药用器官	药用功效
140. 附地菜 *Trigonotis peduncularis*	全草	消肿止痛，止痢
141. 湿地勿忘草 *Myosotis caespitosa*	全草	滋阴补肾，补血养颜
142. 黄芩 *Scutellaria baicalensis*	根	清热燥湿，凉血安胎，解毒
143. 并头黄芩 *S. scordifolia*	根	清热燥湿，凉血安胎，解毒
144. 夏至草 *Lagopsis supina*	全草	养血调经
145. 香青兰 *Dracocephalum moldavica*	全草	清肺解表，凉肝止血
146. 块根糙苏 *Phlomis tuberosa*	块根	祛风活络，壮骨消肿
147. 益母草 *Leonurus japonicus*	全草	活血调经，利尿消肿
148. 水苏 *Stachys japonica*	叶片	疏风理气，止血消炎
149. 兴安薄荷 *Mentha dahurica*	地上部	疏风散热，清利头目
150. 薄荷 *M. haplocalyx*	地上部	疏风散热，清利头目
151. 地笋 *Lycopus lucidus*	地上部	活血通经，祛瘀消肿，利尿
152. 亚洲百里香 *Thymus serpyllum*	全草	温中散寒，驱风止痛
153. 香薷 *Elsholtzia ciliate*	地上部	发汗解暑，化湿利水
154. 龙葵 *Solanum nigrum*	地上部	利尿消肿，活血化瘀，止咳
155. 曼陀罗 *Datura stramonium*	籽实	平喘，祛风，止痛
156. 小天仙子 *Hyoscyamus bohemicus*	籽实	解痉止痛，安神定痛
157. 白婆婆纳 *Veronica incana*	全草	凉血止血，理气止痛
158. 长尾婆婆纳 *V. longifolia*	全草	凉血止血，理气止痛
159. 柳穿鱼 *Linaria vulgaris*	全草	清热解毒，散瘀消肿
160. 芯芭 *Cymbaria dahurica*	全草	祛风湿、利尿消肿、止血
161. 反顾马先蒿 *Pedicularis resupinala*	全草	祛风湿、利尿
162. 角蒿 *Incarvillea sinensis*	全草	润肠通便，止咳止痛
163. 黄花列当 *Orobanche Pycnostachya*	全草	补肾助阳、强筋骨
164. 盐生车前 *Plantago maritime.var.salsa*	全草	利尿通淋，清肺化痰，止泻
165. 平车前 *P. depressa*	全草	利尿通淋，清肺化痰，止泻
166. 车前 *P. asiatica*	全草	利尿通淋，清肺化痰，止泻
167. 蓬子菜 *Galium verum*	全草	解毒，利湿，止痒
168. 茜草 *Rubia cordifolia*	带果全草	祛瘀通经，镇咳祛痰
169. 蒙古山萝卜 *Scabiosa comosa*	带花全草	清热、泻火、明目
170. 桔梗 *Platycodon grandiflorum*	根	宣肺祛痰，利咽排脓、安神
171. 聚花风铃草 *Campanula glomerata*	地上部	清咽，止头痛
172. 展枝沙参 *Adenophora divaricata*	根	清肺养阴，祛痰止咳，解毒
173. 荠苨 *A. trachelioides*	根	清肺养阴，祛痰止咳，解毒
174. 轮叶沙参 *A. tetraphylla*	根	清肺养阴，祛痰止咳，解毒
175. 沙参 *A. stricta*	根	清肺养阴，祛痰止咳，解毒

药用植物学名	药用器官	药用功效
176. 全叶马兰 *Kalimeris integrifolia*	全草	清热解毒，止血
177. 马兰 *Kalimeris indica*	全草	热解毒，止血
178. 女菀 *Turczaninowia fastigiata*	全草或根	温肺化痰，利尿止泻平喘
179. 飞蓬 *Erigeron acer*	全草	清热利湿，散瘀止血
180. 火绒草 *Leontopodium leontopodioides*	全草	清热凉血、益肾利尿
181. 苍耳 *Xanthium sibiricum*	籽实	利尿、发汗
182. 狼巴草 *Bidens tripartita*	全草	清热解毒，养阴敛汗
183. 千叶蓍 *Achillea milleflium*	地上部	消炎利胆，通经降压
184. 东北牡蒿 *Artemisia manshurica*	地上部	消炎解毒、清热活血
185. 猪毛蒿 *A. capillaris*	幼苗及嫩茎叶	清热利湿，利胆退黄
186. 南牡蒿 *A. eriopoda*	全草及根	祛风除湿，解毒
187. 茵陈蒿 *A. capillaries*	幼苗	利胆退黄，除寒湿
188. 柳叶蒿 *A. integrifolia*	嫩茎叶	清热解毒
189. 艾蒿 *A. argyi*	地上部	祛风除湿，排毒杀菌
190. 野艾蒿 *A. lavandulaefolia*	地上部	祛风除湿，排毒杀菌
191. 铁杆蒿 *A. sacrorum*	嫩枝叶	清热解毒，祛风利湿
192. 莳萝蒿 *A. anethoides*	幼苗	清热利湿，消炎
193. 大籽蒿 *A. sieversiana*	花蕾	消炎止痛
194. 冷蒿 *A. frigida*	全草	消炎止痛，镇咳
195. 大花千里光 *Senecio ambraceus*	全草	清热解毒，明目，止痒
196. 狗舌草 *Senecio campestris*	全草	治肺脓疡，尿路感染
197. 全缘橐吾 *Ligularia mongolica*	根及根状茎，叶	润肺化痰止咳，止血止痛
198. 北橐吾 *Ligularia sibirica*	根及根状茎，叶	润肺化痰止咳，止血止痛
199. 兔儿伞 *Syneilesis aconitifolia.*	全草	祛风除湿，舒筋活血
200. 莲座蓟 *Cirsium esculentum*	全草	散瘀消肿，排脓托毒，止血
201. 刺儿菜 *Cirsium Segetum*	地上部	凉血止血，消肿
202. 大刺儿菜 *C. setosum*	地上部	凉血止血，消肿
203. 飞廉 *Carduus crispus*	全草	祛风清热，止血消肿
204. 牛蒡 *Arctium lappa*	根，茎	提升体内细胞活力
205. 祁州漏芦 *Rhaponticumuniflorum*	根及根状茎，花	清热解毒，排脓消肿，通乳
206. 碱地风毛菊 *Saussurea runcinata*	全草	治流感瘟疫，麻疹，猩红热
207. 草地风毛菊 *S. amara*	全草	治流感瘟疫，麻疹，猩红热
208. 风毛菊 *S. jaoonica*	全草	治流感瘟疫，麻疹，猩红热
209. 达乌里风毛菊 *S. daurica*	全草	治流感瘟疫，麻疹，猩红热
210. 龙江风毛菊 *S. amurensis*	全草	治流感瘟疫，麻疹，猩红热
211. 兴安毛连菜 *Picris dahurica*	全草	泻火解毒，祛瘀止痛，利尿

药用植物学名	药用器官	药用功效
212. 笔管草 *Scorzonera albicaulis*	全草	清热解毒，消肿，通乳
213. 狭叶鸦葱 *S. radiata*	根	消肿解毒
214. 桃叶鸦葱 *S. sinensis*	根	消肿解毒
215. 亚洲蒲公英 *Taraxacum asiaticum*	全草	清热消肿散结，利尿通淋
216. 蒲公英 *T. mongolicum*	全草	清热消肿散结，利尿通淋
217. 华蒲公英 *T. sinicum*	全草	清热消肿散结，利尿通淋
218. 苦苣菜 *Sonchus oleraceus*	全草	清热解毒，止血凉血
219. 北山莴苣 *Lactuca sibirica*	全草	清热解毒，活血祛瘀
220. 蒙山莴苣 *L. tatarica.*	全草	清热解毒，止血凉血
221. 山莴苣 *L. indica*	全草	清热解毒，活血祛瘀
222. 还阳参 *Crepis crocea*	根	补肾阳，益气血，健脾胃
223. 抱茎苦荬菜 *Ixeris sonchifolia*	全草	清热解毒，消肿止痛
224. 山苦荬 *I. chinensis*	全草	清热解毒，凉血化瘀
225. 细叶苦荬 *I. gracilis*	全草	清热解毒，凉血化瘀
226. 苦荬菜 *I. denticulate*	全草	清热解毒，凉血化瘀
227. 碱黄鹌菜 *Youngia stenoma*	全草	清热解毒，消肿止痛
228. 宽叶香蒲 *Typha latifolia*	花粉	行血祛瘀，止痛利尿
229. 水麦冬 *Triglochin palustre*	果实	消炎，止泻
230. 泽泻 *Alisma orientale*	干燥块茎	清目固精，降血糖和血脂
231. 野慈姑 *Sagittaria trifolia*	全草	清热解毒，凉血破瘀，消肿
232. 小慈姑 *S. natans*	全草	清热解毒，凉血破瘀，消肿
233. 菰 *Zizania latifolia*	根，籽实	清热解毒，消渴生津
234. 芨芨草 *Achnatherum splendens*	根	清热解毒
235. 芦苇 *Phragmites australis*	根状茎	清胃火，除肺热
236. 止血马唐 *Digitaria ischaemum*	全草	凉血止血
237. 浮萍 *Lemna minor*	全草	利尿，降压，强心
238. 野韭 *Allium ramosum*	鳞茎、嫩叶	通阳理气，散结养胃
239. 蒙古韭 *A. mongolicum*	鳞茎、嫩叶	通阳理气，散结养胃
240. 矮韭 *A. anisopodium*	鳞茎、嫩叶	通阳理气，散结养胃
241. 细叶韭 *A. tenuissimum*	鳞茎、嫩叶	通阳理气，散结养胃
242. 砂韭 *A. bidentatum*	鳞茎、嫩叶	通阳理气，散结养胃
243. 碱韭 *A. polyrhizum*	鳞茎、嫩叶	通阳理气，散结养胃
244. 山韭 *A. senescens*	鳞茎、嫩叶	通阳理气，散结养胃
245. 黄花葱 *A. condensatum*	鳞茎、嫩叶、花	通阳理气，散结养胃
246. 细叶百合 *Lilium pumilum*	鳞茎，花	润肺止咳，清心安神，解毒
247. 知母 *Anemarrhena asphodeloides*	干根茎	清热泻火

药用植物学名	药用器官	药用功效
248. 细叶鸢尾 Iris tenuifolia	根、种子与花	安胎养血
249. 马蔺 I. lactea var.chinensis	全株	清热、止血、解毒
250. 射干鸢尾 I.dichotoma	根状茎	散结消炎、止咳化痰
251. 绶草 Spiranthes sinensis	根及全草	抗癌

由表5-3-2可以看出，辉河自然保护区野生植物的药用部位包括种子植物的全草、根、茎、树皮、叶、花、果实以及菌类的子实体。其中，用全草最多。民间所针对治疗的疾病多样化，除消化系统和呼吸系统疾病较多外，还治疗感冒、腰腿痛、心脏病等疾病，如柴胡、防风、车前、马先蒿、轮叶沙参等。特别是草原区的"通古斯"鄂温克人最重视和广泛利用亚洲百里香、冷蒿、艾蒿等，几乎每家每户在夏季大量采集，晒干后用于日常感冒、咳嗽、肺热等常见多发疾病。从当地鄂温克民族的传统药用植物的使用方法看，内服药全部是水煎服用或泡酒饮用，外用药一般碾碎后直接涂抹到患处。

表 5-3-2　辉河国家级自然保护区民间常用野生药用植物编目

序号	药用植物名称	药用部位	药用方法	主治及功效
1	芨芨草 Achnatherum splendens	根	水煎服	利尿止血，治尿道炎
2	黄花葱 A. condensatum	鳞茎、全株	水煎泡脚	治关节疼痛
3	知母 Anemarrhena asphodeloides	全株	水煎服	清热、利尿、消渴淋浊
4	冷蒿 Artemisia frigida	地上部	水浸液泡脚	消炎镇咳，治关节疼痛
5	大籽蒿 A. sieversiana	地上部	水煎液漱口	清热，治咽喉肿痛
6	问荆 Equisetum arvense	地上部	水煎液洗发	生发、治感冒，消肿
7	射干鸢尾 Iris.dichotoma	地上部	水汽蒸／水煎服	治妇科病，消炎镇痛
8	益母草 Leonurus japonicus	地上部	坐水煎蒸汽上	治妇科疾病
9	黄花列当 Orobanche Pycnostachya	全株	水煎泡脚	治儿童便秘
10	麻叶荨麻 Urtica cannabina	地上部	水煎泡脚	治关节疼痛
11	蒺藜 Tribulus terrestris	果实	阴干后水煎服	排除肠虫、通便
12	短瓣金莲花 Trollius ledebourii	花	水煎服或泡茶	清热解毒、养肝明目
13	马蔺 I. lactea var.chinensis	叶、种子	水煎液漱口	治牙痛、消肿
14	火绒草 Leontopodium leontopodioides	地上部	水煎服	治肾炎、尿血

5.3.2　野生药用植物分类

按植物的生活型分类，辉河保护区野生药用植物中以草本植物为最多，种数为240种，约占全部药用植物种数的96.0%；其次为灌木、半灌木和小半灌木，种数为9种，约占全部药用植物种数的3.6%；乔木类药用植物最少，种数为1种，即春榆，比例约占全部药用植物种数的0.4%。

按药用部位分类，辉河保护区野生药用植物中以利用全草入药的植物有163种，约占全部药用植物种数的65.2%；其次为利用植物的根或根状茎、块茎、鳞茎入药，种数为47种，约占全部药用植物种数的18.8%；利用植物的花、果实和籽实的植物相对较少，种数为31种，约占全部药用植物种数的12.4%。其中，许多植物的根、茎、叶、花、果等器官均能入药，并且分别具有不同的药理作用。

按植物的药用功效分类，大致可分为11类。其中，解表类药用植物，即能疏解肌理，促使发汗以发散表邪，解除表症的药用植物，如防风、薄荷、柴胡等。泻下类药用植物，即能引起腹泻或滑润大肠促进排便的药用植物，如泽兰等。清热药类药用植物，即能以清解里热为主要作用的药用植物，如知母、蒲公英、苦参、龙胆等。化痰止咳类药用植物，即能清除痰涎或减轻和制止咳嗽、气喘的药用植物，如山杏、桔梗、返魂草等。渗湿类药用植物，即以通利水道、渗除水湿为主要功效的药用植物，如车前、萱草根（黄花菜）等。祛风湿类药用植物，即能祛除肌肉、经络、筋骨的风湿之邪，解除痹痛为主要作用的药用植物，如大叶龙胆、草乌头、鹿蹄草等。安神类药用植物，即以镇静安神为主要功能的药用植物，如远志、缬草等。活血去瘀类药用植物，即以通行血脉、消散瘀血为主要作用的药用植物，如益母草、芍药等。止血类药用植物，即利于体内外止血作用的药用植物，如土三七、龙芽草、地榆等。补益类药用植物，即能补益人体气血阴阳不足，改善衰弱状态，以治疗各种虚症的药用植物，如黄芪、沙参、当归等。治癌类药用植物，即用于试治癌症，并有一定疗效的药用植物，如茜草、龙芽草等。

5.3.3 野生药用植物的分布

由于生境条件的不同，野生药用植物种类的分布特点有所不同。其中，分布在林地及其外围草甸草原的主要药用植物有兴安杜鹃、升麻、地榆、沙参、铃兰、贝母、红花鹿蹄草、红柴胡、草原老鹳草、缬草、歪头菜、五脉山黧豆、银莲花、野豌豆、藜芦、问荆、展枝唐松草等。分布在干旱草原及荒山坡的主要药用植物有黄芩、防风、远志、桔梗、白头翁、土三七、苦参、狼毒大戟、山杏、断肠草、祁州漏芦、射干鸢尾、细叶百合、瓦松、百里香、兴安石竹、裂叶荆芥、棉团铁线莲、野亚麻、火绒草、瓣蕊唐松草、旱麦瓶草、萱草、窄叶蓝盆花等。分布在五花草甸的主要药用植物有黄芪、地榆、升麻、老鹳草、草乌头、败酱、轮叶沙参、缬草、山野豌豆、蒲公英、野火球、菭草、聚花风铃草、紫菀、并头黄芩、委陵菜、野西瓜苗等。分布在湿草地及沼泽地主要药用植物有金莲花、鼠掌老鹳草、毛茛、兴安藜芦、草原龙胆、山竹岩黄芪、毛水苏、蹄叶橐吾、狭叶泽芹、马先蒿、缬草、花葱、驴蹄草、沼委陵菜、柳叶菜等。分布在河流两岸的主要药用植物有狭叶荨麻、薄荷、地榆、草乌头、水毛茛、蹄叶橐吾等。

调查发现，在辉河国家级自然保护区内，共有属于国家或省地重点保护的野生药用植物 16 种，占辉河国家级自然保护区野生药用植物总数的 4.16%。其中，属于国家重点保护三级野生药用植物有黄芩、龙胆、防风、远志、秦艽、紫草，共 6 种。属于内蒙古自治区重点保护的三级野生药用植物有红柴胡、赤芍、白鲜皮 3 种。

内蒙古珍稀濒危保护植物二级保护植物有樟子松、野大豆、黄芪、桔梗 4 种。三级保护植物有兴安翠雀花、细叶百合、兴安升麻 3 种。

5.4　野生蔬菜植物

5.4.1　野生蔬菜植物种类组成

野生蔬菜植物，俗称山野菜，是指未经过人类引种驯化和人工管理的，并可作为人类副食品的植物性原料的总称（哈斯巴根等，2008）。野生蔬菜植物是草原植物资源的重要组成部分，也是人类食物结构的重要组成成分。野生蔬菜具有普通栽培蔬菜无法比拟的特点：

无污染。野生蔬菜是在自然环境下生长发育的，不受人工栽培条件的影响和干扰，特别是没有农药、化肥、工业"三废"和城市污水、致病微生物等病菌的污染，没有公害，是天然的有机食品。

营养更为丰富。蛋白质含量高，氨基酸含量全面均衡。草原蔬菜植物哈拉海又名荨麻、蛰麻子等，性辛苦、含有多种维生素和微量元素，具有补脑、补血、祛风定惊、消食通便之功效。其蛋白质、氨基酸含量高于谷物、萝卜、土豆等根茎菜 3 倍以上；高于大白菜、甘蓝、油菜等叶菜 4 倍以上；高于茄子、黄瓜、辣椒等果菜 4 倍以上。与普通蔬菜相比，野生蔬菜维生素 A 的含量高出 3～4 倍，维生素 C 的含量高出 10 倍，维生素 B_2 的含量高出 4 倍多，铁的含量高出 10 倍左右，钙的含量高出 2～3 倍。此外，野生蔬菜纤维素含量较高，一般是普通蔬菜的 4～7 倍。

医疗保健价值。中医药学家认为医食同源、药食同根。野生蔬菜亦菜亦药，具有很高的医药价值，除具有清热镇痛、安神理气等作用外，还对高血压、冠心病、糖尿病、癌症有很好的疗效，这也是普通栽培蔬菜无法比拟的。

风味独特。野生蔬菜口感清新、味道鲜美、自然风味浓郁，常被民间采食，被誉为绿色食品中的佳品。

食用方法简单。野生蔬菜食用方法极其简单。一般，从野外采摘后，去除泥土和残病部分，用水冲洗后，可作为水果直接食用，如地稍瓜、瓦松等。大多数野生植物的食用方法：有的采摘后去除泥土和残病部分，用水冲洗后，再用热水焯熟，切片或切段均可，加入所用的调料凉拌食用；或与猪肉（或牛肉、羊肉）一起上锅炒熟后食用。有的野生蔬菜植物可剁碎后，加入适量佐料和肉馅做馅食用。还有部分野生植物，可利用其嫩枝叶制作茶叶，用水泡食。如黄芪、荨麻、薄荷等。

在野外植被调查基础上，选择辉河保护区及其周边地区的牧民群众作为信息报告人或访谈对象，采用随机访谈和结构访谈方法共访问当地牧民 120 人，记录当地牧民对野生植物的食用方法和食用经验。调查发现，辉河自然保护区共有野生蔬菜植物 36 科、93 属、172 种，分别占辉河自然保护区野生植物科属种的 55.38%、40.97% 和 44.68%。按可食植物种类的数量特征，分布有 5 种以上蔬菜植物的科属依次为菊科有 16 属 39 种，豆科有 9 属 17 种，蔷薇科有 7 属 17 种，蓼科有 2 属 11 种，百合科有 2 属 9 种，藜科有 5 属 8 种，桔梗科有 3 属 8 种，唇形科有 5 属 6 种，共计 8 科 49 属 115 种，分别占辉河自然保护区野生蔬菜植物总种数的 22.67%、9.88%、9.88%、6.40%、5.23%、4.65%、4.65% 和 3.49%。分布有 3 种以上蔬菜植物种数的科有毛茛科 3 属 4 种，旋花科 3 属 4 种，伞形科 3 属 4 种，玄参科 2 属 4 种，十字花科 3 属 3 种，车前科 1 属 3 种，石竹科 3 属 3 种，共计 7 科 18 属 25 种，占辉河自然保护区野生蔬菜植物总种数的 14.53%。其余 2 种及其以下科的蔬菜植物共有 21 科 26 属 32 种，占辉河自然保护区野生蔬菜植物总种数的 18.61%。

表 5-4-1　辉河国家级自然保护区野生蔬菜植物及其可食用部位

科别	属名	拉丁学名	食用器官
木贼科	木贼属	问荆 *Equisetum arvense*	孢子囊茎
桦木科	榛属	榛 *Corylus heterophylla*	果仁、嫩芽
榆科	榆属	春榆 *Ulmus davidiana* var. *japonica*	嫩叶、嫩果
荨麻科	荨麻属	麻叶荨麻 *Urtica cannabina*	幼苗，嫩茎叶
		狭叶荨麻 *Urtica angustifolia*	幼苗，嫩茎叶
		宽叶荨麻 *Urtica laetevirens*	幼苗，嫩茎叶
蓼科	酸模属	酸模 *Rumex acetosa*	幼苗，嫩茎叶
		东北酸模 *Rumex thyrsiflorus*	幼苗，嫩茎叶
		毛脉酸模 *Rumex gmelini*	嫩茎叶
		巴天酸模 *Rumex patientia*	嫩茎叶
		狭叶酸模 *Rumex stenophyllus*	幼苗，嫩茎叶
	蓼属	扁蓄 *Polygonum aviculare*	幼苗，嫩茎叶
		酸模叶蓼 *Polygonum lapathifolium*	幼苗，嫩茎叶

科别	属名	拉丁学名	食用器官
藜科	蓼属	叉分蓼 *Polygonum divaricatum*	嫩茎叶
		两栖蓼 *Polygonum amphibium*	嫩茎叶
		水蓼 *Polygonum hydropiper*	嫩苗，嫩茎叶
		卷茎蓼 *Polygonum convolvulus*	嫩苗，嫩茎叶
	猪毛菜属	猪毛菜 *Salsola collina*	幼苗，嫩茎叶、种子
	碱蓬属	碱蓬 *Suaeda glauca*	嫩茎叶
	地肤属	伏地肤 *Kochia prostrata*	幼苗，嫩茎叶
	虫实属	虫实 *Corispermum hyssopifolium*	幼苗及嫩叶
	藜属	灰绿藜 *Chenopldium glaucum*	幼苗，嫩茎叶
		圆叶藜 *Chenopodium acuminatum*	幼苗，嫩茎叶
		尖头叶藜 *Chenopodium acuminatum*	幼苗，嫩茎叶
		藜 *Chenopodium album*	幼苗，嫩茎叶
苋科	苋属	凹头苋 *Amaranthus ascendens*	幼苗，嫩茎叶
		苋菜 *Amaranthus retroflexus*	幼苗，嫩茎叶
马齿苋科	马齿苋属	马齿苋 *Portulaca oleracea*	嫩茎叶
石竹科	繁缕属	细叶繁缕 *Stellaria filicaulis*	嫩苗
	麦瓶草属	旱麦瓶草 *Silene jenisseensis*	嫩茎叶
	石竹属	兴安石竹 *Dianthus chinensis*	嫩苗
毛茛科	驴蹄草属	白花驴蹄草 *Caltha natans*	嫩茎叶
	唐松草属	展枝唐松草 *Thalictrum aquilegifolium*	嫩苗，嫩茎叶
		瓣蕊唐松草 *Thalictrum petaloideum*	嫩苗，嫩茎叶
	铁线莲属	棉团铁线莲 *Clematis hexapetala*	嫩苗，嫩茎叶
十字花科	独行菜属	独行菜 *Lepidium apetalum*	嫩苗，嫩茎叶
	葶苈属	葶苈 *Draba nemorosa*	嫩苗，嫩茎叶
	荠属	荠菜 *Capsella bursa-pastoris*	嫩苗，嫩茎叶
景天科	瓦松属	瓦松 *Orostachys fimbriatus*	嫩苗
蔷薇科	假升麻属	假升麻 *Aruncus sylvester*	嫩苗，嫩茎叶
	蔷薇属	山刺玫 *Rosa davurica*	花蕾及花瓣
	龙牙草属	龙牙草 *Agrimonia pilosa*	嫩茎叶
	地榆属	地榆 *Sanguisorba officinalis*	嫩茎叶、花蕾
		小白花地榆 *Sanguisorba tenuifolia*	嫩茎叶、花蕾
	委陵菜属	鹅绒委陵菜 *Potentilla anserina*	幼苗、嫩茎叶
		匍枝委陵菜 *Potentilla flagellaris*	嫩苗、嫩茎叶
		三出委陵菜 *Potentilla betonicaefolia*	嫩苗、嫩茎叶
		莓叶委陵菜 *Potentilla fragarioides*	嫩苗、嫩茎叶
		翻白草 *Potentilla discolor*	嫩苗、嫩茎叶
		轮叶委陵菜 *Potentilla verticillaris*	嫩苗、嫩茎叶
		细叶委陵菜 *Potentilla multifida*	嫩苗、嫩茎叶
		委陵菜 *Potentillae chinensis*	嫩苗、嫩茎叶
		二裂委陵菜 *Potentilla bifurca*	嫩茎叶

科别	属名	拉丁学名	食用器官
蔷薇科	地蔷薇属	毛地蔷薇 *Chamaerhodos canescens*	嫩苗、嫩茎叶
	李属	稠李 *Prunus padus*	果肉、果仁
		山杏 *Prunus sibirica*	嫩叶、果仁
豆科	苜蓿属	天蓝苜蓿 *Medicago lupulina*	嫩芽、嫩茎叶
		黄花苜蓿 *Medicago falcate*	嫩芽、嫩茎叶
	车轴草属	野火球 *Trifolium lupinaster*	幼苗、幼茎
	锦鸡儿属	小叶锦鸡儿 *Caragana microphylia*	幼苗、嫩茎叶
	米口袋属	少花米口袋 *Guedenstaedtia verna*	嫩茎叶
		米口袋 *Gueldenstaedtia multiflora*	嫩茎叶
	胡枝子属	胡枝子 *Lespedeza bicolor*	嫩苗、嫩叶
		达乌里胡枝子 *Lespedeza davurica*	嫩茎叶
		细叶胡枝子 *Lespedeza junceea*	嫩茎叶
		尖叶胡枝子 *Lespedeza hedysaroides*	嫩茎叶
	鸡眼草属	鸡眼草 *Kummerowia striata*	嫩茎叶
	野豌豆属	歪头菜 *Vicia unijuga*	幼苗、嫩茎叶
		山野豌豆 *Vicia amoena*	幼苗、嫩茎叶
		广布野豌豆 *Vicia cracca*	幼苗、嫩茎叶
		多茎野碗豆 *Vicia multicaulis*	幼苗、嫩茎叶
	山黧豆属	五脉山黧豆 *Lathyrus quinquenervius*	嫩苗、嫩茎叶
	大豆属	野大豆 *Glycine soja*	嫩芽、幼苗
牻牛儿苗科	牻牛苗儿属	牻牛儿苗 *Erodium stephanianum*	嫩茎叶
	老鹳草属	朝鲜老鹳草 *Geranium koreanum*	嫩叶
		鼠掌老鹳草 *Geranium sibiricum*	嫩叶
大戟科	大戟属	地锦 *Euphorbia humifusa*	幼苗
锦葵科	木槿属	野西瓜苗 *Hibiscus trionum*	嫩茎叶、花
堇菜科	堇菜属	紫花地丁 *Viola yedoensis*	嫩苗、嫩茎叶
		早开堇菜 *Viola prionantha*	幼苗、嫩茎叶
柳叶菜科	柳叶菜属	柳兰 *Epilobium angsutifolium*	嫩茎叶
伞形科	柳叶芹属	柳叶芹 *Czernaevia laevigata*	幼苗、嫩茎叶
	山芹属	全叶山芹 *Ostericum maximowiczii*	幼苗、嫩茎叶
		山芹 *Ostericum sieboldii*	幼苗、嫩茎叶
	水芹属	水芹 *Oenanthe javanica*	嫩茎叶、根
	防风属	防风 *Saposhnikovia divaricata*	幼苗、嫩茎叶
报春花科	海乳草属	海乳草 *Glaux maritima*	嫩茎叶
龙胆科	莕菜属	莕菜 *Nymphoides peltata*	嫩茎叶
萝藦科	杠柳属	杠柳 *Periploca sepium*	嫩茎叶、嫩花果
	萝藦属	萝藦 *Metaplexis japonica*	嫩果，嫩子房
	鹅绒藤属	地稍瓜 *Cynanchum thesioides*	嫩果，嫩子房
旋花科	菟丝子属	菟丝子 *Cuscuta chinensis*	嫩茎叶
	打碗花属	日本打碗花 *Calystegia japonica*	幼苗、根状茎

科别	属名	拉丁学名	食用器官
旋花科	旋花属	田旋花 *Convolvulus arvensis*	幼苗、嫩茎叶
		阿氏旋花 *Convolvulus ammannii*	幼苗、嫩茎叶
紫草科	附地菜属	附地菜 *Trigonotis peduncularis*	嫩苗
唇形科	裂叶荆芥属	多裂叶荆芥 *Schizonepeta multifida*	嫩茎叶
	益母草属	益母草 *Leonurus japonicus*	嫩苗
	薄荷属	兴安薄荷 *Mentha dahurica*	嫩茎叶
		薄荷 *Mentha haplocalyx*	嫩茎叶
	地笋属	地笋 *Lycopus lucidus*	嫩叶、根状茎
	香薷属	香薷 *Elsholtzia ciliate*	嫩茎叶
茄科	茄属	龙葵 *Solanum nigrum*	幼苗、嫩茎叶
玄参科	婆婆纳属	白婆婆纳 *Veronica incana*	嫩茎叶
		长尾婆婆纳 *Veronica longifolia*	嫩茎叶
	马先蒿属	卡氏沼生马先蒿 *Pedicularis palustris*	嫩苗，嫩茎尖
		反顾马先蒿 *Pedicularis resupinala*	嫩苗，嫩茎尖
车前科	车前属	盐车前 *Plantago maritime.var.salsa*	嫩茎叶
		平车前 *Plantago depressa*	嫩茎叶
		车前 *Plantago asiatica*	嫩茎叶
桔梗科	桔梗属	桔梗 *Platycodon grandiflorum*	嫩茎叶、根
	风铃草属	聚花风铃草 *Campanula glomerata*	嫩苗
	沙参属	展枝沙参 *Adenophora divaricata*	嫩苗、根
		荠苨 *Adenophora trachelioides*	嫩苗、根
		柳叶沙参 *Adenophora caronopifolia*	嫩茎叶、根
		轮叶沙参 *Adenophora tetraphylla*	嫩茎叶、根
		长柱沙参 *Adenophora stenanthina*	嫩茎叶、根
		沙参 *Adenophora stricta*	嫩茎叶、根
菊科	马兰属	全叶马兰 *Kalimeris integrifolia*	嫩苗
		马兰 *Kalimeris indica*	嫩苗
	狗哇花属	阿尔泰狗哇花 *Heteropappus altaicus*	嫩叶、花蕾、花瓣
	旋覆花属	柳叶旋覆花 *Inula salicina*	幼叶、花蕾、花瓣
		欧亚旋覆花 *Inula britanica*	幼叶、花蕾、花瓣
	苍耳属	苍耳 *Xanthium sibiricum*	幼茎、嫩茎叶
	蒿属	沙蒿 *Artemisia desterorum*	籽实
		猪毛蒿 *Artemisia capillaris*	幼苗、嫩茎叶
		南牡蒿 *Artemisia eriopoda*	嫩茎叶
		柳蒿 *Artemisia integrifolia*	嫩芽、嫩茎叶
		艾蒿 *Artemisia argyi*	嫩苗
		野艾蒿 *Artemisia lavandulaefolia*	嫩苗
	兔儿伞属	兔儿伞 *Syneilesis aconitifolia.*	幼苗、嫩茎叶
	蓟属	莲座蓟 *Cirsium esculentum*	嫩苗、嫩茎叶
		烟管蓟 *Cirsium pendulum*	嫩苗

科别	属名	拉丁学名	食用器官
菊科	蓟属	刺儿菜 *Cirsium Segetum*	幼苗、嫩茎叶
		大刺儿菜 *Cirsium setosum*	嫩苗
	飞廉属	飞廉 *Carduus crispus*	嫩茎叶、嫩花序
	牛蒡属	牛蒡 *Arctium lappa*	嫩茎叶、根
	风毛菊属	碱地风毛菊 *Saussurea runcinata*	幼苗、嫩茎叶
		草地风毛菊 *Saussurea amara*	幼苗、嫩茎叶
		风毛菊 *Saussurea jaoonica*	幼苗、嫩茎叶
		达乌里风毛菊 *Saussurea daurica*	幼苗、嫩茎叶
		龙江风毛菊 *Saussurea amurensis*	幼苗、嫩茎叶
	毛连菜属	兴安毛连菜 *Picris dahurica*	嫩茎叶
	鸦葱属	笔管草 *Scorzonera albicaulis*	嫩茎叶、花序柄
		狭叶鸦葱 *Scorzonera radiata*	嫩茎叶
		桃叶鸦葱 *Scorzonera sinensis*	嫩茎叶、根
	蒲公英属	亚洲蒲公英 *Taraxacum asiaticum*	嫩茎叶
		蒲公英 *Taraxacum mongolicum*	嫩茎叶、花序
		华蒲公英 *Taraxacum sinicum*	嫩茎叶
	苦苣菜属	苦苣菜 *Sonchus oleraceus*	嫩苗、嫩叶
	莴苣属	北山莴苣 *Lactuca sibirica*	幼苗、嫩茎叶
		蒙山莴苣 *Lactuca tatarica.*	幼苗、嫩茎叶
		山莴苣 *Lactuca indica*	幼苗、嫩茎叶
	苦荬菜属	抱茎苦荬菜 *Ixeris sonchifolia*	嫩苗、嫩茎叶
		山苦荬 *Ixeris chinensis*	幼苗、嫩茎叶
		细叶苦荬 *Ixeris gracilis*	嫩苗、根
		苦荬菜 *Ixeris denticulate*	嫩茎叶、根
香蒲科	香蒲属	宽叶香蒲 *Typha latifolia*	嫩茎叶、根
		达香蒲 *Typha davidiana*	嫩茎叶、根
眼子菜科	眼子菜属	菹草 *Potamogeton crispus*	嫩茎叶
泽泻科	慈姑属	野慈姑 *Sagittaria trifolia*	球茎
禾本科	菰属	菰 *Zizania latifolia*	嫩茎
	芦苇属	芦苇 *Phragmites australis*	根状茎、嫩芽
百合科	葱属	野韭 *Allium ramosum*	嫩叶、鳞茎、花序
		蒙古韭 *Allium mongolicum*	嫩叶、花序
		矮韭 *Allium anisopodium*	嫩叶、鳞茎、花序
		细叶韭 *Allium tenuissimum*	嫩叶、花序
		砂韭 *Allium bidentatum*	嫩叶、花序
		碱韭 *Allium polyrhizum*	嫩叶、花序
		山韭 *Allium senescens*	嫩叶、鳞茎、花序
		黄花葱 *Allium condensatum*	嫩叶、鳞茎、花序
	百合属	细叶百合 *Lilium pumilum*	鳞茎

5.4.2 野生蔬菜植物食用部位和方式多样性

当地民间对野生植物食用部位的选择有着显著的多样性特征。据统计，食用部位除了有全株和地上部位等整体部位外，多数种类食用部位选择了根、茎、叶、花、果、种子等植物器官及器官组合或鳞茎、树皮等特定部位。全部种类所涉及的食用部位数共有42个，其中叶子的出现次数最多，频次最高，可认为植物的叶子是本地区蒙古族等少数民族民间当作食品或饮料的最多的一个植物器官。民间选择的野生植物主要食用部位依次为叶＞果实＞茎＞花（表5-4-2）。一般，根据当地牧民的采食习俗可分为5类：幼苗类（全株）、嫩茎叶类、嫩叶类、嫩花序类和果实（或籽实）类。有些植物幼苗、嫩茎叶、花（花序）、果实等几个部位可同时食用，但以幼苗、嫩茎叶类居多。

当地民间对野生植物食用方式也有着显著的多样性特征。按照利用目的和形式的不同，当地民间食用植物可分为野生粮食、野生蔬菜、野生水果、野生饮料（或茶用）、调料和零食6种类型（表5-4-2）。对不同方式所对应的相关植物43种，多于当地食用全部植物种类数，是由部分同种植物有着不同的食用方式所致。可以看出，在当地民间有把一种植物以不同方式食用的经验，这是植物资源用途多样性特性在民间知识中的具体表现。一般，食用方式分生食、熟食两种。其中，生食是指不经过烹饪过程而在新鲜状态下直接食用或调制食用的方法。民间作新鲜水果食用的稠李、山刺玫的成熟果实以及地梢瓜未成熟嫩果实等，作为零食的有百合属、葱属植物的鲜鳞茎、瓦松的肉质嫩叶、又分蓼的嫩茎，以及用野韭花序调制的野韭菜花酱等属于生食类型。熟食是指经过烹饪过程，即对食物原料进行热加工后食用的方法。民间用于炒菜、做馅、做汤、水焯后凉拌的野生蔬菜类和烹饪过程中所用的调料用植物应属于熟食类型。

表 5-4-2 辉河国家级自然保护区野生蔬菜植物及其食用方式

物种名称	食用部位	食用方式	食用方法
蒙古韭 *Allium mongolicum*	嫩叶、花序	蔬菜、调料	嫩叶炒食，做馅或腌制贮存
矮韭 *Allium anisopodium*	嫩叶、鳞茎、花序	蔬菜、调料	嫩叶和鳞茎炒食，做馅或腌制贮存，嫩叶和花序作调料
细叶韭 *Allium tenuissimum*	嫩叶、花序	蔬菜、调料	嫩叶炒食，做馅或腌制贮存
砂韭 *Allium bidentatum*	嫩叶、花序	蔬菜、调料	嫩叶炒食，做馅或腌制贮存
碱韭 *Allium polyrhizum*	嫩叶、花序	蔬菜、调料	嫩叶炒食，做馅或腌制贮存
山韭 *Allium senescens*	嫩叶、鳞茎、花序	蔬菜、调料	嫩叶和鳞茎炒食，做馅，嫩叶和花序作调料
黄花葱 *Allium condensatum*	嫩叶、鳞茎、花序	蔬菜、调料	嫩叶和鳞茎炒食，做馅，嫩叶和花序作调料

物种名称	食用部位	食用方式	食用方法
野韭 *Allium ramosum*	嫩叶、花序	蔬菜、调料	嫩叶腌制或炒食，鲜花序调制韭菜花酱
蒙古韭 *Allium mongolicum*	嫩叶、花序	蔬菜、调料	鲜嫩叶腌制、炒食、做馅，鲜嫩叶和花序作调料
猪毛菜 *Salsola collina*	幼苗，嫩茎叶、种子	蔬菜、粮食	种子炒熟磨粉，加鲜奶食用；幼苗、嫩茎叶水焯后凉拌或做馅
藜 *Chenopodium album*	幼苗，嫩叶	蔬菜	嫩茎叶水焯后凉拌，或做馅、做汤
苋菜 *Amaranthus retroflexus*	幼苗，嫩叶	蔬菜	嫩茎叶水焯后凉拌、做馅或炒食
地稍瓜 *Cynanchum thesioides*	嫩果	水果、蔬菜	嫩果生食或腌制酱菜，也可蘸酱食用
细叶百合 *Lilium pumilum*	鳞茎	蔬菜、零食	鲜鳞茎作零食或加入酸奶食用
叉分蓼 *Polygonum divaricatum*	嫩茎叶	茶叶、零食	鲜嫩叶作零食，鲜品或晒干后熬奶茶
麻叶荨麻 *Urtica cannabina*	幼苗，嫩叶	蔬菜	水焯后凉拌、做汤、做馅
鹅绒委陵菜 *Potentilla anserina*	幼苗，嫩叶	茶叶、蔬菜	晒干后熬奶茶，或水焯后凉拌
榛 *Corylus heterophylla*	果仁、嫩芽	蔬菜、零食	果仁作零食，嫩芽水焯后做馅
柳蒿 *Artemisia integrifolia*	嫩芽、嫩叶	蔬菜	嫩芽水焯后凉拌，嫩叶作炖菜
苦荬菜 *Ixeris denticulate*	嫩叶、根	蔬菜	嫩芽及根水焯后凉拌，或蘸酱生食
野西瓜苗 *Hibiscus trionum*	嫩茎叶、花	蔬菜	嫩茎叶水焯后凉拌、炒食，做汤
水蓼 *Polygonum hydropiper*	嫩苗，嫩叶	蔬菜、粮食	水焯后凉拌、炒食，或和荞面团蒸食
天蓝苜蓿 *Medicago lupulina*	嫩芽、嫩叶	蔬菜	嫩芽水焯后凉拌，或炒食

5.4.3 野生蔬菜植物营养价值多样性

野生蔬菜植物的营养价值体现在多个方面。从食品的原料角度看，它们生长在未受污染或少受污染的环境中，具备了绿色食品的标准，是一类相对洁净、安全的食用植物资源，而且种类繁多、风味各异，加工手段简便，能够满足人类的不同饮食口味，丰富了人们的食物来源，在特殊社会经济和环境条件下，野生蔬菜可作为应急食品，对度过食品短缺或野外生存有着重要价值。从营养学角度看，野生蔬菜不仅具有丰富的蛋白质、脂肪、碳水化合物、维生素和矿物质，而且还具有保健、药用价值，有利于促进人体的健康发育。其中，蛋白质含量丰富的野生蔬菜植物有鸡眼草、扁蓄、水蓼、地肤、展枝唐松草、麻叶荨麻、蒙古韭、反枝苋等，每 100 g 嫩茎叶中蛋白质含量平均在 4.5 ～ 6.1 g，而且富含人体所需要的多种氨基酸。淀粉、膳食纤维等碳水化合物含量丰富的植物有百合科类植物、鸡眼草、胡枝子、荠菜、大叶野豌豆、猪毛蒿、刺儿菜等，每 100 g 嫩茎叶中平均含碳水化合物 13% ～ 30%。

表 5-4-3　辉河国家级自然保护区重点野生蔬菜植物营养成分参考量

植物种名	粗蛋白 /g	粗脂肪 /g	粗纤维 /g	碳水化合物 /g	钙 /mg	磷 /mg
麻叶荨麻 Urtica cannabina	4.7	0.6	4.3	9.6		
扁蓄 Polygonum aviculare	6.1	0.6	2.2	10.1	50.0	47.0
藜 Chenopodium album	3.5	0.8	1.3	6.4	209.0	70.2
马齿苋 Portulaca oleracea	2.3	0.5	0.7	3.0	85.6	56.3
荠菜 Capsella bursa-pastoris	5.3	0.4	1.4	6.1	420.0	73.0
地榆 Sanguisorba officinalis	4.2	1.1	1.8	0.67	14.6	2.2
鸡眼草 Kummerowia striata	6.1	1.4	10.5	13.0	12.4	2.1
歪头菜 Vicia unijuga	2.5	0.3	5.4	13.0	11.3	1.5
荇菜 Nymphoides peltata	1.3	0.6	—	11.8	96.0	30.0
打碗花 Calystegia hederacea	3.7	0.5	3.4	5.0	5.9	1.8
地笋 Lycopus lucidus	4.3	0.7	4.7	9.0	297.0	62.0
车前 Plantago asiatica	4.0	1.2	3.3	10.2	309.0	175.0
桔梗 Platycodon grandiflorum	0.9		3.2	14.0	27.7	2.25
马兰 Kalimeris indica	2.2	0.1	0.5	5.5	80.0	65.0
柳叶蒿 Artemisia integrifolia	3.7	0.7	2.9	7.5	190.0	1.0
山莴苣 Lactuca indica	2.2	0.4	0.8	5.0	150.0	59.0
抱茎苦荬菜 Ixeris sonchifolia	3.5	1.5	5.5	6.7	66.0	41.0
蒙古韭 Allium mongolicum	18.6	6.0	13.2		5.5	5.6
碱韭 Allium polyrhizum	24.3	2.6	20.3	28.8	0.92	0.55

注：表中数字为每 100 g 嫩茎叶中的所含有的营养物重量。

此外，野生蔬菜植物中还富含胡萝卜素、维生素 E、维生素 B$_1$、维生素 B$_2$、维生素 PP、维生素 C，以及钙、镁、磷、钾、铁、锰、锌、硒等多种矿物质元素和微量元素。如每 100 g 嫩茎叶中胡萝卜素含量：蒿蓄 9.34 mg，桔梗 8.30 mg，鸡眼草 8.23 mg，酸模叶蓼 8.43 mg，与菠菜胡萝卜素含量（8.62mg）相当。每 100 g 嫩茎叶（或嫩果）中维生素 E 含量：马齿苋 12.2 mg，荠菜 2.1mg，地烧瓜 7.76 mg。每 100 g 嫩茎叶中维生素 B$_1$含量：鸡眼草 0.8 mg，猪毛菜 0.26 mg，车前 0.10 mg，黄花葱 0.31 mg。每 100g 嫩茎叶（或嫩果）中维生素 B$_2$含量：匍地委陵菜 1.43 mg，山野豌豆 1.17 mg，歪头菜 0.94 mg，叉分蓼 1.15 mg，桔梗 0.68 mg。每 100 g 嫩茎叶（或嫩果）中维生素 C 的含量在 200 mg 以上的植物有鹅绒委陵菜、鸡眼草、匍地委陵菜、天蓝苜蓿、大叶野豌豆、叉分蓼、展枝唐松草、山野豌豆、水芹等。

野生蔬菜植物中，矿物质的含量十分丰富，并以各种无机盐的形式存在于植物体的幼嫩部位，含量大致趋势为：K>Ca>Mg>P>Na>Fe>Mn>Zn>Cu。其中，钙含量相对丰富的植物有酸模、荠菜、鹅绒委陵菜、大叶野豌豆、歪头菜等。铁含量较高的植物有猪毛蒿，每 100 g 嫩茎叶中含铁 21.0 mg，相当于 100 g 鲜猪肝（含铁 25.0 mg）的含铁量。其他微量元素含量较高的植物有刺儿菜，每100g刺儿菜嫩茎叶含锌0.02 mg；萹蓄，每100g嫩叶含锌0.06 mg；酸模叶蓼，每100g嫩茎叶含铜0.012 mg；灰藜，每100g幼苗或嫩茎叶含铜0.017 mg；马齿苋，每100g幼苗或嫩茎叶含铜0.021mg（表5-4-4）。

表5-4-4　辉河国家级自然保护区重点野生蔬菜维生素及矿物质元素参考值

植物种名称	维生素（mg/100 g 鲜幼苗）				微量元素（μg/1.0 g 干品）			
	胡萝卜素	V-B$_1$	V-B$_2$	V-C	Fe	Zn	Mn	Cu
麻叶荨麻 Urtica cannabina	56.21	0.059	1.28	0.47	582.5	65.1	69.0	0.71
萹蓄 Polygonum aviculare	9.55	—	0.58	0.58	144.0	57.0	28.0	10.0
酸模 Rumex acetosa	3.20	0.36	0.13	70.0	243.0	32.0	129.0	5.0
藜 Chenopodium album	5.36	0.13	0.29	69.0	384.0	53.0	51.0	17.0
伏地肤 Kochia prostrata	5.70	0.15	0.31	39.0	222.0	36.0	37.0	8.0
马齿苋 Portulaca oleracea	2.23	0.03	0.11	23.0	548.0	72.0	40.0	21.0
荠菜 Capsella bursa-pastoris	3.20	0.14	0.19	55.0	288.0	52.0	56.0	7.0
鹅绒委陵菜 Potentilla anserina	4.88	—	0.74	340.0	170.0	64.0	42.0	11.0
天蓝苜蓿 Medicago lupulina	2.59	—	0.91	274.0	72.0	34.0	192.0	13.0
鸡眼草 Kummerowia striata	12.60	—	0.80	270.0	109.0	25.0	327.0	9.0
打碗花 Calystegia hederacea	8.30	0.02	0.07	78.0	119.0	27.0	26.0	12.0
地笋 Lycopus lucidus	6.33	0.04	0.25	7.0	440.0	—	—	—
车前 Plantago asiatica	5.85	0.09	0.25	23.0	152.0	33.0	39.0	12.0
马兰 Kalimeris indica	3.32	0.15	0.20	50.0	370.0	45.0	65.0	14.0
柳叶蒿 Artemisia integrifolia	4.35	—	0.12	131.0	96.0	52.0	87.0	11.0
刺儿菜 Cirsium Segetum	5.99	0.04	0.33	44.0	295.0	20.0	27.0	16.0
蒲公英 Taraxacum mongolicum	7.35	0.03	0.39	47.0	223.0	44.0	39.0	14.0
苦苣菜 Sonchus oleraceu	7.66	0.10	0.25	52.0	111.0	32.0	69.0	17.0
蒙古韭 Allium mongolicum	2.46	0.06	0.55	426.0	431.7	41.3	—	12.8

5.5　野生芳香植物

从芳香植物提取其香油是目前生产香料、香精的主要原料。芳香油是植物体内代谢过程中产生的一种次生物质，它在植物的特殊器官——油腺和腺毛中形成，并由它们分泌出来。香料和香精广泛用于饮料、食品、香皂、肥皂、化妆品、烟草、医药制品以及其他日用品中。随着工业生产技术的改进和人们生活水平的日益提高，它们的用途将更为广泛，用量将更为巨大，与国民经济的关系将更为密切。近年来，香料与香精的应用更多了，如纺织品中的香花布、香手帕，文教用品中的香铅笔、香墨水和香扑克，以及手工艺品中的香绢花等。这些添加了香料的日用品，不仅受到了国内广大消费者的欢迎，而且还大量供给国际市场。

5.5.1　香花植物资源

由香花提制的各种花精油、净油、浸膏是调制各种日用化妆品不可缺少的原料，香花植物资源的发掘和开发是发展天然香料极其重要的方面。内蒙古香花植物资源丰富，开发利用前景十分广阔。已开发和待开发的香花植物资源有：

玫瑰花 (Rosa rugosa) 为蔷薇科蔷薇属植物，在我国北方地区广为栽培。玫瑰油是香料工业甜韵花油的代表性原料，是精油中的精品。在辉河自然保护区中，可生产玫瑰油的还有同属山刺玫，其中山刺玫分布于内蒙古大部分地区，资源较多，其花含玫瑰油具极佳香气，它的浸膏和净油广泛应用于食品、化妆品和皂用香精中，可大量生产。

石竹 (Dianthus ohinensis) 为石竹科石竹属植物，其花含芳香油，经浸提后生产的康乃馨浸膏及浸油，可用于配制高级香精。石竹科植物的天然分布范围很广，并且可以大量栽培，是一种发展前途很广的香科植物。

细叶百合是百合科百合属植物，其花含有芳香油，可提取山丹花浸膏，用于化妆品、皂用香精中。同属植物毛百合 (L. daurieum)、条叶百合 (L. eallosum)，在内蒙古自治区呼伦贝尔草原均有分布，资源较多，因各种植物香气不一，在开发时应进一步研究。

5.5.2　香料乔灌木资源

调查发现，辉河自然保护区乔灌木香料资源有4种，占辉河自然保护区野生植物总种数的1.04%，其中松科的香料植物资源十分丰富，有些植物已被开发利用。

松科植物是松节油的主要来源。辉河自然保护区的乔灌木香料资源主要为松科松属的樟子松，其针叶含有芳香油，可用作清凉喷雾剂、廉价皂用香精原料及其他合成香精。松节油在我国年产量可达近万吨，为我国以蒎烯为原料的香料工业提供了丰富的芳香料原料。

亚洲百里香为唇形科百里香属植物，其茎叶可提取芳香油，含油量5%左右，略有穗薰衣草的香气，可用于化妆品香精和皂用香料等中作调香原料，亦可单独分离芳樟醇、龙脑等香料，是一种开发利用价值较大的野生香料植物。

除以上几种用途的香料植物以外，还有一大类植物其种子或种仁含油，可用来制皂。如蔷薇科的山杏，其杏仁含有芳香油，含油量为0.5%～1.8%，可用于制皂。此外，桦木科的虎榛子的种子均含油，可被大量用于制皂。

5.5.3 香料草本植物资源

在辉河自然保护区，草本香料植物相对较多，也易于繁殖、栽培，具有见效快、效益好等产业特征。主要植物种类包括：

菊科的香料植物最为丰富，在香科植物中占有很重要的地位。其中，以菊科蒿属 (Artemisia L.) 植物种类最为丰富，在蒿属植物中可以提取芳香油的黄花蒿、莳萝蒿 (A. anethoides)、野艾蒿 (A. lavandulaefolia)、蒙古蒿 (A.mongolica)、大籽蒿 (A. sieveriana)、柳叶蒿、白沙蒿 (A. sphaeroeephala) 等。蒿属植物全株具有强烈的芳香气味，茎叶可提取芳香油，含油率在 0.2% ～ 0.5%，提取的芳香油可以开发成精油或浸青等香料产品，广泛地用于化妆品、皂用香精及调香原料中。

薄荷 (Mentha hoplocalyx) 和兴安薄荷 (M. dahurica) 是唇形科薄荷属植物，全草含挥发油，称为薄荷原油，含量为 1% 左右，开花期叶中含挥发油达 3.3%，油中主要成分为薄荷油，占 50% 以上。目前，我国脱脑后的薄荷油年产量在数千吨以上，最高年份达 15 000 吨左右。每年出口薄荷脑和薄荷油在千吨以上，产品的数量和质量我国均处于首位，是国际精油贸易中最重要的商品之一。薄荷在辉河自然保护区及其周边地区均有分布，且资源量十分丰富，重视薄荷属植物的开发利用，可对当地牧区经济的发展起到积极推动作用。

香青兰 (Dracocephalum moldavica) 是唇形科青兰属植物，广泛分布于内蒙古各地，在辉河自然保护区及其周边地区均有分布。香青兰全草含芳香油 0.01% ～ 0.17%，油的主要成分为柠檬醛，含量 25% ～ 68%；香叶醇，含量 30% 左右；橙花醇，含量约 7%。在香青兰体内提取的芳香油常用于果子露的香料或食品原料。

白鲜 (Dictamnus albus var.dasycarpus) 为芸香科白鲜属植物，叶含芳香苷、菌芋碱，挥发油香味强烈。白鲜的分布范围也很广，这两种香料植物的利用价值很大。

除此之外，尚有桑科的葎草属葎草 (Humulus scandens)，石竹科麦瓶草属的旱麦瓶草 (Silene jenisseensis)，蔷薇科假升麻属的假升麻 (Aruncus sylvester)，榆属的地榆，景天科景天属的土三七 (Sedum aizoon)，毛茛科铁线莲属的棉团铁线莲，豆科槐属的苦参，大戟科大戟属的乳浆大戟 (Euphorbia esula)，锦葵科苘麻属苘麻 (Abutilon theophrasti)，堇菜科堇菜属的紫花地丁 (Viola yedoensis)，柳叶菜科月见草属的月见草 (Oenothera biennis)，柳叶菜属的柳兰 (Epilobium angsutifolium)，唇形科裂叶荆芥属的裂叶荆芥 (Schizonepeta multifida)，水苏属的华水苏 (Stachys chinensis) 和水苏 (S. japonica)，香薷属的香薷 (Elsholtzia ciliate)，茄科曼陀罗属曼陀罗 (Datura stramonium)，天仙子属的小天仙子 (Hyoscyamus bohemicus)，菊科苍耳属的苍耳、鬼针草属的小花鬼针草 (Bidens parviflora)，禾本科茅香属的光稃茅香 (Hierochloe glabra) 等，共计 23 属 31 种，分别占辉河自然保护区野生植物属数和种数的 10.13% 和 8.05%。

5.6 珍稀濒危和指示植物

5.6.1 评价标准

根据国际自然保护联盟（IUCN，International Union for Conservation of Nature and Natural Resource）1963 年开始编制的濒危物种红色名录（或称 IUCN 红色名录），依据物种数目下降的速度、物种总数、地理分布、群族分散程度等准则，将所有濒危物种分类为 7 个级别（如图 5.6.1）。

图 5.6.1　IUCN 物种濒危程度 2006 年分类标准

图中，绝灭（EX，Extinct）；野外绝灭（EW，Extinct in the Wild）；极危（CR，Critically Endangered）；濒危（EN，Endangered）；易危（VU，Vulnerable）；近危（NT，Near Threatened）；无危（LC, Least Concern）。其中，IUCN 红色名录规定，"受威胁"（Threatened）一词是官方指定为以下 3 个级别的总称：极危（CR）、濒危（EN）和易危（VU）。

极危（CR，Critically Endangered）。当一分类单元的野生种群面临即将绝灭的几率非常高，即符合极危标准中的任何一条标准时，该分类单元即列为极危。

濒危（EN，Endangered）。当一分类单元未达到极危标准，但是其野生种群在不久的将来面临绝灭的几率非常高，该分类单元即列为濒危。

易危（VU，Vulnerable）。当一分类单元未达到极危或濒危标准时，但在未来一段时间后，其野生种群面临灭绝的几率非常高，该分类单元即列为易危种类。

近危（NT，Near Threatened）。当一分类单元未达到极危、濒危或易危标准，但在未来一段时间后，接近符合或可能符合受威胁等级，该分类单元即列为接近受危。

无危（LC, Least Concern）。当一分类单元被评估未达到极危、濒危、易危或近危标准，该分类单元即列为无危。

目前，IUCN 红色名录被认定为对生物多样性状况最具权威的物种濒危程度的评价指标。根据上述评价标准，结合辉河国家级自然保护区野生动植物资源调查与种类分布特征，确定其物种的濒危程度和重点保护物种名录。

5.6.2 珍稀濒危保护植物

保护珍稀濒危野生植物是自然保护区的重要功能之一。综合1987年原国家环境保护总局和中国科学院植物研究所制订出版的《中国珍稀濒危保护植物名录》、1999年国务院批准公布的《国家重点保护野生植物名录》（第一批）、2004年8月出版的《中国物种红色名录》（汪松等，2004）以及《国家重点保护野生植物名录（第二批）》（2005）文献资料，通过调查统计，整理出内蒙古辉河国家级自然保护区内国家级珍稀濒危野生保护植物，共有3科3属3种；自治区级珍稀濒危保护植物，共有3科3属3种。

（1）樟子松

学名：*Pinus sylvestris var.mongolica* Litvin.

别名：海拉尔松（日）、蒙古赤松（日）、西伯利亚松、黑河赤松

图 5.6.2　沙地樟子松林（吕世海摄）

松科松属（Pinus L.）常绿高大乔木，为欧洲赤松的变种。樟子松适应性强，耐寒耐旱，寿命长，一般树龄高达150～200年，是我国北方地区著名的孑遗植物，极具保护价值。

樟子松也是我国三北地区主要优良造林树种之一。其树干通直，生长迅速，适应性强。嗜阳光，喜酸性土壤。大兴安岭林区和呼伦贝尔草原固定沙丘上有大面积天然樟子松林分布，是保持水土资源、防风固沙的优良先锋树种。樟子松材质坚硬，也是我国北方地区重要的优质建筑材料。在辉河国家级自然保护区，樟子松林集中分布于东南部的固定、

半固定沙地上，并一直向东延伸，与大兴安岭山地樟子松林一起，构成呼伦贝尔草原独特的疏林沙地景观。

在《国家重点保护野生植物名录（第二批）》中，樟子松为国家Ⅱ级保护植物。

（2）野大豆

学名：*Glycine soja Sieb*.et Zucc.

英文名称：Wild soybean

豆科大豆属（Glycine L.）一年生草本植物，茎缠绕、细弱，疏生黄褐色长硬毛。叶为羽状复叶，具3小叶；小叶卵圆形。总状花序腋生，花蝶形，长约5 mm，淡紫红色；荚果狭长圆形或镰刀形，内含3粒种子。

野大豆分布在我国从寒温带到亚热带广大地区，喜水耐湿，多生于山野以及河流沿岸、湿草地、湖边、沼泽附近或灌丛中，稀见于林内和风沙干旱的沙荒地。山地、丘陵、平原及沿海滩涂或岛屿可见其缠绕他物生长。野大豆还具有耐盐碱性及抗寒性，在土壤pH值9.18～9.23的盐碱地上可良好生长，零下41℃的低温下还能安全越冬。花期5—6月，果期9—10月。

图5.6.3 野大豆 *

野大豆具有许多优良遗传性状，如耐盐碱、抗寒、抗病等，与栽培大豆是近缘种，在农业育种上可利用野大豆进一步培育优良大豆品种。野大豆营养价值高，又是牛、马、羊等各种牲畜喜食的牧草。同时，野大豆也是重要的中药植物，其茎、叶及根均可入药，具有健脾、解毒透疹、养肝理脾的功效。

我国拥有丰富的野大豆种质资源，过度垦殖、放牧导致种群数量急剧下降。须引起

---

* 照片来源于 http://www.baike.com/wiki/%E9%87%8E%E5%A4%A7%E8%B1%86。

应有的重视，并加以保护。目前，野大豆已被列入《濒危野生动植物物种国际贸易公约》（CITES）的附录II中，并被列入中国《国家重点保护野生植物名录（第二批）》中，属于渐危种，为国家II级保护植物。

（3）绶草

学名：*Spiranthes sinensis*（Pers.）Ames.

英名：Chinese spiranthes

别名：盘龙参、龙抱柱、双瑚草

兰科绶草属（*Spiranthes* Rich.）多年生宿根性草本植物。肉质根似人参，株高15～50 cm，叶线形，条状披针形或狭椭圆形。穗状花序如绶带一般；小花螺旋状排列，白色或淡红色，如红龙或青龙般盘绕在花茎上，故常被称为盘龙参。辉河地区花期6—8月。

绶草根和全草可入药，有益气养阴、清热解毒的功效。绶草也是一种疗效很好的抗癌药物，其中所含的阿魏酸二十八醇酯（Octacosyl ferulate）已被证实有抗肿瘤作用。绶草已被列入《濒危野生动植物物种国际贸易公约》（CITES）的附录II中，并被列入中国《国家重点保护野生植物名录（第二批）》中，为国家II级保护植物。

5.6.3 内蒙古重点保护植物

根据内蒙古自治区人民政府2009年7月30日批准的《内蒙古重点保护草原野生植物名录》（内蒙古自治区农牧业厅2009第2号公告），辉河国家级自然保护区境内分布的自治区级草原野生重点保护植物共有14科21属24种，具体参见表5-6-1。

表5-6-1　辉河国家级自然保护区自治区级草原野生重点保护植物名录

序号	中文名	科属名	学名	植物学特性
1	问荆	木贼科问荆属	*Equisetum arvense*	蕨类植物，多年生草本
2	短瓣金莲花	毛茛科金莲花属	*Trollius ledebouri*	多年生草本植物
3	草乌头	毛茛科乌头属	*Aconitum kusnezoffii*	多年生草本植物
4	白头翁	毛茛科白头翁属	*Pulsatilla chinensis*	多年生草本植物
5	黄花苜蓿	豆科苜蓿属	*Medicago falcata*	多年生草本植物
6	山竹岩黄芪	豆科岩黄芪属	*Hedysarum fruticosum*	小半灌木
7	白鲜	芸香科白鲜属	*Dictamnus dasycarpus*	多年生草本植物
8	远志	远志科远志属	*Polygala tenuifolia*	多年生草本植物
9	红柴胡	伞形科柴胡属	*Bupleurum scorzonerifolium*	多年生草本植物
10	防风	伞形科防风属	*Saposhnikovia divaricata*	多年生草本植物
11	二色补血草	白花丹科补血草属	*Limonium bicolor*	多年生草本植物

序号	中文名	科属名	学名	植物学特性
12	秦艽	龙胆科龙胆属	*Gentiana macrophylla*	多年生草本植物
13	龙胆	龙胆科龙胆属	*Gentiana scabra*	多年生草本植物
14	薄荷	唇形科薄荷属	*Mentha haplocalyx*	多年生宿根性草本植物
15	香薷	唇形科香薷属	*Elsholtzia ciliata*	多年生草本植物
16	黄花列当	列当科列当属	*Orobanche pycnostachya*	一年生寄生性草本植物
17	桔梗	桔梗科桔梗属	*Platycodon grandiflorum*	多年生草本植物
18	狭叶沙参	桔梗科沙参属	*Adenophora gmelinii*	多年生草本植物
19	轮叶沙参	桔梗科沙参属	*Adenophora tetraphylla*	多年生草本植物
20	长柱沙参	桔梗科沙参属	*Adenophora stenanthina*	多年生草本植物
21	泽泻	泽泻科泽泻属	*Alisma orientale*	多年生草本植物
22	知母	百合科知母属	*Anemarrhena asphodeloides*	多年生草本植物
23	蒙古葱	百合科葱属	*Allium mogolicum*	多年生草本植物
24	绶草	兰科绶草属	*Spiranthes sinensis*	多年生草本植物

第6章 脊椎动物多样性

6.1 脊椎动物概述

6.1.1 脊椎动物总体特征

脊椎动物是动物界脊索动物门中脊椎动物亚门动物的总称。

脊椎动物由软体动物进化而来,是动物界进化地位最高、数量最大、形态结构彼此悬殊、生活方式千差万别的一类动物。一般体形左右对称,全身分为头、躯干、尾三个部分,躯干又被横膈膜分成胸部和腹部,有比较完善的感觉器官、运动器官和高度分化的神经系统。其总体特征:

(1)出现明显的头部,中枢神经系统成管状,前端扩大为脑,其后方分化出脊髓。

(2)大多数种类的脊索只见于发育早期(圆口纲、软骨鱼纲和硬骨鱼纲例外),以后即为由单个脊椎骨连接而成的脊柱所代替。

(3)原生水生动物用鳃呼吸,次生水生动物和陆栖动物只在胚胎期出现鳃裂,成体形成后则用肺呼吸。

(4)除圆口纲外,其他类脊椎动物都具备上下颌。

(5)循环系统较完善,出现能收缩的心脏,有利于促进血液循环,提高生理机能。

(6)用构造复杂的肾脏代替结构简单的肾管,有利于提高排泄机能,使肌体新陈代谢所产生的大量废物能更有效地排出体外。

(7)除圆口纲外,水生动物具偶鳍,陆生动物具成对附肢。

6.1.2 脊椎动物分类组成

呼伦贝尔辉河国家级自然保护区主要分布在大兴安岭西麓山地森林生态系统与呼伦贝尔高平原草原生态系统相过渡的区域，境内复杂多变的自然环境和森林、草原、湿地、沙地等生态系统类型，孕育着丰富多样的脊椎动物种类。据 1987 年和 2011 年两次野外调查发现，呼伦贝尔辉河国家级自然保护区内的脊椎动物种类，除圆口类动物尚未发现有分布外，其他如鱼类、两栖类、爬行类、鸟类和哺乳类动物均有不同程度和不同规模的种群分布。目前，已探明的脊椎动物种类共计有 5 纲、32 目、82 科、219 属、400 种（参见表 6-1-1）。与内蒙古自治区已记录到的脊椎动物科属种数相比较，除圆口纲物种尚未调查发现外，其他 4 纲脊椎动物均有物种分布，占全自治区动物纲数的 80%。其中，脊椎动物目数占全自治区的 80%，脊椎动物科数占全自治区的 74.5%，脊椎动物属占全自治区的 61.3%，脊椎动物种数占全自治区的 55.9%。

表 6-1-1 辉河地区脊椎动物种类特征

	目			科			属			种		
	辉河	内蒙古	所占比例 /%	辉河	内蒙古	所占比例 /%	辉河	内蒙古	所占比例 /%	辉河	内蒙古	所占比例 /%
圆口纲	0	1	0	0	1	0	0	1	0	0	1	0
鱼纲	4	9	44.4	6	16	37.5	28	65	43.1	31	100	31.0
两栖纲	1	2	50.0	3	5	60.0	3	5	60.0	5	9	55.6
爬行纲	2	2	100	3	7	42.9	4	14	28.6	5	28	17.9
鸟纲	19	19	100	56	61	91.8	154	195	78.9	316	436	72.5
哺乳纲	6	7	85.7	14	20	70.0	30	77	38.9	43	138	31.2
合计	32	40	80.0	82	110	74.5	219	357	61.3	400	712	55.9

注：内蒙古自治区脊椎动物科属种数据来源于杨贵生、邢莲莲主编《内蒙古脊椎动物名录及分布》，呼和浩特：内蒙古大学出版社，1998。

在已调查发现的脊椎动物中，鱼类共有 31 种，分别隶属于鲑形目 (Salmoniformes)、鲤形目 (Osteichthyes)、鲶形目 (Siluriformes)、鳕形目 (Gadiformes)，共计 4 目 6 科 28 属。其中，鲤科 (Cyprinidae) 鱼类有 24 种，占鱼类总数的 77.42%；鲑科 (Salmonidae) 和鳅科 (Cobitidae) 鱼类各有 2 种，分别占鱼类总数的 6.45%；其他 3 科鱼类各有 1 种，分别占鱼类总数的 3.23%。两栖类动物共有 5 种，隶属于 1 目 3 科 3 属。在两栖类动物中，已发现的蛙科 (Ranidae) 动物有 3 种，占两栖类动物总数的 60%；蟾蜍科 (Bufonidae)、雨蛙科 (Hylidae) 各有 1 种，分别占两栖类动物总数的 20%。爬行类动物共有 5 种，隶属于 2 目 3 科 5 属。在爬行类动物中，蜥蜴科 (Lacertian) 和蝮蛇科 (Viperidae) 各有 2 种，分别占爬行类动物总数的 40%；游蛇科 (Megapodiidae) 动物有 1 种，占爬行类动物总数的 20%。

鸟类是辉河地区最大的脊椎动物种群，目前共记录到鸟类有 316 种，隶属于 19 目
56 科 154 属。其中，留鸟有 45 种，占已发现的区域鸟类总数的 14.24%；夏候鸟有 162
种，占已发现的区域鸟类总数的 51.27%；冬候鸟有 15 种，占已发现的区域鸟类总数的
4.75%；旅鸟有 94 种，占已发现的区域鸟类总数的 29.75%。候鸟的种类最多，共有 271
种，占已发现的区域鸟类总数的 85.76%。繁殖鸟有 207 种，占已发现的区域鸟类总数的
65.51%。非雀形目鸟类有 194 种，占已发现的区域鸟类总数的 61.39%。水鸟有 136 种，
占已发现的区域鸟类总数的 43.04%。

表 6-1-2　辉河地区鸟类居留型统计

居留型	留鸟	夏候鸟	冬候鸟	旅鸟
种数 / 种	45	162	15	94
所占比例 /%	14.24	51.27	4.75	29.75

辉河地区共记录到哺乳类 43 种，隶属于 6 目 14 科。其中，啮齿目种类最多，共有 17 种，
占辉河地区哺乳类动物种数的 40.5%；其次为食肉目动物，共有 13 种，占辉河地区哺乳
类动物种数的 31.0%。目前，在辉河地区，哺乳动物群落中最大的科为仓鼠科 (Cricetinae)，
共有 9 种，占辉河地区哺乳类动物总种数的 21.4%；其次，为鼬科 (Mustelidae)，共有 7
种，占辉河地区哺乳类动物总种数的 16.7%；第三，为蝙蝠科 (Vespertilionidae)，共有 5
种，占辉河地区哺乳类动物总种数的 11.9%。其他，含 4 种的有 2 科，即犬科 (Canidae)
和鼠科 (Muridae)，分别占辉河地区哺乳类动物总种数的 9.5%；含 3 种的有 1 科，即
兔科 (Leporidae)，占辉河地区哺乳类动物总种数的 7.1%；含 2 种的有 3 科，分别是松
鼠科 (Sciuridae)、跳鼠科 (Dipodidae）和猫科 (Felidae)，分别占辉河地区哺乳类动物总
种数的 4.8%；单科单种的有 5 科，分别是猬科 (Erinaceidae)、鼠兔科 (Ochotonidae)、
鹿科（Cervidae）、牛科 (Bovidae)、猪科 (Sus scrofa)，分别占辉河地区哺乳类动物总种数
的 11.6%。

6.1.3　鱼类区系特征及分布

（1）区系特征

鱼类的区系划分是动物地理学的一个重要组成部分，在理论和实践上均有非常重要
的意义。鱼类区划主要依据鱼类种类的异同及其亲缘关系的远近，还考虑自然环境、自
然地理的异同、今昔变化和人为干扰程度等因素。在内蒙古呼伦贝尔草原的辉河地区，
以鱼类属全北区黑龙江过渡亚区的黑龙江分区。按照鱼类物种的起源，大致由以下 5 个

区系复合体组成：

① 晚第三纪早期鱼类区系复合体

这一区系类群为更新世以前第三纪早期在北半球北温带地区形成，并在第四纪冰川期后残留下来的鱼类。由于气候变冷，该区系复合体被分割成若干不连续的区域，有的种类并存于欧亚，因此这些鱼类被视为残遗种类。这一复合体包括拟赤梢鱼、黑龙江鳑鲏、麦穗鱼、细体鮈、鲤鱼、鲫鱼、北方泥鳅、鲶鱼8种，其共同的特征为视觉不发达，嗅觉发达，多以底栖生物为食料，适应在混浊的水中生活。

② 北极淡水鱼类区系复合体

起源于欧亚北部高寒地带北冰洋沿岸，是一群耐严寒的冷水性鱼类，在呼伦贝尔草原辉河地区仅有江鳕1种。此类鱼耐寒性较强，产卵要求低温环境，一般生活于静水中，冬季仍摄食，是围绕北极圈生活的一些生态类型的鱼类，近缘种类在欧洲和北美更多，尤其是江鳕分布最广，常见于欧、亚、美各洲。此类鱼起源较早，故有广泛的分布。

③ 北方山麓鱼类区系复合体

起源于北半球亚寒带山区，与北方平原区系的鱼类相比较，这一区系的鱼类更喜欢水清、高氧、低温的水域环境。在中国北方呼伦贝尔草原的辉河地区仅有哲罗鱼和细鳞鱼2种。此类鱼多数呈纺锤形，身体背部颜色较深，体侧有黑色斑点，腹部银白色，游泳迅速，喜食一定比例的气生昆虫，喜在山区流动的低水温河流中生活。这复合体的鱼类起源较早，分布亦较广，最南端可达黄河、滦河水系和长江上游北部支流。在高纬度地带，我国新疆维吾尔自治区的北部地区、蒙古国，以及俄罗斯北冰洋水系的一些河流水体均有分布，其近缘种在欧洲、美洲地区也有分布。

④ 北方平原鱼类区系复合体

起源于北半球北部亚寒带平原区。该复合体的鱼类具有耐寒性强、较耐盐碱、产卵季节较早等特点。在中国北方高纬度平原地区分布范围较广，而且随着纬度的逐渐降低，该复合体的鱼类数目和种群数量逐渐减少。在呼伦贝尔草原的辉河地区，已发现的种类有黑斑狗鱼、东北雅罗鱼、黑龙江花鳅3种。其中，黑龙江花鳅是黑龙江过渡亚区的特有种鱼类。

⑤ 江月平原鱼类区系复合体

这一区系类群是第三纪形成于中国东部平原的鱼类，大多是适应季风气候和开阔水域的中上层鱼类，在呼伦贝尔草原的辉河地区主要分布有唇𩾌、花𩾌、蛇鮈、犬首鮈和兴凯银鮈5种。

（2）鱼类分布

辉河地区的鱼类资源主要分布于该地区地表水资源集中分布的地段，如伊敏河、辉河干流及其支流水系，以及境内广泛分布的草原湖泊、芦苇沼泽地等泛水地带。从洄游生态类型看，辉河地区的鱼类均为定居型。在食性上，则拥有杂食性、肉食性、植食性和腐食性及底栖食性的鱼类，但总体上以杂食性和肉食性鱼类占优势，如鲫鱼、鲤鱼、突吻鮈、鳡鱼、泥鳅等。在生殖习性上，也具有多样性特点，但分多次产卵、草上产卵和具有护卵护幼习性的鱼类，在种类和种群数量上均居多数，如鲫鱼、鲶鱼、麦穗鱼等。

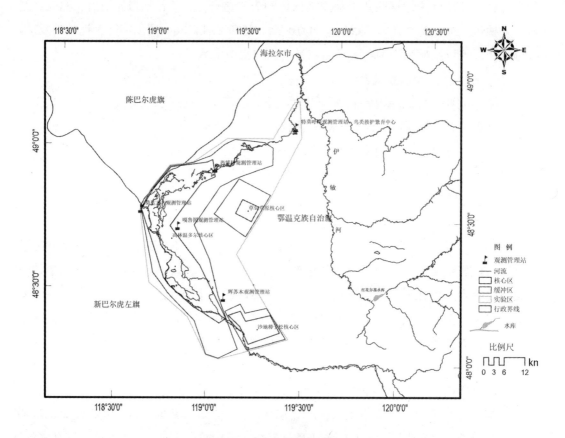

图 6.1.1　呼伦贝尔草原辉河地区水系分布图

表 6-1-3　辉河流域鱼类习性及生态分布

种类	食性	水层	栖息环境	备注
哲罗鱼 *Hucho taimen*	肉食性	下层	水流湍急溪水，春季洄游产卵	冷水鱼
细鳞鱼 *Brachymystax lenok*	肉食性	下层	河流、湖泊下层水体	冷水鱼
黑斑狗鱼 *Esox reicherti*	肉食性	上层	水温较低的河岸和水草丛	冷水鱼
草鱼 *Ctenopharyngodon idellus*	植食性	中下层	江河、湖泊中下层和近岸水草区	移入种
东北雅罗鱼 *Leuciscus waleckii*	杂食性	中上层	河口及水流较缓、水质澄清处	瓦氏雅罗鱼
拟赤梢鱼 *Pseudaspius leptocephalus*	肉食性	中下层	水温较低的流水水域	冷水鱼
赤眼鳟 *Squaliobarbus curriculus*	杂食性	中层	江河中层鱼类，生活适应性强	
白鲢 *Hypophthalmichthys molitrix*	植食性	上层	大多在水域的中上层游动觅食	

种类	食性	水层	栖息环境	备注
红鳍原鲌 *Culterichthys erythropterus*	杂食性	中上层	河流或湖泊水草茂密的浅水区	
蒙古鲌 *Culter mongolicus*	肉食性	中上层	水流缓慢的河湾或湖泊中上层	
鳙鱼 *Aristichthys nobilis*	杂食性	上层	淡水湖泊、河流、水库、池塘里	移入种
唇鱛 *Hemibarbus labeo*	肉食性	中下层	栖息于江河流水中	
花鱛 *H. maculates*	肉食性	底层	栖息于江河水底层	
麦穗鱼 *Pseudorasbora parva*	杂食性	上层	水草丛生的浅水水域	
鲤 *Cyprinus carpio*	杂食性	下层	广泛分布于各种水域	
鲫 *Carassius auratus*	杂食性	中下层	广泛分布于各种水域	
条纹似白鮈 *Paraleucogobio strigatus*	肉食性	底层	栖息于河道底层	小型鱼类
克氏鳈 *Sarcocheilichthys czerskii*	肉食性	中下层	栖息于水质澄清的流水或静水	特有种
犬首鮈 *Gobio cynocephalus*	肉食性	中下层	喜居流水环境	
细体鮈 *G. tenuicorpus*	肉食性	中层	生活于江河激流中不进入湖泊	
兴凯银鮈 *Squalidus chankaensis*	肉食性	底层	底层鱼类，喜居迁缓流水	
蛇鮈 *Saurogobio dabryi*	杂食性	中下层	喜生活于河流缓水沙底处	
突吻鮈 *Rostrogobio amurensis*	杂食性	底层	喜生活于河道底层	
团头鲂 *Megalobrama amblycephala*	植食性	中下层	淤泥底质水草丛生水域	移入种
贝氏鳘 *Hemiculter bleekeri*	肉食性	上层	栖息浅岸边，群游动于表层水域	
黑龙江鳑鲏 *Rhodeus sericeus*	植食性	上层	喜生于水草茂盛的缓流或静水	
大鳍鱊 *Acheilognathus macropterus*	植食性	上层	喜生静水或缓流、水草丛生水体	
北方泥鳅 *Misgurnus bipartitus*	杂食性	下层	喜生于河流、湖泊水体下层	
黑龙江花鳅 *Cobitis lutheri*	杂食性	下层	喜生于河流、湖泊水体下层	
鲶鱼 *Silurus asotus*	肉食性	中上层	喜生于河流、湖泊近岸	
江鳕 *Lota lota*	肉食性	底层	水质清澈或有水草生长河湾处	

　　鱼类的分布和物种的丰富度受到多种生态因子的影响。由表 6-1-3 可以看出，呼伦贝尔草原的辉河地区，鱼类多分布在气候寒冷的草原区的河流、湖泊的中下层或底层，主要以刮食河流、湖泊底层的藻类、有机物碎屑或水生昆虫为食，个体相对较小。其中，肉食性鱼类有 15 种，占当地已记录的鱼类种数的 48.4%；杂食性鱼类 11 种，占当地已记录的鱼类种数的 35.5%，主要分布在小溪、小河及草原湖泊中，主要是适应草原河流、湖泊温度较低、水位较浅、河床多藻类的生态环境。

（3）鱼类价值评估

　　鱼类肉质细嫩，味道鲜美，含有丰富的蛋白质、脂肪、糖类、矿物质和维生素，且易于消化吸收，是人类最喜爱的食物，尤其适宜老人、幼儿和病人食用。目前，渔业生产提供的蛋白质大约占世界蛋白质消费总量的 6%，约占人类对动物性蛋白消费总量的

24% 左右，其中约 70% 的蛋白质被人类直接食用，其余部分用于畜禽饲料生产。

鱼类中蛋白质的含量 15%～20%，属优质蛋白质，鱼肉肌纤维较短，蛋白质组织结构松软，水分含量多，肉质鲜嫩，容易消化吸收，消化率达 87%～98%。鱼类组织中有含氮化合物，主要是胶原蛋白和黏蛋白，当煮沸后成为溶胶，冷却后成为凝胶，这就是鱼汤凝成乳白胶冻样状。此外，鱼类富含一种含硫氨基酸的牛磺酸，能有效降低血中低密度脂蛋白胆固醇和升高高密度脂蛋白胆固醇，对防治成人动脉硬化，促进婴儿大脑发育，提高眼的暗适应能力具有显著疗效。

鱼类肌体脂肪含量较低，一般在 1%～10% 之间。大部分鱼类，肌体中仅有 1%～3% 的脂肪含量，如鳙鱼等；部分鱼类，如草鱼、鲤鱼等脂肪含量为 5%～8%，个别鱼类如鳊鱼等脂肪含量最高可达 15% 左右。因此，鱼类也是低脂肪、低热能、高蛋白、高营养的动物性食物。

鱼类肌体中含 1%～2% 无机盐类，包括钙、磷、钾、铜、锌、硒、碘等。其中，每公斤淡水鱼类含碘量可达 50～400 μg。特别是鱼肝中含有极丰富的维生素 A、维生素 D、维生素 B_1 和维生素 B_2 以及烟酸等，均为人体发育的必需营养物质。

表 6-1-4　辉河地区主要鱼类营养成分比较

单位：mg/100 g 鱼肉

种类	蛋白质	脂肪	碳水化合物	钙	磷	铁
草鱼	195	25	23	72	246	0.9
白鲢鱼	170	61	—	22	86	1.5
鳙鱼	153	9	—	36	187	0.6
鲤鱼	200	13	18	65	407	0.6
鲫鱼	195	34	—	84	200	0.6
鲶鱼	144	206	10	40	62	0.7
团头鲂	208	158	9	155	195	2.2
泥鳅	226	29	—	51	154	3.0
猪腿肉	167	288	10	11	177	2.4
牛腿肉	203	62	27	6	233	3.2
羊腿肉	173	136	5	15	168	3.0
鸡腿肉	233	12	1	13	189	2.8
鸡蛋	118	150	13	58	248	4.3
牛奶	33	42	51	122	90	0.1

注：本表部分数据来源于赵建成，吴跃峰，关文兰.河北驼梁自然保护区科学考察与生物多样性研究 [M].北京：科学出版社，2008。

在呼伦贝尔草原辉河国家级自然保护区及其周边地区内，常见的具有经济价值的鱼类主要有：

鳙鱼（*Aristichthys nobilis*）。也称胖头鱼。其生长快、个体大，为我国四大淡水养殖鱼类之一，是湖泊、水库、池塘中优良的养殖种类。鳙鱼味甘、性温，能起到暖胃、补虚、化痰、平喘的作用，对体质虚弱、脾胃虚寒、营养不良之人具有较好温补效果。此外，对痰多、咳嗽、耳鸣、眩晕以及患有肝炎、肾炎等病人，用胖头鱼和核桃仁一起煮食，还具有较好的治疗作用。

鲫鱼（*Carassius auratus*）。鲫鱼是普生性鱼类，具有生长快、耐低氧、耐高寒、分布广等特点，也是呼伦贝尔草原区主要经济鱼类之一。鲫鱼味甘、性温，有益气健脾、利水消肿、清热解毒、通络下乳等功效，可以治疗浮肿、腹水、产妇乳少、胃下垂、脱肛等病症，用鲜鲫鱼与赤小豆共煮汤服食，对腹水患者有一定治疗效果。用鲜活鲫鱼与猪蹄同煨，连汤食用，可治产妇少乳。此外，鲫鱼油有利于心血管功效，还可降低血液黏度，促进血液循环。

鲤鱼（*Cyprinus carpio*）。鲤鱼分布广，种群数量多，而且生长快，适应性强，食性广，是一种重要的经济鱼类。鲤鱼味甘、性平，有健脾开胃、利尿消肿、止咳平喘、安胎通乳、清热解毒等功效。适用于水肿、咳嗽、气喘、胎动不安、小儿惊风、癫痫等病症。此外，由于鲤鱼的视网膜上含有大量的维生素 A，因此，吃鲤鱼眼睛明目的效果特别好。在北方民间，用鲤鱼与冬瓜、葱白煮汤服食，可治疗肾炎引起的水肿。用活鲤鱼、猪蹄煲汤服食，可治产妇少乳。鲤鱼与川贝末少许煮汤服用，可有效缓减咳嗽、气喘病人的病症。

白鲢（*Hypophthalmichthys molitrix*）。白鲢鱼适应性强，生长快，为我国淡水养殖业四大养殖鱼类之一，在呼伦贝尔草原辉河地区的河道中偶有野生种分布。白鲢鱼味甘、性温，有温中益气、暖胃、滋润肌肤等功效，是温中补气养生食品，能起到祛除脾胃寒气、利水、止咳的作用，常用于脾胃虚弱、水肿、咳嗽、气喘等病的治疗。吃鲢鱼能缓解胃痛，尤其适用于胃寒疼痛或由消化不良引起的慢性胃炎。用 500 g 左右的白鲢鱼一条，加红小豆 30 g 煮食，可治疗病人水肿。

草鱼（*Ctenopharyngodon idellus*）。草鱼生长迅速，是我国四大淡水养殖鱼类之一，在呼伦贝尔草原辉河地区为人工引入种，主要分布于辉河、伊敏河的河流、湖沼等水生植物茂密水体。草鱼味甘、性温，有暖胃、平肝祛风等功效，是温中补虚的养生食品，适用于脾胃虚寒、胃痛、头痛等病症。常吃草鱼头还可以增智、益脑。胃痛的人可用草鱼一条，加豆蔻、砂仁各 3g 同煮；头痛的人则最好用草鱼加葱或香菜同煮，能起治疗作用。

鲶鱼（*Silurus asotus*）。又称怀头鱼。在呼伦贝尔草原区主要生活在湖沼、池塘或河川等的淡水中，头扁平、口大，口周围有数条长须，味觉灵敏。鲶鱼营养丰富，每 100 g 鱼肉中含蛋白质 14.4 g，并含有多种矿物质和微量元素，特别适合体弱虚损、营养不良之人食用。鲶鱼是产后妇女催乳的佳品，并有滋阴养血、补中气、开胃、利尿的作用。

瓦氏雅罗鱼（*Leuciscus waleckii*）。又称东北雅罗鱼，是一种中小型经济鱼类，在条件适宜的水域容易形成群体，易于集中捕捞。瓦氏雅罗鱼含有多种对人体有益的微量元素和矿物质，在呼伦贝尔草原辉河地区主要生活于水流较缓、底质多砂砾、水质清澄的河道中，系纯天然滋补营养佳品，可防止动脉硬化、高血压、冠心病和糖尿病，并有降低胆固醇的作用，更适宜肥胖人群、产后虚弱者或重症患者食用。

北方泥鳅（*Misgurnus bipartitus*）。泥鳅分布广，任何水域都有，一年四季均可捕捉到，为小型食用鱼类，种群数量大，肉质鲜嫩，营养价值高。泥鳅有补中益气、祛除湿邪、解渴醒酒、祛毒除痔、消肿护肝之功能。在北方民间，用泥鳅与大蒜猛火煮熟可治疗因营养不良引起的水肿。

6.1.4　陆生脊椎动物区系特征及分布

在呼伦贝尔草原的辉河地区，目前已记录到的陆生脊椎动物有 368 种，隶属于 28 目 75 科。该地区在动物地理区划上属于古北界中亚亚界蒙新区的东部草原亚区。其中，属于古北界的种类有 227 种（鸟类不包括非繁殖鸟），占陆生脊椎动物总数的 87.64%；属于东洋界的种类仅有 14 种（鸟类不包括非繁殖鸟），占陆生脊椎动物总数的 5.41%。其他类型动物包括：环球温带-热带型动物 6 种，占陆生脊椎动物总数的 2.32%；东半球热带-温带型动物 1 种，占陆生脊椎动物总数的 0.39%；季风型动物 7 种，占陆生脊椎动物总数的 2.7%；非洲-亚洲中部型动物 1 种，占陆生脊椎动物总数的 0.39%；不易归类动物 3 种，占陆生脊椎动物总数的 1.16%（参见表 6-1-5）。由此可见，呼伦贝尔草原的辉河地区陆生脊椎动物区系组成中古北界种类占绝对优势。

表 6-1-5　辉河地区陆生脊椎动物分布型统计

分布型	古北型	全北型	东北型	东北-华北型	中亚型	蒙古高原型	高地型	东洋型	季风型	东半球热带-温带型	环球温带-热带型	非洲-亚洲中部型	不易归类
种数	110	35	44	7	26	2	3	14	7	1	6	1	3
所占比例 / %	29.9	9.5	11.9	1.9	7.1	0.5	0.8	3.8	1.9	0.3	1.6	0.3	0.8

注：鸟类的分布型只对繁殖鸟（包括留鸟和夏候鸟）进行统计。

（1）两栖类

在呼伦贝尔草原的辉河国家级自然保护区，已发现的两栖类动物有 5 种，隶属于无尾目 (Anura) 蟾蜍科 (Bufonidae)、雨蛙科 (Hylidae) 和蛙科 (Ranidae)。其中，蛙科有 3 种，分别为中国林蛙、东北林蛙和黑龙江林蛙，占两栖类动物总数的 60%；蟾蜍科、雨蛙科各有 1 种，分别为花背蟾蜍和无斑雨蛙，占两栖类动物总数的 20%。

目前，辉河地区的两栖类动物主要由古北界种类组成，具有明显的古北界动物区系特征。其中，黑龙江林蛙属于古北型动物，花背蟾蜍和中国林蛙属于东北-华北型动物，无斑雨蛙和东北林蛙属于东北型动物。受区域地理环境和自然气候的影响，辉河地区的两栖类动物区系组成中，东北型和东北-华北型成分占较大比例（参见表 6-1-6）。

表 6-1-6　辉河地区两栖类分布型统计

分布型	古北型	东北型	东北 - 华北型
种数	1	2	2
所占比例 /%	20	40	40

在呼伦贝尔草原的辉河地区，两栖类动物主要分布于辉河保护区的河流、湖泊及其周围的沼泽湿地和附近草地。其中，花背蟾蜍多生活于土质松软、潮湿的草丛。无斑雨蛙多分布在河湖附近草地及溪流边的灌丛。黑龙江林蛙是该地区的优势蛙种，主要分布在靠近明水区的苔草草甸。中国林蛙分布于芦苇沼泽、林间沼泽及苔草草甸上。

两栖类动物与人类的生存与发展息息相关，绝大部分种类属于有益物种，在消灭、防治害虫以及维护生态系统平衡方面具有重要作用。中国林蛙主要捕食昆虫，其中多为森林、农牧业害虫，如步甲类、金龟、蝗虫、蚜虫、蚊子、蚂蚁等；花背蟾蜍主要以危害农作物及草原的昆虫为食，其中农作物害虫约占 75% 以上，主要包括直翅目、鞘翅目、膜翅目、双翅目、半翅目等昆虫，如椿象、叩头虫、草地螟、蝼蛄、蚜虫、小地老虎、金龟子、黏虫以及鳞翅目幼虫等，有益系数最大可达 46.9%，在陆地生态系统中扮演着重要的"清道夫"角色。此外，两栖类动物还具有重要的食用价值和药用价值，在我国民间的中医药典中，蟾蜍是著名的中药材，蟾蜍全身均可入药，其味甘、辛、性温有毒，可解毒消肿、通窍止痛、强心利尿，是多种中成药的主要原料。用雌性中国林蛙的输卵管可制成蛤士蟆油，含有多种营养成分及微量元素，是久负盛名的滋补中药，具有滋阴补阳、润肺生津、清神明目、健胃益肝等功效。两栖类动物的肉含蛋白质高，有多种人体必需的氨基酸和微量元素，特别是中国林蛙，肉质细嫩、味道鲜美、营养价值高，被民间广泛食用。

（2）爬行类

在呼伦贝尔草原的辉河地区，已调查发现的爬行类动物有 5 种，分别隶属于蜥蜴目 (Lecertifromes) 和蛇目 (Serpentiformes) 的蜥蜴科 (Lacertian)、蝰蛇科 (Viperidae) 和游蛇科 (Megapodiidae)。其中，蜥蜴科和蝰科各 2 种，分别占爬行类动物总数的 40%；游蛇科有 1 种，占爬行类动物总数的 20%。

辉河地区的爬行类动物主要是古北界种类，因此具有明显的古北界区系特征。其中，白条锦蛇属于古北型动物，乌苏里蝮蛇和岩栖蝮蛇属于东北型动物，丽斑麻蜥属于东北-华北型动物，北草蜥属于季风型动物。动物区系组成反映了东北区和华北区成分相互渗透的特征（参见表 6-1-7）。

表 6-1-7　辉河地区爬行类分布型统计

分布型	种数	所占比例 /%	分布特点
古北型	1	20	横贯欧亚大陆寒温带，主要沿东部季风区分布
东北型	2	40	主要分布于我国的东北及其邻近地区
东北 - 华北型	1	20	广泛分布于我国的东北、华北大部分地区
季风型	1	20	主要分布于我国东北部温凉、湿润地区

在生物进化史上，爬行类动物是第一批真正摆脱对水的依赖而征服陆地的变温脊椎动物，也是统治陆地时间最长的动物，可以适应陆地各种不同的生活环境。在呼伦贝尔草原的辉河地区，北草蜥大多生活于林缘、灌丛和草地。丽斑麻蜥分布于植被相对稀疏的丘陵地带及沙地环境。白条锦蛇分布于辉河地区内的草原、林地和沙地，平时藏身于鼠洞、灌丛或石块后，行动敏捷，主要以鼠类为食。乌苏里蝮蛇和岩栖蝮蛇主要分布于丘陵，栖息于林缘和灌丛。

大多数爬行类动物是杂食性或肉食性动物，通过大量捕食昆虫和鼠类等而有益于农牧业生产，在生态系统中扮演次级消费者的角色。如乌苏里蝮蛇和岩栖蝮蛇等，均以鼠类为食，且食量大，对抑制草原鼠害具有重要作用。蜥蜴类动物，如丽斑麻蜥、北草蜥等大多捕食各种农林害虫，如金龟子、叶螨、跳蝉、蝶类、蛾类、蚂蚁、蚊蝇等。此外，许多爬行类动物又是许多食肉动物和猛禽的食物来源之一，对维持区域陆地生态系统的稳定性以及自然界的能量流动和系统平衡都具有重要作用。

爬行类动物还具有较高的食用价值和药用价值。蛇类动物的蛇肉、蛇皮、血液、骨骼、油脂、内脏、毒液等均是中药的原料，具有祛风活络、散结止痛、镇惊解痉等功效。蛇肉所含的脂肪、蛋白质、糖类以及钙、镁、磷、铁和维生素 A、维生素 B_1 等，均可与上等牛肉媲美，此外，还含有多种人体所必需的氨基酸，如谷氨酸、天冬氨酸等，能增强人脑细胞的活力，是中国民间流传历史久远的滋补佳品。

（3）鸟类

在呼伦贝尔草原的辉河地区，已调查发现并记录到的鸟类共有 316 种，分别隶属于鸟纲 (AVES) 潜鸟目 (Gaviiformes)、䴙䴘目 (Podicipediformes)、鹈形目 (Pelecaniformes)、鹳形目 (Ciconiiformes)、雁形目 (Anseriformes)、隼形目 (Falconiformes)、鸡形目

(Galliformes)、鹤形目 (Gruiformes)、鸻形目 (Charadriiforme)、沙鸡目 (Pterocliformes)、鸽形目 (Columbiformes)、鹃形目 (Cuculiforme)、鸮形目 (Strigiformes)、夜鹰目 (Caprimulgiformes)、雨燕目 (Apodiformes)、佛法僧目 (Coraciiformes)、戴胜目 (Upupiformes)、䴕形目 (Piciformes)、雀形目 (Passeriformes)，共计 19 目 56 科 154 属。其中，属于地区性分布的繁殖鸟类共有 207 种，占已调查发现鸟类总数的 65.5%。在地区繁殖鸟类中，属于古北界的种类有 181 种，占繁殖鸟类总数的 87.44%。其中，古北型种类有 91 种，占繁殖鸟类总数的 43.96%；全北型种类有 31 种，占繁殖鸟类总数的 14.98%；东北型种类有 39 种，占繁殖鸟类总数的 18.84%；中亚型种类有 15 种，占繁殖鸟类总数的 7.23%；东北-华北型种类有 2 种，占繁殖鸟类总数的 0.97%；高地型种类有 3 种，占繁殖鸟总类数的 1.45%。东洋界种类仅有 13 种，占繁殖鸟类总数的 6.28%。其他类型有：环球温带-热带型 6 种，占繁殖鸟类总数的 2.90%；东半球热带-温带型 1 种，占繁殖鸟类总数的 0.48%；季风型 4 种，占繁殖鸟类总数的 1.93%。由此可见，该地区鸟类区系组成中古北界种类占绝对优势。

　　由于该地区在地理单元上处于蒙新区和东北区过渡地区，所以鸟类区系反映出蒙新区和东北区成分相互渗透的过渡性特征。除具有玉带海雕、大鵟、草原鵰、大鸨、蓑羽鹤、毛腿沙鸡、短趾百灵、蒙古百灵、蒙古沙鸻、铁嘴沙鸻、东方鸻、斑翅山鹑、石鸡、漠鵖(Desert Wheatear)、白顶鵖(Wheatear) 等蒙新区成分外，一些东北区成分如鸿雁、罗纹鸭、丹顶鹤、白枕鹤、白腹鹞、灰头麦鸡、白腰雨燕、山鹡鸰、红胁蓝尾鸲、北红尾鸲、蓝歌鸲、乌鹟、北灰鹟、小蝗莺、矛斑蝗莺、黑眉苇莺等也向该地区渗入，使这里的鸟类区系组成既有蒙新区的特点，又有东北区的特征。近些年来，该地区东洋型种类有所增加，如池鹭、牛背鹭、灰斑鸠、蓝翡翠、白喉针尾雨燕等。这除与动物自然扩散的原因有关外，可能与全球气候变暖有一定关系。

表 6-1-8　辉河地区繁殖鸟类分布型统计

分布型	古北型	全北型	东北型	东北-华北型	中亚型	高地型	东洋型	季风型	东半球热带-温带型	环球温带-热带型	不易归类
种数	91	31	39	2	15	3	13	4	1	6	2
占繁殖鸟比例 /%	43.96	14.98	18.84	0.97	7.25	1.45	6.28	1.93	0.48	2.90	0.97

　　在呼伦贝尔草原的辉河地区，主要生态系统类型有森林、草原、湿地、沙地灌丛、农田和村镇居民点 6 大类。这些不同的生态系统类型在地理空间上的交错分布，孕育着不同的生境，为各种鸟类的觅食、栖息以及繁殖提供了较为优越的环境条件。其中，根

据鸟类栖息生境主要有如下 4 类：

① 湿地

在辉河国家级自然保护区，湿地主要分布在辉河及其支流的两岸地带，面积约 1 167 km²，主要生境类型包括河流和湖泡、芦苇沼泽地及河岸湿地，植被类型包括低地草甸类和沼泽类 2 个类、3 个亚类、13 个组、32 个型。湿地生境大面积连续分布，不仅对维护辉河及其周边地区的区域生态平衡发挥着重要作用，而且也是众多珍稀濒危鸟类栖息、觅食、繁殖的理想环境。

辉河及周围的众多湖泡为鸬鹚、凤头䴙䴘、黑颈䴙䴘、大天鹅、鸿雁、豆雁、赤麻鸭、翘鼻麻鸭、斑嘴鸭、红头潜鸭、凤头潜鸭、青头潜鸭、骨顶鸡、红嘴鸥、黄腿银鸥等多种游禽提供了适宜栖息地。其中，芦苇沼泽地生长有大面积的芦苇和香蒲，不仅是雁鸭类、䴙䴘类等游禽以及苍鹭、草鹭、大白鹭、丹顶鹤、白枕鹤等涉禽的繁殖地，而且也是多种水鸟的取食地和隐蔽场所。河岸湿地包括河岸灌丛、水边浅滩和部分积水草地。此生境是凤头麦鸡、矶鹬、红脚鹬、泽鹬、黑翅长脚鹬、针尾沙锥、扇尾沙锥、须浮鸥、白翅浮鸥、普通燕鸥等中小型水鸟的栖息地。除了游禽和涉禽外，湿地中还分布着一些喜欢湿润环境主要以昆虫为食的雀形目鸟类，如黄头鹡鸰、黄鹡鸰、灰鹡鸰、白鹡鸰、红颈苇鹀、苇鹀等。

辉河两岸及其周边地带，具有面积广大、复杂多样的沼泽地，也为水鸟提供了优越的栖息和繁殖场所。特别是大面积的明水区、浅水滩、沼泽地、草甸等生境，为以浮游生物、水生动植物为食料的多种水鸟提供了觅食环境。这些鸟类在该地区多为繁殖鸟，也有部分是迁徙途经此地而停歇取食的，不仅种类繁多，而且种群数量也大，尤其是在迁徙季节，种群数量最大可达到数千只规模。此外，辉河地区的湿地也是东亚地区鸟类迁徙、繁衍的重要"驿站"，更是丹顶鹤、大鸨等多种珍稀濒危鸟类的重要繁殖地。

② 草地

草地为辉河地区最为重要的一个生态景观类型，面积约占区域总面积的 75% 以上，主要包括 4 个草地类（山地草甸类、温性草甸草原类、温性干草原类、低地草甸类）、5 个草地亚类、27 个草地组、83 个草地型，是呼伦贝尔草原目前保存最完整、植被类型最齐全的草原类型。

由于辉河地区地处呼伦贝尔草原腹地，草地植被类型复杂多样，植物种类丰富，栖息地环境相对优越，也为众多鸟类提供了充裕的食物来源。目前，在辉河草原不同生境类型上栖息的鸟类主要有蒙古百灵、角百灵、大短趾百灵、短趾百灵、大鸨、蓑羽鹤、金雕、草原雕、毛腿沙鸡、日本鹌鹑、大鵟、红隼等。此外，有些水鸟如苍鹭、银鸥、红嘴鸥、蓑羽鹤等也经常飞到湿地周围的草地上觅食鼠类、昆虫及草籽等。

③沙地灌丛

沙地灌丛是呼伦贝尔草原辉河地区特有的生态景观类型。植被类型以沙地灌丛为主，建群植物种类有小黄柳 (*Salix gordejevii*)、小叶锦鸡儿、山竹岩黄芪、达乌里胡枝子、差巴嘎蒿、光沙蒿、冰草等，此类生境主要分布于辉河地区外围的边缘地带，灌草植被垂直结构复杂，植物种类相对丰富，一些树栖鸟类如红尾伯劳、北灰鹟、黄腰柳莺、黄眉柳莺、红隼、红脚隼、红胁蓝尾鸲、雕鸮等常在此栖息。在辉河上游地区红花尔基以西地带，以樟子松林为主的林地呈斑块状分布，在此生境中分布的鸟类主要有黑琴鸡、大杜鹃、日本松雀鹰、朱雀、大山雀、沼泽山雀、灰蓝山雀、褐头山雀、银喉长尾山雀、大斑啄木鸟等。

④居民点

在呼伦贝尔草原辉河保护区及其周边地区，由于居民点分布相对稀疏，而且多数居民点在草原上呈零散状分布，因此，在居民点分布的鸟类相对较少，主要是一些伴人而居的物种，如麻雀、家麻雀、家燕、金腰燕、楼燕、锡嘴雀、喜鹊、戴胜和小嘴乌鸦、达乌里寒鸦等，与森林、草原、湿地等生境的鸟类相比，其物种数及其种群规模均比较小。

（4）哺乳类

哺乳类动物是全身被毛、运动速度快、恒温、胎生及哺乳的脊椎动物，是脊椎动物中形态结构最高等、生理机能最完善、行为最复杂的高等动物类群。哺乳动物起源于古代爬行动物，在动物系统进化史上是最高级的一类动物，也是与人类关系最为密切的动物类群。由于哺乳动物具备了许多独特的特征，因而大大提高了后代的成活率，增强了哺乳动物自身对生存环境的适应能力。

在呼伦贝尔草原辉河地区，目前已调查并记录到的哺乳类动物共计有 43 种，分别隶属于哺乳纲 (Mammalia) 食虫目 (Insectivora)、翼手目 (Chiroptera)、兔形目 (Lagomrpha)、啮齿目 (Rodentia)、食肉目 (Carnivora)、偶蹄目 (Artiodactyla)，共计 6 目 14 科 29 属。其中，以啮齿类动物种类最多，占辉河地区哺乳类动物种数的 40.5%；其次为食肉目动物，占辉河地区哺乳类动物种数的 31.0%。

哺乳动物的区系成分是描述分布在这一地理区域内哺乳动物成分的总体，也是用来描述哺乳动物分布的区域差异。根据物种分布区相对集中，并与一定的自然地理区域相联系的事实，将呼伦贝尔草原辉河地区的哺乳动物类群划分为北方型（包括古北型、全北型）、东北型、东北-华北型、中亚型、蒙古高原型、东洋型、季风型、非洲-亚洲中部型和不易归类型 9 种分布类型。其中，古北型有 17 种，占总数的 40.47%；中亚型有 11 种，占总数的 26.19%；全北型有 4 种，占总数的 9.52%；东北-华北型、蒙古高原型和季风型各有 2 种，各占总数的 4.76%；东北型、非洲-亚洲中部型各有 1 种，各占总数的 2.38%。东洋型仅有 1 种，占总数的 2.38%（参见表 6-1-9）。该地区哺乳动物区系组成中古北界种类占绝对优势,表现出古北界区系特征。

①北方型。分布区位于北半球的北部地区,根据实际分布特点,又分为古北型和全北型两类。古北型是指横贯欧亚大陆寒温带地区,分布区的南界通过我国最北部,即东北北部及新疆北部地区,属于古北界。全北型是指少数种类的分布还包括北美地区,属于全北界成分,反映出我国北方动物区系与全球寒温带-极地间的关系。在呼伦贝尔草原辉河地区,北方型种类是哺乳动物的主体,共有 22 种,占当地已调查发现的哺乳动物种数的 51.16%。其中,属于古北型种类有 18 种,占当地已调查发现的哺乳动物种数的 41.86%,主要种类包括须鼠耳蝠、大鼠耳蝠、水鼠耳蝠、双色蝙蝠、香鼬、黄鼬、艾鼬、狗獾、水獭、小家鼠、黑线姬鼠、褐家鼠、野猪、狍等。全北型种类在北方型种类中所占比例较小,仅占当地已调查发现的哺乳动物种数的 9.30%,共计 4 种,分别为狼、赤狐、沙狐和貂。

②东北型。分布区位于我国的东北及其毗邻的较寒冷地区,少数种类的分布区向东可延伸到朝鲜和日本,向西最远可达达乌尔山脉。辉河地区属于东北型的哺乳动物仅有1 种,即兔科的东北兔。

③东北-华北型。分布区域位于我国东北向华北或更南地区延伸的区域,气候温润,自然条件相对较好。在呼伦贝尔草原的辉河地区,目前已调查发现的属于东北-华北型种类主要有黑线仓鼠、大林姬鼠 2 种,占当地哺乳动物种数的 4.65%。

④中亚型。也称温带干旱草原荒漠型,主要分布于亚洲大陆中部含我国青藏高寒荒漠,以及柴达木盆地以西地区。在呼伦贝尔草原辉河地区,已调查发现的中亚型物种有11 种,占当地已调查发现的哺乳动物种数的 25.58%,是第二大哺乳动物类群,如达乌尔属兔、达乌尔黄鼠、草原旱獭、跳鼠科种类、仓鼠科的小毛足鼠、黑线毛足鼠、长爪沙鼠、夹颊田鼠、兔狲、黄羊等。

⑤蒙古高原型。主要分布于蒙古高原的干旱半干旱草原区,包括俄罗斯远东南部草原区、蒙古国全部及中国北方草原区等,主要种类为达乌尔猬和布氏毛足田鼠,共 2 种。

⑥东洋型。也称东南亚热带-亚热带型,分布于包括我国秦岭以南地区、印度半岛、中南半岛、马来半岛以及斯里兰卡、菲律宾群岛、苏门答腊、爪哇、加里曼丹等大小岛屿的动物地理区。分布区的北缘深入到我国南方亚热带-亚热带地区,是华南区的代表成分。在呼伦贝尔草原的辉河地区,已发现的东洋型哺乳动物仅有 1 种,即猫科的豹猫。

⑦季风型。为我国季风气候区所特有种。在呼伦贝尔草原辉河地区,已发现的季风型种类仅有 2 种,即犬科的貉和仓鼠科的东方田鼠。

⑧非洲-亚洲中部型。主要分布于非洲-亚洲中部地区,在呼伦贝尔草原辉河地区仅草兔(蒙古兔)1 种。

⑨难以确定型。在呼伦贝尔草原辉河地区,难以明确归入上述类型的种类较少,仅

东亚蝙蝠1种。

表 6-1-9 辉河地区哺乳类动物分布型统计

分布型	古北型	全北型	东北型	东北-华北型	中亚型	蒙古高原型	东洋型	季风型	非洲-亚洲中部型	不易归类型
种数	18	4	1	2	11	2	1	2	1	1
所占比例 /%	41.86	9.30	2.33	4.65	25.58	4.65	2.33	4.65	2.33	2.33

哺乳动物的分布在很大程度上同其所处的生境特点有关，不同生境中的哺乳动物的种类组成、种群数量等均有较大差异。在呼伦贝尔草原的辉河地区，猬科动物分布在辉河地区的干旱草原地带的低洼地及沙地灌丛中。蝙蝠科的动物分布于居民区，大多栖居于房屋的顶棚、废墟的墙缝或洞穴中。兔形目是典型的草原动物，在灌丛沙地、草原及芨芨草草甸均有分布，夏季主食冷蒿，其次是小叶锦鸡儿及禾本科和莎草科的一些植物。跳鼠科的三趾跳鼠和五趾跳鼠是在沙地中分布最广泛的动物，主要分布于植物稀疏的灌木生境，取食植物种子及根茎叶，也食昆虫。鼠科动物分布环境较广，主要栖息于草原、芨芨草滩、居民区及林地。仓鼠科动物主要分布在草原。犬科的狼、赤狐、沙狐大多分布在人为干扰较小的开阔地区。鼬科动物分布于芨芨草滩、草原、林地等生境中。黄鼬、艾鼬主要以老鼠和野兔为食；伶鼬是草原上最小的鼬类，常在夜间成群出击兔和鼠类。猫科动物主要分布在草原生境及居民区附近林地。鹿科的狍分布于辉河地区的林地，以草、蕈、浆果为食。牛科的黄羊是草原上有蹄兽类的代表动物，集群性强，以禾本科植物为主要食物，目前数量较少。野猪多栖息于山地森林与灌丛之中，多以野菜、野果和植物种子为食，在辉河东部地区靠近山地森林边缘的林缘地带，偶见有野猪出没。

表 6-1-10 辉河地区哺乳类动物生境类型

哺乳动物种类	生境类型					
	山地森林	草甸草原	干草原	灌丛草地	河漫滩	村落农田
1. 达乌尔猬 Mesechinus dauricus		√	√	√	√	
2. 须鼠耳蝠 Myotis mystacinus	√				√	√
3. 大鼠耳蝠 M. myotis	√					√
4. 水鼠耳蝠 M. daubentoni	√				√	√
5. 双色蝙蝠 Vespertilio murinus	√					√
6. 东亚蝙蝠 V. orientalis	√					√
7. 狼 Canis lupus	√	√	√	√	√	
8. 赤狐 Vulpes vulpes	√	√	√	√		
9. 沙狐 V. corsac		√	√	√		

哺乳动物种类	生境类型					
	山地森林	草甸草原	干草原	灌丛草地	河漫滩	村落农田
10. 貉 *Nyctereutes procyonoides*	√	√	√		√	
11. 艾鼬 *Mustela eversmannii*	√			√		√
12. 香鼬 *M. altaica*	√	√	√	√	√	√
13. 白鼬 *M. erminea*	√	√	√	√	√	√
14. 伶鼬 *M. nivalis*	√	√	√	√	√	√
15. 黄鼬 *M. sibirica*	√	√	√	√	√	√
16. 狗獾 *Meles meles*	√	√	√	√	√	√
17. 水獭 *Lutra lutra*	√	√			√	
18. 兔狲 *Otocolobus manul*		√	√	√	√	
19. 豹猫 *Prionailurus bengalensis*	√			√		
20. 雪兔 *Lepus timidus*	√	√				
21. 草兔 *L. capensis*		√	√	√	√	√
22. 东北兔 *L. mandschuricus*	√	√	√	√	√	
23. 达乌尔鼠兔 *Ochotona daurica*		√	√		√	
24. 达乌尔黄鼠 *Spermophilus dauricus*		√	√	√	√	√
25. 草原旱獭 *Marmota bobak*		√	√		√	
26. 五趾跳鼠 *Allactaga sibirica*	√	√	√	√		√
27. 三趾跳鼠 *Dipus sagitta*	√	√	√	√		√
28. 黑线仓鼠 *Cricetulus barabensis*		√	√		√	√
29. 小毛足鼠 *Phodopus roborovski*			√	√	√	√
30. 黑线毛足鼠 *P. sungorus*		√	√	√	√	√
31. 长爪沙鼠 *Meriones unguiculatus*		√	√	√		√
32. 普通田鼠 *Microtus arvalis*	√	√			√	√
33. 东方田鼠 *M. fortis*	√	√			√	√
34. 狭颅田鼠 *M. gregalis*		√	√	√	√	√
35. 布氏毛足田鼠 *Lasiopodonmys brandti*		√	√	√	√	√
36. 麝鼠 *Ondatra zibethica*	√	√			√	
37. 大林姬鼠 *Apodemus peninsulae*	√			√	√	√
38. 黑线姬鼠 *A. agrarius*	√	√		√		
39. 褐家鼠 *Rattus norvegicus*		√	√	√	√	√
40. 小家鼠 *Mus musculus*		√	√	√	√	√
41. 蒙古原羚 *Procapra gutturosa*		√	√	√	√	
42. 狍 *Capreolus capreolus*	√	√	√	√	√	
43. 野猪 *Sus scrofa*	√	√				

6.2 脊椎动物多样性编目

6.2.1 鱼类动物多样性

（1）哲罗鱼

学　名：*Hucho taimen*

英文名：Taimen

鲑形目鲑科哲罗鱼属鱼类，冷水性纯淡水凶猛食性鱼类。体长，头部平扁，吻尖，口裂大，鳞极细小，椭圆形，侧线完全。背部青褐色，腹部银白。头部、体侧有多数密集如粟粒状的暗黑色小十字形斑点。终年栖息于 15℃以下，水流湍急的溪流里。四季均索食。

哲罗鱼

（2）细鳞鱼

学　名：*Brachymystax lenok tsinlingensis*

英文名：Qinling lenok

鲑形目鲑科细鳞鱼属鱼类，冷水性鱼类。上颌骨后延不及眼的后缘，脂鳍大，与臀鳍相对。终年栖息于山涧溪流，体长 17 ～ 45 cm。多以水生无脊椎动物和被风吹落的陆生昆虫为食。

（3）黑斑狗鱼

学　名：*Esox reicherti*

英文名：Amur pike

鲑形目狗鱼科狗鱼属鱼类，大型淡水鱼类。一般，体长约 600 mm，体重 1 ～ 2 kg，肚皮白色，背部呈灰绿色或绿褐色，体侧散布许多黑色斑点。喜栖息于水温较低的江河缓流和水草丛生的沿岸带。

（4）草鱼

学　名：*Ctenopharyngodon idellus*

英文名：Grass carp

鲤形目鲤科雅罗鱼亚科草鱼属鱼类，俗称草根、黑青鱼等。体略呈圆筒形，头部稍平扁，口弧形无须；体呈浅茶黄

草鱼

色,背部青灰,腹部灰白,胸、腹鳍略带灰黄色。一般喜居于水的中下层和近岸多水草区域。性活泼,游泳迅速,常成群觅食,是中国淡水养殖的"四大家鱼"之一。

（5）东北雅罗鱼

学　名：*Leuciscus waleckii*

英文名：Amur ide

鲤形目鲤科雅罗鱼亚科雅罗鱼属鱼类,俗称华子鱼,瓦氏雅罗鱼。体长 40 cm 左右,无腹棱,上颌略长于下颌,无须。体背灰褐色,腹部银白色。喜栖息于水流较缓、底质多砂砾、水质清澄的江河口或山涧支流里,喜集群活动。

（6）拟赤梢鱼

学　名：*Pseudaspius leptocephalus*

英文名：Flathead asp

鲤形目鲤科雅罗鱼亚科拟赤梢鱼属鱼类。俗称红尾巴梢,尖嘴。鱼体细长,头细长且尖,下颌前端有一小瘤状突起。腹腔膜灰白色,带小黑点。喜栖息于水温较低的流水水域,主要以浮游动物、小型鱼类、甲壳动物为食。

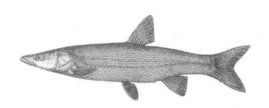

拟赤梢鱼

（7）赤眼鳟

学　名：*Spualiobarbus Curriculus*

英文名：Barble chub

鲤形目鲤科雅罗鱼亚科赤眼鳟属鱼类,俗称红眼鱼、参鱼。体呈长筒形,体色银白,眼的上缘有一显著红斑。江河中层鱼类,适应性强,多以藻类、有机碎屑、水草等为食。

（8）白鲢

学　名：*Hypophthalmichthys molitrix*

英文名：Silver carp

鲤形目鲤科鲢属鱼类,俗称白鲢鱼、鲢子等。体形侧扁,呈纺锤形,头较大,鳞片细小。性急躁,善跳跃。广泛分布于全国各大水系江、河、湖泊中。白鲢以浮游植物为食物,喜肥水,常聚集群游至水域的中上层,特别是水质较肥的明水区,我国淡水养殖的"四大家鱼"之一。

白鲢

（9）红鳍原鲌

学　　名：*Cultrichthys erythropterus*

英文名：Redfin culter

鲤形目鲤科鲌亚科原鲌属鱼类,俗称短尾鲌、红梢子、小白鱼等。体扁长,头背面平直,背鳍短,具有强大而光滑的硬刺,体侧鳞片后缘具黑色素斑点。喜栖息在水草繁茂的湖泊和江河的缓流里。

红鳍原鲌为凶猛性肉食性鱼类,幼鱼主要摄取枝角类、桡足类和水生昆虫,成鱼一般以小鱼为食,亦食少数的虾、昆虫和浮游动物。

（10）蒙古鲌

学　　名：*Culter mongolicus*

英文名：Mongolian culter

鲤形目鲤科鲌亚科鲌属鱼类,俗称尖头红梢子。体长侧扁,背鳍具光滑硬刺,尾鳍下叶为橘红色。喜生活在水流缓慢的河湾或湖泊的中上层,集群繁殖,游动敏捷、较分散,主要以小鱼、浮游动物和水生昆虫为主食。

（11）鳙鱼

学　　名：*Aristichthys nobilis*

英文名：Bighead carp

鲤形目鲤科鳙鱼属鱼类,俗称花鲢、胖头鱼等。外形侧扁,头大而宽,约为体长的1/3。鳃孔较大,鳞细而密。背部黑色,体侧深褐带有黑色或黄色花斑。鳙鱼性温驯,生活在水体中层,主要以轮虫、枝角类、桡足类等浮游动物和部分浮游植物为食。

鳙鱼

（12）唇䱻

学　　名：*Hemibarbus labeo*

英文名：Skin carp

鲤形目鲤科鮈亚科䱻属鱼类。头长大于体高,吻稍尖而突出,须1对。胸鳍末端略尖,腹鳍较短小。为中下层鱼类,喜生活在江河流水中,主食水生昆虫和软体动物。

（13）花䱻

学　　名：*Hemibarbus maculatus*

英文名：Spotted steed

鲤形目鲤科鮈亚科䱻属鱼类。体长,背部自头后至背鳍前方显著隆起,头长小于体高,须1对,背鳍和尾鳍具多数小黑点,其他各鳍灰白。为江湖中常见的中下层鱼类,主要以水生昆虫的幼虫为食物，也食软体动物和小鱼。

（14）麦穗鱼

学　名：*Pseudorasbora parva*

英文名：Topmouth gudgeon

鲤形目鲤科鮈亚科麦穗鱼属鱼类，俗称罗汉鱼。头尖，略平扁。口上位，无须，背鳍无硬刺，小型鱼类。常见于江河、湖泊、池塘等静水水域或透明度不高的水体，杂食性，主要以水中浮游动物为食。在辉河地区为土著物种。

（15）鲤

学　名：*Cyprinus carpio linnaeus*

英文名：Cyprinoid or Carp

鲤形目鲤科鲤属鱼类，俗称鲤拐子、鲤子。中粗强的绿褐色鱼，鳞大，上腭两侧各有2须，喜单独或成小群地生活在平静且水草丛生的池塘、湖泊、河流泥底，属于底栖杂食性鱼类，荤素兼食。

（16）鲫

学　名：*Carassius auratus*

英文名：Crucian

鲤形目鲤科鲫属鱼类，俗称鲫瓜子。一般体长15～20 cm，呈梭形，头小吻钝无须，扁片形。背鳍、臀鳍第3根硬刺较强，后缘有锯齿。体背灰黑色，腹面银灰色。杂食性，主要以植物性食料如茎、叶、芽、果实及藻类等为主。

鲫鱼

（17）条纹似白鮈

学　名：*Paraleucogobio strigatus*

英文名：Manchurian Gudgeon

鲤形目鲤科似白鮈属小型鱼类。体长50～70 mm，口角有1对短须，腹部具鳞，背鳍短，尾鳍分叉等长，体侧鳞片具黑褐色纵纹。喜栖息于河道，以底栖无脊椎动物为食。

（18）克氏鰁

学　名：*Sarcocheilichthys czerskii*

英文名：Sarcocheilichthys czerskii

鲤形目鲤科鰁属鱼类，原名克氏黑鳍鰁，长60～110mm，性情温和，喜群游，常栖息于水质澄清的流水或静水中。肉食性鱼类，喜食底栖无脊椎动物和水生昆虫，亦食少量甲壳类、贝壳类、藻类及植物碎屑。

（19）犬首鮈

学　　名：*Gobio cynocephalus*

英文名：Canis Gudgeon

鲤形目鲤科鮈属鱼类，体长可达 19cm。吻较尖，鼻孔前方凹陷。口下位，口角具较长须一对。体侧有 8～9 个黑斑点，背部有 6～7 个较暗的黑色斑点，尾鳍叉形。喜居于流水砂砾底质河段，常以底栖无脊椎动物为食。

（20）细体鮈

学　　名：*Gobio tenuicorpus*

英文名：Lightface Gudgeon

鲤形目鲤科鮈属鱼类，中国特有物种。吻稍尖，口弧形。口角具 1 对粗长须，胸鳍较大，腹鳍较长，尾鳍末端尖。体背、体侧上部灰黑色，背上有许多小黑点，背部正中有 6～7 个黑斑块。喜生活于江河激流之中，不进入湖泊。

（21）兴凯银鮈（兴凯颌鬚鮈）

学　　名：*Squalidus chankaensis*

英文名：Northeast Gudgeon

鲤形目鲤科颌鬚鮈属鱼类。吻稍尖，口呈马蹄形，有口角须 1 对。背部灰黑，体侧浅黄，体背有一黑色细纹带，体侧中轴也有一黑色纹带，尾鳍叉型。底层鱼类，喜居迁缓流水。主要以摇蚊类幼虫为食。

（22）蛇鮈

学　　名：*Saurogobio dabryi*

英文名：Longnose gudgeon

鲤形目鲤科鮈亚科蛇鮈属鱼类。体长呈圆筒形，头长大于体高。口下位呈马蹄形，口角有须 1 对，体侧中轴有一浅黑色纵带。胸鳍、腹鳍为黄色。为江河、湖泊中下层小型鱼类，喜生于缓水沙底处。主要摄食水生昆虫或桡足类昆虫，也食少量水草或藻类。

（23）突吻鮈

学　　名：*Rostrogobio amurensis Taranetz*

英文名：Amur gudgeon

鲤形目鲤科突吻鮈属鱼类。体细长，吻钝，突出。口弧形，口角处与上唇相连，口角须 1 对，长度小于眼径。背部两侧棕色，体侧中轴有 8～10 个长形黑色斑点。喜栖息于有流的河道中。以浮游植物、底栖生物为食。

（24）团头鲂

学　名：*Megalobrama amblycephala*

英文名：Bluntnose black bream

鲤形目鲤科鲌亚科鲂属鱼类。多见于静水性湖泊，为中下层鱼类，为草食性鱼类，成鱼以苦草（*Vallisneria natans*）、轮叶黑藻（*Hydrilla verticillata*）、眼子菜（*Potamogeton oct*）等沉水植物为食，也喜食菜叶及部分湖底植物碎屑和少量浮游动物。

团头鲂

（25）贝氏鳘

学　名：*Hemiculter bleekeri*

英文名：Bleekeri warpachowsky

鲤形目鲤科鳘属鱼类。体长而薄，背鳍具光滑硬刺。小型鱼类，喜集群，常在浅水区觅食。杂食性，主要摄食水生昆虫和浮游动物。

（26）黑龙江鳑鲏

学　名：*Rhodeus sericeus*

英文名：Bitterling

鲤形目鲤科鳑鲏属的鱼类，俗称葫芦子。体侧扁，略呈椭圆形。口小无须。生活于水草茂盛的缓流或静水中，为草食性鱼类。

（27）大鳍鱊

学　名：*Acheilognathus macropterus*

英文名：Largefin Bitterling

鲤形目鲤科鳑鲏亚科鱊属鱼类，原称大鳍刺鳑鲏、猪耳鳑鲏。体扁而薄，口略呈马蹄形，口角须1对或无。背鳍和臀鳍均具粗壮硬刺，最大体长170 mm。喜生于缓流或静水水草丛生的水体中。杂食性，以高等水生植物的叶片和藻类为主食。

（28）鲶

学　名：*Silurus asotus*

英文名：Oriental sheatfish or Far east asian catfish

鲶形目鲶科鲶属鱼类。俗称鲶鱼、棉鱼等。体长形，头平扁，成鱼有须2对，体多黏液，无鳞。有4～6根鳍条。为底栖肉食性鱼类，捕食对象多为小型鱼类，如鲫鱼、麦穗鱼、鲤鱼、泥鳅及虾类和水生昆虫。主要生活在江河、湖泊、水库、坑塘的沿岸地带或草丛、石块下。

（29）北方泥鳅

学　名：*Misgurnus bipartitus*

英文名：Northern loach or Oriental weatherfish

鲶形目鳅科泥鳅属鱼类。俗称泥鳅、泥勒勾子。体细长，短须，腹鳍基部起点与背鳍第 2 ～ 4 根分枝鳍条基部相对。底层鱼类，常栖息于河沟、湖泊及沼泽砂质泥底的静水或缓流水体。杂食性，多以昆虫及其幼虫、小型甲壳动物、植物碎屑及藻类为食。

（30）黑龙江花鳅

学　名：*Cobitis lutheri*

英文名：Northeast Spined loach

鲶形目鳅科花鳅属鱼类，俗称鳅、花鳅。小型鱼类，有较长口须 3 对，眼下刺分叉，背鳍分枝鳍条6 ～ 7根，多数个体尾鳍基下部黑斑不明显。底层鱼类，常栖息于清水、缓流、砂底质的河汊、沟渠及沼泽，行动缓慢。杂食性，常以水生昆虫及藻类为食。

（31）江鳕

学　名：*Lota lota*

英文名：Burbot

鳕形目鳕科江鳕属鱼类，俗称山鳕、山鲶鱼、鲶鱼。体色淡绿或褐色，具斑纹。鳞小，常嵌入皮下。具一颏须，一长臀鳍和二背鳍。为淡水冷水性底栖凶猛鱼类，喜栖于水质清澈的沙底或有水草生长的河湾处。肉食性，常以小白鲑、鲫、鮈亚科、七鳃鳗等鱼及鱼卵为食，有时食少量水生昆虫的幼虫、底栖动物及蛙等。

6.2.2　两栖类动物多样性

（1）花背蟾蜍

学　名：*Bufo raddei*

英文名：Radde's toad

无尾目蟾蜍科蟾蜍属两栖动物，俗称癞蛤蟆。2000 年 8 月被国家林业局列入《国家保护的有益的或者有重要经济、科学研究价值的陆生野生动物名录》。背部有显著不规则花斑，疣粒有红点，雄性背呈橄榄黄，雌性浅绿色。腹面乳白，后部略有黑斑。常见于植被低矮的草滩、河漫滩及田间地头。白昼多匿于草石下或土洞内，黄昏时外出寻食。

（2）无斑雨蛙

学　名：*Hyla ussuriensis*

英文名：Sanchiang Tree Frog

无尾目雨蛙科雨蛙属两栖动物，俗称绿蛤蟆。体形较小，吻棱明显，背面皮肤绿色、光滑，腹面白色并密布扁平疣。多栖息在山间溪流、池塘、水坑、沼泽、草丛等，多捕食棉铃虫、椿象、金龟子和象鼻虫等害虫。

（3）中国林蛙

学　名：*Rana chensinensis*

英文名：Chinese forest frog

无尾目蛙科蛙属两栖动物，俗称红肚田鸡。头、四肢细长，行动敏捷，鼓膜部有三角形褐斑，体背土黄色，疣上散有深色斑。以陆栖为主，常栖息于湿润凉爽环境，以多种鞘翅类昆虫及蜘蛛类动物为食。

（4）东北林蛙

学　名：*Rana dybowskii*

英文名：Northeast Forest Frog

东北林蛙

无尾目蛙科蛙属珍稀两栖野生动物，俗称哈士蟆。体大而粗壮，皮肤较光滑，疣粒少。雌性腹面棕黄色，雄性腹面灰白色；雄性咽侧下有一对内声囊。为我国东北地区特有蛙种，已被列为易危（VU）物种。喜生于林草繁茂、地面潮湿的环境，食性广泛，多以昆虫类为主，其次为蜘蛛和多足类。为蛙类中经济价值最高的一种，具有重要的食用价值和药用价值。

（5）黑龙江林蛙

学　名：*Rana amurensis*

英文名：Heilongjiang Forest Frog

无尾目蛙科蛙属两栖动物，俗称草哈蟆。体大而肥硕。头长宽几乎相等。体色有异变，雄性为棕色、褐灰色或棕黑色，雌性为棕红色或棕黄色，背中央有1浅色宽脊线。无声囊。喜生于山林、沼泽、水塘和水沟等静水水域及其附近，以林间草地为多。

6.2.3　爬行类动物多样性

（1）北草蜥

学　名：*Takydromus septentrionalis*

英文名：Grassland Lizard

蜥蜴目蜥蜴科草蜥属外温动物。体细长，尾为体长的两倍以上。四肢较发达。体背绿褐色，腹面灰白色。喜栖居于山区、丘陵农田、草原及灌草丛中。2000年8月已被国家林业局列入《国家保护的有益的或者有重要经济、科学研究价值的陆生野生动物名录》。

（2）丽斑麻蜥

学　名：*Eremias argus*

英文名：Mongolian Racerunner

丽斑麻蜥

蜥蜴目蜥蜴科麻蜥属外温动物。体型较小，背部具有眼斑，斑心黄色，周围棕黑色。颈、躯干、四肢背面粒鳞，四肢均具五指趾，有爪。行动敏捷，攻击力强，多捕食蝼蛄、金龟子和金针虫等鞘翅目和粘虫、地老虎等鳞翅目昆虫，以及蛛形纲、甲壳纲、多足纲等动物。常栖息于洞穴、草丛或灌木丛。

（3）白条锦蛇

学　名：*Elaphe dione*

英文名：Dione ratsnake

蛇目游蛇科锦蛇属蛇类，俗称枕纹锦蛇、麻蛇。无毒性。头略呈椭圆形，体尾较细长，头顶有3条黑褐色斑纹，躯尾背面具3条浅色纵纹。常生活于平原、丘陵或山区、草原，栖于田野、坟堆、草坡、林区、河边及近旁，捕食壁虎类、蜥蜴类、鼠类及鸟和鸟卵，亦吞食昆虫等。2000年8月已被国家林业局列入《国家保护的有益的或者有重要经济、科学研究价值的陆生野生动物名录》。

（4）岩栖蝮蛇

学　名：*Gloydius saxatilis*

英文名：Rock Mamushi

有鳞目蛇亚目蝮科亚洲蝮属毒蛇，具有重要的经济价值和药用价值。背面黄褐色或砂黄色，并有暗褐或黑褐色宽横纹。有颊窝，有管牙。多栖于石山阳坡、林地边缘和溪流沿岸。主要以鼠类为食物。

（5）乌苏里蝮蛇

学　名：*Gloydius ussuriensis*

英文名：Ussuri Fu

有鳞目蛇亚目蝮科亚洲蝮属小型毒蛇，背面暗褐、棕褐或红褐色，有两行边缘黑色、中心色浅、向体侧开放的大圆斑纵贯全身。有一对颊窝，有前管牙。常见于平原、浅丘或低山的杂草、灌丛、林缘、田野或石堆中。主要捕食鼠类、蛙类、昆虫、蜥蜴、小鸟等活体及其鸟蛋。目前已被列入中国濒危动物红皮书。

6.2.4 鸟类动物多样性

（1）鸟类优势度分析

鸟类是由古爬行类进化而来的一支适应飞翔生活的高等脊椎动物，也是陆生脊椎动物中种类最多、数量最丰富的动物类群。鸟类具有比爬行类更高级的进步性特征，如有高而恒定的体温、完善的双循环系统、发达的神经系统和感觉器官以及与此相关联的各种复杂行为等。此外，鸟类为适应飞翔生活而又有较多的特化构造，如流线形体型，体表被有羽毛，前肢特化成翼，骨骼坚固、轻便而多有合，具气囊和肺等。据 2005 年郑光美统计，全世界现有鸟类 9 000 余种，我国有 1 332 种。绝大多数鸟类营树栖生活，少数营地栖生活。水禽类在水中寻食，部分种类有迁徙的习性。

鸟的食物多种多样，包括花蜜、种子、昆虫、鱼、腐肉或其他鸟。大多数鸟是日间活动，也有一些鸟如猫头鹰等是夜间或者黄昏的时候活动。许多鸟都会进行长距离迁徙，以寻找最佳栖息地，如北极燕鸥等，也有一些鸟大部分时间都在海上度过，如信天翁等。

呼伦贝尔辉河地区，地处大兴安岭原始森林和呼伦贝尔草原的过渡区域，自然环境优越，地形地貌复杂多样，半干旱大陆性气候孕育出区域内多种多样的生境类型，如山地针叶林、夏绿阔叶林、草甸草原、典型草原、树林灌丛沙地、低地草甸、沼泽草甸、河流湖沼水体等，其丰富的食物来源、优异的生存环境，为多种鸟类的觅食、繁衍提供了优良场所。目前，已调查发现的鸟类有 19 目 56 科 154 属 316 种，分别占内蒙古自治区鸟类目、科、属、种的 100%、91.8%、78.9% 和 72.5%。

表 6-2-1　辉河地区鸟类多样性统计

目	科		属		种	
	数量	所占比例 /%	数量	所占比例 /%	数量	所占比例 /%
1. 潜鸟目 GAVIIFORMES	1	1.79	1	0.65	2	0.63
2. 䴙䴘目 PODICIPEDIFORMES	1	1.79	2	1.30	5	1.58
3. 鹈形目 PELECANIFORMES	1	1.79	1	0.65	2	0.63
4. 鹳形目 CICONIIFORMS	3	5.36	9	5.84	11	3.48
5. 雁形目 ANSERIFORMES	1	1.79	11	7.14	33	10.44
6. 隼形目 FALCONIFORMES	3	5.36	10	6.49	28	8.86
7. 鸡形目 GALLIFORMES	2	3.57	5	3.25	5	1.58
8. 鹤形目 GRUIFORMES	4	7.14	8	5.19	12	3.80
9. 鸻形目 CHARADRIIFORMES	8	14.29	31	20.13	71	22.47
10. 沙鸡目 PTEROCLIFORMES	1	1.79	1	0.65	1	0.32
11. 鸽形目 COLUMBIFORMES	1	1.79	3	1.95	4	1.27
12. 鹃形目 CUCULIFORMES	1	1.79	1	0.65	2	0.63
13. 鸮形目 STRIGIFORMES	1	1.79	5	3.25	7	2.22

目	科		属		种	
	数量	所占比例 /%	数量	所占比例 /%	数量	所占比例 /%
14. 夜鹰目 CAPRIMULGIFORMES	1	1.79	1	0.65	1	0.32
15. 雨燕目 APODIFORMES	1	1.79	2	1.30	3	0.95
16. 佛法僧目 CORACIIFORMES	1	1.79	2	1.30	2	0.63
17. 戴胜目 UPUPIFORMES	1	1.79	1	0.65	1	0.32
18. 𫛅形目 PICIFORMES	1	1.79	3	1.95	4	1.27
19. 雀形目 PASSERIFORMES	23	41.07	57	37.01	122	38.61
合　计	56	100	154	100	316	100

由表 6-2-1 可以看出，辉河地区的鸟类组成中，雀形目鸟类最多，共计有 23 科 57 属 122 种，分别占辉河地区已发现鸟类科、属、种的 41.07%、37.01% 和 38.61%。其次为鸻形目鸟类，共计有 8 科、31 属、71 种，分别占辉河地区已发现鸟类科、属、种的 14.29%、20.13% 和 22.47%。第三大类群的鸟类为鹤形目种类有 4 科 8 属，隼形目种类有 3 科 10 属，雁形目 1 科 11 属，鹳形目种类有 3 科 9 属，分别占辉河地区已发现鸟类科、属总数的 7.14% 和 5.19%，5.36% 和 6.49%，5.36% 和 5.84%；种的数量分别为 12 种、28 种、33 种和 11 种，分别占辉河地区已发现鸟类种数的 3.80%、8.86%、10.44% 和 3.84%。鸊鷉目、鸡形目、鸮形目、鸽形目、𫛅形目鸟类分别为 5 种、5 种、7 种、4 种和 4 种，分别占辉河地区已发现鸟类种数的 1.58%、1.58%、2.22%、1.27% 和 1.27%。其余鸟类，由于种类相对较少，所占比例相对较低。这与辉河地区地处中国北方中温带向寒温带过渡区域，大兴安岭山地森林草原交错区外缘地带，而且森林、灌丛、草地、沙地、农田、湿地、水体、村镇等多种生境类型并存，自然环境条件优越等有着较为密切的关系。

按照辉河地区不同种鸟类种群数量占鸟类总数的百分比（P）来定义鸟类优势度等级，即 $P > 10\%$ 的种类为优势种，$1\% \leqslant P \leqslant 10\%$ 为常见种，$P < 1\%$ 为稀有种。调查结果表明，在呼伦贝尔草原南部的辉河地区，由于地域上处于北方寒温带气候与中带气候区的交接带，地理上处于大兴安岭山地向呼伦贝尔高平原的过渡区域，植被类型上处于森林生态系统与草原生态系统的交错区，鸟类优势种包括赤麻鸭、斑嘴鸭、蒙古百灵、家燕、麻雀、喜鹊、青脚鹬、山鹛鸰、灰椋鸟、北红尾鸲等 31 种，常见种类包括凤头鸊鷉、普通鸬鹚、苍鹭、草鹭、鸿雁、豆雁、疣鼻天鹅、绿翅鸭、红头潜鸭、红隼、白枕鹤、蓑羽鹤、蛎鹬、金眶鸻、红嘴鸥、普通燕鸥、普通雨燕、戴胜、大斑啄木鸟、云雀、红嘴山鸦等 161 种，稀有种类包括赤颈鸊鷉、黑鹳、黑头白鹮、鹗、大鵟、玉带海雕、黄脚三趾鹑、大鸨、鹤鹬、翘嘴鹬、雕鸮、长耳鸮、黄鹡鸰、紫翅椋鸟、金雕、赤颈鸫、戴菊、黄眉鹀、遗鸥、丹顶鹤、白鹤、沙鹎鸰等 124 种。从鸟类优势种和常见种可以看出，除了家燕、麻雀等少数几种居民区常见鸟类外，大部分为森林和水域鸟类，进一步说明林鸟和水鸟不仅在种类上占优势，而且在数量组成上也是构成保护区鸟类的重要组成部分。鸟类的稀有种

较多也是本保护区鸟类群落组成上的一大特点，且稀有种多为旅鸟和候鸟，这从侧面反映了辉河保护区优越的生境条件和较大的资源承载能力，也说明辉河保护区是众多旅鸟和候鸟在东亚鸟类迁徙通道上的重要中继站，对较好地维持区域鸟类的物种多样性具有重要意义。

（2）鸟类多样性

鸟类作为生态系统中的重要动物类群，因对生境变化高度敏感而成为环境监测和生物多样性变化的指示类群（侯建华等，2008）。鸟类多样性研究是生态学、保护生物学研究的热点（Devault et al.，2002；王文等，2005）。鸟类多样性大小不仅反映了鸟类群落本身的状况，也反映了鸟类栖息生境的优良，对生态平衡和环境质量能起到较好的指示作用（鲁庆彬等，2003；江华明等，2004）。鸟类群落是鸟类种类之间关系的综合反映，也与栖息地结构、植被多样性、植物水平和垂直层次的复杂性等因素相关（常弘等，2001）。国内外大量的研究证实，鸟类多样性指数与其栖息的环境密切相关（MacArthur，1964）。目前，鸟类群落结构及其动态变化趋势作为一个地区环境变化的重要参照指标已被广泛应用于生态环境评价（Canterbury et al.，2000）。

鸟类在生态系统的不同结构层次上都存在多样性，如生境多样性、物种多样性和遗传多样性等，但是目前并不存在一个单一的客观的指数测度鸟类多样性，只存在与特定目标相关的的多样性测度方法。对呼伦贝尔辉河保护区鸟类进行详细调查的基础上，利用 G–F 指数进行了鸟类多样性分析。G–F 指数是基于物种分类的一种生物多样性研究方法，侧重于测定一个地区某个类群科、属水平上种的多样性，反映了较长一段时间内一个地区的物种多样性，而且 G–F 指数是一种标准化指数，不受生存环境、出生率、死亡率以及种内、种间关系的影响，可以快速评估一个区域物种资源的丰富度。G–F 指数计算公式：

① F 指数（鸟科的多样性）的计算公式为

$$D_F = \sum^{m} D_{Fk}$$

式中，D_{Fk} 为 k 科中的物种多样性；$k=1,2,\cdots,m$，其中，

$$D_{Fk} = -\sum^{n} p_i \ln p_i$$

式中，p_i 为纲中 k 科 i 属中的物种数占 k 科物种总数的比值；$i=1,2,\cdots,n$。

② G 指数（鸟属的多样性）的计算公式为

$$D_G = -\sum_{j=1}^{p} D_{Gj} = -\sum_{j=1}^{p} q_j \ln q_j$$

式中，q_j 为鸟纲中 j 属的物种数与总物种数之比；j=1,2,…, p。

③ G–F 指数科属多样性的计算公式为

$$D_{G-F} = 1 - D_G / D_F$$

G–F 指数的特征为：非单种科越多，G–F 指数越高；G–F 指数是 0 ～ 1 的测度。一般情况下，$0 \leqslant D_G / D_F \leqslant 1$。如果该地区仅有一个物种，或仅有几个分布在不同科的物种，则该地区 G–F 指数为零（蒋志刚，纪力强，1999）。

辉河保护区具有典型北中温带山地森林生态系统和内陆草原湿地生态系统相过渡的特点，将辉河自然保护区与其周边的雾灵山国家级保护区、辽河源国家级自然保护区、驼梁国家级自然保护区的鸟类组成与物种多样性相比较，结果参见表 6-2-2。

表 6-2-2　内蒙古辉河国家级自然保护区与毗邻省区自然保护区鸟类组成比较

保护区名称	G 指数	F 指数	G–F 指数
河北辽河源国家级自然保护区	4.81	31.26	0.8461
河北雾灵山国家级自然保护区	4.64	27.73	0.833
内蒙古辉河国家级自然保护区	4.49	23.61	0.810
河北驼梁国家级自然保护区	4.11	14.43	0.715

由表 6-2-2 可以看出，上述 4 个国家级自然保护区的 G–F 指数均处于较高水平，但 G 指数、F 指数和 G–F 指数均以辉河国家级自然保护区为最高，说明呼伦贝尔草原的辉河地区境内鸟类的科数、属数和种数最为丰富，由于不同的鸟类占据不同的生态位，进一步说明辉河国家级自然保护区的具有相对富集的自然资源，这与保护区及其周边地区具有山地森林、灌丛、水域、湿地、草地、沙地等不同生境类型以及不同生境之间相互交错的边缘地带较长有着极大的关系（赵建成等，2008）。

（3）有益鸟类

一般认为，鸟类主要以动物为食，如食肉、食虫等。鸟类的植物食性是一种次生特化现象。在辉河保护区，根据成鸟的食物主要成分，分为动物食性、植物食性和动植物兼食的杂食性三种类型。其中，动物食性的鸟类又分为食肉鸟、食虫鸟和腐食鸟等。植物食性的鸟类也可分为食谷鸟类、食果实鸟类、食植物体（青草、幼芽、嫩枝、花蜜等）。一些鸟类兼有动物食性和植物食性双重食性，也称为杂食性。

肉食性鸟类。整个生命周期都以啮齿类、小型鸟类、两栖爬行类、鱼类以及昆虫类动物为食物的鸟类，主要种类有食肉鸟类、食虫鸟类、食鱼鸟类和食腐肉鸟类 4 类。

①食肉鸟类，如隼形目、鸽形目鸟类是典型的食肉鸟类，主要以森林、草原、农田的鼠类为食。一些伯劳科如红尾伯劳和鸦科的大嘴乌鸦、小嘴乌鸦等鸟类的食物也包括鼠类。隼形目、鸽形目鸟类的食物中也有其他鸟类、两栖类和昆虫，但是鸟类占食物的量很少，如长耳鸮的食物中，只有1.3%的是小鸟，绝大多数食物仍为鼠类。辉河保护区内的食鼠鸟类有38种，主要有鹗、（黑）鸢、苍鹰、雀鹰、日本松雀鹰、大鵟、普通鵟、毛脚鵟、金雕、草原雕、白肩雕、乌雕、靴隼雕、玉带海雕、白尾海雕、秃鹫、白尾鹞、白腹鹞、白头鹞、鹊鹞、矛隼、猎隼、游隼、燕隼、灰背隼、黄爪隼、红脚隼、红隼、雕鸮、雪鸮、鬼鸮、纵纹腹小鸮、长耳鸮、短耳鸮、红角鸮、红尾伯劳等。

②食虫鸟类，在呼伦贝尔草原的辉河国家级自然保护区，已发现的食虫鸟类有174种，主要类群有杜鹃科、啄木鸟科、黄鹂科、伯劳科、鹟科、莺科等，它们的食物多是鳞翅目、鞘翅目、膜翅目、双翅目、同翅目等多种昆虫，为森林、草原、湿地重要益鸟。

③食鱼鸟类，在呼伦贝尔草原的辉河国家级自然保护区，已发现的食鱼鸟类有55种，包括潜鸟科、䴙䴘科、鸬鹚科、贼鸥科、鸥科、燕鸥科、翠鸟科、鸭科部分鸟类以及所有鹤形目鸟类等。

④食腐肉鸟类，在呼伦贝尔草原的辉河国家级自然保护区，已发现的食腐肉鸟类主要有秃鹫、黑鸢、大嘴乌鸦、小嘴乌鸦等以腐烂的动物尸体为食。

表6-2-3　辉河国家级自然保护区主要食鼠、食虫鸟类

种类	生境	主要食性
黑鸢	树林、农田	小型鸟类、鼠类、蛇、蛙、鱼、兔、蜥蜴、昆虫等
苍鹰	森林、农田	鼠类、兔、鸟类
雀鹰	山地、草地、农田	鼠类、蝗虫、金龟子等
大鵟	山地、草地、农田	鼠类、蛙、蜥蜴、蛇、鸟类、昆虫
普通鵟	山地、草地、农田	鼠类、蝗虫、金龟子等
金雕	山谷、树林、草地	鼠类及其他兽类
秃鹫	山区、草地	以动物尸体为主，亦食小兽、蛙和昆虫
鹊鹞	森林、农田、草地	鼠类、蛙、蜥蜴、蛇、鸟类、昆虫
燕隼	疏林、草地、农田	鸟类、昆虫
红脚隼	林区开阔地带、草甸	鼠类、蝗虫、蛾蛄、蟊斯、金龟子、步甲等
红隼	农田、旷野及疏林	蝗虫、蝉、金龟子、小鼠等
大杜鹃	山地森林、灌丛	鳞翅目幼虫为食，也吃蝗虫、步行虫等
雕鸮	山地疏林、草甸	林姬鼠、黄鼠、兔、蛙、刺猬、昆虫、鸟等
纵纹腹小鸮	丘陵或村落附近树林	鼠类、鞘翅目昆虫，也吃鸟、蜥蜴、蛙等
长耳鸮	山地森林、草甸	鼠类、小型鸟类和金龟子、甲虫、蝼蛄等昆虫
短耳鸮	农田、旷野的树林	鼠类，也吃小型鸟类和昆虫
普通夜鹰	山地疏林或草甸	金龟子、松毛虫、夜蛾、蚊蝇、叶蝉、蟋蟀等虫卵、幼虫
白腰雨燕	旷野、水域及农田	以蚜虫、蛇类、叶蝉类等害虫为食

种类	生境	主要食性
蓝翡翠	山麓地带、近溪流树丛	缕蛄、娱蛤、蝗虫、小甲虫碎片、鳞翅目幼虫、鱼、虾等
戴胜	农田、草地	缕蛄、蝗虫、金针虫、甲虫、天牛科幼虫等
蚁裂	低山、丘陵森林中	主要以蚂蚁为食
灰头绿啄木鸟	树林、灌丛	蚂蚁、甲虫、金龟子、天牛科幼虫、鳞翅目幼虫等
大斑啄木鸟	树林、灌丛	象甲、蛾类、金龟子、天牛科幼虫、鳞翅目幼虫等
蒙古百灵	草地、农田	金龟子、伪步甲、象虫等昆虫
云雀	开阔的草地	甲虫、蝗虫、草籽等
家燕	村庄、田野	甲虫、蚊蝇类、叶蝉、象虫、松毛虫等
金腰燕	村庄	叶甲、叶蝉、叩头虫、金龟子、蚊蝇类、鳞翅目幼虫等
山鹡鸰	山地草甸、林区	落叶松鞘蛾、落叶松卷蛾、松毛虫、象甲等
黄鹡鸰	近溪流疏林林缘、低地	蝇类、甲虫、卷叶蛾等
灰鹡鸰	水域附近草甸、沼泽	蝗虫、甲虫、松毛虫、蜻等
白鹡鸰	水域附近草甸、沼泽	蝗虫、卷叶蛾及双翅目昆虫
黄头鹡鸰	水域附近草甸、沼泽	蝇类、蜷、甲虫等
田鹨	林间空地、灌丛、沼泽	蝗虫、甲虫等
树鹨	树林、草地、灌丛	象甲、松毛虫、蜻、步甲、金龟子、蝗虫等
楔尾伯劳	树林、草地	各种昆虫及幼虫、卵等
红尾伯劳	树林、村庄	蛾、象甲、蝗虫、金龟子、蝶类幼虫、松毛虫等
灰伯劳	树林、草地	各种昆虫及幼虫、卵等
黑枕黄鹂	树林、草地	象甲、蝗虫、金龟子、蝶类幼虫、松毛虫及鞘翅目昆虫等
太平鸟	针阔叶混交林和杨桦林	以昆虫为食，秋后则以浆果为主食
小太平鸟	针阔叶林、草地	以植物浆果、种子为主食，也食少量昆虫
北椋鸟	树林、草地	蝗虫、地老虎、尺蠖等
灰椋鸟	树林、草地	蝗虫、金龟子、松毛虫、缕蛄、叩头虫及鞘翅目昆虫等
灰喜鹊	村庄、树林、灌丛	松毛虫、枯叶蛾、舟蛾、叶甲等
喜鹊	村庄、树林、灌丛	缕蛄、象甲、地老虎、松毛虫的卵、蛹及幼虫等
红嘴山鸦	山地森林、灌丛	天牛、金针虫、金龟子、蝗虫、天蛾等幼虫
达乌里寒鸦	山地灌丛、树林	昆虫、鸟卵、雏鸟、腐肉、垃圾、植物果实、草籽等
大嘴乌鸦	低山开阔草地	昆虫、鸟卵、雏鸟、鼠类、腐肉、果实、草籽等
小嘴乌鸦	低山开阔草地	昆虫及植物果实、种子、鼠类、腐肉等
鹪鹩	山地灌丛、草地	蝗虫、叶甲、蟋蟀等
领岩鹨	多岩石林地、灌丛	尺蠖、步甲以及植物种子等
棕眉山岩鹨	低地灌丛、草地	昆虫及杂草种子等
北红尾鸲	灌丛、草地	蝗虫、叶蝉、叶甲、蜻、蚂蚁、蝇类等
红胁蓝尾鸲	开阔林地、草甸	以金龟子、象甲等为主
红尾水鸲	水域、灌丛、草地	叶蝉、甲虫、金龟子等
白顶鸱	多石的山地灌丛	以蝗虫等昆虫为主
蓝歌鸲	树林、草甸	叶蝉、缕蛄、甲虫等
白眉地鸫	疏林、草甸	叶蝉、甲虫、象虫等多种昆虫
虎斑地鸫	林间及灌丛地面	甲虫、金针虫、叩头虫等昆虫

种类	生境	主要食性
斑鸫	草原、灌丛	甲虫、金针虫、蝗虫、地老虎等
东方大苇莺	近水的苇丛、灌丛	甲虫、金花虫、蚱蜢、鳞翅目成虫及幼虫和水生昆虫等
褐柳莺	疏林灌丛、草地	喜食鞘翅目、鳞翅目昆虫，还吃尺蛾、苍蝇和蜘蛛等
棕眉柳莺	混交林、灌丛	叶蝉、甲虫、刺蛾、毒蛾、枯叶蛾等
巨嘴柳莺	树林、灌丛、草地	蠹斯、叶甲、叶蝉、蝗虫等
黄眉柳莺	树林、灌丛、草地	金龟子、叶甲、象甲、蚂蚁、蚊蝇类及鳞翅目昆虫及幼虫等
黄腰柳莺	山地树林、草地	象甲、蚜虫、蝇类等
红喉（姬）鹟	低山林地及灌丛	鞘翅目、鳞翅目、双翅目的昆虫及幼虫
乌鹟	树林、灌丛	象甲、金龟子、蚂蚁等
北灰鹟	混交林及灌丛	以鞘翅目、鳞翅目、直翅目等昆虫及幼虫为主
大山雀	树林、村庄	天牛、松毛虫、叶蝉、落叶松鞘蛾、蜡等
沼泽山雀	林区、灌丛	蚂蚁、蝗虫、象甲、金龟子、落叶松毛虫、落叶松鞘蛾等
褐头山雀	混交林、草甸	蜷、叶甲、金龟子、枯叶蛾、灯蛾、尺蛾等
煤山雀	混交林、草甸	蜡、叶甲、金龟子、毒蛾、尺蛾等
银喉长尾山雀	灌丛、草甸	尺蛾、落叶松鞘蛾等鳞翅目昆虫
黑尾蜡嘴雀	树林、草地	主要为鞘翅目昆虫，如叩头虫、叶蜂、蝗虫等
锡嘴雀	林地、草地	鳞翅目、鞘翅目、膜翅目、双翅目等昆虫和幼虫
三道眉草鹀	林缘疏林、灌丛	松毛虫、甲虫、蝗虫及其他鞘翅目、鳞翅目昆虫
小鹀	开阔地带的疏林、灌丛	鳞翅目、鞘翅目、直翅目和膜翅目昆虫及幼虫

植食性鸟类。在陆地生态系统中，整个生命周期都以植物为食的鸟类极少。一般，植食性鸟类在繁殖季节育雏期间也捕食昆虫及其幼虫、产卵等。植食性鸟类主要包括三类：①食谷鸟类，在辉河自然保护区内鸠鸽科、燕雀科、雀科、鹀科的鸟类多为食谷鸟类，如鸽、原鸽、山斑鸠、灰斑鸠、家麻雀、麻雀、石雀、黑喉雪雀、苍头燕雀、燕雀、金翅雀、黄雀、极北朱顶雀、白腰朱顶雀、粉红腹岭雀、普通朱雀、北朱雀、长尾雀、红交嘴雀、黑尾蜡嘴雀、锡嘴雀、白头鹀、栗鹀、黄胸鹀、黄喉鹀、灰头鹀、三道眉草鹀、栗耳鹀、田鹀、小鹀、黄眉鹀、白眉鹀、苇鹀、芦鹀、红颈苇鹀、铁爪鹀、雪鹀等；②食果实鸟类，太平鸟、松鸦、斑鸦等多在夏秋果实成熟时节采食果实；③食植物鸟类，包括雁形目的大部分鸟类，这些鸟类主要食用植物根茎和嫩芽等，如鸿雁、灰雁、豆雁、小白额雁、白额雁、斑头雁、大天鹅、小天鹅、疣鼻天鹅、赤麻鸭、翘鼻麻鸭、针尾鸭、绿翅鸭、罗纹鸭、花脸鸭、绿头鸭、斑嘴鸭、赤膀鸭、赤颈鸭、白眉鸭、琵嘴鸭、红头潜鸭、青头潜鸭、斑背潜鸭、凤头潜鸭、赤嘴潜鸭、斑脸海番鸭、鹊鸭、长尾鸭等。

杂食性鸟类。主要包括鸡形目的雉鸡、斑翅山鹑、石鸡、鹌鹑，雀形目鸦科的灰喜鹊、喜鹊、达乌里寒鸦、秃鼻乌鸦、小嘴乌鸦、渡鸦、大嘴乌鸦、红嘴山鸦等，兼食昆虫和植物性食物。它们的食物会随着季节、生境、年度的变化而变化。例如，雉鸡春季啄食嫩草和树叶，夏季主要以昆虫和小型无脊椎动物为食。乌鸦的食物有果实、种子、鼠类和腐肉等。大嘴乌鸦和小嘴乌鸦主要以蝗虫、金龟甲、金针虫、蝼蛄、蛴螬等昆虫、昆虫幼虫和蛹为食，也吃雏鸟、鸟卵、鼠类、腐肉、动物尸体以及植物叶、芽、果实、种子和农作物种子等，属杂食性。

（4）观赏性鸟类

鸟类是人类长翅膀的朋友。在脊椎动物中，鸟类的漂亮羽毛外观、脆亮悦耳的鸣叫声，以及灵敏的模仿技艺和优美的舞姿，博得人类的欣赏，常被用来驯养观赏，用以在繁忙的工作中放松身心、享受生活、陶冶性情。据报道，我国观赏鸟类大约有200多种，按照观赏的目的可分为鸣叫型、外观型、善斗型、技艺型4种。其中，鸣叫型是以欣赏鸟类婉转多变、悦耳动听的鸣叫声为主，如燕科、鹟鹛科、百灵科、伯劳科、莺科等鸟类；外观型是以观赏美丽漂亮的羽毛，优美动人的舞姿为主，如鸭科、雉科、鹤科、鸨科、黄鹂科等鸟类；善斗型是以观赏鸟类的搏斗技巧为主，如鹌鹑、震旦鸦雀、文须雀等；技艺型是指能通过训练而学会一些简单技艺的鸟类，如模仿人和动物的声音、表演杂技等，如雀科的燕雀、锡嘴雀、红交嘴雀、黑尾蜡嘴雀等。目前，人的观鸟方式已由过去单纯的笼养观赏，逐渐演变为笼养观赏、鸟类生态园观赏和野外（湿地）观赏等多种途径。其中，鸟类的生态园观赏和野外（湿地）观赏已成为现代旅游业最重要的内容之一。

据初步统计，在呼伦贝尔草原的辉河保护区，目前已调查发现的具有观赏价值的鸟类大约有122种，占当地鸟类种数的38.6%。其中，鸣叫型鸟类约39种，占本地区已调查发现的鸟类总数的12.3%；外观型鸟类72种，占本地区已调查发现的鸟类总数的22.8%；其他技艺型和善斗型鸟类15种，占本地区已调查发现的鸟类总数的4.7%。

辉河国家级自然保护区具有观赏价值的主要鸟类参见表6-2-4。

表 6-2-4　辉河地区具有观赏价值的鸟类资源初步统计

类 型	种数	观赏鸟的种类
鸣叫型	39	家燕、金腰燕、红喉歌鸲、蓝喉歌鸲、（蒙古）百灵、大短趾百灵、短趾百灵、云雀、角百灵、红尾伯劳、楔尾伯劳、灰伯劳、灰喜鹊、喜鹊、鹟鹛、红喉歌鸲、蓝喉歌鸲、红胁蓝尾鸲、红尾水鸲、北红尾鸲、白喉矶鸫、白喉林莺、巨嘴柳莺、黄眉柳莺、黄腰柳莺、极北柳莺、大山雀、灰蓝山雀、沼泽山雀、褐头山雀、煤山雀、黑喉雪雀、黄胸鹀、黄喉鹀、白眉鹀、栗耳鹀、田鹀、小鹀
外观型	72	黑鹳、金腰燕、大白鹭、鸿雁、豆雁、小白额雁、白额雁、斑头雁、大天鹅、小天鹅、疣鼻天鹅、赤麻鸭、翘鼻麻鸭、针尾鸭、绿翅鸭、罗纹鸭、花脸鸭、绿头鸭、赤颈鸭、白眉鸭、红头潜鸭、青头潜鸭、斑背潜鸭、凤头潜鸭、赤嘴潜鸭、鹊鸭、长尾鸭、斑头秋沙鸭、普通秋沙鸭、红胸秋沙鸭、鸳鸯、戴胜、蓝翡翠、山斑鸠、灰斑鸠、普通燕鸥、白额燕鸥、鸥嘴噪鸥、红嘴巨鸥、红嘴鸥、黑嘴鸥、黑尾鸥、棕头鸥、大鸨、灰鹤、丹顶鹤、白枕鹤、白鹤、白头鹤、蓑羽鹤、日本鹌鹑、雉鸡、斑翅山鹑、太平鸟、小太平鸟、红尾伯劳、红尾水鸲、喜鹊、白眉地鸫、虎斑地鸫、白眉姬鹟、红喉姬鹟、大山雀、黄胸鹀、黄喉鹀、金翅雀、黄雀、极北朱顶雀、白腰朱顶雀、长尾雀、金腰燕

类　型	种数	观赏鸟的种类
技艺型	12	燕雀、金翅雀、黄雀、极北朱顶雀、白腰朱顶雀、粉红腹岭雀、普通朱雀、北朱雀、长尾雀、红交嘴雀、黑尾蜡嘴雀、锡嘴雀
善斗型	3	鹌鹑、震旦鸦雀、文须雀

（5）干扰对鸟类影响

在呼伦贝尔草原，对放牧场鸟类影响最大的干扰源是草场上放牧的畜群以及放牧的频次或放牧密度。

选择 6 块样地，每块样地 1.0 hm²，放牧周期 10 天，每天的放牧频次分别为：样地 I 的平均放牧频次为 0.3 次/天，样地 II 的平均放牧频次为 0.7 次/天，样地 III 的放牧频次平均为 1.1 次/天，样地 IV 的平均放牧频次为 1.5 次/天，样地 V 的平均放牧频次为 1.9 次/天，样地 VI 的平均放牧频次为 2.3 次/天，对照样地为自由放牧（偶然有牧群到达）。结果表明，在天然放牧场上，不同的家畜放牧频次对鸟类的影响呈现出一定的规律性，总体趋势是随着草原家畜放牧频次的增加，5 种鸟类的种群密度与放牧频次呈现出负的增长关系，即随着放牧频次的增加，这 5 种鸟类的种群密度呈现明显的减少趋势。其中，蒙古百灵的种群密度随着放牧频次的增加呈现先增长后下降的趋势，短趾百灵和白腰杓鹬的种群密度随着放牧频次的增加呈现波动下降趋势，而云雀和大杜鹃的种群密度随着放牧频次的增加呈现明显的下降趋势，这充分说明 5 种草原常见鸟类均受放牧频次的干扰较大。其中，蒙古百灵、白腰杓鹬和短趾百灵 3 种鸟较耐放牧干扰，适当的放牧利用可能有利于这 3 种鸟的种群扩繁，而云雀和大杜鹃耐放牧干扰程度较小，放牧扰动的增加直接影响鸟类的生存与繁衍。

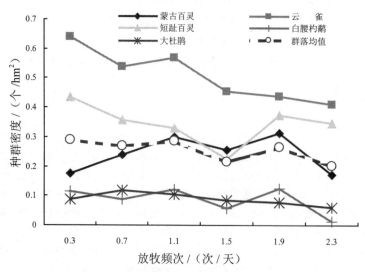

图 6.2.1　不同放牧频次对放牧场鸟类种群密度的影响

相关性研究表明，不同种类的鸟类对裸地比例的变化反应不同，蒙古百灵、云雀的数量和鸟的群落物种组成、种群密度随着裸地比例的增大而减少，并达到显著水平；蒙古百灵和鸟的群落物种组成、种群密度与草层高度、枯草密度呈正相关关系，且鸟类的种类组成与草层高度、枯草密度的关系均达到显著水平。云雀的数量随着裸地比例的增加而增加，呈极显著水平，其他鸟类受裸地比例变化的影响未达到显著水平，但呈现出不同的增加或减少的趋势。短趾百灵、大杜鹃的种群与裸地比例呈正相关关系，并达到显著水平，但与枯草密度、草群覆盖度、草层高度呈显著负相关关系。白腰杓鹬的种群与裸地比例和草层高度呈负相关关系，但与枯草密度、草群覆盖度呈正相关关系。植物群落的物种数量与 5 种鸟类种类组成、种群密度等有一定的相关性，但影响不大，均未达到显著水平。

表 6-2-5　不同植被结构与草原鸟类群落组成的相关关系

种类及种群密度	裸地比例	草层高度	枯草密度	草群盖度	植物种数
蒙古百灵 Melanocorypha mongolica	− 0.825	0.841	0.504	0.186	− 0.474
云雀 Alauda arvensis	− 0.951**	− 0.756*	− 0.611*	− 0.281	0.392
短趾百灵 Calandrella cheleensis	0.762*	− 0.466	− 0.731*	− 0.523	0.289
白腰杓鹬 Numenius arquata	− 0.102	− 0.056	0.289	0.412	0.356
大杜鹃 Cuculus canorus	0.260	− 0.371	− 0.516	− 0.626	− 0.210
鸟的种类 / Birds Spieces	− 0.956**	0.837*	0.859*	0.633*	0.214
鸟群密度 / Birds average density	− 0.316	0.746*	0.551	0.598*	0.386

注：*$P<0.05$；**$P<0.01$。

6.2.5　哺乳类动物多样性

（1）哺乳动物物种多样性

哺乳动物类群的多样性反映了某一地区各生境间的相似程度及其与外界环境条件的关系，并已成为研究哺乳动物的重要参数。

由于辉河地区地处中温带气候区向寒温带气候区的过渡区域，生态系统类型上处于山地森林生态系统向草原生态系统的交错区，植被类型上呈现森林、草原、沙地、湿地镶嵌交错分布，地理环境复杂多样，气候条件冷干多变，植被类型和植物群落物种丰富繁多，为各种不同科属的哺乳动物提供了良好的栖息场所。目前，在辉河地区已调查发现的哺乳动物有 43 种，分属 6 个目 14 个科 29 个属。与内蒙古自治区全区哺乳动物（7 目 20 科 80 属 192 种）相比较，哺乳动物的目数、科数、属数和种数所占全自治区的比例分别为 85.7%、70.0%、36.3% 和 22.4%，为内蒙古自治区哺乳动物多样性相对丰富、集中的地区之一。

表 6-2-6　辉河地区哺乳动物物种组成及占自治区的比例

目	科		属		种	
	数量	占全区 /%	数量	占全区 /%	数量	占全区 /%
食虫目 Insectivora	1	33.3	1	16.7	1	7.1
翼手目 Chiroptera	1	100	2	25.0	5	35.7
食肉目 Carnivora	3	75.0	8	47.1	13	44.8
兔形目 Lagomrpha	2	100	2	100	4	57.1
啮齿目 Rodentia	4	80.0	13	40.6	17	32.1
偶蹄目 Artiodactyla	3	75.0	3	21.4	3	6.5
合　计	14	70.0	29	36.3	43	22.4

为了对辉河地区哺乳动物物种多样性进行统计分析，采用动物物种多样性测度的 G-F 指数方法（蒋志刚等，1999），获得了该地区哺乳动物在科、属水平上的多样性数据。同时，规定如果哺乳动物所有的科都是单属科，即 $D_F=0$ 时，规定该地区的 $D_{G-F}=0$。

由上节鸟类多样性计算公式得出，呼伦贝尔草原的辉河地区哺乳动物科的多样性 F 指数为 5.43，属的多样性 G 指数为 1.93，哺乳动物总体多样性 G-F 指数为 0.645。从表 6-2-7 可以看出，辉河地区的哺乳动物 G-F 指数仅次于地处暖温带地区的河南宝天曼森林生态保护区和地处中温带地区的河北木兰围场森林与草原湿地自然保护区，较河北雾灵山自然保护区要高 13.4%。但是，由于单科、单属、单种动物种类相对较多，科的多样性 F 指数和属的多样性 G 指数相对较低，这可能与所处的区域地理环境、气候特征、植被特点等有较大的关系，更能说明其哺乳动物物种多样性所具有的独特性。

表 6-2-7　辉河国家级自然保护区与其他省区保护区哺乳动物组成比较

保护区名称	G 指数	F 指数	G—F 指数
内蒙古辉河保护区	1.93	5.43	0.645
河北木兰围场保护区	3.42	10.03	0.659
河北雾灵山保护区	3.27	· 7.58	0.569
河南宝天曼保护区	3.78	12.51	0.698

（2）哺乳动物生境多样性

在呼伦贝尔草原的辉河自然保护区，由于保护区的东部地区毗邻大兴安岭山地森林，主要植物种类有白桦、山杨、樟子松、蒙古栎、绣线菊等，中西部地区分别为林缘草甸、典型草原、低湿地草地、沼泽、隐域性草原沙地等植被类型，并呈交错或镶嵌状分布，因此，构成区域的主要生境类型可分为山地森林、草甸草原、干草原、灌丛草地、低地草甸和农田村镇六大类。由于哺乳动物具有发达的四肢、交杂的食性以及较强的觅食能力，因此，其栖息地并没有严格的界限，但有最适宜的栖息环境。

从物种分布特征看，山地森林类生境条件下，主要生活有须鼠耳蝠、水鼠耳蝠、狼、赤狐、艾鼬、狗獾、豹猫、雪兔、东北兔、五趾跳鼠、普通田鼠、麝鼠、大林姬鼠、黑线姬、狍、野猪等 27 种哺乳动物，约占地区已调查发现的哺乳动物总数的 62.8%。在草甸草原中，常分布有达乌尔猬、狼、赤狐、沙狐、貉、香鼬、白鼬、黄鼬、狗獾、水獭、兔狲、草兔、黑线仓鼠、褐家鼠、小家鼠、蒙古原羚、狍、野猪等 34 种哺乳动物，约占地区已调查发现的哺乳动物总数的 79.1%。在干草原草场上，由于水分条件较草甸草原草场干旱，草地植被覆盖度相对较小，哺乳动物中鼠类的种类和种群数量有所增加，并成为干草原退化的重要标志之一。主要物种包括除草甸草原中的分布的大部分物种外，还有小毛足鼠、草原旱獭等，共计 25 种，约占地区已调查发现的哺乳动物总数的 58.1%。沙地灌丛草地是呼伦贝尔草原辉河自然保护区的特殊生境类型，主要植物种类有沙地樟子松、榆树、山杨等树种，以及胡枝子、小叶锦鸡儿、差巴嘎蒿等沙地灌丛，植被类型复杂，垂直结构明显，草籽、植物嫩枝、嫩叶、嫩芽等食物丰富，是多种哺乳动物优良的栖息地和繁殖场所，主要栖息的哺乳动物种类除干草原草场中常见的种类外，还有艾鼬、豹猫、大林姬鼠、黑线姬鼠等林缘常见种，共计 28 种，约占地区已调查发现的哺乳动物总数的 65.1%。

在辉河保护区，草原湿地是该地区主要景观类型，湿地中除具有丰富多样的鸟类外，还分布有须鼠耳蝠、水鼠耳蝠、貉、香鼬、白鼬、伶鼬、黄鼬、狗獾、草兔、东北兔、达乌尔鼠兔、草原旱獭、狭颅田鼠等，共计 29 种，约占地区已调查发现的哺乳动物总数的 67.4%。此外，在辉河保护区的周边地区还散布着部分农田和自然村屯，为一些喜生于农田和村镇的哺乳动物提供了良好栖息环境，主要种类包括蝙蝠科的须鼠耳蝠、大鼠耳蝠、双色蝙蝠、东亚蝙蝠、鼬科的香鼬、白鼬、伶鼬、黄鼬、狗獾等，兔科的东北兔和草兔，鼠科、仓鼠科的大部分种类等，共计约 27 种，约占地区已调查发现的哺乳动物总数的 62.8%。

表 6-2-8　辉河国家级自然保护区哺乳动物生境类型及物种组成

生境类型	物种数	所占比例 /%	主要物种
山地森林	27	62.8	须鼠耳蝠、水鼠耳蝠、双色蝙蝠、东亚蝙蝠、狼、赤狐、貉、艾鼬、香鼬、白鼬、伶鼬、黄鼬、狗獾、水獭、兔狲、豹猫、雪兔、东北兔、五趾跳鼠、三趾跳鼠、普通田鼠、东方田鼠、麝鼠、大林姬鼠、黑线姬鼠、狍、野猪等
草甸草原	34	79.1	达乌尔猬、狼、赤狐、沙狐、貉、香鼬、白鼬、伶鼬、黄鼬、狗獾、水獭、兔狲、草兔、达乌尔鼠兔、达乌尔黄鼠、草原旱獭、黑线仓鼠、褐家鼠、小家鼠、蒙古原羚、狍、野猪等

生境类型	物种数	所占比例/%	主要物种
干草原	25	58.1	达乌尔猬、狼、赤狐、沙狐、貉、香鼬、白鼬、伶鼬、黄鼬、狗獾、水獭、兔狲、草兔、达乌尔鼠兔、达乌尔黄鼠、草原旱獭、黑线仓鼠、褐家鼠、小家鼠、蒙古原羚等
灌丛草地	28	65.1	达乌尔猬、狼、赤狐、沙狐、兔狲、豹猫、香鼬、白鼬、伶鼬、艾鼬、黄鼬、狗獾、草兔、达乌尔鼠兔、达乌尔黄鼠、草原旱獭、黑线仓鼠、褐家鼠、小家鼠等
低地草甸	29	67.4	须鼠耳蝠、水鼠耳蝠、貉、香鼬、白鼬、伶鼬、黄鼬、狗獾、草兔、东北兔、达乌尔鼠兔、草原旱獭、狭颅田鼠等
农田村落	27	62.8	须鼠耳蝠、大鼠耳蝠、双色蝙蝠、东亚蝙蝠、鼬科的香鼬、白鼬、伶鼬、黄鼬、狗獾等，兔科的东北兔和草兔，鼠科、仓鼠科的大部分种类等

注：因哺乳动物的生境多重叠，其所占比例有重复。

6.3　重点保护及珍稀濒危物种

6.3.1　列入国家重点保护的野生动物

（1）国家重点保护鸟类

辉河自然保护区现有属于国家Ⅰ级重点保护的鸟类有 10 种，占当地已调查发现的鸟类总数的 3.16%，分别为黑鹳、金雕、白肩雕、玉带海雕、白尾海雕、丹顶鹤、白头鹤、大鸨、白鹤、遗鸥。

表 6-3-1　辉河地区国家Ⅰ级重点保护鸟类及其优势度

科名	种名	居留型	分布型	优势度
鹳科	黑鹳 *Ciconia nigra*	夏候鸟	古北型	—
鹰科	金雕 *Aquila chrysaetos*	留鸟	全北型	—
	白肩雕 *Aquila heliaca*	旅鸟		—
	玉带海雕 *Haliaeetus leucoryphus*	夏候鸟	中亚型	—
	白尾海雕 *Haliaeetus albicilla*	夏候鸟	古北型	—
鹤科	丹顶鹤 *Grus japonensis*	夏候鸟	东北型	—
	白鹤 *G. leucogeranus*	旅鸟		+
	白头鹤 *G. monacha*	旅鸟		+
鸨科	大鸨 *Otis tarda*	夏候鸟	古北型	—
鸥科	遗鸥 *Larus relictus*	旅鸟		—

注：Ⅰ表示国家Ⅰ级重点保护鸟类；"+"为少见种，"—"为稀有种。

辉河地区现有属于国家Ⅱ级重点保护的鸟类有 45 种，占当地已调查发现的鸟类总数的 14.24%。主要种类分属䴙䴘科、鹮科、鸭科、鹗科、鹰科、隼科、鹤科、鹬科、鸥科、燕鸥科和鸥鹆科的鸟类，即白琵鹭、大天鹅、小天鹅、黑鸢、大鵟、普通鵟、毛脚鵟、松雀鹰、草原雕、秃鹫、白尾鹞、白腹鹞、鹗、猎隼、矛隼、游隼、红脚隼、红隼、黑琴鸡、灰鹤、白枕鹤、蓑羽鹤、小杓鹬、雪鸮、纵纹腹小鸮、长耳鸮、短耳鸮等。辉河地区国家 II 级重点保护鸟类居留型、分布型及其优势度参见表6-3-2。

表 6-3-2　辉河地区国家 II 级重点保护鸟类及其优势度

科	种名	居留型	分布型	优势度
䴙䴘科	赤颈䴙䴘 *Podiceps grisegena*	夏候鸟	全北型	+
	角䴙䴘 *P. auritus*	旅鸟		+
鹮科	白琵鹭 *Platalea leucorodia*	夏候鸟	古北型	+
	黑头白鹮 *Threskiornis melanocephalus*	旅鸟		+
鸭科	大天鹅 *Cygnus cygnus*	夏候鸟，旅鸟	全北型	−
	小天鹅 *C. columbianus*	旅鸟		−
	疣鼻天鹅 *C. olor*	夏候鸟	古北型	−
鹗科	鹗 *Pandion haliaetus*	夏候鸟	全北型	−
鹰科	（黑）鸢 *Milvus migrans*	夏候鸟	古北型	+ +
	苍鹰 *Accipiter gentilis*	夏候鸟	全北型	+ +
	雀鹰 *A. nisus*	夏候鸟	古北型	+ +
	日本松雀鹰 *A. gularis*	夏候鸟	东洋型	
	大鵟 *Buteo hemilasius*	留鸟	中亚型	−
	普通鵟 *B. buteo*	夏候鸟	古北型	−
	毛脚鵟 *B. lagopus*	冬候鸟		−
	草原雕 *A. nipalensis*	留鸟	中亚型	−
	乌雕 *A. clanga*	夏候鸟	古北型	−
	靴隼雕 *Hieraaetus pennatus*	旅鸟		−
	秃鹫 *Aegypius monachus*	留鸟	古北型	−
	白尾鹞 *Circus cyaneus*	夏候鸟	全北型	+
	白腹鹞 *C. spilonotus*	夏候鸟	东北型	+
	白头鹞 *C. aeruginosus*	夏候鸟	古北型	+
	鹊鹞 *C. melanoleucos*	夏候鸟	东北型	−
隼科	矛隼 *Falco rusticolus*	冬候鸟		+
	猎隼 *F. cherrug*	留鸟	全北型	+
	游隼 *F. peregrinus*	旅鸟		−
	燕隼 *F. subbuteo*	夏候鸟	古北型	+ +
	灰背隼 *F. columbarius*	旅鸟		+ +
	黄爪隼 *F. naumanni*	夏候鸟	古北型	+ +
	红脚隼 *F. amurensis*	夏候鸟	古北型	+ +
	红隼 *F. tinnunculus*	留鸟	古北型	+ +
鹤科	灰鹤 *Grus grus*	旅鸟		+ +
	白枕鹤 *G. vipio*	夏候鸟	东北型	+
	蓑羽鹤 *Anthropoides virgo*	夏候鸟	中亚型	+ +

科	种名	居留型	分布型	优势度
鹬科	小杓鹬 *Numenius minutus*	旅鸟		—
	小青脚鹬 *T. guttifer*	旅鸟		—
鸥科	小鸥 *L. minutus*	旅鸟		—
燕鸥科	黑浮鸥 *C. niger*	旅鸟		+
鸱鸮科	雕鸮 *Bubo bubo*	留鸟	古北型	+
	雪鸮 *B. scandiaca*	冬候鸟		+
	鬼鸮 *Aegolius funereus*	留鸟	全北型	—
	纵纹腹小鸮 *Athene noctua*	留鸟	古北型	+ +
	长耳鸮 *Asio otus*	夏候鸟	全北型	+
	短耳鸮 *A. flammeus*	冬候鸟		+
	红角鸮 *Otus scops*	夏候鸟	古北型	—

注："++"为常见种，"+"为少见种，"—"为稀有种。

（2）国家重点保护的哺乳动物

辉河地区现有属于国家Ⅱ级重点保护的哺乳类动物有 4 种，占当地已调查发现的哺乳类动物种数的 9.30%，种类分别为食肉目鼬科的水獭、猫科的兔狲、兔形目兔科的雪兔以及偶蹄目牛科的蒙古原羚（黄羊）。

6.3.2 属于濒危野生动植物种国际贸易公约附录中的野生动物

在辉河地区现已调查发现的野生脊椎动物中，属于濒危野生动植物种国际贸易公约附录 I 的鸟类有 11 种，占当地已发现的鸟类种数的 3.48%，主要种类分别是白肩雕、白尾海雕、矛隼、游隼、丹顶鹤、白枕鹤、白鹤、白头鹤、小杓鹬、小青脚鹬和遗鸥；属于濒危野生动植物种国际贸易公约附录 I 的哺乳类有 1 种，即食肉目鼬科的水獭。

属于濒危野生动植物种国际贸易公约附录 II 的鸟类有 36 种，占当地已发现的鸟类种数的 11.39%，主要种类分别是黑鹳、白琵鹭、（黑）鸢、苍鹰、雀鹰、日本松雀鹰、大鵟、普通鵟、毛脚鵟、金雕、草原雕、乌雕、靴隼雕、玉带海雕、秃鹫、白尾鹞、白腹鹞、白头鹞、鹊鹞、鹗、猎隼、燕隼、灰背隼、黄爪隼、红脚隼、红隼、灰鹤、蓑羽鹤、大鸨、雕鸮、雪鸮、鬼鸮、纵纹腹小鸮、长耳鸮、短耳鸮和红角鸮；属于濒危野生动植物种国际贸易公约附录 II 的哺乳类动物有 3 种，分别为食肉目猫科的兔狲和豹猫，以及犬科的狼。

属于濒危野生动植物种国际贸易公约附录Ⅲ的鸟类有 8 种，占当地已发现的鸟类种数的 2.53%，主要种类分别是大白鹭、牛背鹭、针尾鸭、绿翅鸭、赤颈鸭、白眉鸭、琵嘴鸭和原鸽；属于濒危野生动植物种国际贸易公约附录Ⅲ的哺乳类动物分别为食肉目鼬科的香鼬、白鼬和黄鼬 3 种。

6.3.3　属于中国濒危动物红皮书的野生动物

中国濒危动物红皮书是我国依据 IUCN 濒危物种红皮书中对物种濒危程度的评价标准和物种名录，对我国已发现的动植物进行了濒危程度筛查，并于 1996 年编辑出版了《中国濒危植物红皮书》，1998 年编辑出版了《中国濒危鸟类红皮书》、《中国濒危两栖爬行类动物红皮书》和《中国濒危兽类红皮书》。

辉河地区属于中国濒危动物红皮书中濒危的鸟类有黑鹳、白鹤、白头鹤、丹顶鹤 4 种，占当地已发现的鸟类种数的 1.27%；易危的鸟类有白琵鹭、疣鼻天鹅、大天鹅、小天鹅、鸳鸯、白枕鹤、大鸨、遗鸥、黑嘴鸥、玉带海雕、秃鹫、白肩雕、金雕、草原雕、猎隼、黑琴鸡 16 种，种数占当地已发现的鸟类种数的 5.06%。

属于中国濒危动物红皮书中濒危的哺乳类动物有狼、水獭、兔狲、豹猫、雪兔、蒙古原羚（黄羊）6 种，种数占当地已发现的哺乳类动物种数的 13.95%。

属于中国濒危动物红皮书中濒危的两栖类动物仅有 1 种，即中国林蛙；鱼类 1 种，即哲罗鱼。

属于中国稀有鸟类 6 种，分别为黑头白鹮、半蹼鹬、乌雕、鹗、雕鸮、震旦鸦雀；未定的鸟类有 5 种，分别为蓑羽鹤、白尾海雕、小青脚鹬、黑尾塍鹬、鬼鸮。

由于栖息地变化而受到威胁，而且种群数量急剧下降，需予特别关注的物种主要是爬行类动物，共计 2 种，分别为岩栖蝮蛇和乌苏里蝮蛇。

6.3.4　属于世界濒危动物红皮书的野生动物

世界濒危动物红皮书是国际自然保护联盟（IUCN）自 20 世纪 60 年代开始发布的濒危物种红皮书，主要是根据物种受威胁程度和估计灭绝风险将物种列为不同的濒危等级。IUCN 根据所收集到的可用信息，并依据 IUCN 物种存活委员会的报告，编制全球范围的红皮书。

在呼伦贝尔草原的辉河地区，已调查发现的脊椎动物中属于世界红皮书中的极危鸟类有白鹤 1 种，濒危鸟类有鸿雁、猎隼、丹顶鹤、小青脚鹬 4 种，易危的鸟类有小白额雁、花脸鸭、青头潜鸭、大鸨、白枕鹤、白头鹤、黑嘴鸥、遗鸥、玉带海雕、乌雕、白肩雕、黄爪隼、远东苇莺 13 种。

属于世界红皮书中的易危的哺乳动物有艾鼬、水獭 2 种。

6.3.5 属于中日政府保护候鸟及其栖息环境协定中的种类

中日政府保护候鸟及其栖息环境协定（以下简称"中日候鸟协定"）是中国政府和日本政府于 1981 年 3 月签署的关于保护野生动物的双边条约。鉴于很多鸟类是迁移于两国之间并季节性栖息于两国的候鸟，愿在保护和管理候鸟及其栖息环境方面进行合作，并在附表中具体列出了要保护的 227 种候鸟。《中日候鸟协定》规定：除各自国家法律规定的特殊情况外，禁止猎捕候鸟和拣取其鸟蛋，并由各自国家的法律规定候鸟的猎期；两国政府鼓励交换有关研究候鸟的资料、制定共同研究计划、鼓励保护候鸟，特别是可能灭绝的候鸟；为保护和管理候鸟及其栖息环境，根据各自国家的法规设立保护区。

根据中日候鸟协定所列候鸟种类，辉河地区目前已调查发现的属于中日政府保护候鸟及其栖息环境协定中列入的鸟类有 164 种，占当地已调查发现的鸟类种类的 51.9%，主要候鸟种类参见表 6-3-3。

6.3.6 属于中澳政府保护候鸟及其栖息环境协定中列入的种类

中澳政府保护候鸟及其栖息环境协定（以下简称"中澳候鸟协定"）是中国政府和澳大利亚政府于 1986 年 3 月签署的关于保护野生鸟类及其栖息地、繁殖地、迁徙路径上的停歇地等环境条件的双边条约。辉河地区属于中澳政府保护候鸟及其栖息环境协定中列入的种类有 54 种，占当地已调查发现的鸟类种数的 17.1%。主要保护候鸟种类参见表 6-3-3。

表 6-3-3 辉河地区列入中日和中澳候鸟保护协定的鸟类

物种名称	居留型	分布型	候鸟保护协定	
			中日	中澳
1. 黑喉潜鸟 *Gavia arctica*	旅鸟		●	
2. 红喉潜鸟 *Gavia stellata*	旅鸟		●	
3. 黑颈鸊鷉 *Podiceps nigricollis*	夏候鸟	全北型	●	
4. 凤头鸊鷉 *P. cristatus*	夏候鸟	古北型	●	
5. 角鸊鷉 *P. auritus*	旅鸟		●	
6. 草鹭 *A. purpurea*	夏候鸟	古北型	●	
7. 大白鹭 *Ardea alba*	夏候鸟	环球温带—热带型	●	★
8. 夜鹭 *Nycticorax nycticorax*	夏候鸟	环球温带—热带型	●	
9. 牛背鹭 *Bubulcus ibis*	夏候鸟	东洋型	●	★
10. 紫背苇鳽 *Ixobrychus eurhythmus*	夏候鸟	季风型	●	

物种名称	居留型	分布型	候鸟保护协定	
			中日	中澳
11. 大麻鳽 *Botaurus stellaris*	夏候鸟	古北型	●	
12. 黑鹳　*Ciconia nigra*	夏候鸟	古北型	●	
13. 白琵鹭 *Platalea leucorodia*	夏候鸟	古北型	●	
14. 黑头白鹮 *Threskiornis melanocephalus*	旅鸟		●	
15. 鸿雁 *Anser cygnoides*	夏候鸟	东北型	●	
16. 豆雁 *A. fabalis*	旅鸟		●	
17. 小白额雁 *A. erythropus*	旅鸟		●	
18. 白额雁 *A. albefrons*	旅鸟		●	
19. 大天鹅 *Cygnus cygnus*	夏候鸟，旅鸟	全北型	●	
20. 小天鹅 *C. columbianus*	旅鸟		●	
21. 赤麻鸭 *Tadorna ferruginea*	夏候鸟，旅鸟	古北型	●	
22. 翘鼻麻鸭 *T. tadorna*	夏候鸟，旅鸟	古北型	●	
23. 针尾鸭 *Anas acuta*	旅鸟		●	
24. 绿翅鸭 *A. crecca*	夏候鸟，旅鸟	全北型	●	
25. 罗纹鸭 *A. falcata*	夏候鸟，旅鸟	东北型	●	
26. 花脸鸭 *A. formosa*	旅鸟		●	
27. 绿头鸭 *A. platyrhynchos*	夏候鸟	全北型	●	
28. 赤膀鸭 *A. strepera*	夏候鸟	古北型	●	
29. 赤颈鸭 *A. penelope*	夏候鸟	全北型	●	
30. 白眉鸭 *A. querquedula*	夏候鸟	古北型	●	★
31. 琵嘴鸭 *A. clypeata*	夏候鸟	全北型	●	★
32. 红头潜鸭 *Aythya ferina*	夏候鸟，旅鸟	全北型	●	
33. 青头潜鸭 *A. baeri*	旅鸟		●	
34. 斑背潜鸭 *A. marila*	旅鸟		●	
35. 凤头潜鸭 *A. fuligula*	旅鸟		●	
36. 斑脸海番鸭 *Melanitta fusca*	旅鸟		●	
37. 鹊鸭 *Bucephala clangula*	夏候鸟	全北型	●	
38. 长尾鸭 *Clangula hyemalis*	旅鸟		●	
39. 斑头秋沙鸭 *Mergus albellus*	旅鸟		●	
40. 普通秋沙鸭 *M. merganser*	旅鸟		●	
41. 红胸秋沙鸭 *M. serrator*	旅鸟		●	
42. 毛脚鵟 *B. lagopus*	冬候鸟		●	
43. 白尾鹞 *Circus cyaneus*	夏候鸟	全北型	●	
44. 白头鹞 *C.aeruginosus*	夏候鸟	古北型	●	
45. 矛隼 *Falco rusticolus*	冬候鸟		●	

物种名称	居留型	分布型	候鸟保护协定	
			中日	中澳
46. 燕隼 *F. subbuteo*	夏候鸟	古北型	●	
47. 灰背隼 *F. columbarius*	旅鸟		●	
48. 日本鹌鹑 *Coturnix japonica*	夏候鸟	古北型	●	
49. 灰鹤 *Grus grus*	旅鸟		●	
50. 白枕鹤 *G. vipio*	夏候鸟	东北型	●	
51. 白头鹤 *G. monacha*	旅鸟		●	
52. 普通秧鸡 *Rallus aquaticus*	夏候鸟	古北型	●	
53. 小田鸡 *Porzana pusilla*	夏候鸟	古北型	●	
54. 蛎鹬 *Haematopus ostralegus*	夏候鸟	全北型	●	
55. 黑翅长脚鹬 *Himantopus himantopus*	夏候鸟	环球温带—热带型	●	
56. 反嘴鹬 *Recurvirostra avosetta*	夏候鸟	古北型	●	
57. 普通燕鸻 *Glareola maldivarum*	旅鸟		●	★
58. 凤头麦鸡 *Vanellus vanellus*	夏候鸟	古北型	●	
59. 灰斑鸻 *Pluvialis squatarola*	旅鸟		●	★
60. 金斑鸻 *P. fulva*	旅鸟		●	
61. 金眶鸻 *Charadrius dubius*	夏候鸟	古北型		★
62. 剑鸻 *C. hiaticula*	夏候鸟	全北型		★
63. 蒙古沙鸻 *C. mongolus*	夏候鸟	中亚型	●	★
64. 铁嘴沙鸻 *C. leschenaultii*	夏候鸟	中亚型	●	★
65. 小杓鹬 *Numenius minutus*	旅鸟			★
66. 中杓鹬 *N. phaeopus*	旅鸟		●	★
67. 白腰杓鹬 *N. arquata*	旅鸟		●	★
68. 大杓鹬 *N. madagascariensis*	旅鸟		●	★
69. 黑尾塍鹬 *Limosa limosa*	旅鸟		●	★
70. 斑尾塍鹬 *L. lapponica*	旅鸟		●	★
71. 鹤鹬 *Tringa erythropus*	旅鸟		●	
72. 红脚鹬 *T. totanus*	夏候鸟	古北型	●	★
73. 泽鹬 *T. stagnatilis*	夏候鸟	古北型	●	★
74. 青脚鹬 *T. nebularia*	旅鸟		●	★
75. 林鹬 *T. glareola*	旅鸟		●	★
76. 小青脚鹬 *T. guttifer*	旅鸟		●	
77. 白腰草鹬 *T. ochropus*	旅鸟		●	
78. 矶鹬 *Actitis hypoleucos*	夏候鸟	全北型	●	★
79. 翘嘴鹬 *Xenus cinereus*	旅鸟		●	★
80. 灰尾漂鹬 *Heteroscelus brevipes*	旅鸟		●	★

物种名称	居留型	分布型	候鸟保护协定	
			中日	中澳
81. 翻石鹬 *Arenaria interpres*	旅鸟		●	★
82. 流苏鹬 *Philomachus pugnax*	旅鸟		●	★
83. 针尾沙锥 *Gallinago stenura*	夏候鸟	古北型		★
84. 大沙锥 *G. megala*	旅鸟		●	★
85. 扇尾沙锥 *G. gallinago*	夏候鸟	古北型	●	
86. 孤沙锥 *G. solitaria*	夏候鸟	古北型	●	
87. 丘鹬 *Scolopax rusticola*	旅鸟		●	
88. 半蹼鹬 *Limnodromus semipalmatus*	旅鸟			★
89. 红颈滨鹬 *Calidris ruficollis*	旅鸟			★
90. 长趾滨鹬 *C. subminuta*	旅鸟		●	★
91. 青脚滨鹬 *C. temminckii*	旅鸟		●	
92. 尖尾滨鹬 *C. acuminata*	旅鸟			★
93. 弯嘴滨鹬 *C. ferruginea*	旅鸟		●	★
94. 大滨鹬 *C. tenuirostris*	旅鸟			★
95. 阔嘴鹬 *Limicola falcinellus*	旅鸟		●	★
96. 三趾滨鹬 *Crocethia alba*	旅鸟		●	★
97. 灰瓣蹼鹬 *Phalaropus fulicarius*	旅鸟		●	★
98. 红颈瓣蹼鹬 *P. lobatus*	旅鸟		●	★
99. 中贼鸥 *Stercorarius pomarinus*	旅鸟		●	★
100. 海鸥 *Larus canus*	旅鸟		●	
101. 银鸥 *L. argentatus*	旅鸟		●	
102. 红嘴鸥 *L. ridibundus*	夏候鸟	古北型	●	
103. 灰背鸥 *L. schistisagus*	旅鸟		●	
104. 白翅浮鸥 *C. leucopterus*	夏候鸟	古北型		★
105. 黑浮鸥 *C. niger*	旅鸟			★
106. 普通燕鸥 *Sterna hirundo*	夏候鸟	全北型	●	★
107. 白额燕鸥 *S. albifrons*	夏候鸟	环球温带—热带型	●	★
108. 红嘴巨鸥 *Hydroprogne caspia*	旅鸟			★
109. 大杜鹃 *Cuculus canorus*	夏候鸟	古北型	●	
110. 中杜鹃 *C. saturatus*	夏候鸟	东北型	●	★
111. 雪鸮 *B. scandiaca*	冬候鸟		●	
112. 长耳鸮 *Asio otus*	夏候鸟	全北型	●	
113. 短耳鸮 *A. flammeus*	冬候鸟		●	
114. 普通夜鹰 *Caprimulgus indicus*	夏候鸟	东洋型	●	
115. 白腰雨燕 *A. pacificus*	夏候鸟	东北型	●	★

物种名称	居留型	分布型	候鸟保护协定	
			中日	中澳
116. 白喉针尾雨燕 *Hirundapus caudacutus*	夏候鸟	东洋型	●	★
117. 角百灵 *Eremophila alpestris*	夏候鸟	全北型	●	
118. 崖沙燕 *Riparia riparia*	夏候鸟	全北型	●	
119. 家燕 *Hirundo rustica*	夏候鸟	全北型	●	★
120. 金腰燕 *Cecropis daurica*	夏候鸟	古北型	●	
121. 毛脚燕 *Delichon urbica*	夏候鸟	古北型	●	
122. 黄鹡鸰 *Motacilla flava*	旅鸟		●	★
123. 黄头鹡鸰 *M. citreola*	夏候鸟	古北型	●	★
124. 灰鹡鸰 *M. cinerea*	夏候鸟	古北型		★
125. 白鹡鸰 *M. alba leucopsis*	夏候鸟	古北型	●	★
126. 田鹨 *Anthus richardi*	夏候鸟	东北型	●	
127. 树鹨 *A. hodgsoni*	夏候鸟	东北型	●	
128. 红喉鹨 *A. cervinus*	旅鸟		●	
129. 水鹨 *A. spinoletta*	旅鸟		●	
130. 太平鸟 *Bombycilla garrulus*	冬候鸟		●	
131. 小太平鸟 *B. japonica*	冬候鸟		●	
132. 红尾伯劳 *Lanius cristatus*	夏候鸟	东北—华北型	●	
133. 灰伯劳 *L. excubitor*	冬候鸟		●	
134. 黑枕黄鹂 *Oriolus chinensis*	夏候鸟	东洋型	●	
135. 达乌里寒鸦 *Corvus dauuricus*	留鸟	古北型	●	
136. 秃鼻乌鸦 *C. frugilegus*	留鸟	古北型	●	
137. 红喉歌鸲 *Luscinia calliope*	夏候鸟	古北型	●	
138. 蓝歌鸲 *L. cyane*	夏候鸟	东北型	●	
139. 红胁蓝尾鸲 *Tarsiger cyanurus*	夏候鸟	东北型	●	
140. 北红尾鸲 *Phoenicurus auroreus*	夏候鸟	东北型	●	
141. 白眉地鸫 *Zoothera sibirica*	夏候鸟	东北型	●	
142. 虎斑地鸫 *Z. dauma*	旅鸟		●	
143. 白腹鸫 *Turdus pallidus*	旅鸟		●	
144. 斑鸫 *T. naumanni*	旅鸟		●	
145. 矛斑蝗莺 *L. lanceolata*	夏候鸟	东北型	●	
146. 东方大苇莺 *Acrocephalus orientalis*	夏候鸟	古北型	●	★
147. 黑眉苇莺 *A. bistrigiceps*	夏候鸟	东北型	●	
148. 黄眉柳莺 *P. inornatus*	夏候鸟	古北型	●	
149. 极北柳莺 *P. borealis*	旅鸟		●	★
150. 白眉姬鹟 *Ficedula zanthopygia*	夏候鸟	东北型	●	

物种名称	居留型	分布型	候鸟保护协定	
			中日	中澳
151. 鸲姬鹟 *F. mugimaki*	夏候鸟	东北型	●	
152. 乌鹟 *Muscicapa sibirica*	夏候鸟	东北型	●	
153. 北灰鹟 *M. dauurica*	夏候鸟	东北型	●	
154. 燕雀 *Fringilla montifringilla*	冬候鸟		●	
155. 黄雀 *C. spinus*	夏候鸟	古北型	●	
156. 极北朱顶雀 *C. hornemanni*	冬候鸟		●	
157. 白腰朱顶雀 *C. flammea*	冬候鸟		●	
158. 粉红腹岭雀 *Leucosticte arctoa*	冬候鸟		●	
159. 普通朱雀 *Carpodacus erythrinus*	旅鸟		●	
160. 北朱雀 *C. roseus*	冬候鸟		●	
161. 红交嘴雀 *Loxia curvirostra*	留鸟	全北型	●	
162. 黑尾蜡嘴雀 *Eophona migratoria*	夏候鸟	东北型	●	
163. 锡嘴雀 *Coccothraustes coccothraustes*	留鸟	古北型	●	
164. 白头鹀 *Emberiza leucocephalos*	夏候鸟	古北型	●	
165. 黄胸鹀 *E. aureola*	夏候鸟	古北型	●	
166. 黄喉鹀 *E. elegans*	夏候鸟	东北型	●	
167. 灰头鹀 *E. spodocephala*	夏候鸟	东北型	●	
168. 田鹀 *E. rustica*	旅鸟		●	
169. 小鹀 *E. pusilla*	旅鸟		●	
170. 白眉鹀 *E. tristrami*	夏候鸟	东北型	●	
171. 苇鹀 *E. pallasi*	旅鸟		●	
172. 芦鹀 *E. schoeniclus*	旅鸟		●	
173. 铁爪鹀 *Calcarius lapponicus*	冬候鸟		●	
174. 雪鹀 *Plectrophenax nivalis*	冬候鸟		●	

6.3.7 属于国家保护的有益或有重要价值的野生动物

辉河地区属于国家保护的有益的或者有重要经济、科学研究价值的野生动物共有 244 种，占当地已调查发现的野生动物种数的 61.3%。

（1）两栖纲有 3 种，占当地已调查发现的两栖类动物种数的 60%，分别为花背蟾蜍、黑龙江林蛙和中国林蛙。

（2）爬行纲有 5 种，占当地已调查发现的爬行类动物种数的 100%，分别为丽斑麻蜥、北草蜥、白条锦蛇、岩栖蝮和乌苏里蝮。

（3）鸟纲有 221 种，占当地已调查发现的鸟类种数的 69.9%，分别为黑喉潜鸟、红喉潜鸟、黑颈鸊鷉、凤头鸊鷉、小鸊鷉、普通鸬鹚、红脸鸬鹚、苍鹭、草鹭、大白鹭、夜鹭、池鹭、牛背鹭、紫背苇鳽、大麻鳽、鸿雁、豆雁、灰雁、小白额雁、斑头雁、赤麻鸭、翘鼻麻鸭、针尾鸭、绿翅鸭、罗纹鸭、花脸鸭、绿头鸭、斑嘴鸭、赤膀鸭、赤颈鸭、白眉鸭、琵嘴鸭、红头潜鸭、青头潜鸭、斑背潜鸭、凤头潜鸭、赤嘴潜鸭、斑脸海番鸭、鹊鸭、长尾鸭、普通秋沙鸭、红胸秋沙鸭、雉鸡、斑翅山鹑、石鸡、普通秧鸡、小田鸡、白骨顶、白胸苦恶鸟、凤头麦鸡、灰头麦鸡、灰斑鸻、金眶鸻、金眶鸻、剑鸻、环颈鸻、蒙古沙鸻、铁嘴沙鸻、东方鸻、小嘴鸻、蛎鹬、中杓鹬、白腰杓鹬、大杓鹬、黑尾塍鹬、斑尾塍鹬、鹤鹬、红脚鹬、泽鹬、青脚鹬、林鹬、白腰草鹬、矶鹬、翘嘴鹬、灰尾漂鹬、翻石鹬、流苏鹬、针尾沙锥、大沙锥、扇尾沙锥、孤沙锥、丘鹬、半蹼鹬、姬鹬、红颈滨鹬、长趾滨鹬、青脚滨鹬、尖尾滨鹬、弯嘴滨鹬、大滨鹬、红腹滨鹬、小滨鹬、阔嘴鹬、三趾滨鹬、灰瓣蹼鹬、红颈瓣蹼鹬、黑翅长脚鹬、反嘴鹬、普通燕鸻、中贼鸥、海鸥、银鸥、红嘴鸥、棕头鸥、黑嘴鸥、灰背鸥、黑尾鸥、须浮鸥、白翅浮鸥、普通燕鸥、白额燕鸥、鸥嘴噪鸥、红嘴巨鸥、毛腿沙鸡、岩鸽、原鸽、山斑鸠、灰斑鸠、大杜鹃、中杜鹃、普通夜鹰、楼燕、白腰雨燕、白喉针尾燕、普通翠鸟、蓝翡翠、戴胜、蚁䴕、大斑啄木鸟、小斑啄木鸟、灰头绿啄木鸟、（蒙古）百灵、云雀、角百灵、崖沙燕、家燕、金腰燕、（白腹）毛脚燕、山鹡鸰、黄鹡鸰、黄头鹡鸰、灰鹡鸰、白鹡鸰、田鹨、树鹨、红喉鹨、水鹨、太平鸟、小太平鸟、红尾伯劳、楔尾伯劳、灰伯劳、紫翅椋鸟、北椋鸟、灰椋鸟、黑枕黄鹂、灰喜鹊、喜鹊、达乌里寒鸦、秃鼻乌鸦、渡鸦、棕眉山岩鹨、红喉歌鸲、蓝歌鸲、蓝喉歌鸲、红胁蓝尾鸲、北红尾鸲、黑喉石䳭、白眉地鸫、虎斑地鸫、白腹鸫、斑鸫、震旦鸦雀、矛斑蝗莺、黑眉苇莺、巨嘴柳莺、褐柳莺、黄眉柳莺、黄腰柳莺、极北柳莺、戴菊、白眉姬鹟、红喉姬鹟、鸲姬鹟、乌鹟、北灰鹟、灰纹鹟、大山雀、灰蓝山雀、沼泽山雀、褐头山雀、煤山雀、银喉长尾山雀、麻雀、燕雀、金翅雀、黄雀、极北朱顶雀、白腰朱顶雀、粉红腹岭雀、北朱雀、长尾雀、红交嘴雀、黑尾蜡嘴雀、锡嘴雀、白头鹀、栗鹀、黄胸鹀、黄喉鹀、灰头鹀、三道眉草鹀、栗耳鹀、田鹀、小鹀、黄眉鹀、白眉鹀、苇鹀、芦鹀、红颈苇鹀、铁爪鹀、雪鹀。

（4）哺乳纲有 15 种，占当地已发现的哺乳动物种数的 34.9%，分别为达乌尔猬、狼、赤狐、沙狐、貉、黄鼬、伶鼬、艾鼬、香鼬、白鼬、狗獾、豹猫、草兔、东北兔、狍。

第 7 章 辉河自然保护区生态评价

7.1 保护区生态系统类型

7.1.1 生态系统分类原则

根据辉河国家级自然保护区的气候、水文、土壤、植被等自然环境现状，参照《中国生态系统》（孙鸿烈，2005）和《中国植被》（吴征镒，1995）等文献资料，确定辉河保护区生态系统的划分原则为：

（1）**层级性原则**

生态系统无论是其内涵还是外延，都处于不同的等级层次上，在生态系统的每一个层级结构上，尽管所处的等级不同，但均可以冠以"生态系统"，如陆地生态系统中，可分为森林生态系统、草原生态系统、湿地生态系统、荒漠生态系统、水体生态系统等，而草原生态系统也可以分为草甸草原生态系统、典型草原生态系统、荒漠草原生态系统、低地草甸生态系统等。

（2）**一致性原则**

植被类型是生态系统分类的最重要的依据之一，任何一种自然植被类型都与其所处区域的气候、土壤等环境条件相一致，而且特定的植被条件下，往往有特定的动物、微生物群落与之相适应。因此，植被类型是某一区域环境条件和生物条件的综合表现，陆地生态系统的分类必须与区域气候、植被相一致。

（3）**现实性原则**

由于受自然气候和人类活动干扰的影响，辉河自然保护区内许多地段的植物群落及其生态系统类型均未达到原始的"顶极"状态，而是处于不断的演变进程之中。因此，生态系统类型的分类，必需考虑其现实状态。

（4）简洁性原则

由于造成生态系统分异的驱动力差异较大，生态系统的分类变得相对复杂。辉河保护区地域相对狭小，因此，在生态系统分类上应简洁明快，既符合传统的分类标准，也体现地域特征、植被类型的特殊性。如辉河保护区内的沙地疏林、低湿地植被均非地带性植被类型，但在保护区内分布面积较大，生态功能显著，在生态系统分类上将其与典型草原、草甸草原划为一个层级。

7.1.2　生态系统分类方法

根据辉河自然保护区生态地理特征和植被类型，在《中国生态系统》（孙鸿烈，2005）Ⅴ级分类的基础上，采用Ⅲ级分类方案对辉河保护区自然生态系统加以科学划分，即Ⅰ.生态系统；Ⅱ.生态亚系统；Ⅲ.生态子系统。

（1）生态系统

生态系统的高级分类单位。按照自然植被建群种生活型相近、群落外貌特征相似和水热生态条件相当等，将辉河保护区划分为森林生态系统、草地生态系统、湿地生态系统和村镇生态系统4类。

（2）生态亚系统

生态系统的中级分类单位。在生态系统内，按照水热或生境等环境条件相同或相似，将辉河保护区的森林生态系统划分为沙地疏林、沙地灌丛两类生态亚系统，将草地生态系统划分为草甸草原、典型草原两类生态亚系统，将湿地生态系统划分为低地草甸、沼泽湿地和水体三类生态亚系统等。

（3）生态子系统

生态系统的基本分类单位。在生态亚系统内，依据植物群落优势物种、群落结构和生态特征相同或相似，将辉河保护区内不同生态亚系统划分为若干生态子系统，如樟子松沙地疏林生态系统、小叶锦鸡儿沙地灌丛生态系统、贝加尔针茅草甸草原生态系统、大针茅典型草原生态系统等。

7.1.3　主要生态系统类型

根据辉河自然保护区生态系统分类原则和划分方法，在野外湿地调查和遥感信息解译基础上，初步确定辉河自然保护区共有4类生态系统、8类生态亚系统、23类生态子系统。具体参见表7-1-1和图7.1.1。

表 7-1-1　辉河国家级自然保护区生态系统分类及面积统计

生态系统	生态亚系统	生态子系统	面积 /hm²	所占比例 /%
草地	典型草原	大针茅、羊草、糙隐子草草原	188 214	54.94
		大针茅、冷蒿、杂类草草原		
		羊草、糙隐子草、杂类草草原		
		冷蒿、羊草、杂类草草原		
		冷蒿、糙隐子草、杂类草草原		
	草甸草原	贝加尔针茅、羊草、杂类草草甸	21 736	6.34
		贝加尔针茅、线叶菊、日阴菅草甸		
		羊草、日阴菅、杂类草草甸		
		无芒雀麦、羊草、杂类草草甸		
湿地	低地草甸	羊草、苔草、杂类草草甸	89 517	26.13
		芨芨草、碱蓬、羊草草甸		
		马蔺、杂类草草甸		
		小叶章、苔草、杂类草草甸		
	沼泽草甸	沼柳、杂类草沼泽	18 557	5.42
		芦苇、三棱苔草、拂子茅沼泽		
		扁秆藨草、三棱苔草沼泽		
		塔头苔草、杂类草沼泽		
	河湖水体	河湖水体	7 060	2.06
林地	沙地灌丛	黄柳、差巴嘎蒿、杂类草灌丛	9 393	2.74
		小叶锦鸡儿、差巴嘎蒿、杂类草灌丛		
		差巴嘎蒿、冰草、杂类草灌丛		
	沙地疏林	沙地樟子松疏林	1 782	0.52
人工	工矿村镇	工矿村镇	6 337	1.85
合计	8	23	342 596	100

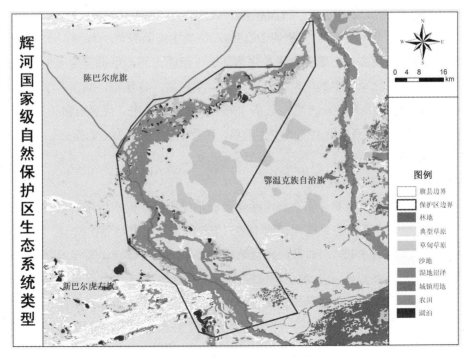

图 7.1.1　辉河国家级自然保护区生态系统类型图

（1）典型草原生态系统

典型草原生态系统是辉河自然保护区的主体部分，面积约 188 214 hm²，约占辉河自然保护区总面积的 54.94%。该类生态系统地势平坦，面积广大，土壤类型为暗栗钙土、栗钙土和沙质栗钙土，植物种类以丛生禾草和根茎型禾草为主，优势植物种类包括大针茅、克氏针茅、羊草、糙隐子草、草地早熟禾、冰草、苔草等，草群中杂类草成分包括星毛委陵菜、二裂委陵菜、柴胡、唐松草、麻花头、直立黄芪、细叶白头翁、野韭、多根葱等，部分退化地段，出现冷蒿、黄花蒿、灰藜、猪毛菜等植物类群。

（2）草甸草原生态系统

草甸草原生态系统是大兴安岭沙地森林生态系统向呼伦贝尔草原过渡的重要生态类型，也是辉河自然保护区重要保护对象之一，分布面积约 21 736 hm²，约占辉河自然保护区总面积的 6.34%。其中，草甸草原核心区面积 4 400 hm²，约占辉河自然保护区核心区面积的 6.4%，占保护区总面积的 1.3%。该类生态系统主要分布在辉河自然保护区东侧，地势低平，土壤以黑钙土、暗栗钙土为主，土层较厚，腐殖质含量相对较高，植被类型以中型禾草杂类草组、线叶菊中型禾草杂类草组、苔草杂类草组等，优势植物种类包括贝加尔针茅、线叶菊、羊草、日阴菅、中华隐子草、无芒雀麦等，杂类草包括地榆、胡枝子、蓬子菜、野火球、铁线莲、野百合等。

（3）低地草甸生态系统

低地草甸生态系统主要分布在辉河两岸低湿地及草原湖泊外围低洼地带，是构成辉河湿地重要的组成部分，分布面积相对较大，约 89 517 hm²，占辉河湿地面积的 77.75%，占辉河自然保护区总面积的 26.13%。该类生态系统地势低洼，土壤盐分含量及潜育化程度相对较高，土壤类型为盐化草甸土、沼泽土等，草群覆盖度大，植被类型以盐化草甸、沼泽化草甸中的羊草、苔草、杂类草草甸，芨芨草、碱蓬、羊草草甸，马蔺、野大麦、杂类草草甸，小叶章、苔草、杂类草草甸等为主。优势植物种类包括羊草、拂子茅、芨芨草、小叶章、野大麦等中生禾草，以及地榆、裂叶蒿、野豌豆、马蔺、针蔺、三棱苔草、碱蓬等杂类草。

（4）沼泽草甸生态系统

沼泽草甸生态系统主要分布在辉河两岸及湖泊外围低洼泛水地带，是构成辉河湿地重要的组成部分。该类生态系统面积约 18 557 hm²，占辉河湿地面积的 16.12%，占辉河自然保护区总面积的 5.42%。而且分布地域相对集中，地势低洼，常年或季节性泛水，土壤潜育化程度高，以沼泽土为主。植被类型主要包括沼柳、杂类草沼泽，芦苇、拂子茅、三棱苔草沼泽，扁秆蔍草、三棱苔草沼泽，塔头苔草、杂类草沼泽等，优势植物以沼柳、芦苇、香蒲、三棱表草、苔草、拂子茅等耐水湿灌木、高大中生型禾草和莎草科植物为主。

（5）沙地灌丛生态系统

沙地灌丛生态系统是构成辉河自然保护区生物多样性的重要组成部分，主要分布在保护区南部的南辉境内，以固定、半固定沙地为主，分布面积约 9 393 hm²，约占辉河保护区总面积的 2.74%。植被类型多以灌木、具刺灌木、半灌木为主，包括沙柳、差巴嘎蒿、杂类草灌丛，小叶锦鸡儿、差巴嘎蒿、杂类草灌丛，差巴嘎蒿、冰草、杂类草灌丛 3 类。优势灌木种类有黄柳、沙柳、小叶锦鸡儿、山刺玫、山丁子、稠李、春榆等，半灌木类有差巴嘎蒿、沙蒿、胡枝子等，草本植物有冰草、麻花头、山竹岩黄芪、沙米等。

（6）沙地疏林生态系统

沙地疏林生态系统是大兴安岭樟子松林的一个沙生变型，具有明显的草原化特征，在空间分布上与黑沙土上的线叶菊、贝加尔针茅草甸草原有密切的联系，构成一幅森林和草原相结合的异质型景观。在辉河自然保护区是重点保护对象之一，分布面积约 1 782 hm²，约占辉河保护区总面积的 0.52%。土壤类型有黑沙土、栗沙土和松林沙土等，主要植物种类有樟子松、春榆、黄柳、沙柳、小叶锦鸡儿、差巴嘎蒿等乔木、灌木和半灌木，沙地草本植被发育良好，主要植物种类有冰草、麻花头、山竹岩黄芪、野豌豆、柴胡等。

7.2　保护区生态系统生产力评价

7.2.1　资料收集及处理方法

研究中所涉及的数据均集成到同一坐标系统下，投影方式为双标准纬线等面积圆锥（Albers）投影，采用的椭球体为 Krasovsky 椭球体，主要参数：中央经线：105°，原点纬线 0，第一标准纬线 $N_1 = 25°$，第二标准纬线 $N_2 = 47°$。

（1）气象数据

来源于国家气象局，时间为 1961～2008 年，数据内容为月平均降水量、月平均气温、月均相对湿度，以及各气象站点的经度、纬度和海拔高度，共涉及整个呼伦贝尔草原及周边气象站点，并对数据进行精度验证。计算时需要栅格化气象数据，使其从空间上与遥感数据相匹配。利用 GIS 空间分析的插值工具反距离权插值法对气象要素进行插值，像元大小与投影方式同 NDVI 数据一致。

（2）基础地理数据

1 : 100 万《中国植被类型图》（侯学煜，1982）来源于中国科学院植物研究所；1:400 万数字化《中国植被类型图》（侯学煜，1982）来源于国家地理信息系统重点实验室；1:400 万《中国土壤质地图》（邓时琴，1986），以及覆盖呼伦贝尔草原湿地的数字高程模型（DEM）（1 : 25 万）来源于全国生态环境调查资料。

（3）Modis 遥感影像

Moids 遥感影像是 NASA（美国国家航天航空局）对地观测卫星（EOS）计划中的中分辨率传感器。上午星（Terra）和下午星（Aqua）上搭载的 MODIS 每天过境 4 次，具有比以往任何卫星传感器更高的时间分辨率，为实时动态监测提供及时的数据源。而且，MODIS 具有较高的空间分辨率（250 m、500 m 和 1 000 m）、光谱分辨率（36 波段）和辐射分辨率（12 bit），在轨定标克服了 AVHRR 发射前定标引起的图像配准差、扫描角引起的像素大小变化等缺陷，在整体上更具稳定性。MODIS-NDVI 算法采用空间分辨率为 250m 的 1、2 波段，空间分辨率是 AVHRR NDVI 的 4 倍，克服了 AVHRR 空间分辨过低（1 km）的缺陷；计算 NDVI（植被覆盖度）输入的 RED 和 NIR 值是经过大气校正的地面反射值，且波幅较窄，有效地克服了 NIR 区水汽吸收的影响，使得 MODIS 植被指数对植被的灵敏性更高，更加客观地反映植被生长状况（Van Leeuwen, 2006）。

研究中使用的 EOS-Modis/Terra（https://lpdaac.usgs.gov/）中 16 天合成的 NDVI 数据，图像空间分辨率为 250 m，数据格式为 HDF，为 MODIS 陆地产品中的植被指数产品 MOD13。时间段是 2000—2008 年每年 4 月 23（24）日—9 月 29（30）日研究区的 NDVI 数据 10 期，在 Envi 软件中经过矫正、合成、坐标和存储格式的转化以后，在 Arcmap 中按研究区域进行裁切，然后在 Arcmap 的 spatial analyst 模块下的 cell statiscs 命令中求出整个生长季 NDVI 最大值的分布格局图。利用所建立的计算植被覆盖度的 Modis 光谱模型和像元分解模型，以及计算地上干物质量的 Modis 光谱模型和改进的光能利用率模型，基于 Modis-NDVI 栅格图计算每年最大植被覆盖度和生物量。

对比分析野外实测的 ASD NDVI 和 Modis NDVI 之间的关系时，Modis-NDVI 的提取按照地面实测样地数据记录的经纬度坐标信息，提取相应点的遥感影像中的 NDVI。为克服像元影像坐标偏移及边缘畸变的影响，若地面样地中 5 个样方的经纬度点落到 2 个以上像元中或位于像元边缘，则取像元的影像像元值的平均值作为每个大样地的 NDVI 值（典型样地中 30 个样方地理坐标也随机选分布均匀的 5 个点），以减少"点对点"资料带来的偏差。

7.2.2　植被覆盖度和 NPP（生物量）估算模型

研究区生态系统生产力评估主要是基于 Modis-NDVI 遥感数据，水源涵养和保持土壤功能量主要基于高光谱试验的植被覆盖度估算模型，固碳释氧和物质生产功能主要基于高光谱试验的生物量估算模型，因此植被覆盖度和生物量的估算模型的估算精度对于生态系统服务的评价结果尤其重要。

（1）野外试验样地设置

为保持野外样地的典型性和代表性，本试验样地主要布设在辉河保护区周边的鄂温克族自治旗、陈巴尔虎旗和新巴尔虎左旗、新巴尔虎右旗等境内草原湿地集中分布的区域。野外实测工作分别在植被生长最旺盛的三个时间段内进行，即 2009 年 7 月 22—28 日、8 月 5—8 日、8 月 28—31 日，采样路线尽量覆盖草原湿地不同植物群落的不同生产力梯度。

样地和小样方设置方法：首先在分析 TM 遥感影像、土地利用现状图和植被类型图的基础上，选择大致 250 m×250 m 植物生长均匀的 49 个样地，要求其植被斑块面积较大且在植被组成上具有代表性，以满足将来建立地面光谱数据与 Modis 的植被指数相关关系的像元匹配要求。试验过程中选择样地中 10 个最具有典型和代表性的典型样地，每个做 30 个 1 m×1 m 的样方，典型样地样方总数为 10×30=300 个；另外的 39 个样地中每个做 5 个 1 m×1 m 的样方，39 个样地的样方总数 39×5=195 个。

（2）植被光谱、植被盖度及生物量测定

使用美国 ASD 公司的 Fieldspec 3 光谱辐射仪进行草原植被光谱测定，视场角 25°，光谱范围 350 ～ 2 500 nm；采样间隔为 1.4 nm（350 ～ 1 000 nm 区间）和 2 nm （在 1 000 ～ 2 500 nm 区间）；数据间隔：1 nm，观测时传感器垂直向下，距离冠层 0.5 m，每隔 10 ～ 15 分钟用白板进行校正。为减少太阳辐照度的影响，选择的天气状况良好，晴朗无云，风力较小，太阳光强度充足并稳定的时段，野外光谱测量的时间在 10:00—15:00。

每个 1 m×1 m 样方测量光谱数据 5 组，用数据线连接光谱仪和 GPS，每组数据中带有地理坐标和海拔高度。为获取植被覆盖度和生物量数据，每个小样方测完光谱后，用数码相机垂直于地面，距离冠层 0.5 m 拍照，然后将植物沿地面齐剪下称其鲜重，并用布袋取回，放入烘箱内，80℃恒温烘干 10 ～ 12 h 后称其干重，将每个样方对应的光谱数据编号和照片编号、样方生物量数据以及样方植被描述等详细记录。

（3）草原植被覆盖度提取方法

由于照相属中心投影，相片四周变形较大，因此在计算机测算相片植被覆盖度前，先切除了相片的边缘部分，即当相片横着摆放时，左右两边分别平行地截除掉 1/5 的长度、上下两边分别平行地截除掉 1/8 的长度。相片剩余的中心部分用于进行植被覆盖度的计算机测量。

在 ERDAS 9.1 处理照片，使用 Modeler 命令完成，将照片转变为灰度值，然后与原照片比较，找出植物与非植物部分临界点，将照片转化为 0、1 的黑白图，统计分析植物部分占整个分析区域的比例，得到每张照片也就是每个小样方的植被覆盖度。

（4）从高光谱数据提取 NDVI 方法

在 ViewSpec pro 软件（version 5.6）中求取实测光谱曲线的近红外波段（841 ～ 876 nm）

和红光波段（620～670 nm）的光谱反射率平均值，基本步骤：首先在 Process 选 Reflectance/Transmittance 命令将默认存储的辐射度光谱数据转化为光谱反射率，然后再在 Process 选 Lambda Integration 求取与 Modis 近红外波段和红光波段一致的光谱反射率平均值。同时根据试验记录计算每个 1 m×1 m 样方对应的 5 个光谱数据的 NDVI 值，求取每个小样方对应的 5 个 NDVI 均值。

每张照片对应 1 个植被覆盖度、1 个地上干物质量以及 1 个 NDVI 均值，一共获得 495 组一一对应的植被覆盖度、地上干物质量和实测 NDVI 均值。

为了使地面试验结果应用于高空遥感影像，按 GPS 记录的地理坐标信息将每个样地的植被覆盖度、地上干物质量和实测 NDVI 均值求均值，得到 49 组（10 个典型样地和 39 个样地）一一对应的植被覆盖度、地上干物质量和实测 NDVI 均值，用于建立预测植被覆盖度和地上干物质量的地面光谱模型和 Modis 光谱模型。

（5）估算植被覆盖度的地面光谱模型和 Modis 光谱模型

植被覆盖度（观测区域内植被垂直投影面积占地表面积的百分比）是一个重要的生态系统基础参数，在考察地表蒸散（发）、土壤水分、水土流失以及光合作用的过程时，植被覆盖度都是作为一个重要的控制因子（陈云浩，2001；张云霞，2003；秦伟，2006；程红芳，2008）。植被覆盖度测算方法的发展大致经历了简单目测估算、仪器测量计算和遥感解译分析三个阶段（张云霞,2003；秦伟，2006）。目前，利用遥感数据来估算植被覆盖度已成为测量植被覆盖度的主要手段之一，尤其是对集中连片的大面积草原区域估算植被覆盖度时，遥感技术体现出更多的优势，如时效性、经济性等（李苗苗,2003）。

利用遥感技术测量植被盖度的方法大致归纳为 3 类，即经验模型法、植被指数法和像元分解模型法（张云霞，2007；李苗苗，2003）。其中，植被指数法和像元分解模型法是 20 世纪 80 年代后被日益广泛使用的方法。像元分解模型法是在植被指数法基础上，通过遥感监测与地面实测相结合建立估算模型的方法（Carlson,1997；Kallel,2007；Montandon,2008；Moses,2007）。NDVI 是用于监测植被变化的最经典植被指数，也是遥感估算植被覆盖度研究中最常用的植被指数，Bradley（2002）将 NDVI 与植被覆盖度作线性相关分析，肯定了 NDVI 与植被覆盖度有良好的相关性。自 2000 年以来，源于 Terra/MODIS 卫星传感器的 NDVI 数据被正式应用，与 NOAA/AVHRR 比较，其数据质量具有空间分辨率更高，并经过大气校正，地理参考更准确、波段较窄受水汽影响较小等特点（Van Leeuwen,2006）。

本研究利用 Modis 红光波段 1（620～670 nm），近红外波段 2（841～876 nm）提取实测的地面光谱数据的归一化植被指数（ASD NDVI），结合实测草原植被覆盖度，初步建立草原湿地区植物生长旺季植被覆盖度估算的地面光谱模型，并利用实测 ASD

NDVI 与 Modis NDVI 的关系修正地面光谱模型，得到 Modis 光谱模型，对比分析像元分解模型和该模型的预测精度，以期为草原湿地草原估算植被覆盖度（NDVI）测算提供新的技术方法。计算公式如下：

$$NDVI = \frac{\rho_{NIR} - \rho_{RED}}{\rho_{NIR} + \rho_{RED}} \tag{7-1}$$

式中，ρ_{NIR} 和 ρ_{RED} 分别是对应 MODIS 近红外波段、红光波段的光谱反射率均值。通过分析研究区内实测 ASD NDVI 和植被覆盖度散点关系，归一化植被覆盖指数 NDVI 实测值与植被覆盖度之间存在较强的线性相关关系（图 7.2.1），且二者间的相关系数 R^2 达 0.913 8，线性方程 F 检验呈显著性水平（$n = 49$，$R^2 = 0.9119$，$F = 498.05$，$P < 0.01$）。

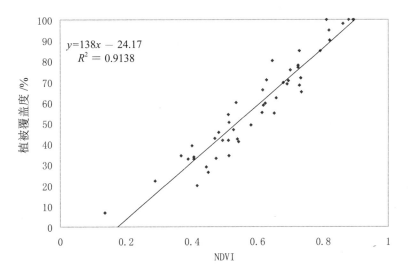

图 7.2.1　ASD NDVI 与植被覆盖度之间线性相关关系

植被覆盖度与 ASD NDVI 之间的表达式为：

$$f_c = 0 \ (NDVI_{ASD} \leqslant 0.175)$$

$$f_c = 138 \times NDVI_{ASD} - 24.17 \ (0.175 < NDVI_{ASD} < 0.8998) \tag{7-2}$$

$$f_c = 1 \ (NDVI_{ASD} \geqslant 0.8998)$$

为了探求地面所测的植被光谱数据和高空遥感所得的植被光谱数据内在的关系，绘制了 49 个野外实测样地 ASD NDVI 和 Modis NDVI 一一对应的关系图（图 7.2.2）。

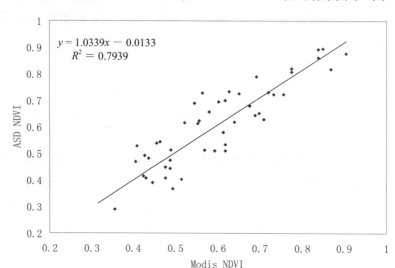

图 7.2.2　ASD NDVI 和 Modis NDVI 的回归关系

从 ASD NDVI 实测值与 Modis NDVI 回归关系图可以看出，二者之间也呈线性关系，回归方程拟合检验结果呈极显著水平（$n=49$，$R^2 = 0.7896$，$F = 181.10$，$P<0.01$）。二者之间的回归方程表达式为：

$$\text{NDVI}_{\text{ASD}} = 1.0339\,\text{NDVI}_{\text{Modis}} - 0.0133 \tag{7-3}$$

将公式（7-2）代入公式（7-3）得到估算植被覆盖度的 Modis 光谱模型，其模型表达式为：

$$f_c = 0\ (\text{NDVI}_{\text{Modis}} \leqslant 0.1676)$$

$$f_c = 142.68 \times \text{NDVI}_{\text{Modis}} - 26.01\ (0.1676 < \text{NDVI}_{\text{ASD}} < 0.9170) \tag{7-4}$$

$$f_c = 1\ (\text{NDVI}_{\text{Modis}} \geqslant 0.9170)$$

（6）像元分解模型

由于本试验仅仅在草原湿地草原上进行，研究区范围内其他生态系统类型植被覆盖度选用像元分解模型，但可以在试验区范围内验证此模型。

假设一个像元的信息可以分为土壤与植被两部分。通过遥感传感器所观测到的综合信息 NDVI，可以表达为由绿色植被成分所贡献的信息 $NDVI_v$，与由土壤成分所贡献的信息 $NDVI_s$ 这两部分组成（李苗苗，2003）。将 NDVI 线性分解为 $NDVI_v$ 与 $NDVI_s$ 两部分：

$$S = NDVI_v + NDVI_s \tag{7-5}$$

对于一个由土壤与植被两部分组成的混合像元，像元中有植被覆盖的面积比例即为该像元的植被覆盖度 f_c，而土壤覆盖的面积比例为 $1 - f_c$。设全由植被所覆盖的纯像元所得的遥感信息为 $NDVI_{veg}$。混合像元的植被成分所贡献的信息 $NDVI_v$ 可以表示为 $NDVI_{veg}$ 与 f_c 的乘积，其表达式为：

$$NDVI_v = f_c \times NDVI_{veg} \tag{7-6}$$

同理，设全由土壤所覆盖的纯像元，所得的遥感信息为 $NDVI_{soil}$。混合像元的土壤成分所贡献的信息 $NDVI_s$ 可以表示为 $NDVI_{soil}$ 与 $1 - f_c$ 的乘积，其表达式为：

$$NDVI_s = (1 - f_c) \times NDVI_{soil} \tag{7-7}$$

将公式（7-6）与公式（7-7）代入公式（7-5），可得估算盖度的像元分解模型计算植被覆盖度的公式：

$$f_c = \frac{NDVI - NDVI_{soil}}{NDVI_{veg} - NDVI_{soil}} \tag{7-8}$$

式中，$NDVI_{soil}$ 为裸土或无植被覆盖区域的 NDVI 值，即无植被像元的 NDVI 值；而 $NDVI_{veg}$ 则代表完全被植被所覆盖的像元的 NDVI 值，即纯植被像元的 NDVI 值。

（7）两种模型的应用与检验

为了检验利用 Modis 数据预测的植被覆盖度与实测的植被覆盖度之间关系的密切程度，以及是否可根据所测样本资料来推断总体情况，根据公式（7-9）计算预测的植被覆盖度与实测的植被覆盖度的标准误差（SE）和平均误差系数（MEC），并与像元分解模型三种情景下计算盖度结果进行了比较（表7-2-1）。标准误差（SE）和平均误差系数（MEC）计算公式为（CHO M A，2007；杜自强，2006）：

$$SE = \sqrt{\frac{\sum_{i=1}^{n}(y - y')^2}{n}} \quad ; \quad MEC = \frac{\sum_{i=1}^{n}\left|\frac{y - y'}{y}\right|}{n} \tag{7-9}$$

式中，y 为实测的植被覆盖度（%）；y' 为利用光谱模型和 Modis 数据预测的植被覆盖度（%）；n是样本数。

　　将公式（7-4）应用到与试验同期的三期 Modis 影像上（2009 年 7 月 12 日—7 月 27 日，7 月 28 日—8 月 12 日，8 月 13 日—8 月 28 日），通过栅格计算，得到上述三个时段草原植被覆盖度空间格局图，再通过试验样地的地理坐标以及试验记录的采样时间分别从 3 幅栅格图中提取与野外植被覆盖度测定一一对应的预测植被覆盖度，将预测的植被覆盖度与试验获得的植被覆盖度进行对比分析，其相关系数达 0.878，参见图 7.2.3（a）。同样，像元分解模型各种条件下预测的植被覆盖度与试验获得的植被覆盖度相关关系，参见图 7.2.3（b）（c）（d）。

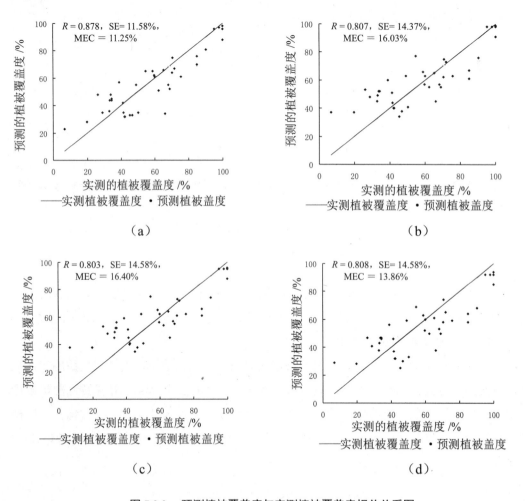

图 7.2.3　预测植被覆盖度与实测植被覆盖度相关关系图

　　图中：（a）Modis 光谱模型；（b）像元分解模型 1，研究区草原植被每幅栅格图的 NDVI 概率分布的 95% 上侧分位数所对应的 $NDVI_{veg}$，而 5% 下侧分位数所对应的为 $NDVI_{soil}$；（c）像元分解模型 2，98% 代表为 $NDVI_{veg}$，而 2% 代表 $NDVI_{soil}$；（d）像元分解模型 3，利用修正后的 Modis 光谱模型反推当植被覆盖度等于 0 或 100% 时的 NDVI 最小值和最大值；平均预测精度为 100% 减去平均误差系数。

表 7-2-1　Modis 光谱模型和像元分解模型预测结果的误差分析

模型类型	Modis 光谱模型	像元分解模型 1	像元分解模型 2	像元分解模型 3
样本数	49	49	49	49
相关系数 R	0.878	0.807	0.803	0.808
标准误差 /%	11.58	14.37	14.58	14.58
平均误差系数 /%	11.25	16.03	16.40	13.86
平均预测精度 /%	88.75	83.97	83.50	86.14

通过对比分析，MODIS 光谱模型预测精度高于亚像元分解模型，标准误差为 11.58%，平均预测精度达到 88.75%（表 7-2-1）。公式（7-4）可用于估算草原湿地草原植被覆盖度，特别是在植物生长最旺盛季节，基于地面光谱模型建立的 MODIS 光谱模型用于估算植被覆盖度的可行性和科学性，从而为草原湿地草原植被覆盖度估算提供了一种较可靠的简单方法。但是，应用上述模型估算植被覆盖度还应综合考虑如下因素：

（1）Modis NDVI 与 ASD NDVI 之间存在偏差。由于 Modis 传感器横向扫描角度的变化范围达到 ±55°，再加上其探测器对地观测的视场几何特征、地球表面曲率、地形起伏和运动中自身抖动等因素的共同影响，导致 Modis L1B 数据存在几何畸变，俗称"Bowtie 效应"（刘良明，2007）。对此，国内外诸多学者在消除 Modis 数据 Bowtie 效应方面做了不少研究（刘良明，2007；郭广猛，2003；李登科，2007），并在计算植被指数前经过严格的大气校正、几何校正和辐射校正（刘良明，2007）。本研究发现，Modis NDVI 略小于 ASD NDVI，但二者之间存在较好的线性关系，通过地面数据的修正后，利用 Modis NDVI 预测草地的植被覆盖度可以获得较理想的结果。

（2）在缺乏试验数据时，可以选择亚像元分解模型测定植被覆盖度。对于像元分解模型，当 $NDVI_{soil}$ 和 $NDVI_{veg}$ 的确定后，其实质也是线性方程，当 $NDVI_{soil}$ 和 $NDVI_{veg}$ 取值准确时，像元分解模型和基于光谱试验所建的地面光谱模型表达式应该相同或相近。$NDVI_{soil}$ 应该是不随时间改变的，对于大多数类型的裸地表面，理论上应该接近零。然而由于大气影响地表湿度条件的改变，以及地表湿度、土壤类型等条件的不同，$NDVI_{soil}$ 会随着时间和空间而变化。$NDVI_{soil}$ 的变化范围一般在 -0.1 至 0.2 之间。$NDVI_{veg}$ 代表着全植被覆盖像元的最大值，由于植被类型的不同，植被覆盖的季节变化等因素，$NDVI_{veg}$ 值也会随着时间和空间而改变。$NDVI_{soil}$ 和 $NDVI_{veg}$ 的确定是决定像元分解模型预测精度的最关键的因素（李苗苗，2003；Bradley C，2002）。多数研究人员根据遥感图像中全部裸地或全部为植被覆盖对应的 NDVI 值来确定这两个值。然而，对于低分辨率的图像，或者干旱地区，不存在全植被覆盖的像元或完全裸地的像元，那么图像中的 NDVI 最大值和最小值的取值是一个难题。本研究按照图像所有像元 NDVI 的概率分布确定的 NDVI 极值方法，其植被覆盖度预测精度可以达到 80% 以上；而利用修正后的 Modis 光谱模型估算植被覆盖度为 0 或 100 时的 NDVI 最小值和最大值，也可为亚像元分解模型提供一种获得区域内相对准确的 NDVI 最大值和最小值方法。

（3）本研究区草原植被类型多样，包括草甸草原、典型草原以及非地带性沙地植被和沼泽草甸、低地杂草草甸等，且草原植被分布比较均匀，样本数量较多，密度大，能够代表草原植被覆盖度与光谱反射率之间关系；同时选用较成熟的植被指数计算方法，波段选取与 MODIS 遥感数据的红光波段和近红外波段完全一致，所建立了地面光谱模型和 MODIS 光谱模型，完全可利用 MODIS/TERRA 或 MODIS/AQUA 遥感影像进行草原湿地区域大面积长时段植被覆盖度估测。

7.2.3　ANPP 地面光谱模型和 Modis 光谱模型

草地植被反射光谱的地面测定工作是草地资源遥感监测的基础，也是利用遥感影像资料进行高精度草地大面积估产的前提。这种方法最早起源于 20 世纪 70 年代，Tucker C J（1979）指出基于红外和红光波段的比值（infrared /Red）与生物量之间建立线性模型将成为植被遥感研究热点之一。Everitt 和 Husse 等通过试验证明，Infrared（0.815 ～ 0.827 μm）和 Red（0.644 ～ 0.656 μm）的反射率比值可以作为草原牧草估产的可靠因子。近期，Moses Azong Cho（2007）、Numata I（2008）和 F.Fava（2009）等人尝试利用地面实测或高光谱影像光谱数据上建立各类预测模型，用于预测牧草产量和草地质量等。20 世纪 80 年代中期，金丽芳（1986）等选用 0.63 ～ 0.69 μm 的 TM3 波段和 0.76 ～ 0.90 μm 的 TM4 波段的反射率作绿度（波段反射率比值）和标准差（归一化植被指数 NDVI）的换算，提出内蒙古典型草原地带草场的牧草鲜重与绿度和标准差有很好的线性关系。史培军（1994）等选用 NOAA/AVHRR 的 CH1（0.58 ～ 0.68 μm）和 CH2（0.72 ～ 1.1μm）波段的反射率作绿度换算，得到草地实测光谱特征与地上产草量相关模型。王艳荣（1996）等分析了戈壁针茅荒漠草原不同群落近地面反射光谱特征与产草的相关关系，认为在产量较低的月份，植被指数与产草量之间趋于曲线相关，而在产草量较高的月份，二者之间趋于直线相关。黄敬峰（1999）等建立了天山北坡中段不同类型天然草地牧草产量遥感动态监测模式，主要是基于光谱植被指数的一元线性回归模型和非线性模型。李建龙（1998）等使用 3S 技术建立了地面光学和线性或非线性遥感估产及产量预报模型，并在实际估产和产量预测中加以应用、检验，给出了生态学解释。

近年来，大量研究人员利用 TM 或 Modis 数据直接提取各类植被指数，利用 GPS 定位测定地面生物量，建立空对地的植被指数与草地生物量之间的回归模型，对于不同区域草原的生物量估产精度的提高和草原生产力格局研究具有重要意义（赵冰茹，2004；王正兴，2005；张连义，2008；徐斌，2009；杜自强，2006）。然而，用于大面积估产的地面植物光谱测定数据明显偏少，尤其研究地面测定植被指数与 Modis 或 TM 数据的植被指数之间的相关关系相对较少。

本研究通过分析研究区内实测 ASD NDVI 和实测草地地上干物质量（ANPP）散点关系，选用线性函数、对数函数、乘幂函数和指数函数进行回归分析。结果表明：实测 ASD NDVI 和 ANPP 之间存在显著相关关系，ASD NDVI 和 ANPP 间各方程均能通过极显著性水平（$\alpha=0.01$）F 检验（表 7-2-2）。

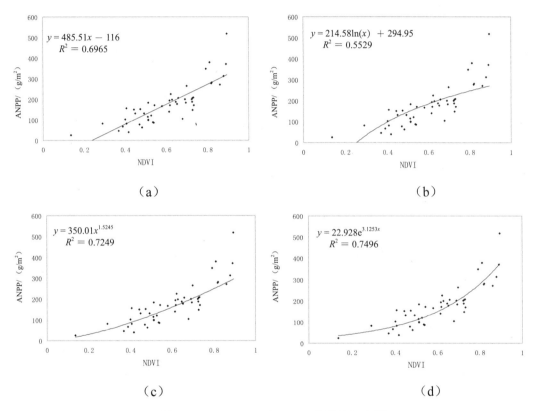

图 7.2.4　ASD NDVI 与 ANPP 间的回归方程

考虑到不同模型间的精度问题，通过对比其决定系数的大小，选择指数函数为 ANPP 与 ASD NDVI 之间的回归模型，其表达式：

$$\mathrm{ANPP} = 22.928 e^{3.1253 \mathrm{NDVI}_{\mathrm{ASD}}} \qquad (R^2=0.7496,\ P<0.001) \qquad (7\text{-}10)$$

参考估算植被覆盖度的 Modis 光谱模型研究方法，将公式（7-2）代入公式（7-10）得到估算 ANPP 的 Modis 光谱模型，其模型表达式为：

$$\text{ANPP} = 22.928e^{(3.2312\text{NDVI}_{\text{Modis}}-0.042)} \tag{7-11}$$

表 7-2-2　ASD NDVI 与 ANPP 之间回归方程拟合效果分析

模型类型	N	R	Adust R^2	F, $\alpha=0.01$
线性函数	49	0.8346	0.6900	107.85, $P<0.001$
对数函数	49	0.7436	0.5434	58.12, $P<0.001$
乘幂函数	49	0.8514	0.7190	123.83, $P<0.001$
指数函数	49	0.8658	0.7443	140.69, $P<0.001$

7.2.4　NPP 改进的光能利用率模型

任何对植物生长起限制性的资源（如水、氮、光照等）均可用于植物干质质量 NPP 的估算，不同资源间可以通过一个转换因子联系起来，这一转换因子既可以是一个复杂的调节模型，也可以是一个简单的比率常数。一般认为，植被 NPP 主要由植被所吸收的光合有效辐射与光能利用率两个变量决定，其数学表达式为：

$$\text{NPP} = (\text{fAPAR} \cdot \text{PAR}) \times (\varepsilon^* \cdot T_{\varepsilon1} \cdot T_{\varepsilon2} \cdot W_{\varepsilon}) \tag{7-12}$$

式中，PAR 为到达地表的光合有效辐射（photo-synthetically active radiation）；fAPAR 为植被层对入射光合有效辐射的吸收比例，其随植被类型及其演替阶段和季节的不同而变化；ε^* 为最大光能利用率；$T_{\varepsilon1}$ 和 $T_{\varepsilon2}$ 为温度胁迫系数；W_{ε} 表示水分胁迫系数。

（1）PAR 的确定

太阳总辐射只有很少一部分到达地面，而到达地面的这部分太阳能又可以分为直接辐射和散射辐射两部分。总辐射的多少和强弱，是由地理纬度、太阳高度、大气透明度、日照和云量等因子决定的。到达地表的太阳总辐射量 Q 计算公式：

$$Q = Q_0(a + bS) \tag{7-13}$$

式中，a 和 b 为常数，S 为日照百分率，Q_0 为天文月总辐射量。根据王希平（2006）对草原湿地多年气象资料研究确定本地区 a、b 值。

表 7-2-3　辉河国家级自然保护区草原湿地区域各月 a，b 值

月份	3、4、5月	6、7、8月	9、10、11月	12、1、2月
a	0.0696	0.1276	0.2938	0.2171
b	0.8184	0.6643	0.4778	0.6800

太阳辐射是植物光合作用主要能源，但植物仅能利用 380 ～ 710 nm 光能，据王希平（2006）等研究，草原湿地有效辐射系数 K 值为 0.52，草地植物光合有效辐射 PAR 计算公式为：

$$PAR = 0.52 \times Q \tag{7-14}$$

表 7-2-4　辉河国家级自然保护区 5 ～ 9 月草原湿地辐射量查算表

纬度	辐射量 Q /（MJ/m²）				
	5 月	6 月	7 月	8 月	9 月
45°	1222.2	1264.2	1264.2	1096.2	798.0
45.5°	1222.2	1264.2	1264.2	1092.0	793.8
46°	1222.2	1264.2	1264.2	1092.0	785.4
46.5°	1218.0	1264.2	1260.0	1087.8	781.2
47°	1213.8	1260.0	1260.0	1083.6	772.8
47.5°	1213.8	1260.0	1255.8	1083.6	768.6
48°	1209.6	1260.0	1255.8	1079.4	764.4
48.5°	1209.6	1260.0	1251.6	1075.2	760.2
49°	1205.4	1255.8	1247.4	1071.0	751.8
49.5°	1205.4	1255.8	1247.4	1066.8	747.6
50°	1201.2	1251.6	1243.2	1062.6	743.4
50.5°	1201.2	1247.4	1239.0	1058.4	739.2
51°	1197.0	1247.4	1234.8	1054.2	730.8
51.5°	1197.0	1243.2	1230.6	1050.0	726.6
52°	1197.0	1243.2	1230.6	1045.8	722.4

（2）fAPAR 的计算

fAPAR 随植被类型及其演替阶段和季节的不同而变化。很多学者都做了关于 fAPAR 和 NDVI 之间关系研究，指出 fAPAR 与 NDVI 之间存在线性关系（Hatfield，1984；Sellers，1985；Goward & Huemmrich，1992）。根据植被的 NDVI 最大值和最小值，以及对应的 fAPAR 最大值和最小值来计算 fAPAR。

$$fAPAR = \frac{(NDVI - NDVI_{min}) \times (fAPAR_{max} - fAPAR_{min})}{(NDVI_{max} - NDVI_{min})} + fAPAR_{min} \tag{7-15}$$

式中，$NDVI_{max}$ 和 $NDVI_{min}$ 为某种植被类型 NDVI 的最大值和最小值，对应亚像元分解模型中的 $NDVI_{veg}$ 和 $NDVI_{soil}$。

为了建立二者的回归关系，必须确定 NDVI 最大值和最小值。NDVI 最大值是指植被达到完全覆盖、植被活动最旺盛时的值，而 NDVI 最小值是指没有植被时的值。首先，获得所研究植被类型 NDVI 的概率分布；然后，NDVI 概率分布的 95% 下侧分位数所对应的 NDVI 值即为 NDVI 最大值，而 5% 下侧分位数所对应的 NDVI 值则代表 NDVI 最小值。研究表明，辉河地区草地植被的 NDVI 最大值和最小值分别为 0.9476 和 0.049。而 fAPAR$_{max}$ 和 fAPAR$_{min}$ 的取值与植被类型无关，在辉河地区 fAPAR$_{max}$ 取 0.95，fAPAR$_{min}$ 取 0.001。

（3）月均最大光能利用率 ε^* 确定

最大光能利用率随植被类型的不同而有所差异。由于最大光能利用率的取值对 NPP 的估算结果影响很大，人们对它的大小一直存在争议，彭少麟等（2000）利用 GIS 和 RS 估算了广东植被 NPP，认为 CASA 模型中所使用的全球植被月最大光能利用率（0.389[g(C$_{\overline{量}}$) MJ]）对广东植被来讲偏低。朱文泉（2005）通过气象数据与实测数据的分析比较，根据误差最小原则模拟出中国典型植被类型的月最大光能利用率。这样通过植被类型所赋予的最大光能利用率的值就更接近中国的实际情况也就更具可信性。其具体取值如表 7-2-5 所示。

表 7-2-5　中国不同植被类型最大光能利用率

植被类型	常绿针叶林	常绿阔叶林	落叶针叶林	落叶阔叶林	针阔混交林	常绿落叶阔叶混交林	灌丛	草地	耕地	其他类型
ε^* / [g(C$_{\overline{量}}$) MJ]	0.389	0.985	0.485	0.692	0.475	0.768	0.429	0.542	0.542	0.542

注：摘自朱文泉（2005）。

（4）温度胁迫因子的估算

$T_{\varepsilon 1}$ 反映在低温和高温时植物体内生化作用对光合的限制而导致植被 NPP 降低（Potter et al.，1993；Field et al.，1995），其计算公式：

$$T_{\varepsilon 1} = 0.8 + 0.02\, T_{opt} - 0.0005 T_{opt} \tag{7-16}$$

式中，T_{opt} 为某一区域一年内 NDVI 值达到最高时的当月平均气温。许多研究表明，NDVI 的大小及其变化可以反映植物的生长状况，NDVI 达到最高时，植物生长最快，此时的气温可以在一定程度上代表植物生长的最适温度。当某一月平均温度低于或等于 -10℃ 时，取 0。

$T_{\varepsilon 2}$ 表示环境温度从最适温度向高温和低温变化时植物光利用率逐渐变小的趋势，这是因为低温和高温时高的呼吸消耗必将会降低光利用率，生长在偏离最适温度的条件下，其光利用率也一定会降低。其计算公式如下：

$$T_{\varepsilon 2} = \frac{1.184}{\{1+\exp[0.2 \times (T_{opt}-10-T)]\}} \times \frac{1}{\{1+\exp[0.3 \times (-T_{opt}-10+T)]\}} \tag{7-17}$$

当某月平均气温（T）比最适温度高 10℃或低 13℃时，该月气温值等于月平均温度为最适温度时的值的一半。

（5）水分胁迫因子

水分胁迫影响系数反映了植物所能利用的有效水分对光利用率的影响。随着环境中有效水分的增加，逐渐增大。它的取值范围为 0.5（在极端干旱条件下）到 1（非常湿润条件下），由下式计算：

$$W_\varepsilon = 0.5 + 0.5 \times \frac{E}{E_p} \qquad (7\text{-}18)$$

式中，E 为区域实际蒸散量，mm；E_p 为区域潜在蒸散量，mm。

区域实际蒸散量（E）和潜在蒸散量（E_p）是大气、土壤和植被等各圈层蒸发和蒸腾的综合反映，其比值与土壤水分密切相关。当土壤水分小于临界状态的土壤水分理想供水状况下的土壤水分含量，即当实际蒸散小于潜在蒸散时，则表征区域缺水；反之，表征区域不缺水。因此，通过提取地表缺水指数研究区域的水分状况是个有效途径（韩丽娟，2005；易永红，2008）。江东和王乃斌等（2001）研究利用植被指数与地面温度的比值 NDVI / T_s 来作为表征地表水分状况，特别是农作物水分胁迫情况的指标。研究证明指标 NDVI / T_s 将土壤水分与作物长势结合起来，凸现了"作物可利用水分（或有效水分）"的思想。本文以归一化的 NDVI / T_s 表示区域土壤有效水分含量，替代公式中的（E / E_p），计算公式如下：

$$W = \frac{\text{NDVI}}{T_s} \qquad (7\text{-}19)$$

$$W_s = \frac{(W - W_{\min})}{(W_{\max} - W_{\min})} \qquad (7\text{-}20)$$

水分胁迫系数的表达式为：

$$W_\varepsilon = 0.5 + 0.5\, W_s \qquad (7\text{-}21)$$

式中，W 为土壤有效水分系数，W_s 为归一化的土壤有效水分系数。

（6）模型应用与检验

Modis 光谱模型的检验。将估算地上干物质量的 Modis 光谱模型（公式 7-11）应用到与试验同期的三期 Modis 影像上（2009 年 7 月 12 日—7 月 27 日，7 月 28 日—8 月 12 日，8 月 13 日—8 月 28 日），通过栅格计算，得到上述三个时段草原湿地地上干物质量的空间格局图；然后，通过试验样地的地理坐标以及试验记录的采样时间，分别从 3 幅栅格图中提取与野外实测的地上干物质量一一对应的预测的地上干物质量，再将预测的 ANPP 与试验获得的 ANPP 进行对比分析，发现二者呈较好的线性关系，相关系数达 0.791（图 7.2.5）。

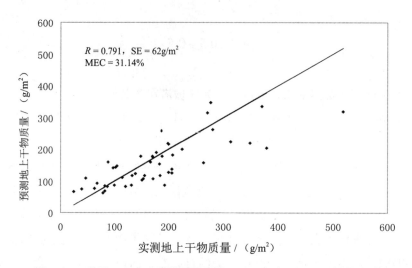

图 7.2.5　基于 Modis 光谱模型预测的 ANPP 与实测 ANPP 间的关系图

最后，根据公式（7-9）计算预测的地上干物质量与实测的地上干物质量的标准误差（SE=62 g/m^2）和平均误差系数（MEC=0.3114），所建的估测地上干物质量的地面光谱模型经过修正后，得到 Modis 光谱模型，且平均预测精度可达 68.86%，对比分析 Modis 光谱模型和改进的光能利用率模型，对辉河自然保护区 2000—2008 年 NPP 预测总量的两种结果，来分析评价改进的光能利用率模型精度，Modis 光谱模型计算 NPP 时采用经验公式 [NPP=（ANPP/0.35）×0.45]（陈润政，1998；姜立鹏，2007；刘军会，2008），结果参见表 7-2-6。

通过以上分析，用 Modis 光谱模型可以预测草原湿地生态系统类型植被生产力，也可以使用改进的光能利用率模型估算草原湿地植被的净第一性生产力，即 NPP。

表 7-2-6　两种模型计算辉河国家级自然保护区 NPP 总量对比

单位：$\times 10^{9[g（C量）/a]}$

	2000	2001	2002	2003	2004	2005	2006	2007	2008	平均
Modis 光谱模型	864	705	1045	840	845	898	746	576	970	832
改进光能利用率模型	976	688	1150	743	962	1079	818	645	897	884

7.2.5　生态系统生产力评价

依据上述光谱试验建立的用于草原湿地估产的地面光谱模型，基于 Modis NDVI 计算研究区内 2000～2008 年的地上干物质量（ANPP）的状况，结果参见表 7-2-7 和图 7.2.6。

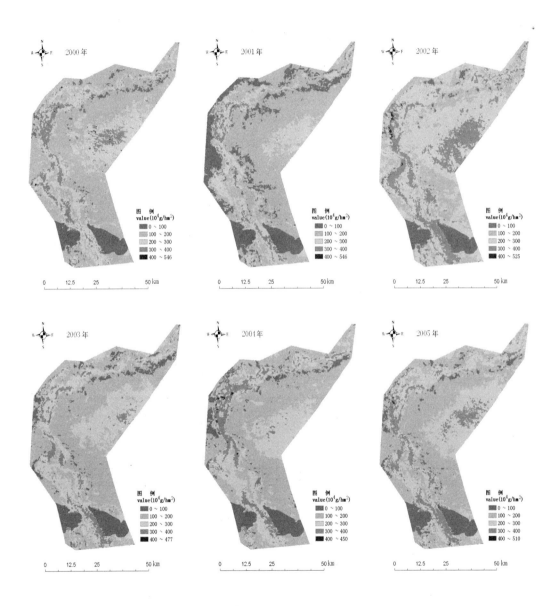

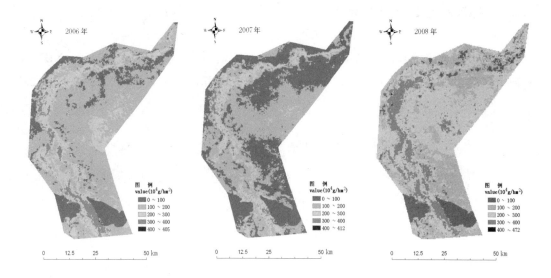

图 7.2.6　2000 ~ 2008 年辉河国家级自然保护区草原湿地生产力状况

表 7-2-7　2000 ~ 2008 年辉河国家级自然保护区草原湿地生态系统生产力

年份	生态系统生产力			
	典型草原 / ($\times 10^4$ t/a)	草甸草原 / ($\times 10^4$ t/a)	沼泽湿地 / ($\times 10^4$ t/a)	合计 / ($\times 10^4$ t/a)
2000	32.77	6.03	26.30	65.10
2001	25.61	4.69	23.11	53.41
2002	42.44	6.62	29.87	78.93
2003	32.91	5.57	25.05	63.53
2004	30.99	5.30	27.42	63.71
2005	34.05	6.16	27.07	67.28
2006	27.07	4.05	24.54	55.66
2007	19.76	3.33	20.13	43.22
2008	38.98	5.58	28.66	73.22
平均值	31.62	5.26	25.79	62.67

从辉河保护区内草原湿地干草产量来看，由于各年份降水量差别较大，不同生态系统类型间分布面积的不同，整个辉河保护区从 2000—2008 年的 9 年间，年度平均总生产力为 62.67$\times 10^4$ t/a 干草，其中，典型草原年度平均总生产力最高，达 31.62$\times 10^4$ t/a，草甸草原年度平均总生产力相对较少，为 5.26$\times 10^4$ t/a。草原湿地单位面积生产力，草甸草原最高，平均为 2.42 t/hm²（干草）；沼泽湿地次之，平均为 2.24 t/hm²（干草）；典型草原最少，平均为 1.68 t/hm²（干草）。因此，辉河自然保护区草原湿地生态系统生产力分布格局，中东部的草甸草原区和辉河两岸湿地区为生产力高值区，而中部面积较广的典型草原区为生产力低值区。

辉河保护区内草原湿地生产力动态线性拟合趋势表明，2000—2008 年的 9 年间，典型草原、草甸草原和沼泽湿地年度平均生产力均呈明显波动下降趋势，其中，草甸草原生态系统年度平均生产力下降趋势较典型草原和沼泽湿地两类生态系统明显（图 7.2.7），其下降趋势符合 $y = -0.1738x + 6.1281$（$R^2 = 0.2022$），说明草甸草原生态系统相对脆弱，在相同自然环境条件下，生态系统生产力容易受到外界的干扰因素而发生改变。

从三类生态系统初级生产力（NPP）来看，均以 2002 年为高峰值，2007 年为低峰值，这与 2002 年和 2007 年当年辉河自然保护区年度降水量有关。其中，辉河保护区内草甸草原生态系统 2002 年单位面积初级生产力最高达 2.43t /hm²（干草），2007 年为最低量保持 1.33 t /hm²（干草），说明草甸草原不论降水丰欠均是草原生态系统的生产力高值区。

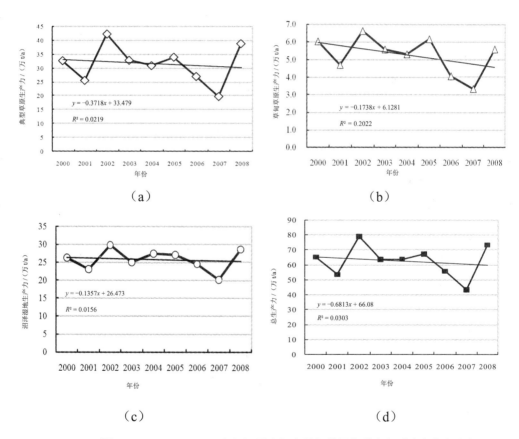

图 7.2.7　2000～2008 年辉河国家级自然保护区各类生态系统生产力动态

7.3　保护区生态系统服务功能评价

在辉河自然保护区，自然生态系统类型主要包括森林、草原、湿地、沙地、村镇五大类。其中，草原生态系统又分为林缘草甸、草甸草原、典型草原和低地草甸四类亚生态系统；

湿地生态系统又分为河流湿地、湖沼湿地和水域三类亚生态系统，沙地生态系统又分为樟子松疏林沙地、灌丛疏林沙地和裸沙地三类亚生态系统。因此，辉河自然保护区的生态系统主导服务功能应以水源涵养、土壤保持、固碳释氧以及生物多样性维持为主。

生态系统服务功能的可持续性从根本上取决于生态系统的结构和过程，而生态系统的结构和过程则决定了其生态服务物质量的动态水平。物质量评价法是指从物质量角度对生态系统提供的各项服务进行定量评价，其实践内涵在于：①关键生态系统空间尺度较大；②评价目的是掌握生态系统本身的健康水平或生态系统是否能可持续发展；③不以市场交换为目的。辉河自然保护区是国家级草原湿地自然保护区，具有上述生态系统服务功能评价的实践内涵，采用物质量评估方法更能够比较客观地反映生态系统的生态过程，进而反映生态系统服务功能的可持续性。

7.3.1　涵养水源功能

辉河自然保护区的涵养水源功能主要是计算草地（包括湿地）、林地两类生态系统涵养水源能力，即草地、林地的植被覆盖度较大的地段不仅具有截流降水的功能，而且比空旷裸地有较高的渗透性和保水能力。

（1）涵养水源功能评估方法

草地涵养水源功能评估。选用草地生态系统的蓄水效应来衡量辉河草原湿地类自然保护区的涵养水分能力。其数学模型为：

$$Q_1 = A_g \cdot J_0 \cdot k \cdot (R_0 - R_g) \tag{7-22}$$

式中，Q_1 为与裸地相比较，草地生态系统涵养水分的增加量；A_g 为草地面积；J_0 为研究区多年平均降雨总量；k 为研究区产流降雨量占总降雨量的比例，其中，秦岭—淮河以北地区取 0.4，以南地区取 0.6（赵同谦，2004）；R_0 为产流降雨条件下裸地降雨径流率；R_g 为产流降雨条件下草地降雨径流率。

据朱连奇（2003）和刘军会（2008）报道，草地降雨径流率 R_g 与草地植被覆盖度 C_g 呈显著负相关关系，且符合 $R_g = -0.3187C_g + 36.403$（$R^2 = 0.9337$）关系，与裸地相比较，北方地区草地（包括湿地）生态系统涵养水分的增加量符合如下模型：

$$Q_1 = 0.3187 \cdot A_g \cdot J_0 \cdot k \cdot C_g \tag{7-23}$$

林地涵养水源功能价值评估。在辉河保护区内，林地包括樟子松、山杨、桦树等乔木林地以及小叶锦鸡儿、胡枝子等灌木林地，主要参考森林生态系统的蓄水效应来衡量保护区内林地的涵养水分能力（周晓峰，1998；刘军会，2008）。其数学模型为：

$$Q_2 = 0.55 \cdot A_f \cdot J_0 \cdot k \cdot C_f \qquad （7-24）$$

式中，Q_2 为与裸地相比较，森林植被涵养水分的增加量；A_f 为保护区内林地面积；J_0 为研究区多年平均降雨总量；k 同上；C_f 为保护区林地植被覆盖度。

辉河保护区涵养水源总能力：

$$Q = Q_1 + Q_2 \qquad （7-25）$$

（2）水源涵养水源量评价

利用前面 3.2.4 节中建立的计算植被覆盖度的 Modis 光谱模型和像元分解模型 1，在 Modis-NDVI 栅格图上计算每年最大植被覆盖度。然后，根据区域各气象站点的多年平均降雨数据，应用 Arcmap 软件中的插值功能，获得整个研究区降雨量空间分布格局，分别计算草地、湿地、林地三类植被涵养的水源量（图 7.3.1）。

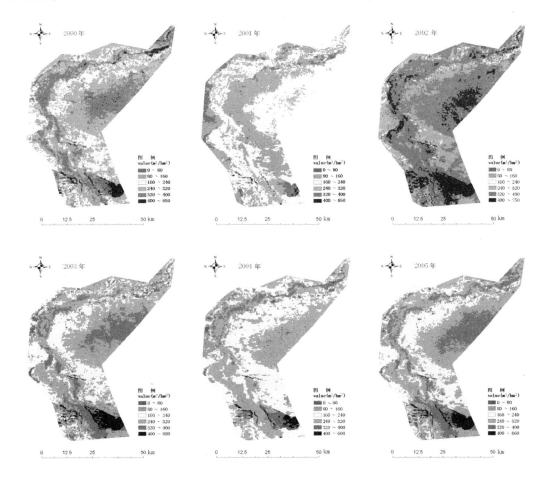

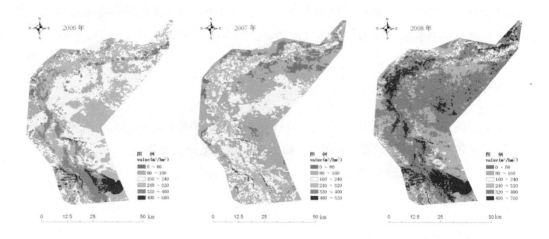

图 7.3.1　2000～2008 年辉河国家级自然保护区涵养水源量状况

另外，据《鄂温克族自治旗志》记载，辉河主河道长 367.8 km，平均水深 1～2.5m，多年平均每年流入辉河自然保护区内的水资源量约 2.47 亿 m³，每年流出的水资源量约 1.27 亿 m³。依据 TM 遥感影像和水文资料，求得 2000～2008 年辉河自然保护区内湖泊水域面积和湖泊平均水深 1～2.5m，2000～2008 年 9 年间保护区内湖泊湿地每年涵养水源量，并加入到沼泽涵养水源量中（表 7-3-1）。

表 7-3-1　2000～2008 年辉河国家级自然保护区不同生态系统涵养水源量

年份	草地 /（×10⁷ m³/a）		疏林地 /（×10⁷ m³/a）	沼泽湿地 /（×10⁷ m³/a）	合计 /（×10⁷ m³/a）
	典型草原	草甸草原			
2000	4.93	0.77	0.75	15.27	21.72
2001	2.88	0.47	0.54	13.04	16.93
2002	6.22	0.86	1.03	14.47	22.58
2003	4.74	0.71	0.85	12.98	19.28
2004	4.12	0.62	0.7	12.4	17.84
2005	4.7	0.73	0.81	11.91	18.15
2006	3.91	0.55	0.8	10.45	15.71
2007	2.47	0.4	0.45	8.48	11.8
2008	6	0.8	0.95	12.06	19.81
平均值	4.44	0.66	0.76	12.34	18.2

从表 7-3-1 可以看出，不同生态系统类型，不同年份水源涵养量差别较大。整个保护区 2000～2008 年 9 年平均水源涵养量为 $18.2×10^7$ m³/a，其中 2002 年最多达 $22.58×10^7$ m³/a，2007 年最少为 $11.8×10^7$ m³/a。涵养水源量年度变化趋势主要受当年降水量、气温和植被覆盖度的影响。据鄂温克旗和海拉尔区两个气象站点的年度降水数据

分析，辉河保护区 2002 年降水量为 352 mm，为降水丰年，而且降水量主要集中在 6～7 月间，水热同期，当年植被覆盖度相对较好；2007 年降水量平均为 233 mm，为降水欠年，而且降水量主要集中在 8 月份，此时气温下降幅度较大，水热耦合效应相对较差，植被覆盖度相对较低；到 2008 年，由于区域降水量增加到 363 mm，且降水量主要集中 7 月份的高温时节，使 2008 年又呈现为一个水热耦合效应较高年份。

辉河保护区典型草原、草甸草原、沙地疏林和沼泽湿地四类生态系统单位面积水源涵养量可以看出，单位面积水源涵养功能最大者为沼泽湿地生态系统，9 年平均值为 1 071.79 m³/hm²；其次为沙地疏林生态系统，9 年平均值为 680.09 m³/hm²；单位面积水源涵养功能最小者为典型草原生态系统，9 年平均值为 235.90 m³/hm²；草甸草原的水源涵养量介于典型草原和沙地疏林两类生态系统之间，9 年平均值为 303.64 m³/hm²（表 7-3-2）。

表 7-3-2　2000～2008 年辉河国家级自然保护区不同生态系统单位面积水源涵养量

年份	草地 /（m³/hm²）		沙地疏林 /（m³/hm²）	沼泽湿地 /（m³/hm²）
	典型草原	草甸草原		
2000	261.94	354.25	671.14	1326.28
2001	153.32	216.23	483.22	1132.59
2002	330.47	395.66	921.70	1256.80
2003	251.84	326.65	760.63	1127.38
2004	218.90	285.24	626.40	1077.01
2005	249.72	335.85	724.83	1034.45
2006	207.74	253.04	715.88	907.64
2007	131.23	184.03	402.68	736.53
2008	318.79	368.05	850.11	1047.48
平均值	235.90	303.64	680.09	1071.79

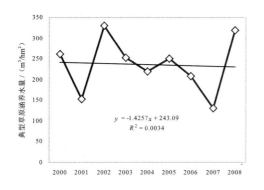

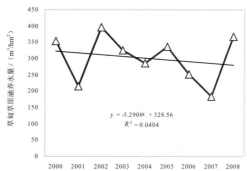

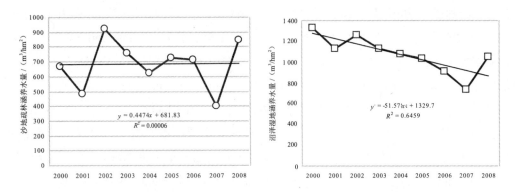

图 7.3.2　　2000～2008 年辉河国家级自然保护区不同生态系统单位面积水源涵养动态

从图 7.3.2 可以看出，2000～2008 年辉河自然保护区四种典型生态系统类型单位面积水源涵养动态，除沙地疏林生态系统外，均呈明显下降趋势，其中沼泽湿地生态系统下降幅度最大，草甸草原次之，典型草原下降幅度最小；沙地疏林生态系统单位面积水源涵养能力呈缓慢上升趋势，也说明沙地疏林生态系统植被总体呈进展演替状态，植被恢复能力逐年加强。

7.3.2　土壤保持功能

辉河自然保护区位于北方草原腹地，冬春季节地上植被枯黄期又是典型的风蚀区，但在夏秋雨季也有少量的水蚀。因此，草地保持土壤总量是草地防风固沙量和减少水蚀土壤保持量之和。

（1）草地防风固沙量核算方法

草地防风固沙量主要包括潜在土壤侵蚀量和现实土壤侵蚀量两部分。根据国家林业局《土壤侵蚀分类分级标准》（SL 190—2007）规定的风蚀区土壤侵蚀强度的分级标准，以及由试验建立的光谱模型和像元分解模型计算得到研究区内植被覆盖度，确定了研究区四种主要生态系统类型不同植被覆盖度下的平均最小防风固沙量，参见表 7-3-3。

表 7-3-3　草地风蚀区土壤保持量的确定

盖度 /%	<10	10～30	30～50	50～70	>70
土壤保持量（t/ km² · a）	0	5 000	7 750	10 150	11 400

（2）减少水蚀土壤保持量核算方法

草地水蚀土壤保持量也由草地潜在土壤侵蚀量和草地现实土壤侵蚀量两部分构成。根据国家林业局《土壤侵蚀分类分级标准》（SL 190—2007）规定的土壤侵蚀强度的分级指标（植被覆盖率和坡度）确定土壤保持量。现实土壤侵蚀量由植被覆盖度和坡度来估算，而潜在土壤侵蚀量可取相应坡度下，植被覆盖度为相应值时的土壤侵蚀量参见表7-3-4。

草地土壤保持总量计算公式为：

$$W = W_f + W_s \tag{7-26}$$

其中，

$$W_s = W_p - W_r \tag{7-27}$$

式中，W 为研究区土壤保持量；W_f 为研究区风蚀土壤保持量；W_s 为水蚀土壤保持量；W_p 为研究区潜在土壤保持量；W_r 为研究区现实土壤侵蚀量。

表 7-3-4　草地水蚀区土壤保持量的确定

单位：t/（ km^2·a）

分类项		地表坡度				
		5°～8°	8°～15°	15°～25°	25°～35°	>35°
植被覆盖度 /%	>75	2750	2750	5500	10500	14000
	60～75	2000	2000	4750	7750	11250
	45～60	2000	2000	2750	7750	8500
	30～45	2000	0	2750	7750	8500
	<30	0	0	0	0	0

注：植被覆盖度 >75％时，各种坡度下均按微度侵蚀模数估算。

（3）草地土壤保持量

根据公式（7-26）和公式（7-27），分别计算出草地防风固沙量和减少水蚀土壤保持量（即保土量）。参见表 7-3-5。

表 7-3-5　2000～2008 年辉河国家级自然保护区各类生态系统土壤保持量

单位：×10^7 t/a

年份	典型草原		草甸草原		沙地疏林		沼泽湿地		合计
	固沙	保土	固沙	保土	固沙	保土	固沙	保土	
2000	1.930	0.393	0.250	0.060	0.196	0.042	1.230	0.275	4.376
2001	1.700	0.367	0.250	0.053	0.190	0.042	1.150	0.252	4.004
2002	2.050	0.450	0.260	0.061	0.214	0.046	1.270	0.292	4.643
2003	1.920	0.394	0.250	0.059	0.204	0.044	1.200	0.266	4.337
2004	1.880	0.391	0.250	0.057	0.202	0.042	1.220	0.278	4.320
2005	1.930	0.406	0.260	0.061	0.202	0.044	1.230	0.279	4.412
2006	1.760	0.373	0.240	0.048	0.197	0.043	1.180	0.262	4.103
2007	1.460	0.312	0.220	0.045	0.155	0.032	1.100	0.230	3.554
2008	2.010	0.436	0.260	0.060	0.206	0.044	1.250	0.286	4.552
平均值	1.850	0.391	0.250	0.056	0.200	0.042	1.200	0.269	4.258
	2.241		0.306		0.242		1.469		

从表 7-3-5 可以看出，辉河自然保护区土壤侵蚀是以风蚀作用为主，因此，生态系统保持土壤的物质量仍以防风固沙量为主，按 2000～2008 年 9 年的平均值统计，辉河保护区每年防风固沙量是减少水蚀土壤保持量的 4.12 倍。按照生态系统类型统计，不同生态系统类型土壤保持量的大小顺序依次为：典型草原 > 沼泽湿地 > 草甸草原 > 沙地疏林。

2000～2008 年 9 年间，辉河自然保护区不同生态系统土壤保持量动态特征表明，年度土壤保持总量介于 $3.56 \times 10^7 \sim 4.64 \times 10^7$ t/a 之间，其中 2002 年为最大，土壤保持总量为 4.643×10^7 t/a，不同年份土壤保持量状况见图 7.3.3。

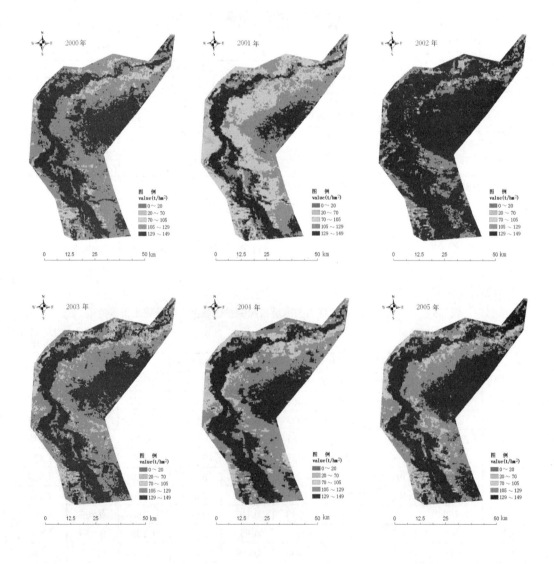

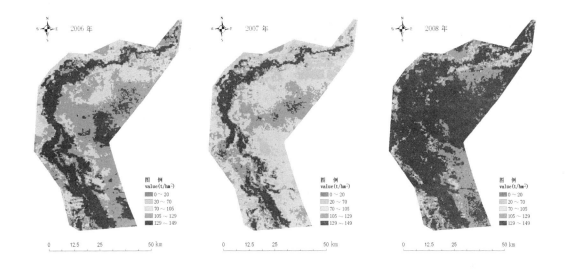

图 7.3.3　2000 ~ 2008 年辉河国家级自然保护区土壤保持量状况

由表 7-3-6 看出，辉河草原湿地自然保护区四种生态系统类型，单位面积土壤保持量由大到小依次为沙地疏林 > 草甸草原 > 沼泽湿地 > 典型草原，不同年份单位面积土壤保持量仍以 2002 年为最大，2007 年为最小。

表 7-3-6　2000 ~ 2008 年辉河国家级自然保护区单位面积土壤保持量

年份	典型草原 /（t/hm²）	草甸草原 /（t/hm²）	沙地疏林 /（t/hm²）	沼泽湿地 /（t/hm²）
2000	123.42	142.62	212.71	130.72
2001	109.82	139.40	207.52	121.77
2002	132.83	147.68	232.21	135.67
2003	122.95	142.16	221.66	127.33
2004	120.66	141.24	218.26	130.11
2005	124.11	147.68	219.96	131.06
2006	113.33	132.50	214.32	125.25
2007	94.15	121.92	167.34	115.52
2008	129.96	147.22	223.27	133.41
平均值	119.03	140.27	213.03	127.87

辉河草原湿地自然保护区四种生态系统类型单位面积土壤保持能力总体呈下降趋势，其中，沼泽湿地生态系统下降趋势较其他类型生态系统要明显，说明沼泽湿地生态系统单位面积土壤保持能力相对脆弱（见图 7.3.4）。

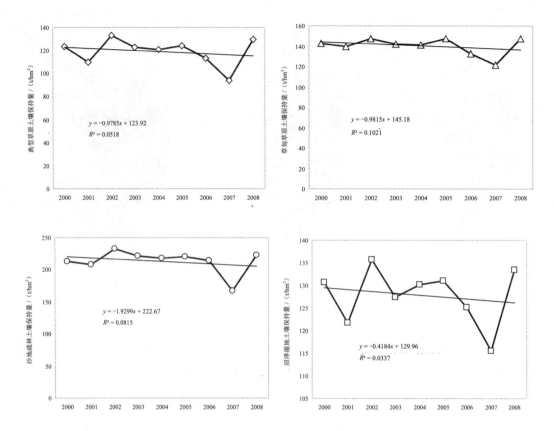

图 7.3.4   2000～2008 年辉河国家级自然保护区生态系统单位面积保持土壤能力变化

7.3.3　气候调节功能

植被通过光合作用和呼吸作用与大气进行物质的交换，这对维持地球大气中的 CO_2 和 O_2 的动态平衡、减缓温室效应，以及提供人类生存的最基本条件具有不可替代的作用。一般情况下，植被生态系统每生产 1.00 g 干物质大约能固定 1.62 g CO_2，并释放出 1.20 g O_2。其中，植物干物质中碳元素的含量大约占 45%（陈润政，1998；姜立鹏，2007）。

$$CO_2(164\ g)+H_2O\ (108\ g) \longrightarrow C_6H_{12}O_6(180\ g)+ O_2(193\ g)$$

$$\downarrow$$

多糖（162 g）

依据光谱试验建立的用于草地和沼泽湿地估产的地面光谱模型，基于 Modis NDVI 计算研究区内 2000～2008 年的地上干物质量（ANPP）和格局，首先在 Arcmap 中求取每年最大 NDVI（植被覆盖度）值，并计算每年最大地上干物质量；然后，根据经验换算公式，生物量 NPP=ANPP/0.35（李博，1988；Chapin，2005；李文华，2008），计算草地和沼泽湿地每年 NPP 总量和分布状况；林地 NPP 总量和分布状况，利用改进的光能利用率模型和每年生长季（5～9月）Modis-NDVI 计算；最后，按土地利用类型合成得到辉河自然保护区 NPP 总量以及相对应的植被固碳量、释氧量（表 7-3-7）及其分布状况（图 7.3.5 和图 7.3.6）。

表 7-3-7　2000～2008 年辉河国家级自然保护区不同生态系统固碳释氧能力

单位：$\times10^9$g/α

年份	典型草原		草甸草原		沙地疏林		沼泽湿地	
	固碳量	释氧量	固碳量	释氧量	固碳量	释氧量	固碳量	释氧量
2000	1501.52	1112.24	282.56	209.31	184.21	136.45	1201.75	890.19
2001	1176.62	871.57	219.06	162.27	144.04	106.69	1046.70	775.33
2002	1931.76	1430.93	310.68	230.13	227.23	168.32	1361.56	1008.56
2003	1504.91	1114.75	260.93	193.28	170.06	125.97	1143.68	847.17
2004	1420.52	1052.24	249.77	185.01	179.89	133.25	1247.44	924.03
2005	1560.24	1155.73	288.83	213.95	203.83	150.99	1238.58	917.47
2006	1246.36	923.23	191.34	141.73	179.46	132.93	1118.56	828.56
2007	916.49	678.88	157.50	116.67	118.22	87.57	918.97	680.72
2008	1794.38	1329.17	262.37	194.35	179.57	133.01	1319.18	977.17
平均值	1450.31	1074.31	247.00	182.97	176.28	130.58	1177.38	872.13

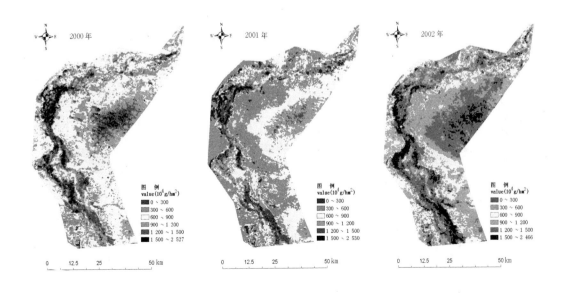

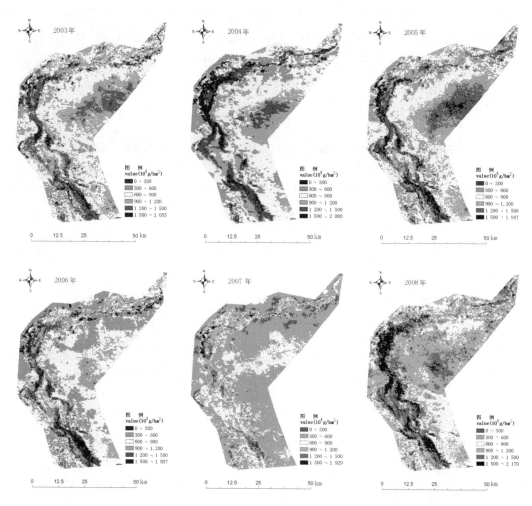

图 7.3.5　2000 ～ 2008 年辉河国家级自然保护区基于光谱模型的固碳量分布状况

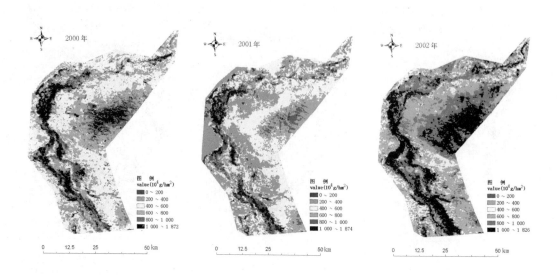

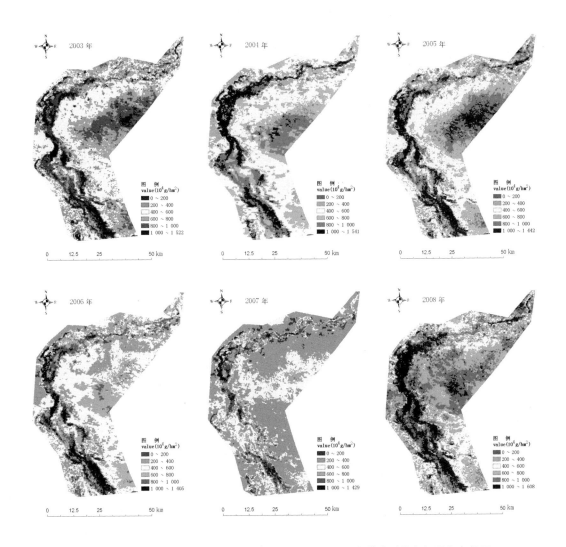

图 7.3.6　2000 ～ 2008 年辉河国家级自然保护区基于光谱模型的释氧量分布状况

　　从辉河自然保护区固定 CO_2 总量来看，整个保护区 2000—2008 年的 9 年间固定 CO_2 总量的年平均值为 $3\,050.98 \times 10^9$ g C/a，其中典型草原最多，为 $1\,450.31 \times 10^9$ g C/a；沼泽湿地次之，为 $1\,177.38 \times 10^9$ g C/a；草甸草原第三，为 247.00×10^9 g C/a；沙地疏林最少，为 176.28×10^9 g C/a。保护区每年平均释放的氧气总量约为 $2\,259.98 \times 10^9$ O_2/a，其中，典型草原释放的氧气量最多，约为 $1\,074.31 \times 10^9$ g O_2/a；沼泽湿地次之，约为 872.13×10^9 g O_2/a；草甸草原、沙地疏林相对最少，分别为 182.97×10^9 g O_2/a 和 130.58×10^9 g O_2/a（表 7-3-7）。

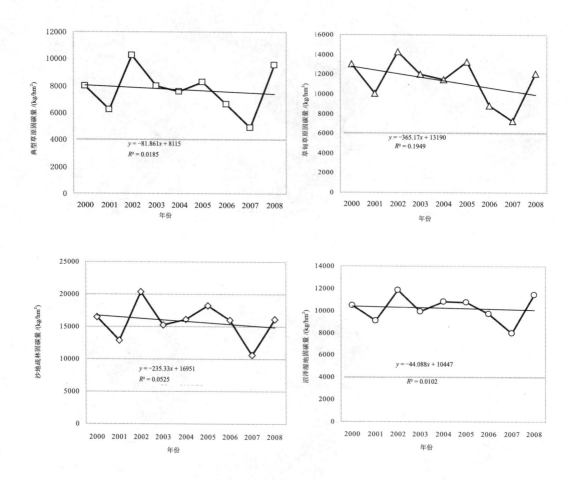

图 7.3.7　2000～2008 年辉河国家级自然保护区不同生态系统固碳量变化

　　线性拟合趋势表明，从 2000 年到 2008 年，辉河自然保护区典型草原、草甸草原、沙地疏林和沼泽湿地四类生态系统单位面积固碳释氧能力均呈波动下降趋势，其中下降趋势最为激烈的生态系统类型为草甸草原生态系统，其次为典型草原生态系统和沙地疏林生态系统，下降趋势较平缓的生态系统类型为沼泽湿地生态系统（图 7.3.7 和图 7.3.8）。

　　四类生态系统类型年度平均固碳释氧能力，以大小顺序排列分别为沙地疏林 > 草甸草原 > 沼泽湿地 > 典型草原。四类生态系统类型不同年份单位面积固碳释氧量均以 2002 年为高峰值，最大固碳量达 20 333.96 kg/hm²，最大释氧量为 15 062.19 kg/hm²；2007 年为固碳释氧低峰值，最小固碳量为 4 869.39 kg/hm²，最小释氧量为 3 606.96 kg/hm²。

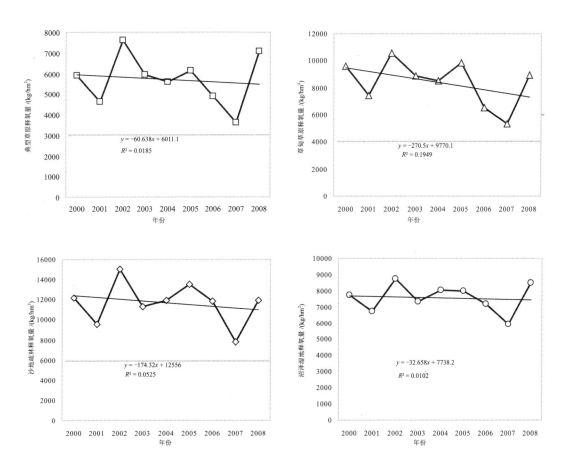

图 7.3.8　2000～2008 年辉河国家级自然保护区不同生态系统释氧量变化

7.4　保护区生态系统健康评价

7.4.1　评价指标与标准确定

结合保护区草原湿地生态系统健康评价指标的选取原则，建立的指标体系框架，保护区草原湿地生态系统健康可分为三个层次。第一层次是目标层，即草原湿地生态系统健康综合评价；第二层次是评价准则层，即每一个评价准则具体由哪些因素决定，包括系统压力、系统状态、系统响应指标；第三层次是指标层，即每个评价因素由哪些具体指标来表达。

（1）评价指标

草原湿地生态系统健康的最终判断标准是在人类活动与生态系统所提供的服务之间的界面上进行的，一方面要考虑目前人类活动下的生态系统服务功能；另一方面要考虑获得生态系统提供的服务后，人类活动以及人类社会经济的状况。

本评价在选取指标时紧紧围绕生态系统功能和人类活动来考虑，并通过压力—状态—响应指标概念框架来表述。由于综合性指标是由多个指标来反映的，对综合性指标的权重拟采用加权求和的方法，对各指标权重的赋予主要依据专家经验法，同时参考了对指标重要性的分析，具体见表 7-4-1。

表 7-4-1　辉河国家级自然保护区草原湿地生态系统健康评价指标体系

目标层 (A)	准则层 (B$_l$)	准则亚层 (B$_{l-i}$)	指标层 (C)	指标来源和获取方式
草原湿地生态系统健康综合评价	压力指标	社会压力	人口密度指数	统计数据
			干扰度指数	TM 解译的土地利用数据
			放牧指数	统计数据
			刈割指数	统计数据
			垦殖指数	统计数据
			旅游指数	统计数据
		自然压力	干燥度指数	统计数据
			≥ 10℃积温指数	统计数据
			自然灾害指数	统计数据
	状态指标	活力	初级生产力	TM 的 Band4 和 Band3 遥感数据
		组织	物种多样性	遥感数据 / 样方调查
			景观多样性指数	TM 解译的湿地数据派生
			斑块个数	TM 解译的湿地数据派生
			水环境质量指数	实地监测和湿地数据计算
			土壤环境质量指数	实地监测 / 统计数据
			沉积物环境质量指数	实地监测和湿地数据计算
		弹性度	湿地平均弹性度	根据 TM 解译的湿地数据推算
	响应指标	生物响应指标	鱼组织中毒性	调查、统计数据
			湿地退化指数	遥感数据 / 样方调查
			草原退化指数	遥感数据 / 样方调查
		功能响应指标	水体净化功能	统计数据
			生态蓄水量	遥感数据 / 统计数据
			涵养水源功能	统计数据
			水土保持功能	遥感数据 / 统计数据
			固碳功能	统计数据
			释氧功能	统计数据
			原材料	统计数据
			多样性保持	实地监测 / 统计数据
			栖息地	调查、统计数据
		社会响应指标	政策法规	调查、统计数据
			社会规划	调查、统计数据
			公众参与	调查、统计数据

（2）评价指标描述

①压力指标

压力是指外部环境施予系统的各类不利因素，是干扰系统内部相对稳定性的外部驱动力。基于流域尺度的社会环境压力、自然环境压力，构建出测量区域环境所承受的压力总量指标体系。

社会环境（压力）评价主要是诊断湿地利用是否符合系统更新能力与承载力。湿地不仅是一种可利用的资源、而且是自然—经济—社会复合系统的重要组成部分。市场经济未能有效地保护湿地资源，防止湿地退化和丧失，是因为它将土地视为人类可利用的一种资源，而不是将湿地看作是自然—经济—社会的有机组成，忽略了湿地属性的变化和对人类社会的反馈作用。因此，社会环境因素是湿地生态系统健康的重要依据。本研究选取人口密度指数、干扰度指数、放牧指数、刈割指数、垦殖指数、旅游指数等 6 个评价指标。

C_1 人口密度指数。以人口密度计算（人 / km^2）。

C_2 干扰度指数。（旱地面积＋建设面积＋道路面积＋其他人工用地）/ 土地总面积。

C_3 放牧指数。绵羊单位 / hm^2。

C_4 刈割指数。打草场面积 / 总草原面积。

C_5 垦殖指数。开垦草原面积 / 总草原面积。

C_6 旅游指数。人次 / km^2。

自然环境（压力）评价主要是诊断湿地发育受自然因子驱动的方向。选取干燥度指数、$\geq 10℃$ 积温指数、自然灾害指数等 3 个评价指标。

C_7 干燥度指数。蒸发量 / 降雨量。

C_8 $\geq 10℃$ 积温指数。根据过去 10 年 $\geq 10℃$ 积温平均指标，对未来积温变化创设一个初始值，实际积温与初设值的比。

C_9 自然灾害指数。根据过去 10 年同月灾害平均指标，对未来灾害变化创设一个初始值，实际灾害数与初设值的比。

②状态指标

在系统状态指标中，强调湿地的活力、组织以及弹性度。本研究拟选取 9 个系统状态指标：初级生产力、物种多样性（丰富度、指数）、景观多样性指数、斑块个数、水环境质量指数、土壤环境质量指数、沉积物环境质量指数、湿地平均弹性度。

C_{10} 初级生产力。利用美国 Landsat 5 TM 或 Landsat 7 ETM 影像 3 波段和 4 波段，在 ERDAS IMAGINE8.5 中，通过消除大气辐射影响，计算出植被覆盖度 NDVI 值。

NDVI 计算公式为：

$$NDVI = \frac{TM_4 - TM_3}{TM_4 + TM_3}$$ （7-28）

C_{11} 生物多样性（丰富度、指数）。以辉河自然保护区高等植物数量占呼伦贝尔市已知植物物种数的百分比表示，从一个侧面反映评价区生物多样性。

C_{12} 景观多样性指数。利用 Fragstats 软件计算景观多样性指数。

C_{13} 斑块个数。测算各种土地利用类型、斑块面积的变化、个数变化趋势。

C_{14} 水质。从质量水平上反映湿地系统的水文状况。辉河自然保护区草原湿地水质为 I 类水标准。

C_{15} 土壤性状。反映湿地非生物组分特征，并直接决定着湿地系统生产者的生长状况。文中结合当地对土壤性状，从土壤的有机质含量指标来考虑。

C_{16} 沉积物环境质量指数。沉积物 N、P 含量。

C_{17} 湿地平均弹性度。根据保护区湿地生态环境特征状况，对不同湿地类型的弹性度进行分类，具体划分拟采用高吉喜《可持续发展理论探索：生态承载力理论、方法与应用》结果。

表 7-4-2　辉河国家级自然保护区不同类型湿地生态弹性度赋值表

湿地类型	分值	备注
河流	$0.9 \sim 1$	对维持湿地生态系统弹性度、维持区域的稳定性和保持区域的调节能力方面有极其重要作用
水库	$0.8 \sim 0.9$	
坑塘	$0.7 \sim 0.8$	
沼泽地	$0.4 \sim 0.5$	对维持湿地生态系统弹性度有重要作用，但利用不好，则容易退化而导致湿地生态弹性度下降
滩地	$0.2 \sim 0.4$	
滩涂	$0 \sim 0.2$	对湿地生态弹性度的贡献相对很小

湿地的弹性度计算为：

$$F = \sum_{i=1}^{n} \frac{S_i \times F_i}{S}$$ （7-29）

式中，F 为湿地的平均弹性度；S_i 为 i 类型湿地的面积；F_i 为 i 湿地类型的弹性度分值；S 为湿地总面积。

③响应指标

C_{18} 鱼组织中毒性。鱼组织中重金属含量（Pb、Cd、Cu、Cr、Zn、Hg 和 As 等，具体项目待后确定）。

C_{19} 湿地退化指数。将 1995 年湿地数据、2008 年非湿地数据（林地、草原、建设用地、旱地）和小流域数据进行空间叠加，得到 1995 年到 2008 年湿地变化数据，然后统计分析每个小流域湿地面积变化比。

C_{20} 草原退化指数。将 1995 年草原数据、2008 年非草原数据（林地、沙地、湿地、旱地、建设用地）和小流域数据进行空间叠加，得到 1995 年到 2008 年湿地变化数据，然后统计分析每个小流域湿地面积变化比。

功能是指系统与外部环境相互联系和相互作用中表现出来的性质、能力和功效，是系统内部相对稳定的联系方式、组织秩序及时空形式的外在表现形式。湿地生态系统在长期的发展过程中，已经与社会、经济发展形成了紧密联系、是社会—自然—经济复合系统的焦点。其外在表现出的生物物理环境的完整性或整体性就是功能整合性，如气候调节、洪水调蓄及其净化水质等。本研究选取水体净化功能、生态蓄水量、水土保持功能、涵养水源功能、固碳功能、释氧功能、多样性保持、栖息地等 8 个评价指标。

C_{21} 水体净化功能。湿地具有净化污染物的功能，但某地区污染物越多，污染物负荷越大，湿地净化污染物数量愈小，保持水质的能力愈差。本文拟利用湿地非点源污染相对负荷来反映湿地净化水质的能力。每个小流域湿地污染物负荷计算为

$$W = \sum_{i=1}^{n} Q_i \times C_i \qquad (7\text{-}30)$$

式中，W 为湿地污染物负荷（kg）；Q_i 为 i 类湿地的污染物年平均浓度（mg/L）；C_i 为 i 类湿地的蓄水量（m³）。

本研究暂时选择氨氮（$NH^+_4\text{-}N$）、总氮（TN）、总磷（TP）及化学需氧量（COD）4 个水质参数（视后期工作调整）进行面源污染的监测。

C_{22} 生态蓄水量。本文拟利用湿地蓄水容量（地表蓄水），即蓄水能力，来反映湿地生态系统水文调节功能。

各类型湿地蓄水量表述为：

$$C = \sum_{i=1}^{n} S_i \times H_i \qquad (7\text{-}31)$$

式中，C 为湿地蓄水总容量；i 为湿地类型；S_i 为湿地类型 i 的面积（m²）；H_i 为湿地类型的蓄水深度（m）。

C_{23} 水土保持功能。以水土流失面积占土地总面积的百分比来表示（%）。

C_{24} 涵养水源功能。以单位面积水的水源涵养量表示（t/hm²）。

C_{25} 固碳功能。以单位面积的固碳量表示（t/hm²）。

C_{26} 释氧功能。以单位面积的释氧量表示（t/hm²）。

C_{27} 原材料。主要以单位面积干物质量来表示（g/m^2）。

C_{28} 多样性保持。核心区面积或保护区面积（hm^2）。

C_{29} 栖息地。以野生动物（鸟类）栖息地和育雏地占保护区面积百分比来表示（%）。

社会响应指标主要是草原湿地在以上压力及状态下时，社会对于草原现状的响应，也是诊断草原湿地利用是否符合社会的文化观、价值观和能否满足社会发展的需求。本研究选取政策法规、社会规划、公众参与3个评价指标。

C_{30} 政策法规。以接受到相关政策法规的人口占总人口的比例统计。

C_{31} 社会规划。反映人类的湿地保护意识及湿地政策的科学性状况，采用定性方法，以湿地管理队伍的整体水平来衡量。

C_{32} 公众参与。以具有湿地保护意识的人员占总人数的比例来计算。

（3）评价标准

生态系统健康评价指标确定后，直接用它们去进行评价是困难的，因为各系数之间的量纲不统一，所以没有可比性。即使对于同一个参数，尽管可以根据它们实测值的大小来判断它们对生态健康影响的程度，但也因缺少一个作比较的环境标准而无法较确切地反映其对环境的影响。

在辉河自然保护区草原湿地生态系统健康评价过程中拟将评价指标分为健康、亚健康、脆弱、疾病、恶劣5个等级。制定评价指标标准的参考状态主要有下列几种：

①背景和本底标准。辉河自然保护区当地的地理条件和草原湿地生态系统的历史水平；

②理想标准。辉河自然保护区草原湿地未来的管理目标及理想状态；

③临界标准。相关属性值的临界水平，即某些指标所处的影响生物生长、生存的临界值；

国家、行业和地方规定的标准：包括地表水环境质量标准（GB 3838—2002）、土壤环境质量标准（GB15618—1995）。

④健康等级划分标准。

参考国内外湿地评价标准、保护区生态功能保护规划，按照得分高低，从高到低排序，以反映湿地生态健康从优到劣的变化，在评价辉河自然保护区草原湿地生态系统健康时划分为健康、亚健康、脆弱、疾病、恶劣5个健康评价等级，阈值采用非等间距方法，与健康等级对应的阈值分别为 ≥ 0.9，$\geq 0.7 \sim 0.9$，$\geq 0.5 \sim 0.7$，$\geq 0.3 \sim 0.5$，<0.3。具体的划分标准详见表7-4-3。

表 7-4-3　辉河国家级自然保护区草原湿地生态系统健康评价等级标准

状态	健康	亚健康	脆弱	疾病	恶劣
等级	I	II	III	IV	V
阈值	≥ 0.9	[0.7、0.9)	[0.5、0.7)	[0.3、0.5)	< 0.3
系统特征	湿地结构合理、系统活力极强；系统外界压力较小，无生态异常出现；湿地生态系统的生态功能极其完善，系统特别稳定，并处于可持续状态	湿地结构比较合理、格局尚完美，系统活力较强；外界压力较小，无生态异常；湿地生态系统的生态功能较完善，系统极稳定，处于可持续状态	湿地结构完整、具有一定活力；外界压力较大，接近湿地阈值；系统尚稳定，敏感性强，出现少量异常，可发挥基本生态功能，系统可维持	湿地生态结构出现缺陷、系统活力低；外界压力大，生态异常较多；湿地生态功能不能满足湿地生态系统维持需要，湿地生态系统已开始退化	湿地生态结构极不合理、湿地景观破碎化严重，系统活力极低；湿地生态异常大面积出现，湿地生态系统已经严重恶化

7.4.2　评价方法

（1）遥感数据判读与精度检验

①遥感数据判读

辉河自然保护区生态系统健康评价研究，采用 2 期遥感数据，其中 1975 年 7 月 17 日为 MSS 遥感影像，2006 年 7 月 12 日为 TM 遥感影像，数据来源于美国地矿局（USGS）。根据辉河湿地的自然特点，将该区的生态系统划分为草原、湿地、湖泊、樟子松林地、灌木林地、沙地和干涸湖（包括裸土地）等 7 类（图 7.4.1）。数据判读过程如图 7.4.2，最后输出的矢量数据栅格边长为 60 m，略大于 1975 年 MSS 影像的分辨率（56 m）。

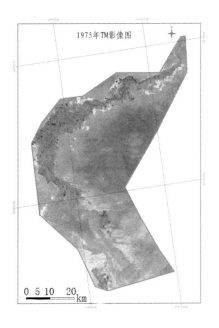
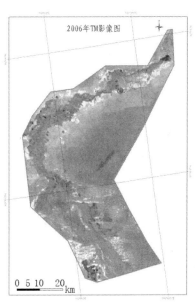

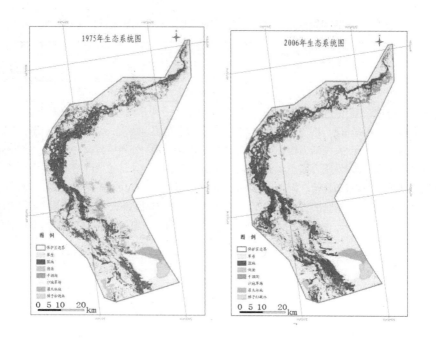

图 7.4.1　辉河国家级自然保护区不同时期 TM 影像图和生态系统图

②数据判读流程

首先，在 Erdas 9.1 软件中，对不同评价时期的遥感数据用 Spectral enhancement 模块进行 NDVI 指数计算，形成 NDVI 数据影像；其次，依据地面 GPS 测定点建立的专家知识库，对形成的 NDVI 数据影像数据进行监督分类、噪音剔除和像元赋值，形成不同时期的生态系统类型图；第三，在 Arcgis 9.0 软件中，用 Raster calculation 功能对不同赋值后生态系统类型图进行计算，输出基于生态系统空间域变化的生态健康评价图；最后，根据图形属性进行分析，输出的矢量数据栅格边长以 1975 年 MSS 影像的分辨率（56 m）为准（见图 7.4.3）。

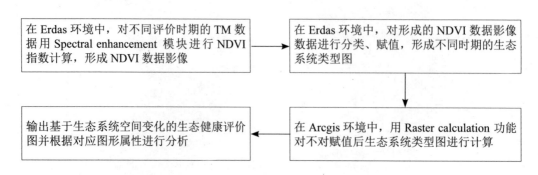

图 7.4.2　生态系统健康评价分析计算流程

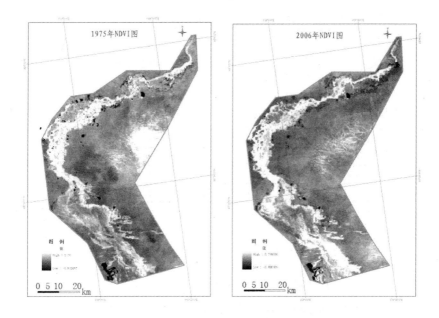

图 7.4.3　辉河国家级自然保护区不同时期 NDVI 图

③精度检查

Kappa 系数由 Cohen（1960）最先提出，用来比较图件的一致性，随后在此基础上发展了标准 Kappa 系数、随机 Kappa 系数、位置 Kappa 系数等用来评价遥感图像分类的正确程度。本文采用随机 Kappa 系数（K）来分析解译后影像的精度，计算公式为：

$$K = (p_i - p_r) / (p_j - p_r) \qquad (7\text{-}32)$$

式中，K 为 Kappa 系数，当 $K > 0.75$ 时，影像分类精度较高；当 $0.4 < K \leqslant 0.75$ 时，影像分类精度一般；当 $K \leqslant 0.4$ 时，影像分类精度较差。p_j 为遥感影像中野外调查确定的生态系统类型点数（GPS 点标记）；p_i 为相同位置经监督分类与目视解译整合后与遥感影像标记的生态系统类型一致的点数；p_r 与 p_i 相反，为不一致的点数。在精度检查中，湿地生态系统精度检查为 66 个样点，其他类型为 30 个样点，1975 年不同生态系统分类精度检查结果见表 7-4-4。1975 年和 2006 年的总体精度分别为 0.904 和 0.927。

表 7-4-4　　不同生态系统分类精度检查（1975 年）

分类	样点数							K
	草地	湿地	湖泊	干涸湖	沙地	灌木林地	乔木疏林	
草地	28	1	0	0	0	1	0	0.929
湿地	6	58	2	0	0	0	0	0.862
湖泊	0	0	30	0	0	0	0	1.000
干涸湖	3	2	0	25	0	0	0	0.800
沙地	3	0	1	0	26	0	0	0.846
灌木林地	2	0	0	0	0	28	0	0.929
乔木疏林	1	0	0	0	0	2	27	0.889

（2）评价模型的构建

①模糊综合评判模型

草原湿地生态系统健康评价涉及的因素众多，包括自然、社会和经济等诸多方面，若仅仅进行一级评价，就很难科学统一地制定出权数，难以客观地反映各因素指标在整体评价中的作用，即使制定出综合因素的权重向量，由于因素指标集 $U=\{u_1,\ u_2,\ u_3,\ \cdots,\ u_n\}$ 中的元素数量 n 较大，则权重向量 $A=\{a_1,\ a_2,\ a_3,\ \cdots,\ a_n\}$ 中的每个分量 "a_i" 常常变得很小，进而在选择算式进行运算时，单因素指标评价中所得的隶属度信息往往大量丢失，对于这种因素指标个数较多的综合评判问题，多级综合评判的方法能够很好地解决。本研究结合建立的辉河自然保护区草原湿地生态系统健康评价指标体系，采用二级模糊综合评判，其评判模型为：

$$B = A \cdot R = A \cdot \begin{bmatrix} B_1 \\ B_2 \\ B_3 \end{bmatrix} = A \cdot \begin{bmatrix} A_1 \cdot R_1 \\ A_2 \cdot R_2 \\ A_3 \cdot R_3 \end{bmatrix}$$

$$W = B \cdot C^{\mathrm{T}}$$

根据已构建的草原湿地生态系统健康评价指标体系准则层的三类指标：湿地功能整合性、湿地生态特征、湿地社会环境指标，即构成模糊综合评判模型的三个亚类指标。A_i 为第 i 亚类指标的权重向量，A 为亚类指标之间的权重向量；R_i 为第 i 亚类指标相对于评语的单因素模糊隶属评判矩阵，R 是亚类指标之间的评判矩阵；B_i 是第 i 亚类指标的评判结果，B 是亚类指标之间的最终综合评判结果；W 为综合评判分值；C 为评语等级评分行向量；C^{T} 为 C 的转置矩阵。

本研究在评价时拟分为两级进行，首先对三个亚类指标进行第二层次的评价，然后再在亚类之间做出一级综合评价，评判流程如图 7.4.4 所示：

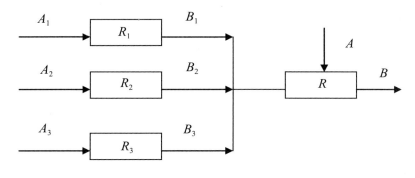

图 7.4.4　二级评价

②层次分析法

在模糊综合评价中，通常用指标的权重来表示各指标在整个评价体系中的相对重要程度。确定指标权重，就是要确定各因子对评价单元综合分值高低的贡献程度。不同指标对生态系统健康的影响、贡献程度不同，这是客观存在的。确定评价指标权重的方法主要有：特尔斐法、层次分析法、回归系数法、模糊综合评判法、试验统计法、主成分分析法等，其中层次分析法目前广泛应用于土地评价、环境质量评价工作中。

a) 层次结构模型。本研究采用的层次结构模型见表 7-4-5。

表 7-4-5　模糊综合评价层次结构模型表

目标层（A）	准则层（B_1）	准则亚层（B_{1-i}）	指标层（C）
草地湿地生态系统健康综合评价 A	压力指标 B_1	社会压力 B_{1-1}	人口密度指数 C_1
			干扰度指数 C_2
			放牧指数 C_3
			刈割指数 C_4
			垦殖指数 C_5
			旅游指数 C_6
		自然压力 B_{1-2}	干燥度指数 C_7
			≥10℃积温指数 C_8
			自然灾害指数 C_9
	状态指标 B_2	活力 B_{2-1}	初级生产力 C_{10}
		组织 B_{2-2}	物种多样性 C_{11}
			景观多样性指数 C_{12}
			斑块个数 C_{13}
			水环境质量指数 C_{14}
			土壤环境质量指数 C_{15}
			沉积物环境质量指数 C_{16}
		弹性度 B_{2-3}	湿地平均弹性度 C_{17}

目标层（A）	准则层（B₁）	准则亚层（B₁₋ᵢ）	指标层（C）
草地湿地生态系统健康综合评价 A	响应指标 B_3	生物响应指标 B_{3-1}	鱼组织中毒性 C_{18}
			湿地退化指数 C_{19}
			草原退化指数 C_{20}
		功能响应指标 B_{3-2}	水体净化功能 C_{21}
			生态蓄水量 C_{22}
			涵养水源功能 C_{23}
			水土保持功能 C_{24}
			固碳功能 C_{25}
			释氧功能 C_{26}
			原材料 C_{27}
			多样性保持 C_{28}
			栖息地 C_{29}
		社会响应指标 B_{3-3}	政策法规 C_{30}
			社会规划 C_{31}
			公众参与 C_{32}

b) 构造判断矩阵。构造判断矩阵是层次分析法的关键一步。假定 A 层中元素与下一层中元素 B_i（$i=1, 2, 3, \cdots, n$）有联系，则将 B 中元素两两比较，可构成表 7-4-6 矩阵。

表 7-4-6　模糊综合评价中 B 层各指标重要程度判断矩阵

A	B_1	B_2	$\cdots$	B_n
B_1	b_{11}	b_{12}	$\cdots$	b_{1n}
B_2	b_{21}	b_{22}	$\cdots$	b_{2n}
$\cdots$	$\cdots$	$\cdots$	$\cdots$	$\cdots$
B_n	b_{n1}	b_{n2}	$\cdots$	b_{nn}

判断矩阵的值反映了人们对各因素相对重要性的认识，矩阵中各项 b_{ij} 表示该项所对应的 b_i 比 b_j 的重要程度，一般采用 1 ～ 9 比例标度对重要性程度赋值。标度及其含义如表 7-4-7 所示。

表 7-4-7　模糊综合评价中判断矩阵标度及其含义

标度	含义
1	表示两个因素相比，具有相同重要性
3	表示两个因素相比，前者比后者稍重要
5	表示两个因素相比，前者比后者明显重要

标度	含义
7	表示两个因素相比，前者比后者强烈重要
9	表示两个因素相比，前者比后者极端重要
2，4，6，8	表示上述相邻判断的中间值
若因素 i 与因素 j 的重要性之比为 b_{ij}，那么因素 j 与因素 i 重要性之比倒数为 $b_{ji}=1/b_{ij}$	

c) 层次单排序及一致性检验。层次单排序就是求单目标判断矩阵的权数，即根据专家填写的判断矩阵计算对于上一层某元素而言，本层次与其有关的元素的重要性次序的权数。判断矩阵的权数可以通过解特征值问题求出特征向量而得到。特征值与特征向量的计算方法可以采用近似计算法，该方法包括几何平均法和算术平均法两种。

从理论上讲，判断矩阵满足完全一致性条件 $P_{ik}=P_{ij} \cdot P_{jk}$，此时 $\lambda_{\max}=n$。实际上由于人们认识上的多样性，一般来说，专家填写的判断矩阵不可能完全满足一致性条件，此时，$\lambda_{\max} > n$。为了一致性检验，需要计算判断矩阵的一致性指标 $CI=(\lambda_{\max}-n)/(n-1)$。其中，$n$ 为判断矩阵阶数。将 CI 与平均随机一致性指标 RI 进行比较，其比值称为判断矩阵的一致性比例，记作 $CR=CI/RI$。当 $CR < 0.1$ 时认为判断矩阵具有满意的一致性。随机一致性指标 RI 取值见表 7-4-8。

表 7-4-8   模糊综合评价中随机一致性指标 RI 取值表

n	1	2	3	4	5	6	7	8	9
RI	0	0	0.58	0.9	1.12	1.24	1.32	1.41	1.45

d) 层次总排序一致性检验。层次总排序就是利用层次单排序结果计算各层次的组合权值。对于最高层下面的第二层，其层次排序即为总排序。假定准则层 B 的所有因素 B_1，B_2，B_3 组合权重（总排序结果）分别为 b_1，b_2，b_3，对应的指标层 C 中的元素 C_1，C_2，C_3，…，C_n 单排序结果为 c_{1j}，c_{2j}，c_{3j}…，c_{nj}，$j=1$，2，3，若 C_j 与 B_i 无关，则 $c_{ij}=0$，就可以按照以下公式计算指标层 C 中的各元素针对目标层 A 而言的组合权值。

指标层因素权重为：

$$C_i = \sum_{i=1}^{n} b_j \cdot c_{ij} \qquad (7-33)$$

层次总排序的结果仍需进行总的一致性检验，即当 $CR < 0.1$ 时则认为层次总排序的计算结果是可以接受的。

e) 评价指标权重。计算判断矩阵每行所有元素积的方根：

$$\overline{W_i} = \sqrt[n]{\prod_{i=1}^{n} a_{ij}} \quad (i=1, 2, \cdots, n) \tag{7-34}$$

将 $\overline{W_i}$ 归一化，即

$$W_i = \frac{\overline{W_i}}{\sum_{i=1}^{n} \overline{W_i}} \quad (i=1, 2, \cdots, n) \tag{7-35}$$

即为所求特征相量的近似值，也是该因素的相对权重。

③隶属函数的确定

为了消除各指标各等级间数值相差不大或状况区别不明显，而评语等级可能相差一级的跳跃现象的存在，使隶属函数在各级之间能够平滑过渡，可将其进行模糊化处理。原则上对于 V_2、V_3、V_4 三个中间的区间，令指标值落在区间中点隶属度最大，由中点向两侧按线性递减处理，令其落在区间中间的隶属度为1，两侧边缘点的隶属度为0.5，中点向两侧按线性递减处理；对于 V_1、V_5 两个区间，则令距离临界值越远，属两侧区间的隶属度越大，而在临界值上，则属两侧等级的隶属度都为0.5。同时针对不同的健康等级进行赋分，构造等级评分向量，即：健康1，亚健康0.8，脆弱0.6，疾病0.4，恶劣0.2。

（3）生态系统空间格局变化分析方法

生态格局分析以不同生态系统类型为单位，采用生态系统类型面积、斑块密度、最大斑块指数、斑块形状指数和斑块类型连通度来分析。计算过程是在Fragstats3.3环境中计算完成的。

其中，最大斑块指数是指某种生态系统类型最大斑块面积占总面积的比例。斑块类型形状指数和连通度的计算公式如下：

斑块类型形状指数是研究范围内总边界长度的标准化度量，其值越大，说明景观中不同斑块类型的集合程度越低，反之亦然。

$$\mathrm{LSI} = E_i / \min E_i \begin{cases} \text{当 } A - n^2 = 0 \text{ 时，} \min E = 4n \\ \text{当 } n^2 < A \leqslant n(n+1) \text{ 时，} \min E = 4n+2 \\ A > n(n+1) \text{ 时，} \min E = 4n+4 \end{cases} \tag{7-36}$$

式中，LSI为斑块形状指数，取值范围 LSI $\geqslant$ 100；E 为景观中所有级别斑块边界线的总和；$\min E$ 为景观中的最小可能边界；A 为某级别类型的面积。n 的定义为，$S=n^2$；

其中，S 为面积比 A 小的最大正方形，n 为边长值。

斑块类型连通度是对同类型斑块之间的连接程度的度量，其值越大，说明斑块间的距离越近，连通程度越高。斑块类型连通度指数依赖于阈限值的确定，本文以 100 m 为起始阈限值，50 m 为步长，最大阈限值取 300 m，对草原湿地生态系统连通度进行比较分析。

$$CONNECT=100 \times \left[\sum_{j=k}^{n} c_{ijk} / ((n_i(n_i-1)/2) \right] \qquad (7\text{-}37)$$

式中，CONNECT 为某级别类型的连通度；$100 \geqslant CONNECT \geqslant 0$，CONNECT 越大，表示同级别斑块间的相邻性越高，彼此之间的物质循环和能量流动发生频率高；c_{ijk} 级别类型 i 中的斑块 j 和斑块 k 的连接程度，当斑块 j 和斑块 k 间的距离大于阈限值时，则为 0；否则为 1。n_i 为级别类型 i 的斑块数量。

7.4.3 生态系统健康评价

（1）生态系统空间格局变化

从不同生态系统的总面的变化趋势来看，1975—2006 年间辉河湿地自然保护区内以草原、湖泊和沙地呈减少的趋势，分别减少了 7 346 hm²、2 731 hm² 和 636 hm²。其他 4 种生态系统则变化相反，呈增加的趋势。其中，湿地和干涸湖增加明显，分别增加了 6 877 hm² 和 2 953 hm²（见图 7.4.5）。

从 1975—2006 年辉河湿地不同生态系统类型的景观格局变化来看（表 7-4-9），草原、干涸湖和灌木林等 3 种生态系统的斑块密度呈减少的趋势，分别减少了 23.72、111.44 和 0.26 个 / km²，说明这 3 种生态系统的斑块数量呈减少的趋势。湿地、湖泊、沙地和樟子松等 4 种生态系统则相反呈增加的趋势，分别增加了 74.48、734.4、0.81 和 0.03 个 / km²，表明这 4 种生态系统的斑块数量在增加。

从最大斑块指数的变化趋势来看草原、湿地、干涸湖和沙地呈减少的趋势，分别减少了 5.09%、7.60%、0.02% 和 1.44%，说明其大斑块在区域中的优势度在降低。湖泊和灌木林生态系统呈增加的趋势，分别增加了 10.19% 和 1.49%，说明其大斑块在区域中的优势度在增加。樟子松林没有变化。

从不同生态系统的景观形状指数的变化来看，草原、湖泊、干涸湖和沙地的形状指数呈减少的趋势，分别减少了 1.56%、16.01%、12.52% 和 2.46%，说明这 4 种生态系统的斑块在区域中的集合程度呈增加的趋势。湿地、灌木林和樟子松林的变化呈增加的趋势，分别增加了 4.77%、0.26% 和 0.08%，说明这 3 种生态系统的斑块在区域中的集合程度呈降低的趋势。

表 7-4-9　辉河国家级自然保护区生态系统格局变化

格局指标	1975 年			2006 年		
	斑块密度 / (个 / km²)	最大斑块 指数 /%	景观形状 指数	斑块密度 / (个 / km²)	最大斑块 指数 /%	景观形状 指数
草原	122.75	72.46	42.90	99.03	67.37	41.34
湿地	27.06	8.53	60.35	101.54	0.93	65.12
湖泊	23.60	0.47	80.68	97.07	10.66	64.67
干涸湖	120.67	0.33	27.38	9.23	0.31	14.86
沙地	0.06	2.57	4.76	0.87	1.13	2.30
灌木林	0.35	1.06	1.97	0.09	2.55	2.23
樟子松林	0.03	0.93	1.24	0.06	0.93	1.32

从草原湿地生态系统的景观连通度变化趋势看（图 7.4.6），1975 年的斑块连通度在各个尺度都高于 2006 年。不同年份斑块连通度都呈增加的趋势，而且具有随阈限值增加，二个时期间的差距越明显。其中，在 100 m 的尺度上相差最小，为 0.014；在 300 m 的尺度上最大，为 0.108；平均为 0.069（±0.038），说明辉河草原湿地保护区内，虽然草原湿地的面积在增加，但是湿地斑块之间的联系却在降低，由水体联系起来的不同生态系统之间的物质交换和生态学过程的流转阻力增大、交换频率减少。

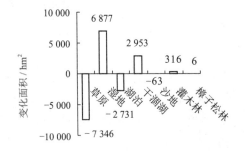

图 7.4.5　不同生态系统面积变化

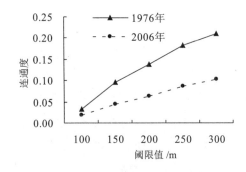

图 7.4.6　湿地生态系统的斑块连通度

（2）**生态系统健康评价结果**

草原湿地生态系统的健康评价是建立在生态系统服务价值的基础上，其中 1 个生态服务价值当量因子的经济价值量为 449.1 元人民币 /hm² 计算（谢高地等，2008），计算结果见表 7-4-10。从表 7-4-10 的分析中可以看出，草原、湖泊和沙地生态系统的服务价值从 1975 年到 2006 年分别减少了 4.2×10^7 元、6.179×10^7 元和 3.5×10^5 元。湿地和干涸湖生态系统服务价值分别增加了 1.88×10^8 和 2.048×10^6 元。灌木林和樟子松林的服务价值变化不大。从 1975 年到 2006 年的总体水平来看，基于生态系统服务价值的评价表明，辉河国家自然保护区的生态系统健康水平在良好的状态，总生态价值盈余 8.8×10^7 元。

　　同时，从不同生态系统健康水平的空间变化的结果来看，生态系统良好、较好、较差和恶劣区主要分布在湿地的范围之内。从不同健康级别的面积和比例来看（表 7-4-10），处于良好级别的面积为 19 731hm²，占总面积的 5.70%；较好级别的面积为 7 172 hm²，占总面积的 2.07%；健康级别的面积为 296 312 hm²，占总面积的 85.54%；较不健康级别的面积为 7 591 hm²，占总面积的 2.19%；生态健康恶劣级别的面积为 15 586 hm²，占总面积的 4.50%。

表 7-4-10　辉河国家级自然保护区草原湿地生态系统服务价值变化

年份	生态系统类型	面积 /hm²	当量	元 /hm²	总价值 / 元
1975 年	草原	264 307	11.7	499.1	1.539×10^9
	湿地	53 349	54.8	499.1	1.458×10^9
	湖泊	5 603	45.4	499.1	1.268×10^8
	干涸湖	7 582	1.4	499.1	5.260×10^6
	沙地	8 898	11.0	499.1	4.885×10^7
	灌木林	3 679	20.0	499.1	3.672×10^7
	樟子松林	3 226	28.2	499.1	4.534×10^7
	合计	346 644			3.261×10^9
2006 年	草原	256 961	11.7	499.1	1.497×10^9
	湿地	60 226	54.8	499.1	1.646×10^9
	湖泊	2 872	45.4	499.1	6.501×10^7
	干涸湖	10 535	1.4	499.1	7.308×10^6
	沙地	8 835	11.0	499.1	4.851×10^7
	灌木林	3 995	20.0	499.1	3.988×10^7
	樟子松林	3 232	28.2	499.1	4.542×10^7
	合计	346 656			3.349×10^9

　　此外，从不同生态系统健康水平的产生原因来看，生态良好区主要是由草原和干涸湖向湿地转化而实现的，总面积为 19 731.1 hm²，其中来源于草原转化所占面积最大，占 96.14%。生态较好区总面积为 7 171.8 hm²，主要是由水体向湿地转化（996.3 hm²）和干涸湖向草原湿地转化（6 060.3 hm²）而实现的，二者分别占生态较好区总面积的 13.89% 和 84.50%。生态健康区是指不同生态系统未变化区域，总面积为 296 311.7 hm²，其中草原和湿地所占比重最高，分别占总面积的 80.06% 和 13.48%。生态较差区面积为 7 590.8 hm²，主要是由草原向干涸湖转化实现的，所占比例达到 98.50%。生态恶化区总面积为 15 585.5 hm²，主要是由湿地向草原和水体向干涸湖的转化而实现，二者分别占总面积的 82.89% 和 9.67%。

表 7-4-11　辉河国家级自然保护区草原湿地生态系统健康变化来源

健康状态	生态系统转化方向	面积 /hm²	总面积 /hm²	所占比例 /%
生态系统良好	草原—水体	352	19 731.1	5.70
	草原—湿地	18 969.5		
	干涸湖—水体	94.0		
	干涸湖—湿地	289.3		
	沙地—水体	0.8		
	沙地—湿地	25.5		
生态系统较好	草原—樟子松林	11.5	7 171.8	2.07
	草原—灌木林	3.3		
	水体—湿地	996.3		
	干涸湖—沙地	0.3		
	干涸湖—草原	6 060.3		
	沙地—灌木林	64.3		
	沙地—草原	29.3		
	灌木林—樟子松林	6.8		
生态系统健康	草原—草原	237 236.2	296 312	85.54
	湿地—湿地	39 941.8		
	水体—水体	2 360.0		
	干涸湖—干涸湖	1 131.0		
	沙地—沙地	8 778.0		
	灌木林—灌木林	3 658.5		
	樟子松—樟子松林	3 206.3		
生态系统较差	草原—沙地	14.3	7 591	2.19
	草原—干涸湖	7 477.3		
	湿地—樟子松林	0.3		
	湿地—灌木林	0.5		
	湿地—水体	65.3		
	灌木林—沙地	3.3		
	灌木林—草原	10.5		
	樟子松林—灌木林	5.3		
	樟子松林—沙地	11.8		
	樟子松林—草原	2.5		
生态系统恶劣	湿地—干涸湖	419.8	15586	4.50
	湿地—草原	12 918.8		
	水体—灌木林	254.3		
	水体—沙地	27.3		
	水体—干涸湖	1 506.8		
	水体—草原	458.8		

7.5　保护区生态系统承载力评价

7.5.1　评价指标体系构建

一般来说，草原湿地区域生态系统是由多种生态系统类型组成的复合生态系统，具有一定的层次性。由草原、湿地、沙地等子系统组成，这些子系统相互联系、相互影响，构成自然保护区复合生态系统。其中，草原、湿地是最重要的两种生态系统类型，也是受人类影响最大的两种生态系统类型。

辉河自然保护区生态承载力评价指标体系包括三个层次，依次为目标层、准则层和指标层。在评价指标体系的各个层面中，每一层中的因子对比它高一级的层面都有一定的权重贡献。其中，目标层是评价指标体系的最高层，它反映整个辉河自然保护区的生态承载力状况以及人类活动对生态系统的影响程度。准则层包括草原和湿地两个子系统，这些子系统分别反映了区域复合生态系统某一方面的承载力状况。指标层分别属于不同的子系统，通过一系列具体的指标反映各生态承载力要素的状况，通过各评价指标的聚合分析，可以分别了解子系统和区域复合生态系统的承载力状况。

辉河自然保护区目前的人类活动以放牧为主，基本没有工业活动。因此，辉河自然保护区生态承载力评价指标体系中的指标以资源容纳能力和生态调节能力方面的指标为主，没有考虑环境容纳能力方面的指标。

（1）一级评价指标（生态弹性度）体系

一级评价主要分析生态系统弹性度，衡量区域生态系统的自然承载能力。

①目标层

湿地生态系统的弹性力可以看作是湿地生态承载力的支持条件。因此，一级评价以生态弹性度作为评价指标。

②准则层

影响湿地生态弹性度的主要因素主要是湿地、水文、气候、土壤、地物覆盖、地形地貌，因此选择这六个因子作为准则层评价指标。

③指标层

根据准则层各指标的特性和承载力的意义，共选 14 个指标作为指标层评价指标。其中，依据指标选取原则，针对草原湿地生态系统的特殊功能，充分考虑到对草原湿地现有的资料掌握程度，筛选出调蓄洪水、涵养水源、调节气候、湿地面积、稀有性、脆弱性、自然性作为生态弹性度指标进行评价。

表 7-5-1　辉河国家级自然保护区生态系统承载力一级评价指标体系

目标层（A）	准则层（B）	指标层（C）
草原湿地生态弹性度	气候 B_1	无霜期（C_1）
		年 >10℃积温（C_2）
		年平均降水量（C_3）
	地物覆盖 B_2	类型（C_4）
		面积（C_5）
	地形地貌 B_3	海拔高度（C_6）
		地貌类型（C_7）
	土壤 B_4	类型（C_8）
		质量（C_9）
	湿地 B_5	湿地面积（C_{10}）
		稀有性（C_{11}）
		自然性（C_{12}）
	水文 B_6	地表径流（C_{13}）
		地下水（C_{14}）

（2）二级评价指标（资源 - 环境承载度）体系

二级评价以资源和环境单要素承载能力为基础，以资源 - 环境承载能力作为目标，资源选择水资源、土地资源、林业资源、矿产资源、旅游资源，环境选择大气环境、水环境、土壤环境。辉河自然保护区生态系统承载力二级评价指标体系见表 7-5-2。

①目标层

资源持续供给和环境的持续承纳能力可以看作是湿地生态承载力的基础条件和约束条件。因此，二级评价以资源、环境承载力作为目标层。

②准则层

以资源要素、环境要素作为准则层的评判依据。资源承载力选择水资源、土地资源、林业资源、矿产资源、生物资源、旅游资源作为评价指标，环境承载力选择大气环境、水环境、土壤环境作为评价指标。

③指标层

根据准则层各指标的特性，共选 19 个指标作为指标层评价指标。其中，生物资源反映了湿地生物多样性，是湿地重要的指标；泥炭资源是湿地所特有的资源。

表 7-5-2　辉河国家级自然保护区生态系统承载力二级评价指标体系

目标层 (A)	准则层 (B)		指标层 (C)
资源环境承载力	资源要素	水资源 B_1	人均水资源量（C_{15}）
			水资源开发利用率（C_{16}）
			水资源开发利用潜力（C_{17}）
		土地资源 B_2	人均耕地面积（C_{18}）
			区域有效土层厚度（C_{19}）
			土地资源潜力等级（C_{20}）
		林业资源 B_3	林地覆盖率（C_{21}）
			森林健康情况（C_{22}）
		矿产资源 B_4	矿产种类（C_{23}）
			矿产质量（C_{24}）
		草原资源 B_5	草原覆盖率（C_{25}）
			草原健康情况（C_{26}）
		生物资源 B_6	占自治区内动物百分比（C_{27}）
			占自治区内植物百分比（C_{28}）
		旅游资源 B_7	旅游资源等级（C_{29}）
			道路网密度（C_{30}）
	环境要素	水环境 B_8	COD（C_{31}）
			BOD_5（C_{32}）
			氨氮（C_{33}）

（3）三级评价指标（承载压力度）体系

三级评价以承载压力度为目的，主要反映生态系统承载力的客观承载能力大小与承载对象压力之间的关系，三级评价指标体系见表 7-5-3。

①目标层

承载压力度是反映湿地生态承载力的客观承载能力与承载对象压力之间的关系，是对生态系统的现有承载状况的直接反映。因此，三级评价指标以承载压力度作为目标层。

②准则层

资源压力度、环境压力度作为准则层评价指标。在湿地生态系统中，人是最终承载对象，也是可持续发展对象，因此，具体选择人口对资源与环境的压力度作为指标。

③指标层

根据准则层各指标的特性，共选 7 个指标作为指标层评价指标。压力度用承载对象压力与客观承载能力的比值表示。如果压力度小于 1，说明该区域在当前状况可以继续发展；相反，则说明此时生态系统已经开始退化或遭到破坏，已没有发展余地。

表 7-5-3　辉河国家级自然保护区生态系统承载力三级评价指标体系

目 标 层（A）	准 则 层（B）	指 标 层 (C)
承载压力度	资源压力度 B_1	水资源压力度（C_{34}）
		土地资源压力度（C_{35}）
		林地资源压力度（C_{36}）
		畜牧业资源压力度（C_{37}）
		矿产资源压力度（C_{38}）
		旅游资源压力度（C_{39}）
	环境压力度 B_2	水环境压力度（C_{40}）

7.5.2　评价指标体系概述及评价标准

（1）一级评价指标概述

生态弹性度的大小主要取决于气候、地物覆盖、地形地貌、土壤、湿地、水文这六个因子。另外，对其自然性及稀有性也应进行评价。

气候：气候是湿地形成、发育、演替和退化影响因素之一。生态系统对气候的变化比较敏感，气候通过气温和降水等因素直接影响水文条件，从而使生态系统的功能和结构发生变化，因此良好的、稳定的气候条件将会使湿地生态系统正常发育。

地物覆盖：地物覆盖是生态系统中植被多样性指标。一般来说，构成生态系统的植被类型越复杂，呈多样化，那么系统健康状况越好，系统的生态弹性度越大。如由林地、水域、湿地和农田共同构成的生态系统，其生态弹性度肯定高于由单一农田组成的系统。

地形地貌：地貌是地表外貌各种形态的总称，是内外动力地质作用的产物。对于湿地，它主要发育和分布于地形平坦、微地形起伏不大、地表水过多、常年或季节性积水、土壤水超饱和、土壤质地较细、地下水位高、洪涝淹没时间长的低平原和低漫滩的地貌，这同时也为农业的发展提供了良好的条件。

土壤：土壤是构成湿地生态系统的重要环境因子之一。在湿地特殊的水文条件和植被条件下，湿地土壤有着自身独特的形成和发育过程，表现出不同于一般陆地土壤的特殊的理化性质和生态功能，这些性质和功能对于湿地生态系统平衡的维持和演替具有重要作用。因此，在湿地的诸多定义中有很多湿地拥有丰富的土壤生物类群，湿地生态系统中绝大多数生物的生长离不开土壤。

湿地面积：湿地面积是一个重要指标，湿地重要程度往往随面积的增加而提高，即湿地面积越大，其所处的生态系统越稳定。从经济发展的角度看，湿地面积越大，可供生产和资源开发的区域则越小。为了兼顾长远利益和目标利益，湿地保护区只能限制于一定的面积，这对每一个湿地保护区来说，其面积的适宜性显得十分重要。评价单一保护区面积的适宜性或最小面积，而这种最适面积或最小面积常常因保护对象的不同而有显著差异。在实际评价中，判断"最小生存种群"和"稳定生态系统"是困难的，常常

表 7-5-4 辉河国家级自然保护区生态系统承载力一级指标评价标准

分级＼指标	很稳定 >0.8	较稳定 (0.6, 0.8)	中等稳定 (0.4, 0.6)	不稳定 (0.2, 0.4)	弱稳定 ≤0.2
无霜期 C_1	灾害性气候极少	灾害性气候很少	灾害性气候较少	灾害性气候增多	灾害性气候频繁
>10℃积温 C_2	多年积温变化非常稳定，适合区域内各类生态系统发展	多年积温变化比较稳定，适合区域内各类生态系统发展	多年积温变化相对稳定，基本适合本地各类生态系统发展	多年积温变化不稳定，生态系统单一，并极其脆弱	多年积温变化极不稳定，各种生物无法生存
年平均降水量 C_3/mm	≥800	(600, 800]	[400, 600)	[200, 400)	<200
类型 C_4	湿地类型植物、水面和森林，各有少量农业系统	以湿地类型植物、水面、森林和农业系统为主	以农业系统为主，湿地类型植物、水面和森林面积减少	以农业系统为主，湿地类型植物、水面大面积减少	单一的农业系统
面积比例 C_5/%	≥50	[35, 50)	[15, 35)	[5, 15)	<5
海拔高度 C_6	<50	[50, 100)	[100, 150)	[150, 200)	≥200
地貌类型 C_7	平原	平原、阶地	阶地、台地	台地、坡地	坡地、山区
类型 C_8	适合湿地发育，满足生态系统各类生物生存需要，并且具有极高利用价值	较适合湿地发育，能满足生态系统各类生物生存需要，并且具有一定的开发利用价值	维持湿地发育和生态系统各类生物生存需要，生物种类减少，具有开发利用价值，采取措施能恢复的湿地	不适合湿地发育和生态系统各类生物生存需要，并且具有一定恢复部分湿地价值，能恢复部分湿地	完全不适合湿地发育，无湿地生态系统各类生物利用价值，无法恢复湿地
质量 C_9	土壤养分极高，无污染，泥炭储量大	土壤养分较高，基本无盐碱化、无污染，泥炭储量大	土壤养分较高，局部区域盐碱化和轻微污染，泥炭储量一般	土壤养分一般，局部区域盐碱化过大，基本无泥炭储量	土壤贫瘠，出现大面积盐碱化和污染
湿地面积比例 C_{10}	≥30	[20, 30)	[10, 20)	[5, 10)	<5
稀有性 C_{11}	列入《湿地公约》中的国际重要湿地和国家级的重点湿地	已列入省级保护区的重点湿地	已列入地市级保护区的湿地	已列入县级保护的湿地	无保护区的湿地
自然性 C_{12}	未受侵扰，保持原始状态，自然生境完好	已受轻微侵扰和破坏，但系统无明显变化，生境基本完好	已遭受到破坏，系统发生变化，但采取措施仍能恢复	已受到严重破坏，系统明显变化，生态生物发生明显退化	自然生态环境全面破坏，系统生态生物原始结构不复存在
地表径流 C_{13}/(10^5 m³/km²)（核心区状态）	≥4	[2, 4)	[1, 2)	[0.5, 1)	<0.5
地下水 C_{14}/(10^8 m³/a)	≥15	[10, 15)	[5, 10)	[2, 5)	<2

由人为规定面积等级，具体以公顷或所占区域面积的比例来表示。

水文：水文条件赋予湿地生态系统区别于陆地生态系统和水生生态系统独特的物理化学属性。水文条件可能是制约湿地生态系统发展演化最重要的条件，也对湿地生态恢复和重建具有关键的制约作用。湿地是介于草甸与水体之间的特殊的自然综合体，其特征取决于地下水文状况、土壤含水性和透水性、地貌类型以及降水和蒸发等要素变化。

自然性：自然性是度量湿地区域内保护对象遭受人为干扰程度的一项指标。在人口众多，资源开发过热的条件下，绝对自然性的荒野湿地生境已经不多，它只是一个相对的指标，自然性越高，表示所遭受的人为干扰程度越小，保护价值越高，反之亦然。

稀有性：从湿地现状保护和管理方面出发，湿地的稀有性依据是：已列入《湿地公约》中的国际重要湿地、国家级保护湿地、省级保护湿地、地区及保护湿地等，来对湿地的保护类型、数量和级别的稀有性进行评价。

一级评价标准参见表 7-5-4。

（2）二级评价指标体系概述及评价标准

a）资源要素指标体系。资源承载力是反映草原湿地生态系统的资源丰富度和承载水平的指标。保护区草原湿地资源非常丰富，除了具有丰富的水资源、土地资源、草原资源等资源外，还拥有自身独特的资源和环境特点，如湿地生物资源和矿产资源等。

水资源：水是湿地中最活跃、最关键的因素之一，是保证湿地生态系统的功能和结构稳定发展的资源要素。科学进行湿地水资源评价，有利于了解区域水地资源分布的特点，为更好地保护和利用水地资源提供科学依据和策略。因此，在水资源评价时，除了要考虑系统内水资源可利用量和人类对水资源开发利用方式和需要外，还要考虑水资源可再生能力和生态需水量的需求。

表 7-5-5　水资源评价指标

指标名称	单位	指标计算公式及含义
人均水资源量 C_{15}	m³/人	水资源可利用总量/人口，作为衡量一个地区水资源供需关系是否紧张的指标
水资源开发利用率 C_{16}	%	（地表水资源供水量+地下水资源供水量）/水资源总量，区域水资源开发利用程度
水资源开发利用潜力 C_{17}	%	[（水资源量－最小生态环境需水量）－水资源均实际开发利用量]/可利用总量，反映目前的开发利用状况是否已超过了水资源的开发利用阈值，该值只能为正，最小为零

土地资源：土地资源评价是湿地生态系统开发整治与发展战略研究的重要依据，是协调区域土地开发与土地保护，实现土地资源可持续发展的基本手段。土地资源评价因素包括很多方面，这些因素对土地利用持续性有重要影响，土地资源评价即土地在一定用途条件下评定土地质量高低的过程，质量高低可以是适宜程度的强弱，生产潜力的大小，亦可以是特性的好坏或价值的高低。

表 7-5-6　土地资源评价指标

指标名称	单位	指标计算公式及含义
人均耕地面积 C_{18}	亩/人	耕地面积/人口，作为衡量一个地区耕地资源紧缺程度的指标
区域有效土层厚度 C_{19}	cm	反映有效土层厚度指标
土地资源潜力等级 C_{20}	级别	土地资源潜力描述，如土质、耕地熟化程度、土壤酸碱度、宜农牧发展程度等

林业资源：森林生态系统是湿地生态系统重要的组成部分，对湿地生态系统环境质量起着重要的作用，是实现环境与经济共同发展的重要纽带，也为生物多样性保护、改善生态环境作出贡献。

表 7-5-7　林业资源评价指标

指标名称	单位	指标计算公式及含义
林地覆盖率 C_{21}	%	林地面积/区域面积，作为衡量一个地区的林地资源指标
森林健康情况 C_{22}		描述森林健康情况

矿产资源：湿地生态系统是矿产资源的储备库。矿产资源是人类生产和生活资料的基本源泉，具有不可再生性、稀缺性、分布不均匀性等特点，但开发对生态环境具有破坏性，这就需要加以合理开发利用。

表 7-5-8　矿产资源评价指标

指标名称	单位	指标计算公式及含义
矿产种类 C_{23}	类	作为衡量一个地区的矿产丰富度的指标
矿产质量 C_{24}		描述地区的矿产质量指标

草原资源：草原资源是辉河自然保护区草原湿地生态系统的主要资源，草原生产力与健康状况直接关系到草原承载力及草原畜牧业的发展，正确评价草原资源对于准确把握草原在草原湿地生态系统中所起的作用至关重要。

表 7-5-9　草原资源评价指标

指标名称	单位	指标计算公式及含义
草原覆盖率 C_{25}	%	草原面积/区域面积，作为衡量一个地区的林地资源指标
草原健康度 C_{26}		描述草原健康情况

生物资源：在湿地中，生物资源具有特殊的性质，它具有生命的有机体，是指在湿地中对人类具有现实的或潜在的价值的基因、物种和生态系统的总称。为了对生物资源进行最有效的分配，需要有大量不同的方法对生物资源的和隐含的生态价值进行定量与良性评价相结合。

表 7-5-10 生物资源评价指标

指标名称	单位	指标计算公式及含义
占省内动物百分比 C_{27}	%	作为衡量一个地区的湿地动物丰富度的指标
占省内植物百分比 C_{28}	%	作为衡量一个地区的湿地植物丰富度的指标

旅游资源：草原湿地具有极高的观赏、休憩功能，同时又是野生动物栖息地，以旅游资源为"原材料"，通过劳动加工，实现旅游产品生态化设计与旅游空间科学化布局，使其成为具有旅游使用价值的旅游吸引物。

表 7-5-11 旅游资源评价指标

指标名称	单位	指标计算公式及含义
旅游资源等级 C_{29}	分值	《旅游资源分类、调查与评价》GB/T 18972—2003
道路网密度 C_{30}	km/ km²	地区内平均每平方公里城市用地上拥有的道路长度，以城市道路网密度表示

b) 环境要素指标体系概述。由于人类的开发活动对自然环境的干扰强度日益增大，大面积开荒，人口不断增加，农业中大量施用化肥和农药，矿业发展以及废水处理率偏低和环境意识淡薄等，均导致生态环境的恶化。因此，对辉河自然保护区环境承载指数主要依地表水水质、供水水源水质和地下水水质三个部分加以评价。

目前，辉河自然保护区内，河流主要污染物为 COD_{Cr}，BOD_5，氨氮，选择这三个污染物作为评价的水质参数，采用国家《地表水环境质量标准》（GB 3838—2002），制订了辉河自然保护区生态系统承载力环境要素二级指标评价标准（环境要素）见表 7-5-12。

表 7-5-12 辉河国家级自然保护区生态系统承载力环境要素二级指标评价标准

级别	I	II	III	IV	V
分值	1.0～0.8	0.8～0.6	0.6～0.4	0.4～0.2	0.2～0
C_{31}、C_{32}、C_{33}	I～II	II～III	III～IV	IV～V	<V

表 7-5-13 辉河国家级自然保护区生态系统承载力资源要素二级指标评价标准

级别	高承载	较高承载	中等承载	低承载	弱承载
分值	＞0.8	(0.6,0.8]	(0.4,0.6]	(0.2,0.4]	≤0.2
C_{15}/(100m³/人)	≥100	[20,100]	[5,20)	[1,5]	<1
C_{16}/%	≤20	(20,30]	(30,50]	(50,70]	>70
C_{17}/%	≥50	[40,50]	[30,40]	[20,30]	<20
C_{18}/亩/人	≥10	[5,10]	[2.5,5]	[1,2.5]	<1
C_{19}/cm	≥120	[100,120]	[80,100]	[50,80]	<50
C_{20}(级别)	一等地	一等地（一级地）	二等地（二级地）	三等地	四等地
C_{21}/%	≥50	[35,50]	[15,35]	[5,15]	<5
C_{22}	健康	良好	较好	一般	差

级别	高承载	较高承载	中等承载	低承载	弱承载
C_{23}/ 类	≥ 10	[8,10]	[5,8]	[2,5]	<2
C_{24}	品位极好	品位好	品位较好	品位一般	品位差
C_{25} /%	≥ 60	[40,60]	[20,40]	[10,20]	<10
C_{26}	健康	亚健康	脆弱	疾病	恶劣
C_{27} /%	≥ 50	[40,50]	[30,40]	[20,30]	<20
C_{28} /%	≥ 50	[40,50]	[30,40]	[20,30]	<20
C_{29}/ 分	≥ 90	[75,89]	[60,74]	[45,59]	[30,44]
C_{30}/(km/ km^2)	≥ 10	[5,10]	[3,5]	[1,3]	<1

（3）三级评价指标体系概述及评价标准

①指标体系概述

承载压力度的基本表达式为：

$$CCPS = CCS/CCP \tag{7-38}$$

式中，CCS 和 CCP 分别为生态系统中支持要素的支持能力大小和相应压力要素的压力大小。但在实际计算中，上式可根据具体情况进行转化，即资源承载压力度可转化为：

$$CCPS = P \cdot (Q_t / Q_s)^{-1} \tag{7-39}$$

式中，CCPS 为以人口表示的资源压力度；Q_t 为资源实有量；Q_s 为标准人均 R 资源占有量或全国平均值；P 为区域实际人口数。当 CCPS=1，表明 R 资源承载压力度达到平衡，人口数量适中；当 CCPS > 1，表明人口压力大于资源承载能力，CCPS 越大，压力度越大；相反，当 CCPS < 1，表明资源承载能力大于人口压力，CCPS 越小，压力度越小。

C_{34} 水资源压力度：

$$CCPS^{water} = P \times (Q_t^{water}/ Q_s^{water})^{-1} \tag{7-40}$$

式中，Q_t^{water} 为水资源总量；Q_s^{water} 取全国平均值 2 199 m^3/ 人；P 为区域实际人口数。

C_{35} 土地资源压力度：

$$CCPS^{soil} = P \times (Q_t^{soil}/ Q_s^{soil})^{-1} \tag{7-41}$$

式中，Q_t^{soil} 为粮食总产量；Q_s^{soil} 取全国小康生活水平值 576.4 kg/ 人；P 为区域实际人口数。

C_{36} 林业资源压力度：

$$CCPS^{forest} = P \times (Q_t^{forest} / Q_s^{forest})^{-1} \tag{7-42}$$

式中，Q_t^{forest} 为林木总蓄积；Q_s^{forest} 取全国平均值 9.048 m^3/ 人；P 为区域实际人口数。

C_{37} 畜牧业资源压力度：

$$CCPS^{grass} = P \times (Q_t^{grass} / Q_s^{grass})^{-1} \tag{7-43}$$

式中，Q_t^{grass} 为草原总面积；Q_s^{grass} 取全国标准羊单位占有草原 1.43hm^2/ 羊单位；P 为区域实际羊单位数量。

C_{38} 矿产资源压力度：

$$CCPS^{mine} = P \times (Q_t^{mine} / Q_s^{mine})^{-1} \tag{7-44}$$

式中，Q_t^{mine} 为矿产潜在价值；Q_s^{mine} 取全国平均值 7.47 万元 / 人；P 为区域实际人口数。

C_{39} 旅游资源压力度：

$$CCPS^{tour} = P \times (Q_t^{tour} / Q_s^{tour})^{-1} \tag{7-45}$$

式中，Q_t^{tour} 为区域单位面积年客流量；Q_s^{tour} 取全国平均值 10.20 人 / km^2；P 为区域实际人口数。

②指标标准

辉河自然保护区生态系统承载力三级评价指标（承载压力度）评价标准见表 7-5-14。

表 7-5-14　辉河国家级自然保护区生态系统承载力三级指标（承载压力度）评价标准

级别	高压	较高压	中压	低压	弱压
分值	＞ 0.8	[0.6，0.8]	[0.4，0.6]	[0.2，0.4]	≤ 0.2
$C_{34} \sim C_{40}$	＞ 0.8	[0.6，0.8]	[0.4，0.6]	[0.2，0.4]	≤ 0.2

7.5.3　生态承载力评价模型

（1）基于层次分析法的草原湿地生态承载力界定

湿地生态区域范围内的生态弹性力也可称为生态弹性度，资源承载能力和环境承载能力，计算方法如下：

①生态弹性指数表达式

$$\text{CSI}^{\text{eco}} = \sum_{i=1}^{n} S_i^{\text{eco}} \cdot W_i^{\text{eco}} \qquad （7\text{-}46）$$

式中，S_i^{eco}，生态系统特征要素，代表地形地貌、土壤、植被、气候和水文等要素；W_i^{eco}，要素 i 相对应的权重值。由于地表覆盖物不一定全是植被，所以在实际计算中，植被应为地表覆盖。

②资源承载指数表达式

资源是十分广泛的概念，但在目前情况下，影响一个地区发展的主要资源包括土地资源、水资源和矿产资源以及旅游资源等。通常情况下，资源承载指数可表达为：

$$\text{CSI}^{\text{res}} = \sum_{i=1}^{n} S_i^{\text{res}} \cdot W_i^{\text{res}} \qquad （7\text{-}47）$$

式中，S_i^{res}，资源组成要素；W_i^{res}，要素 i 相应权重值；$n = 1$、2、3、4、$\cdots$，分别表示土地资源、水资源、矿产资源和旅游资源等资源要素。

③环境承载指数表达式

环境承载力包括水环境、大气环境和土壤环境三部分。通常情况下，环境承载指数可表达为：

$$\text{CSI}^{\text{env}} = \sum_{i=1}^{n} S_i^{\text{env}} \cdot W_i^{\text{env}} \qquad （7\text{-}48）$$

式中，S_i^{env}，环境组成要素；W_i^{env}，要素 i 相应权重值；$n = 1$、2、3、$\cdots$，分别代表水环境、大气环境和土壤环境等环境要素。

④生态系统承压力度模式

生态系统承压力度的基本表达式为：

$$\text{CCPS}^{\text{pep}} = P \times （Q_t^{\text{pep}} / Q_s^{\text{pep}}）^{-1} \qquad （7\text{-}49）$$

式中，CCPS^{pep} 为以人口表示的资源压力度；Q_t^{pep} 为资源实有量；Q_s^{pep} 为标准人均资源占有量或全国平均值；P 为区域实际人口数。当 CCPS 为 1 时，表明区域压力平衡；CCPS 小于 1 时，表明区域压力小于承载能力，区域处于可持续发展水平；当 CCPS 大于 1 时，区域负担过重，生态系统会趋于恶化。

（2）基于陆地生态系统生产力模型的草原湿地生态承载力界定方法

就前文的层次分析法而言，因为其考虑因素较多，具有高度的综合性和概括性，所以这种分析方法不仅可以应用草原湿地生态系统，而且在国内外的研究中也被广泛地应用在各种生态系统（区域）。但是，对于草原湿地来说，考虑到生态承载力与其所对应的人类社会的生产活动密切相关的特点，而草原湿地所面临的生态压力又主要来源于畜牧业生产和草原旅游对草原文化原始属性的追求，所以草原湿地植被生产力的高低对区域生态承载力有决定性的影响。因此采用简化论的方法用植被生产力对草原湿地生态承载力进行界定，是一种简单而可行的方法。

植物通过光合作用所固定的太阳能是地球上生态系统中所有生命的主要能量与物质基础，是人类赖以生存与持续发展的保障，全球大约 40% 陆地生态系统的生产力被人类直接或间接地利用。植物与环境是一个统一体，植被生产力是植被本身的生物学特性与外界环境因子相互作用的结果。通过构建植被生产力模型不仅能够估算植被生产能力，科学地利用气候与土地资源提高植物产量，同时也可为模拟和预测植被生产力对全球气候变化的响应，以及评价区域生态承载力提供理论依据和方法。

植被生产力及其地理分布的研究最早可追溯到 1973 年，Lieth 首次估算了全球陆地与海洋的净第一性生产力（NPP），并发表了首张用计算机模拟的全球 NPP 分布图。20 世纪 90 年代初期，特别是在国际地圈-生物圈计划（IGBP）的推动下，以植被净第一性生产力的观测资料为基础，联系各种环境因子，建立了各种回归模型或过程模型。IGBP 的核心项目"全球变化与陆地生态系统（GCTE）"将 NPP 的区域和全球的空间分布列为核心研究内容之一。

目前，有关植被净第一性生产力的估算模型主要有气候相关模型等，通常采用的气候相关模型有 Miami 模型、Thornthwaite Memorial 模型和 Chikugo 模型（周广胜和王玉辉，2003）。在我国的生态系统承载力研究中，周广胜和张新时（1995）针对中国的自然特点，基于 Chikugo 模型相似的推导过程，根据植物的生理生态学特点及联系能量平衡和水量平衡方程的实际蒸散模型，结合国际生物学计划（IBP）期间获得的世界各地的 23 组森林、草地及荒漠等自然植被资料及相应的气候资料建立了自然植被 NPP 模型（公式 7-50）。

$$\text{NPP} = \text{RDI} \frac{rR_n\ (r^2 + R_n^2 + rR_n)}{(R_n + r)\ (R_n^2 + r^2)} \exp\left(-(9.87 + 6.25\text{RDI})^{0.5}\right) \tag{7-50}$$

式中，R_n 与 r 为陆地表面所获得的年净辐射与年降水量，单位均为 mm；NPP 为自然植被净第一性生产力 [×10³ kg（干物/(hm·a)）]；RDI 为辐射干燥度，RDI=(R_n/L)·r，

L 为蒸发潜热为 3.400 kJ/g（0.596 kcal/g）。该模型是以与植被光合作用密切相关的实际蒸散为基础的，综合考虑了诸因子的相互作用。经过比较，该模型优于 Chikugo 模型，特别是对于干旱半干旱地区。

（3）基于高光谱地面估算模型的草原湿地生态承载力的界定方法

近些年随着遥感技术的不断完善，许多研究人员利用 TM、Modis 等不同类型的遥感数据来直接提取各种植被指数。其主要技术路线是：利用 GPS 定位技术标定地面生物量和高光谱反射特征；建立卫星遥感的植被指数与草地生物量之间的回归模型；然后通过模型对 TM 或 Modis 等遥感数据进行区域生产力分析。这种方法已经成为不同区域植被生产力（当年地上生物量）估产的主要手段之一。其具有精度相对较高、可重复测定的特点，对研究草原生产力分布格局、进行区域生态承载力分析研究具有重要意义。但是，在这些研究方法中存在着地面生物量数据获取时间与遥感数据获取时间不同步、所测定样方数量不足、生物量在像元中的代表性较低等一系列的问题。因此，采用光谱仪通过地面高光谱和地上生物量的对应测定，构建与 MODIS（或 TM）波段一致的 NDVI 与地上生物量的统计学模型，然后用模型反演像元的 NDVI 的当年生产力值，成为提高区域生产力水平测定、进行生态承载力界定的可行方法。具体测定方法为：

使用美国 ASD 公司的 Fieldspec 3 光谱辐射仪进行草地植被光谱测定，视场角 25°，光谱范围：350 ～ 2 500 nm；采样间隔为 1.4 nm（350 ～ 1 000 nm 区间）和 2 nm（在 1000 ～ 2 500 nm 区间）；数据间隔：1 nm，观测时传感器垂直向下，距离冠层 0.5 m，每隔 10 ～ 15 分钟用白板进行校正。为减少太阳辐照度的影响，选择的天气状况良好，晴朗无云，风力较小，太阳光强度充足并稳定的时段，野外光谱测量的时间在 10:00 ～ 15:00。

每个 1m×1m 样方测量光谱数据 5 组，用数据线连接光谱仪和 GPS，每组数据中带有地理坐标和海拔高度。每个小样方测完光谱后，将植物沿地面齐剪下称其鲜重，并用布袋取回，放入烘箱内，80℃恒温烘干 10 ～ 12 h 后称其干重。最后用每组光谱数据与对应的样方生物量数据构建光谱—地上当年生物量模型。

区域 NDVI 数据采用 Modis 数据的 16 天平均值，时间为每年的 7 月 28 日或 27 日。所以地面高光谱测定的最佳时期在每年的 7 月下旬。

①生态承载力评价指标

本研究的承载力指标主要包括不同生态系统类型（研究区基础土地利用/覆被信息）、草地（湿地）植被生产力（产草量）水平分级、不同植被生产力水平的面积求算、牲畜停食干草累计天数、每个羊单位每天的干草需求量以及饲草利用效率等。

②生产力水平分级

按照研究区自然状况的特点，将草原湿地区划分为湿地生态系统和草地生态系统二个部分来进行分析。这主要是考虑到了草原生态系统和湿地生态系统的地上生物量的差异。已有的研究表明，草原的 357 个样方所测定的地上生物量变化在 33.5 ～ 554.9 g/m²，湿地的 66 个样方中所测定的地上生物量变化在 71.5 ～ 838.0 g/m²。所以，对草原和湿地分别构建高光谱生产力模型，是对生产力空间异质性的最佳诠释。

③不同生产力水平面积

不同生产力水平面积求算是在 Arcgis 和 Fragstats 支持下基于 Modis 数据的 NDVI 值在栅格尺度（250 m×250 m）进行统计。在统计之前，对每一个栅格根据其生态系统类型的归属，用不同的光谱——生物量模型进行计算。

④牲畜停食干草时间的确定

MODIS 卫星数据是由 TERRA 和 AQUA 两颗太阳同步极轨卫星提供的，它们对地球上的任何一个区域的扫描测定分别是在每天的上午（TERRA，地方时）和下午（AQUA，地方时）进行。其中，NDVI 数据的发布是考虑到地球上的任何一个区域在观察的时段都可能受到云层存在的影响，所以采用 16 天的平均值来表示每一栅格内的 NDVI 值，TERRA 与 AQUA 获得的 NDVI 数据在时间更新频率上相配合，可获得时差为 8 天的 NDVI 数据，根据 NDVI 的变化，可以确定研究区的牲畜停食干草期在每年的具体时间（最大可能误差不超过 8 天）。

⑤每个羊单位每天的干草需求量以及饲草利用率确定

根据国家标准每个羊单位每天的干草需求量采用 1.8kg 标准。根据已有的研究结果，草原牧草的利用率在 0.30 ～ 0.50。所以，在后面的生态承载力界定中，采用 0.02 等值间隔的 k 值曲线在不同水平上进行评价。

⑥地面高光谱估算模型

以地面光谱实测数据提取 NDVI 和地上生物量的相关性分析为基础，建立呼伦贝尔草原和湿地的地上干物质量估算的地面光谱模型。

已有的研究表明，实测的地面植物光谱特征与高空遥感的地面植物光谱特征存在内在的联系，可以用实测的地面植物光谱特征代表高空遥感的地面植物光谱特征。为了保证统计学模型的可靠性和草场类型的多样性，我们在草原生态系统测定了 357 组地面光谱和生物量数据。同时，考虑到湿地是隐域植被类型组成变化相对较小，在湿地生态系统测定了 66 组地面光谱和生物量数据。构建的地面光谱和生物量模型见图 7.5.1，呼伦贝尔典型草原和湿地植被的最优估产模型为指数函数。其中：草原地面高光谱模型为：

$$y=15.844e^{3.5578x} \tag{7-51}$$

湿地地面高光谱模型为：

$$y=1.3377e^{6.6692x} \qquad (7\text{-}52)$$

公式（7-51）和公式（7-52）中，y 为当年地上生物量，单位 g/m^2；x 为 NDVI 值。

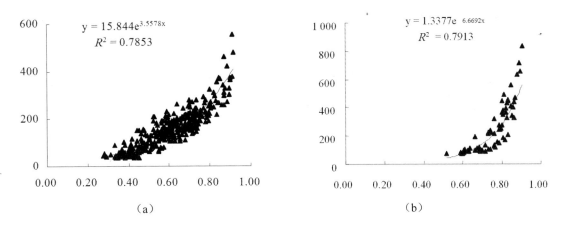

图 7.5.1　不同生态系统地面光谱生物量模型（a 草地；b 湿地）

草原湿地生态承载力的界定将采用高光谱地面生物量估算模型，结合 Modis 遥感数据，研究辉河自然保护区进行草原湿地生态承载力，充分利用 MODIS 遥感数据获取的连续性特点，分别采用每年 7 月 27 日或 28 日的数据进行 2000 年到 2010 年间的动态生态承载力评价。

（4）不同生态承载力界定方法的特点比较

从基于层次分析法的草原湿地生态承载力界定模式的特点来看，该方法的优点是几乎考虑到了研究区所有相关的资源、环境以及人文要素，具有高度的概括性；而且该方法的应用几乎不受研究区域大小的限制。但是，该方法所面临的难点是相关数据不同单位的整合以及各自所具有的生态学、环境学以及经济学意义的可比性，缺乏严格的逻辑推理支持。例如，在所涉及到的指标对生态承载力的贡献是依靠权重来调整的，而权重的确定在不同层次和因子之间缺乏系统的方法论支持，多采用专家打分法等可信度较低的措施来进行。此外，基于层次分析法对草原湿地生态承载力界定，分析过程复杂，不利于进行动态评价。

从基于陆地生态系统生产力模型的草原湿地生态承载力界定方法来看，该方法的优点是采用了简化论，使整个界定过程简单明了，而且可以进行年度间的动态分析。但是，该方法的应用依赖于数据来源的密度（气象站点的密度），而且默认了数据来源位置的代表性，即有数据站点即代表了所在区域的气候特点，这样导致了这种方法的研究结果分辨率低。此外，该方法起源于研究全球尺度的植被生产力估算，一些国内外的学者将其应用在了特定的地区如：中国、中国东北、中国草原区等，所以此方法仅适合大尺度的生态承载力界定，因为其依赖于气象站点数据。而对于小尺度（任何一个研究区内没有气象站点的区域）的研究，该方法的基础数据只能依靠相邻气象站点数据的空间内插来实现，从而导致研究结果的可靠性进一步降低。

从基于高光谱地面估算模型的草原湿地生态承载力的界定方法来看，该方法的优点是应用了遥感技术手段使数据的来源与遥感卫星的观察频率一致，数据的精度与卫星的分辨率保持一致。例如，如果研究采用 MODIS 数据，则可获得最小间隔为 8 天的植被归一化指数（NDVI）数据，分辨率为 250 m 或 500 m 二个水平，为任何一个感兴趣的区域提供了生态承载力动态分析的基础。同时，从研究方法的特点来看与陆地生态系统生产力模型界定方法一样，具有简单明了和重复检查的特点。该方法的不足之处也与陆地生态系统生产力模型一致，缺少层次分析法所具有的综合性，采用分析指标涵盖面不充分。

7.5.4　生态承载力分析

（1）生态承载力动态分析

草原湿地生态承载力可以通过单位面积产草量（地上生物量）所支持的牲畜头数来简单地表述出来，而草原湿地的产草量在不同年份因气候条件波动而发生变化，所以草原湿地承载力是一个动态的指标，其与当年的气候特征密切相关。从承载力的分析结果来看（图 7.5.2），2000 年到 2010 年的 11 年之间，辉河草原湿地保护区的年产草量变化在 2.002×10^8 kg 到 6.650×10^8 kg 之间，最高年份出现在 2002 年，最低年份出现在 2007 年，最高年份是最低年份的 3.3 倍。从平均水平来看，2000 年到 2010 年辉河湿地保护区的总产草量平均值为 4.603×10^8 kg。

从不同饲草的利用系数变化对草原湿地的生态承载力的影响来看（图 7.5.3，表 7-5-15），当饲草利用效率为 0.30，在研究期间内的生态承载力变化在 114 662 到 380 887 个羊单位之间；当饲草利用效率为 0.50，在研究期间内的生态承载力变化在 191 103 到 634 795 个羊单位之间。不同饲草利用率水平下的产草量变化特点同样也是以 2002 年最高，在 2007 年最低。此外，从图 7.5.3 中还可以看出，饲草利用率对草原湿地区生态承载力有直接的影响。

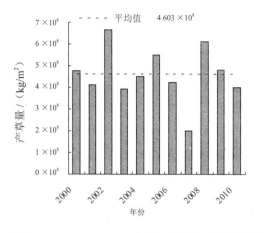

图 7.5.2　2000～2010 年辉河国家级自然保护区
产草量动态

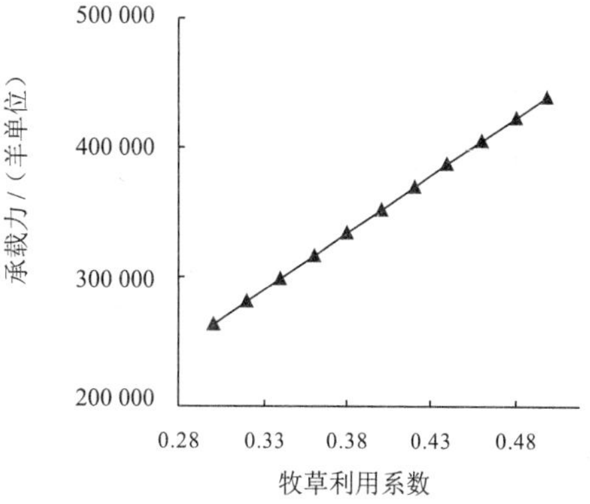

图 7.5.3　辉河国际级自然保护区牧草利用效率
对生态承载力的影响

对产草量波动最大的 2002 年和 2007 年的气象资料分析表明（图 7.5.4），从年平均气温的变化特点来看，除 1、3、4、5 月份以外，2002 年的月平均气温普遍低于 2007 年。从年平均温度来看，2007 年为 1.1℃高于 2002 年的-0.2℃。从年内降水量的波动特点来看。2002 年在植物生长最重要的 6 和 7 月份，降水量分别达到 59.4 mm 和 119.8 mm，远远高于 2007 年的 36.9 mm 和 34.2 mm。同时，从年降水量的比较来看，2002 年达到了 316.1 mm，而 2007 年的年降水量仅为 210.9 mm。由此可见，在春季 4、5 月份的适当高温和生长旺季（6、7 月年份）的相对低温，加之 6、7 月份的较高降水量，对草原湿地的生态承载力有极大的影响。

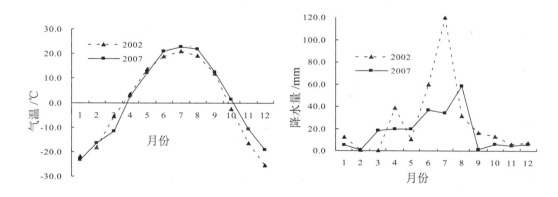

图 7.5.4　2002 年和 2007 年辉河国家级自然保护区气温和降水量月变化

表7-5-15　不同牧草利用系数对生态承载力的影响

年份	生态承载力/个羊单位										
	0.3*	0.32	0.34	0.36	0.38	0.4	0.42	0.44	0.46	0.48	0.5
2000	273 143	291 352	309 562	327 771	345 981	364 190	382 400	400 609	418 819	437 028	455 238
2001	236 249	251 999	267 749	283 499	299 249	314 999	330 749	346 499	362 249	377 999	393 749
2002	380 877	406 269	431 661	457 053	482 445	507 836	533 228	558 620	584 012	609 404	634 795
2003	223 769	238 687	253 605	268 523	283 441	298 359	313 277	328 195	343 113	358 031	372 949
2004	258 176	275 388	292 600	309 811	327 023	344 235	361 446	378 658	395 870	413 082	430 293
2005	315 566	336 604	357 642	378 679	399 717	420 755	441 793	462 830	483 868	504 906	525 944
2006	243 219	259 434	275 648	291 863	308 077	324 292	340 507	356 721	372 936	389 150	405 365
2007	114 662	122 306	129 950	137 594	145 239	152 883	160 527	168 171	175 815	183 459	191 103
2008	350 911	374 305	397 699	421 093	444 487	467 881	491 275	514 669	538 063	561 457	584 852
2009	274 402	292 696	310 989	329 283	347 576	365 869	384 163	402 456	420 750	439 043	457 337
2010	229 098	244 371	259 644	274 917	290 190	305 463	320 737	336 010	351 283	366 556	3 81 829
平均值	263 642.9	281 219.1	298 795.3	316 371.5	333 947.7	351 523.9	369 100.1	386 676.3	404 252.5	421 828.7	439 404.9
标准差	67 714	72 229	76 743	81 257	85 772	90 286	94 800	99 314	103 829	108 343	112 857

注: *0.3～0.5 为牧草利用系数的值。

（2）地上生物量（承载力）空间分布格局

在 2000—2010 年的 11 年间，辉河自然保护区不同时期初级生产力（地上生物量）的空间分布有两个明显特征：

——在空间格局上，辉河自然保护区草原湿地初级生产力水平的高值区一部分位于辉河河漫滩及其两侧的条带状地带，另一部分则分布于距辉河自然保护区东部的草甸草原核心区及其周边地区。

——时间尺度上，辉河自然保护区草原湿地生产力格局变化非常显著，生产力高值区在不同的年份都保持在最高的水平，而且辉河河漫滩及其周边地区的湿地生产力水平明显大于辉河自然保护区东部的草甸草原区。

选择辉河自然保护区 2002 年、2004 年和 2007 年三个年份的生产力水平，分别代表辉河自然保护区草原湿地最大承载力、平均承载力和最小承载力水平，分析不同时期辉河自然保护区草原湿地初级生产力的空间格局特征。

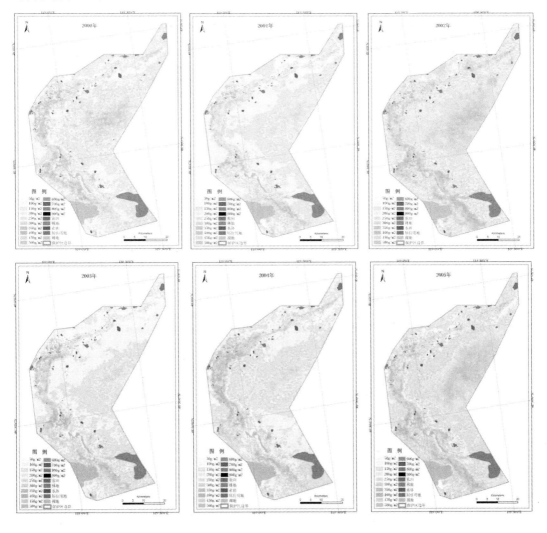

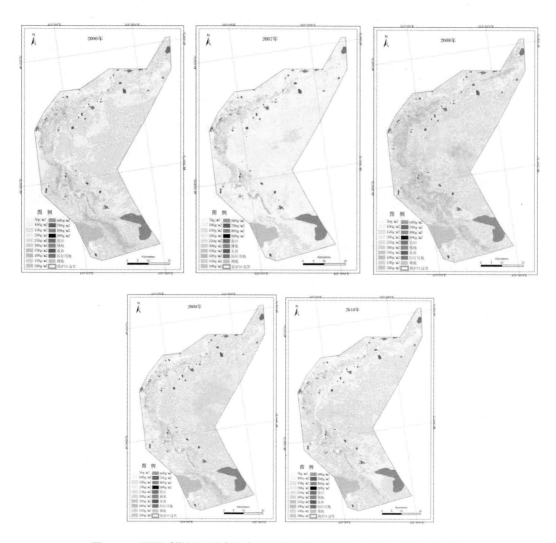

图 7.5.5　不同时期辉河国家级自然保护区草原湿地初级生产力分布格局图

从不同年份草原湿地生产力水平的差异来看（表 7-5-16），在气候条件较好、生态承载力最高的 2002 年，初级生产力最高水平达到 700 g/m²，在代表平均水平的 2004 年初级生产力水平最高为 600 g/m²，而代表最小承载力的 2007 年，最高初级生产力水平仅为 450 g/m²，主要因素是 2002 年辉河自然保护区水热条件相对较好，草原湿地生态系统生产力水平相对较高，承载能力相对较大所致。

从不同生产力水平的分布面积来看，在生态承载力最高的 2002 年，最大面积的初级生产力水平是 150 ～ 200 g/m² 地段，面积达到 95 375.0 hm²，占总面积的 29.778%；而生产力水平平小于 50 g/m² 地段，面积仅为 4 544.5 hm²，占总面积的 1.419%。在生态承载力近似平均水平的 2004 年，最大面积的初级生产力水平是 100 ～ 150 g/m² 地段，面

表 7-5-16 2002 年、2004 年和 2007 年三年辉河国家级自然保护区草原湿地初级生产力状况

生产力水平	面积 /hm²			所占比例 /%			斑块数量 /个			斑块密度 / (个 /100m²)		
	2002 年	2004 年	2007 年	2002 年	2004 年	2007 年	2002 年	2004 年	2007 年	2002 年	2004 年	2007 年
<50 g/m²	4 544.5	16 129.8	154 098.5	1.419	5.036	48.124	190	430	489	0.054 8	0.124	0.141 1
50～100 g/m²	11 670.3	87 677.5	126 158.0	3.644	27.377	39.398	635	915	1 156	0.183 2	0.264	0.333 5
100～150 g/m²	46 144.5	10 6926.3	20 800.5	14.407	33.388	6.496	1 213	1 357	749	0.349 9	0.391 5	0.216 1
150～200 g/m²	95 375.0	53 786.3	9 640.0	29.778	16.795	3.011	1 471	1 301	553	0.424 4	0.375 3	0.159 5
200～250 g/m²	80 591.0	24 658.8	5 384.3	25.162	7.700	1.681	1 562	904	304	0.450 6	0.260 8	0.087 7
250～300 g/m²	50 664.5	14 659.8	2 889.3	15.819	4.577	0.902	1 078	661	131	0.311	0.190 7	0.037 8
300～350 g/m²	20 266.5	10 391.5	1 070.5	6.328	3.245	0.334	679	410	58	0.195 9	0.118 3	0.016 7
350～400 g/m²	7 257.3	4 309.0	157.3	2.266	1.345	0.049	310	227	18	0.089 4	0.065 5	0.005 2
400～450 g/m²	2 610.3	1 401.8	13.5	0.815	0.438	0.004	142	83	5	0.041	0.023 9	0.001 4
450～500 g/m²	918.8	301.5	—	0.287	0.094	—	45	29	—	0.013	0.008 4	—
500～600 g/m²	235.8	15.3	—	0.074	0.005	—	13	2	—	0.003 8	0.000 6	—
>700 g/m²	6.8	—	—	0.002	—	—	1	—	—	0.000 3	—	—

注: 2002 年为生态最大承载力年份；2004 年为生态平均承载力年份；2007 年为生态最小承载力年份。

积为 106 926.3 hm²，占总面积的 33.388%；而生产力水平小于 50 g/m² 地段，面积达到 16 129.8 hm²，占总面积的 5.036%。在生态承载力最低的 2007 年，最大面积的初级生产力水平小于的 50 g/m² 地段，面积高达 154 098.5 hm²，占总面积的 48.124%；而与平均年份 2004 年相比较，生产力水平达到 100～150g/m² 水平的面积仅为 20 800.5 hm²，占总面积的 6.496%。

从斑块的数量特征来看，在辉河自然保护区草原湿地生态系统承载力水平最高的 2002 年，斑块总数量达到 7 339 个；在承载力平均水平的 2004 年，斑块总数量为 6 319 个；而在承载力水平处于最低的 2007 年，斑块数量仅为 3 463 个。

从斑块密度特点来看，在承载力水平最高的 2002 年，面积占优势地位的 100～150 g/m²、150～200 g/m²、200～250 g/m² 和 250～300 g/m² 四个级别初级生产力，具有较高的斑块密度，分别达到 0.349 9 个 /100 hm²、0.4244 个 /100 hm²、0.450 6 个 /100 hm² 和 0.311 0 个 /100 hm²。在承载力近似平均的 2004 年，面积占优势地位的 50～100 g/m²、100～150 g/m² 和 150～200 g/m² 等 3 个级别初级生产力，同样具有较高的斑块密度，分别达到 0.264 0 个 /100 hm²、0.391 5 个 /100 hm² 和 0.375 3 个 /100 hm²。在承载力水平最低的 2007 年，面积占绝对优势地位的 50 g/m² 级别初级生产力，却拥有较低的斑块密度 0.141 1 个 /100 hm²。说明在气象条件较好、生态承载力较高或近似平均水平的年份，基于初级生产力水平分级的空间异质性较高，其表现形式就是斑块密度多、占优势的级别斑块密度高；在干旱的年份，基于初级生产力水平分级的空间异质性降低，表现为斑块数量少、占优势级别的斑块密度小，呈集中连片的分布（图 7.5.5 和表 7-5-16）。

参 考 文 献

[1]   Bradley C, Rundquist. The influence of canopy green vegetation fraction on spectral measurements over native tall grass prairie[J]. *Remote Sensing of Environment*, 2002 (81):129-135.

[2]   Canterbury G E, Martin T E, Petit D R. Bird communities and habitat as ecological indicators of forest condition in regional monitoring[J]. *Conservation Biology*, 2000, 14(2): 544-588.

[3]   Carlson T N, Ripley D A. On the relation between NDVI，fractional vegetation cover, and leaf area index[J]. *Remote Sensing of Environment*, 1997 (62): 241-252.

[4]   Chapman SB. 植物生态学方法 [M]. 阳含熙 , 译 . 北京 : 科学出版社 , 1980 .

[5]   Cottam G & Curtis J T. A method for making rapid surveys of woodlands by means of pairs of randomly selected trees[J]. *Ecology*, 1949(30): 101-104.

[6]   Cottam G & Curtis J T. Correction for various exclusion angles in the random pairs method[J]. *Ecology*, 1955(36): 767.

[7]   Devault T L, Scott P E, Bajema R A, et al. Breeding bird communities of reclaimed coal-mine grasslands in the American Midwest[J]. *Journal of Field Ornithology*, 2002, 73(3): 268-275.

[8]   Everitt J H, Husse M A, Escobar D E, et al. Assessment of grassland phytomass with airborne video imagery[J]. *Remote Sensing of Environment*, 1986(20):299-306.

[9]   Fava F，Colombo R，Bocchi S.et al.，Identification of hyperspectral vegetation indices for Mediterranean pasture Characterization[J]. *International Journal of Applied Earth Observation and Geoinformation*, 2009(11):233–243.

[10]   Feeley K. Analysis of avian communities in LakeGur,i Venezuela, usingmultiple assembly rulemodels[J]. *Oecologia*, 2003, 137(1):104-113.

[11]   Goward S N, Huemmrich K F. Vegetation canopy PAR absorptance and the normalized difference vegetation index: an assessment using the SAIL model[J]. *Remote Sensing of Environment*, 1992, (39):119-140.

[12]   Hatfield J L, Asrar G, Kanemasu E T. Intercepted Photosynthetically Active Radiation in Wheat Canopies Estimated by Spectral Reflectance[J]. *Remote Sensing of Environment*, 1984(14):65-75.

[13]   http://blog.sina.com.cn/u/3d477c27010004p6.

[14]   http://i8i8i8.com/love/contents/1629/6109.html.

[15]   http://news1.jrj.com.cn/news/2005-09-16/000001317871.html .

[16]   Hu Hsen-hsu. Distribution of Taxads and conifers in China[M]. *Canada: Proceedings of the 5th Pacific Science Congress*, 1933.

[17]   Kallel A, Hégarat-Mascle S L, Ottlé C, et al. Determination of vegetation cover fraction by inversion of a four-parameter model based on isoline parametrization[J].*Remote Sensing of Environment*, 2007(111): 553-566.

[18]   MacArthur R H. Environment factors affecting bird species diversity[J]. *The American Naturalist*,

1964(98): 387-397.

[19] ManuwalD A. Bird communities in oak woodlands of South-central Washington[J]. *Northwest Science*, 2003, 77(3): 194-201.

[20] Montandon L M, Small E E. The impact of soil reflectance on the quantification of the green vegetation fraction from NDVI[J]. *Remote Sensing of Environment*, 2008(112): 1835-1845.

[21] Moses A C, Andrew S, Fabio C, et al. Estimating forage quantity and quality using aerial hyperspectral imagery for northern mixed-grass prairie[J]. *International Journal of Applied Earth Observation and Geoinformation*, 2007(9):414-424.

[22] Mueller-Dombosis & Ellenberg. 种的定量测定 .[M]. 张绅 , 译北京 : 科学出版社 , 1986.

[23] Numata I, Roberts D A, Chadwick O A, et al. Evaluation of hyperspectral data for pasture estimate in the Brazilian Amazon using field and imaging spectrometers[J]. *Remote Sensing of Environment*, 2008, 112:1569-1583.

[24] Pidgeon AM, MathewsN E, BenoitR, et al. Response of avian communities to historic habitat change in the northern Chihuahuan Desert[J]. *Conservation Biology*, 2001, 15(6): 1772-1788.

[25] Potter C S, Randerson J T, Field C B, et al. Terrestrial ecosystem production: A process model based on global satellite and surface data[J]. *Global Biogeochemical Cycles*, 1993, 7:811-841.

[26] Recher H F. Bird species diversity and habitat diversity in Australia and North America[J]. *The American Naturalist* 1969(103): 75-80.

[27] Sellers P J, Canopy Reflectance. Photosynthesis and Transpiration[J]. *International Journal of Remote Sensing*, 1985, 6:1335-1371.

[28] Tucher C J. Red and photographic infrared linear combinations for monitoring vegetation[J]. *Remote Sensing of Environment*, 1979(8):127-150.

[29] Van leeuwen W J D, Orr B J, Marsh S E, et al. Multi-sensor NDVI data continuity: Uncertainties and implications for vegetation monitoring applications[J]. *Remote Sensing of Environment*, 2006(100):67-81.

[30] Virkkala R. Bird species dynamics in a managed southern boreal forest in Finland[J]. *Forest Ecology and Management*, 2004(195): 151-163.

[31] 常弘 , 王勇军 , 张国萍 , 等 . 广东内伶仃岛夏季鸟类群落生物多样性的研究 [J]. 动物学杂志 , 2001, 36(4): 33-36.

[32] 陈均亮 , 吴河勇 , 朱德丰 , 等 . 海拉尔盆地构造演化及油气勘探前景 [J]. 地质科学 , 2007, 42(1) : 147-159.

[33] 陈润政 , 黄上志 , 宋松泉 , 等 . 植物生理学 [M]. 广州 : 中山大学出版社 , 1998.

[34] 陈云浩 , 李晓兵 , 史培军 , 等 . 北京海淀区植被覆盖的遥感动态研究 [J]. 植物生态学报 , 2001, 25（5）: 588-593.

[35] 陈佐忠 , 汪诗平 . 草地生态系统观测方法 [M]. 北京 : 中国环境科学出版社 , 2004.

[36] 程红芳 , 章文波 , 陈锋 . 植被覆盖度遥感估算方法研究进展 [J]. 国土资源遥感 , 2008 (1):13-18.

[37] 董鸣 . 陆地生物群落调查观测与分析 [M]. 北京 : 中国标准出版社 , 1996.

[38] 杜自强 , 王建 , 沈宇丹 . 山丹县草地地上生物量遥感估算模型 [J]. 遥感技术与应用 , 2006，21

（4）:338-343.

[39] 鄂温克族自治旗史志编纂委员会.鄂温克族自治旗志 [M].海拉尔：内蒙古文化出版社，2008.

[40] 福泉，苏勇，杜彪，苏日米德.鄂温克族自治旗志 [M].北京：中国城市出版社，1996.

[41] 高吉喜.可持续发展理论探索——生态承载力理论、方法与应用 [M].北京：中国环境科学出版社，2001.

[42] 郭广猛.非星历表法去除 MODIS 图像边缘重叠影响的研究 [J].遥感技术与应用，2003，18（3）:172-175.

[43] 国家环境保护总局主编.空气和废气监测分析方法 [M].北京：中国环境科学出版社，1990.

[44] 国家环境保护总局主编.水和废水监测分析方法 [M].北京：中国环境科学出版社，1989.

[45] 国家气象科学数据共享中心数据库（http://cdc.cma.gov.cn）.

[46] 哈斯巴根，晖蔼罕，赵晖.锡林郭勒典型草原地区蒙古族野生食用植物传统知识研究 [J].植物分类与资源学报，2011, 33 (2):239- 246.

[47] 韩丽娟，王鹏新，王锦地等.植被指数—地表温度构成的特征空间研究 [J].中国科学 D 辑地球科学，2005, 35(4):371-377.

[48] 侯建华，高宝嘉，董建新，等.森林—草原交错带夏季鸟类群落多样性特征 [J].生态学报，2008, 28(3):1296-1307.

[49] 侯建华，吴芳生，刘国泉，等.河北清西陵地区鸟类区系及类群多样性研究 [J].河北农业大学学报，2004, 27(2): 97-100.

[50] 侯学煜.论中国植被分区的原则、依据和系统单位 [J].植物生态学与地植物学丛刊，1964, 2(2): 153-179.

[51] 侯学煜.中国的植被 [M].北京：人民教育出版社，1960.

[52] 呼伦贝尔盟环境监测中心站.辉河自然保护区综合考察 [M].海拉尔：内蒙古文化出版社，2000.

[53] 呼伦贝尔盟土壤调查办公室编著.呼伦贝尔盟土壤 [M].呼和浩特：内蒙古人民出版社，1992.

[54] 黄敬峰，王秀珍.天山北坡中东段天然草地光谱植被指数特征 [J].山地学报，1999，17(2):119-124.

[55] 黄玉瑶.内陆水域污染生态学：原理与应用 [M].北京：科学出版社，2001 .

[56] 江东，王乃斌，杨小唤，刘红辉.植被指数—地面温度特征空间的生态学内涵及其应用 [J].地理科学进展，2001, 20(2):146-152.

[57] 江华明，隆廷伦.卡莎湖湿地鸟类群落组成及多样性分析 [J].西华师范大学学报：自然科学版，2004, 25(1): 94-98.

[58] 姜立鹏，覃志豪，谢雯，等.中国草地生态系统服务功能价值遥感估算研究 [J].自然资源学报，2007, 22(2):161-170.

[59] 蒋志刚，纪力强.鸟兽物种多样性测度的 *G–F* 指数 方法 [J]，生物多样性，1999,7(3):239-250.

[60] 金丽芳，徐希孺，张猛.内蒙古典型草原地带牧草产量估算的光谱模型 [J].内蒙古大学学报：自然科学版，1986, 17(4)）:735-740.

[61] 李博，雍世鹏，李忠厚.锡林河流域植被及其利用 [M].北京：科学出版社，1988.

[62] 李登科 . 消除 MODIS 图像重叠现象的方法研究 [J]. 陕西气象 , 2005,3:1-4.

[63] 李海涛 . 四川西昌泸山风景区鸟类频率指数数量等级分析及其生态分布 [J]. 绵阳师范学院学报 , 2012, 31(2):70-74.

[64] 李建龙 , 蒋平 . 遥感技术在大面积天然草地估产和预报中的应用探讨 [J]. 武汉测绘科技大学学报 , 1998, 23(2):153-157.

[65] 李苗苗 . 植被覆盖度的遥感估算方法研究 [D]. 中国科学院遥感应用研究所 , 2003.

[66] 李文华 . 生态系统服务功能价值评估的理论、方法与应用 [M]. 北京 : 中国人民大学出版社 , 2008.

[67] 李永江 . 大兴安岭药用植物 [M]. 呼和浩特 : 内蒙古人民出版社 , 1986:128-158.

[68] 刘军会 . 北方农牧交错带界线变迁及其生态效应研究 [D]. 中国科学院成都山地灾害与环境研究所博士论文 , 2008.

[69] 刘良明 , 文雄飞 , 余凡 , 等 . MODIS 数据 Bowtie 效应快速消除算法研究 [J]. 国土资源遥感 , 2007(2):10-15.

[70] 刘培哲 . 生态监测的概念和理论依据 [J], 1989 (http://www.eedu.org.cn/Article/academia/experi/html).

[71] 柳行军 , 刘志宏 , 冯永玖 , 等 . 海拉尔盆地乌尔逊凹陷构造特征及变形序列 [J]. 吉林大学学报 : 地球科学版 , 2006, 36(2) : 215-220.

[72] 鲁庆彬 , 胡锦矗 . 四川丘陵地区鸟类群落结构的研究 [J]. 华中师范大学学报 : 自然科学版 , 2003, 37(2): 233-235.

[73] 吕世海 , 刘立成 , 高吉喜 . 呼伦贝尔森林 - 草原交错区景观格局动态分析及预测 [J]. 环境科学研究 , 2008, 21(4):63-68.

[74] 吕世海 , 卢欣石 , 金维林 . 呼伦贝尔草地风蚀沙漠化演变及其逆转研究 [J]. 干旱区资源与环境 , 2005, 19(3):59-63.

[75] 内蒙古植被编辑委员会 . 综合考察专辑——内蒙古植被 [M]. 北京 : 科学出版社 , 1985.

[76] 农业部畜牧兽医司 . 中国草地饲用植物 [M]. 沈阳 : 辽宁民族出版社 , 1994.

[77] 秦伟 , 朱清科 , 张学霞 , 等 . 植被覆盖度及其测算方法研究进展 [J]. 西北农林科技大学学报 : 自然科学版 , 2006, 34(9):163-170.

[78] 赛音塔娜 . 内蒙古民俗 [M]. 兰州 : 甘肃人民出版社 , 2004.

[79] 盛和林 , 王歧山 . 脊椎动物学野外实习指导 [M]. 北京 : 高等教育出版社 , 1991.

[80] 史培军 , 李博 , 李忠厚 , 等 . 大面积草地遥感估产技术研究 : 以内蒙古锡林郭勒草原估产为例 [J]. 草地学报 , 1994, 2(1):9-12.

[81] 史志诚 . 中国草地重要有毒植物 [M]. 北京 : 中国农业出版社 , 1993.

[82] 水利电力部农村水利水土保持司主编 . 水土保持实验规范（SD 239—87）[M]. 北京 : 水利电力出版社 , 1988.

[83] 宋永昌 . 植被生态学 [M]. 上海 : 华东师范大学出版社 , 2001.

[84] 孙鸿烈主编 . 中国生态系统 [M]. 北京 : 科学出版社 , 2005.

[85] 汪松 , 解焱编 . 中国物种红色名录（第一卷）: 红色名录 [M]. 北京 : 高等教育出版社 , 2004.

[86] 王文, 李健, 刘伯文, 等. 内蒙古东北部草原森林生态系统森林鸟类群落研究 [J]. 东北林业大学学报, 2005, 33(4): 40-41.

[87] 王艳荣, 雍世鹏. 荒漠草原近地面反射特征研究: 戈壁针茅荒漠草原近地面反射光谱特征与产草量的相关分析 [J]. 内蒙古大学学报: 自然科学版, 1996, 27(5): 664-669.

[88] 王勇, 庄大方, 徐新良, 江东. 宏观生态环境遥感监测系统总体设计与关键技术 [J]. 地球信息科学学报, 2011, 13(5): 672-678.

[89] 王宇, 景建安, 崔建华, 王殿学, 陈贵海, 吴润堂. 海拉尔盆地旧桥凹陷下白垩统伊敏组、大磨拐河组上段沉积相分析 [J]. 世界核地质科学, 2008, 25(1): 24-29.

[90] 王正兴, 刘闯, 赵冰茹, 等. 利用 Modis 增强型植被指数反演草地地上生物量 [J]. 兰州大学学报: 自然科学版, 2005, 41(2): 10-16.

[91] 吴邦灿, 费龙 编著. 现代环境监测技术（第二版）[M]. 北京: 中国环境科学出版社, 2005.

[92] 吴亚东, 沈华, 张云绵. 海拉尔盆地贝尔凹陷反转构造研究 [J]. 石油地质, 2006, 17(1): 26-30.

[93] 吴征镒主编. 中国植被 [M]. 北京: 科学出版社, 1995.

[94] 滕洪达, 姜洪启, 王平. 海拉尔盆地地层水特征与黏土矿物转化和赋存的关系 [J]. 大庆高等专科学校学报, 2004, 24(4): 83-86.

[95] 谢高地, 张忆锂, 鲁春霞, 等. 中国自然草地生态系统服务价值 [J]. 自然资源学报, 2001, 16(1): 47-53.

[96] 徐斌, 杨秀春. 东北草原区产草量和载畜平衡的遥感估算 [J]. 地理研究, 2009, 28(2): 402-408.

[97] 旭日干 主编. 内蒙古动物志（第二卷）[M]. 呼和浩特: 内蒙古大学出版社, 2001.

[98] 闫德仁, 王玉华, 姚洪林, 张宝珠. 呼伦贝尔沙地 [M]. 呼和浩特: 内蒙古大学出版社, 2010.

[99] 杨贵生, 邢莲莲. 内蒙古脊椎动物名录及分布 [M]. 呼和浩特: 内蒙古大学出版社, 1998.

[100] 易永红, 植被参数与蒸发的遥感反演方法及区域干旱评估应用研究 [D]. 清华大学博士论文, 2008.

[101] 雍世鹏, 邢莲莲, 李桂林. 赛罕乌拉国家级自然保护区生物多样性编目 [M]. 呼和浩特: 内蒙古大学出版社, 2011.

[102] 张长俊. 海拉尔盆地沉积相特征与油气分布 [M]. 北京: 石油工业出版社, 1995.

[103] 张连义, 张静祥, 赛音吉亚等. 典型草原植被生物量遥感监测模型: 以锡林郭勒盟为例 [J]. 草业科学, 2008, 25(4): 31-36.

[104] 张玉明, 杜全友, 李刚. 海拉尔盆地乌尔逊、贝尔凹陷地区地质及水文地质条件初步研究 [J]. 油气田地面工程, 2002, 21(4): 128-129.

[105] 张云霞, 张云飞, 李晓兵. 地面测量与 ASTER 影像综合计算植被盖度 [J]. 生态学报, 2007, 27(3): 964-976.

[106] 赵冰茹, 刘闯, 刘爱军, 等. 利用 MODIS-NDVI 进行草地估产研究: 以内蒙古锡林郭勒草地为例 [J]. 草业科学, 2004, 21(8): 12-14.

[107] 赵澄林. 沉积学原理 [M]. 北京: 石油工业出版社, 2001.

[108] 赵建成, 吴跃峰, 关文兰. 河北驼梁自然保护区科学考察与生物多样性研究 [M]. 北京: 科学出版社, 2008.

[109] 赵建峡, 李乐民. 中华名俗 [M]. 郑州：郑州大学出版社, 2006.

[110] 赵同谦, 欧阳志云, 郑华, 等. 中国森林生态服务功能及其价值评价 [J]. 自然资源学报, 2004, 19(4):480-490.

[111] 中国呼伦贝尔草地编辑委员会. 中国呼伦贝尔草地 [M]. 长春：吉林科学技术出版社, 1991.

[112] 中国科学院南京土壤科学研究所. 土壤理化分析方法 [M]. 上海：上海科技出版社, 1979.

[113] 中国生态系统研究网络科学委员会. 陆地生态系统生物观测规范 [M]. 北京：中国环境科学出版社, 2007.

[114] 中国土壤学会农业化学专业委员会. 土壤农化常规分析方法 [M]. 北京：科学出版社, 1984.

[115] 中国植被编委会. 中国植被 [M]. 北京：科学出版社, 1980.

[116] 中华人民共和国农业部技术标准. 草原资源与生态监测技术规程（NY/T 1233—2006）, 2006.

[117] 中华人民共和国农业部技术标准. 天然草原等级评定技术规范（NY/T 1579—2007）, 2007.

[118] 中华人民共和国卫生部, 国家标准化管理委员会. 中华人民共和国生活饮用水卫生标准（GB 5749—2006）[M]. 北京：国家标准出版社, 2006.

[119] 中央气象局. 地面气象观测规范 [M]. 北京：气象出版社, 1979.

[120] 周晓峰. 黑龙江省森林公益效能经济评价的研究 [J]. 林业勘察设计, 1998 (2):48-51.

[121] 周以良. 中国大兴安岭植被 [M]. 北京：科学出版社, 1991.

[122] 周以良. 中国小兴安岭植被 [M]. 北京：科学出版社, 1994.

[123] 朱连奇, 许叔明, 陈沛云. 山区土地利用 / 覆被变化对土壤侵蚀的影响 [J]. 地理研究, 2003, 22(4):432-438.

[124] 朱文泉. 中国陆地生态系统植被净初级生产力遥感估算及其与气候变化关系的研究 [D]. 北京师范大学, 2005.

附录 I

辉河国家级自然保护区野生维管束植物名录

种号	科名	属名	物种名称	拉丁名
1	木贼科	木贼属	节节草	*Equisetum ramosissimum* Desf.
2			问荆	*Equisetum arvense* L.
3	松科	松属	樟子松	*Pinus sylvestris var.mongolica* Litvin.
4	柏科	刺柏属	西伯利亚刺柏	*Juniperus sibirica* Burg.
5	杨柳科	柳属	三蕊柳	*Salix triandra* L.
6			旱柳	*Salix matsudana* Koidz.
7			黄柳	*Salix gordeivii* Chang et Skv.
8	桦木科	榛属	榛	*Corylus heterophylla* Fisch. ex Trautv.
9	榆科	榆属	春榆	*Ulmus davidiana* var. *japonica* (Rehder) Nakai
10	桑科	葎草属	葎草	*Humulus scandens* (Lour.) Merr
11		大麻属	大麻	*Cannabis sativa* L.
12	荨麻科	荨麻属	麻叶荨麻	*Urtica cannabina* L.
13			狭叶荨麻	*Urtica angustifolia* Fisch. ex Hornem
14			宽叶荨麻	*Urtica laetevirens* Maxim.
15	檀香科	百蕊草属	长叶百蕊草	*Thesium longifolium* Turcz.
16	蓼科	酸模属	酸模	*Rumex acetosa* L.
17			直根酸模	*Rumex thyrsiflorus* L.
18			毛脉酸模	*Rumex gmelinii* Turcz.
19			巴天酸模	*Rumex patientia* L.
20			狭叶酸模	*Rumex stenophyllus* Ledeb.
21			长刺酸模	*Rumex maritimus* L.
22		蓼属	扁蓄	*Polygonum aviculare* L.
23			酸模叶蓼	*Polygonum lapathifolium* L.
24			西伯利亚蓼	*Polygonum sibiricum* Laxm.
25			叉分蓼	*Polygonum divaricatum* L.
26			两栖蓼	*Polygonum amphibium* L.
27			水蓼	*Polygonum hydropiper* L.
28			卷茎蓼	*Polygonum convolvulus* L.
29	藜科	优若藜属	优若藜	*Eurotiaceratoides* (L.)Mey.
30		猪毛菜属	猪毛菜	*Salsola collina* Pall.
31		碱蓬属	碱蓬	*Suaeda glauca* Bge.
32		地肤属	木地肤	*Kochia prostrata* (L.) Schrad.
33		虫实属	虫实	*Corispermum hyssopifolium* L.
34		藜属	灰绿藜	*Chenopldium glaucum* L.
35			尖头叶藜	*Chenopodium acuminatum* Willd.
36			藜	*Chenopodium album* L.
37	苋科	苋属	凹头苋	*Amaranthus ascendens* L.
38			苋菜	*Amaranthus retroflexus* L.

种号	科名	属名	物种名称	拉丁名
39	马齿苋科	马齿苋属	马齿苋	*Portulaca oleracea* L.
40	石竹科	繁缕属	细叶繁缕	*Stellaria filicaulis* Makino
41		麦瓶草属	旱麦瓶草	*Silene jenisseensis* Willd.
42		石竹属	兴安石竹	*Dianthus chinensis* L. var. *versicolor* (Fisch. ex Link) Y. C. Ma
43	睡莲科	睡莲属	睡莲	*Nymphaea tetragona* Georgi.
44		萍蓬草属	萍蓬草	*Nuphar pumilum* (Hoffm.) DC.
45	毛茛科	驴蹄草属	白花驴蹄草	*Caltha natans* Pall.
46		金莲花属	短瓣金莲花	*Trollius ledebourii* Reichb.
47		楼斗菜属	尖萼楼斗菜	*Aquilegia oxysepala* Trautv. et C. A. Mey.
48		唐松草属	展枝唐松草	*Thalictrum squarrosum* Stephan ex Willd.
49			瓣蕊唐松草	*Thalictrum petaloideum* L.
50		银莲花属	二岐银莲花	*Anemone dichotoma* L.
51		白头翁属	细叶白头翁	*Pulsatilla turczaninovii* Kryl. Et Serg.
52		水毛茛属	水毛茛	*Batrachium bungei* (Steud.) L.
53		水葫芦苗属	长叶碱毛茛	*Halerpestes ruthenica* (Jdcq.)Ovcz.
54		毛茛属	毛茛	*Ranunculus japonicus* Thunb.
55			石龙芮	*Ranunculus sceleratus* L.
56			茴茴蒜	*Ranunculus chinensis* Bunge
57		铁线莲属	棉团铁线莲	*Clematis hexapetala* Pall.
58		翠雀属	翠雀	*Delphinium grandiflorum* L.
59			东北高翠雀	*Delphinium korshinskyanum* Nakai
60		乌头属	北乌头	*Aconitum kusnezoffii* Reichb.
61	罂粟科	白屈菜属	白屈菜	*Chelidonium majus* L.
62		罂粟属	野罂粟	*Papaver nudicaule* L.
63	十字花科	独行菜属	独行菜	*Lepidium apetalum* Willd.
64		葶苈属	葶苈	*Draba nemorosa* L.
65		荠属	荠菜	*Capsella bursa-pastoris*(L.)Medic.
66		花旗竿属	小花花旗竿	*Dontostemon micranthus* C. A. Mey.
67		播娘蒿属	播娘蒿	*Descuminia Sophia* (L.) Webb. ex Prantl
68		曙南芥属	曙南芥	*Stevenia cheiranthoides* DC.
69	景天科	瓦松属	瓦松	*Orostachys fimbriata* (Turcz.) A. Berger
70		景天属	土三七	*Sedum aizoon* L.
71	蔷薇科	假升麻属	假升麻	*Aruncus sylvester* Kostel.
72		绣线菊属	柳叶绣线菊	*Spiraea Salicifolia* L.
73			土庄绣线菊	*Spiraea pubescens* Turcz.
74		蔷薇属	山刺玫	*Rosa davurica* pall.
75		龙牙草属	龙牙草	*Agrimonia pilosa* Ledeb.
76		地榆属	地榆	*Sanguisorba officinalis* L.
77			小白花地榆	*Sanguisorba tenuifolia var.alba* Trautv.
78		委陵菜属	鹅绒委陵菜	*Potentilla anserina* L.
79			匍枝委陵菜	*Potentilla flagellaris* Willd. ex Schlecht.
80			星毛委陵菜	*Potentilla acaulis* L.
81			白叶委陵菜	*Potentilla betonicaefolia* Poiret

种号	科名	属名	物种名称	拉丁名
82			莓叶委陵菜	*Potentilla fragarioides* L.
83			翻白草	*Potentilla discolor* Bunge
84			轮叶委陵菜	*Potentilla verticillaris* Steph. Ex Willd.
85			细叶委陵菜	*Potentilla multifida* L.
86			委陵菜	*Potentillae Chinensis* Ser.
87			二裂委陵菜	*Potentilla bifurca* L.
88		地蔷薇属	毛地蔷薇	*Chamaerhodos canescens* J. Krause
89		李属	稠李	*Prunus padus* L.
90			山杏	*Prunus sibirica* L.
91	豆科	槐属	苦参	*Sophora flavescens* Aiton var. flavescens
92		野决明属	披针叶黄华	*Thermopsis lanceolata* R.Br.
93		扁蓿豆属	扁蓿豆	*Melilotoides ruthenica* (L.)Sojak.
94		苜蓿属	天蓝苜蓿	*Medicago lupulina* L.
95			黄花苜蓿	*Medicago falcate* L.
96		车抽草属	野火球	*Trifolium lupinaster* L.
97		锦鸡儿属	小叶锦鸡儿	*Caragana microphylia* Lam.
98		米口袋属	少花米口袋	*Guedenstaedtia verna* (Georgi) Bunge.
99			米口袋	*Gueldenstaedtia vernaf. multiflora*（Bunge）H. B. Cui
100		黄芪属	华黄芪	*Astragalus chinensis* L.
101			草木樨状黄芪	*Astragalus melilotoides* Pall.
102			草原黄芪	*Astragalus arkalycensis* Bunge.
103			糙叶黄芪	*Astragalus scaberrimus* Bunge.
104			斜茎黄芪	*Astragalus adsurgens* Pall.
105			湿地黄芪	*Astragalus uliginosus* L.
106		棘豆属	线叶棘豆	*Oxytropis filiformis* DC.
107			糙毛棘豆	*Oxytropis muricata* (Pall.)DC.
108			多叶棘豆	*Oxytropis myriophylla* (Pall.)DC.
109		岩黄芪属	山竹岩黄芪	*Hedysarum fruticosum* Pall.
110		胡枝子属	胡枝子	*Lespedeza bicolor* Turcz.
111			达乌里胡枝子	*Lespedeza davurica* (Laxm.) Schindl.
112			尖叶铁扫帚	*Lespedeza junceea* L.
113		鸡眼草属	鸡眼草	*Kummerowia striata* (Thunb.) Schindl.
114		野豌豆属	歪头菜	*Vicia unijuga* A.Br.
115			山野豌豆	*Vicia amoena* Fisch. ex Ser.
116			广布野豌豆	*Vicia cracca* L. var. cracca.
117			多茎野碗豆	*Vicia multicaulis* Ledeb.
118		山黧豆属	山黧豆	*Lathyrus quinquenervius* (Miq.) Litv.
119		大豆属	野大豆	*Glycine soja* Siebold & Zuccarini
120	牻牛儿苗科	牻牛儿苗属	牻牛儿苗	*Erodium stephanianum* Willd.
121		老鹳草属	朝鲜老鹳草	*Geranium koreanum* Kom.
122			鼠掌老鹳草	*Geranium sibiricum* L.
123	亚麻科	亚麻属	野亚麻	*Linum stelleroides* Planch.
124	蒺藜科	蒺藜属	蒺藜	*Tribulus terrestris* L.

种号	科名	属名	物种名称	拉丁名
125	芸香科	拟芸香属	北芸香	*Haplophyllum dauricum* (L.) G. Don
126		白鲜属	白鲜	*Dictamnus dasycarpus* Turcz.
127	远志科	远志属	远志	*Polygala tenuifolia* Willd.
128	大戟科	大戟属	地锦	*Euphorbia humifusa* Willd.
129			狼毒大戟	*Euphorbia fischeriana* Steud.
130			乳浆大戟	*Euphorbia esula* L.
131			大戟	*Euphorbia pekinensis* Rupr.
132	锦葵科	苘麻属	苘麻	*Abutilon theophrasti* Medicus Malv.
133		木槿属	野西瓜苗	*Hibiscus trionum* L.
134	堇菜科	堇菜属	紫花地丁	*Viola philippica* Cav.
135			早开堇菜	*Viola prionantha* Bunge.
136	瑞香科	粟麻属	草瑞香	*Diarthron linifolium* Turcz.
137		狼毒属	狼毒	*Stellera chamaejasme* Linn.
138	千屈菜科	千屈菜属	千屈菜	*Lythrum salicaria* L.
139	柳叶菜科	月见草属	月见草	*Oenothera biennis* L.
140		柳叶菜属	柳兰	*Epilobium angustifolium* L.
141	杉叶藻科	杉叶藻属	杉叶藻	*Hippuris vulgaris* L.
142	伞形科	柴胡属	红柴胡	*Bupleurum scorzonerifolium* Willd.
143		泽芹属	泽芹	*Sium suave* Walt.
144		柳叶芹属	柳叶芹	*Czernaevia laevigata* Turcz.
145		山芹属	全叶山芹	*Ostericum maximowiczii* (F. Schmidt) Kitag.
146			山芹	*Ostericum sieboldii* (Miq.) Nakai.
147		水芹属	水芹	*Oenanthe javanica* (Bl.) DC.
148		毒芹属	毒芹	*Cicuta virosa* L.
149		迷果芹属	迷果芹	*Sphallerocarpus gracilis* (Besser ex Trevir.) Koso-Pol.
150		防风属	防风	*Saposhnikovia divaricata* (Turcz.) Schischk.
151	报春花科	点地梅属	东北点地梅	*Androsace filiformis* Retz.
152			点地梅	*Androsace umbellata* (Lour.) Merr.
153		海乳草属	海乳草	*Glaux maritima* L.
154	白花丹科	补血草属	二色补血草	*Limonium bicolor* (Bunge) O.Kuntze
155	龙胆科	龙胆属	鳞叶龙胆	*Gentiana squarrosa* Ledeb.
156			秦艽	*Gentiana macrophylla* Pall.
157			草甸龙胆	*Gentiana praticola* Franch.
158			达乌里龙胆	*Gentiana dahurica* Fisch.
159		扁蕾属	扁蕾	*Gentianopsis barbata* (Froel.)Ma.
160		獐牙菜属	淡味獐牙菜	*Swertia diluta* (Turcz.) Benth. & Hook.f.
161		花锚属	花锚	*Halenia corniculata* (L.)Cornaz.
162		莕菜属	莕菜	*Nymphoides peltata* (Gmel.) O. Kuntze
163	萝藦科	杠柳属	杠柳	*Periploca sepium* Bunge
164		萝藦属	萝藦	*Metaplexis japonica* （Thunb.)Makino
165		鹅绒藤属	地梢瓜	*Cynanchum thesioides*(Freyn)K.Schum.
166	旋花科	菟丝子属	菟丝子	*Cuscuta chinensis* Lam.
167		打碗花属	日本打碗花	*Calystegia japonica* Choisy
168		旋花属	田旋花	*Convolvulus arvensis* L.

种号	科名	属名	物种名称	拉丁名
169			阿氏旋花	*Convolvulus ammannii* Desr.
170	花葱科	花葱属	小花葱	*Polemonium liniflorum* V.Vassil.
171	紫草科	琉璃草属	大果琉璃草	*Cynoglossum divaricatum* Steph. ex Lehm.
172		鹤虱属	鹤虱	*Lappula myosotis* Moench
173		附地菜属	附地菜	*Trigonotis peduncularis* (Trev.)Benth.ex Baker et Moore.
174		勿忘草属	湿地勿忘草	*Myosotis caespitosa* Schultz
175	唇形科	水棘针属	水棘针	*Amethystea caerulea* L.
176		黄芩属	纤弱黄芩	*Scutellaria dependens* Maxim.
177			黄芩	*Scutellaria baicalensis* Georgi
178			并头黄芩	*Scutellaria scordifolia* Fisch. ex Schrank
179		夏至草属	夏至草	*Lagopsis supine* (Staph.)IK. Gal. ex Knorr.
180		裂叶荆芥属	多裂叶荆芥	*Schizonepeta multifida* (L.) Briq.
181		青兰属	香青兰	*Dracocephalum moldavica* L.
182		糙苏属	块根糙苏	*Phlomis tuberosa* L.
183		益母草属	益母草	*Leonurus japonicus* L.
184		水苏属	华水苏	*Stachys chinensis* Bunge ex Benth.
185			水苏	*Stachys japonica* Miq.
186		薄荷属	兴安薄荷	*Mentha dahurica* Fisch. ex Benth.
187			薄荷	*Mentha haplocalyx* Briq.
188		地笋属	地笋	*Lycopus lucidus* Turcz..ex Benth.
189		百里香属	亚洲百里香	*Thymus serpyllum* L.var.asiaticus Kitag.
190		香薷属	香薷	*Elsholtzia ciliate*(Thunb.)Hyland.
191	茄科	茄属	龙葵	*Solanum nigrum* L.
192		曼陀罗属	曼陀罗	*Datura stramonium* L.
193		天仙子属	小天仙子	*Hyoscyamus bohemicus* Schmidt
194	玄参科	腹水草属	轮叶婆婆纳	*Veronicastrum sibiricum* (L.)Pennell.
195		婆婆纳属	白婆婆纳	*Veronica incana* L.
196			长尾婆婆纳	*Veronica Longifolia* L.
197		柳穿鱼属	柳穿鱼	*Linaria vulgaris* Mill. subsp. *sinensis* (Bebeaux) Hong
198		阴行草属	阴行草	*Siphonostegia chinensis* Benth.
199		芯芭属	芯芭	*Cymbaria dahurica* L.
200		马先蒿属	卡氏沼生马先蒿	*Pedicularis palustris* L. Subsp. Karoi (Fregn) Tsoong
201			沼生马先蒿	*Pedicularis resupinala* L.
202	紫葳科	角蒿属	角蒿	*Incarvillea sinensis* Lam.
203	列当科	列当属	黄花列当	*Orobanche Pycnostachya* Hance
204	狸藻科	狸藻属	狸藻	*Utricularia vulgaris* L.
205	车前科	车前属	盐生车前	*Plantago maritima* L. subsp. ciliata Printz
206			平车前	*Plantago depressa* Willd.
207			车前	*Plantago asiatica* L.
208	茜草科	拉拉藤属	蓬子菜	*Galium verum* L.
209			沼拉拉藤	*Galium uliginosum* L.
210		茜草属	大砧草	*Rubia chinensis* Regel et Maack.
211			茜草	*Rubia cordifolia* L.
212	川续断科	蓝盆花属	窄叶蓝盆花	*Scabiosa comosa* Fisch.ex Roem .et Schult

种号	科名	属名	物种名称	拉丁名
213			华北蓝盆花	*Scabiosa tschiliensis* Grüning
214	桔梗科	桔梗属	桔梗	*Platycodon grandiflorum* (Jacq.) A. DC.
215		风铃草属	聚花风铃草	*Campanula glomerata* L.
216		沙参属	展枝沙参	*Adenophora divaricata* Franch. et Savat.
217			荠苨	*Adenophora trachelioides* Maxim.
218			柳叶沙参	*Adenophora gmelinii* (Biehler) Fisch.
219			轮叶沙参	*Adenophora tetraphylla* (Thunb.) Fisch.
220			长柱沙参	*Adenophora stenanthina* (Led eb.)kitag.
221			沙参	*Adenophora stricta* Miq.
222	菊科	泽兰属	林泽兰	*Eupatorium lindleyanum* DC.
223		马兰属	全叶马兰	*Kalimeris integrifolia* Turcz. ex DC.
224			马兰	*Kalimeris indica* (L.) Sch.-Bip.
225		狗哇花属	阿尔泰狗哇花	*Heteropappus altaicus* (Willd.) Novop.
226		女菀属	女菀	*Turczaninowia fastigiata* (Fisch.) DC.
227		莎菀属	莎菀	*Arctogeron gramineum* (L.) DC.
228		碱菀属	碱菀	*Tripolium vulgare* Ness
229		飞蓬属	飞蓬	*Erigeron acer* L.
230		火绒草属	火绒草	*Leontopodium leontopodioides* (Willd.) Beauv.
231			团球火绒草	*Leontopodium conglobatum* (Turcz.) Hand.-Mazz.
232		鼠麹草属	湿生鼠麹草	*Gnaphalium tranzschelii* Kirp.
233		旋覆花属	柳叶旋覆花	*Inula salicina* L.
234			欧亚旋覆花	*Inula britanica* L.
235		苍耳属	苍耳	*Xanthium sibiricum* Patrin ex Widder
236		鬼针草属	小花鬼针草	*Bidens parviflora* Willd.
237			狼巴草	*Bidens tripartita* L.
238			羽叶鬼针草	*Bidens maximovicziana* Oett.
239		蓍属	单叶蓍	*Achillea acuminata* (Ledeb.) Sch.
240			千叶蓍	*Achillea milleflium* L.
241			高山蓍	*Achillea alpina* L.
242		线叶菊属	线叶菊	*Filifolium sibiricum* (L.) Kitam
243		蒿属	沙蒿	*Artemisia desterorum* Spreng.
244			变蒿	*Artemisia commutate* Bess.
245			东北牡蒿	*Artemisia manshurica* Komar.
246			猪毛蒿	*Artemisia capillaris* Thunb.
247			南牡蒿	*Artemisia eriopoda* Bunge.
248			茵陈蒿	*Artemisia capillaries* Thunb.
249			光沙蒿	*Artemisia oxycephala* Kitag.
250			差巴嘎蒿	*Artemisia halodendron* Turcz.et Bess.
251			蓖齿蒿	*Artemisia pectinata* Pall.
252			柳蒿	*Artemisia integrifolia* L.
253			蒙古蒿	*Artemisia mongolica* Fisch.
254			艾蒿	*Artemisia argyi* Levl.et Vant.
255			野艾蒿	*Artemisia lavandulaefolia* DC.
256			水艾蒿	*Artemisia selengensis* Turcz.ex Bess.

种号	科名	属名	物种名称	拉丁名
257			黄花蒿	*Artemisia annua* L.
258			铁杆蒿	*Artemisia sacrorum* Ledeb.
259			莳萝蒿	*Artemisia anethoides* Mattf.
260			碱蒿	*Artemisia anethifolia* Web. ex Stechm.
261			大籽蒿	*Artemisia sieversiana* Willd.
262			冷蒿	*Artemisia frigida* Willd.
263		千里光属	大花千里光	*Senecio ambraceus* Turcz.
264			羽叶千里光	*Senecio argunensis* Turcz .
265			狗舌草	*Senecio campestris*(Retz.)DC.subsp. *kirilowii* (Turcz.) Kitag.
266			湿生千里光	*Senecio palustris* (L.)Hook
267			河滨千里光	*Senecio pierotii* Miq.
268		橐吾属	全缘橐吾	*Ligularia mongolica*（Turcz.） DC
269			北橐吾	*Ligularia sibirica* (L.)Cass.
270		兔儿伞属	兔儿伞	*Syneilesis aconitifolia* (Bunge) Maxim.
271		大丁草属	大丁草	*Leibnitzia anandria* (L.) Nakai
272		蓝刺头属	驴欺口	*Echinops latifolius* Tausch.
273		蓟属	莲座蓟	*Cirsium esculentum* (Sievers)C. A. Mey.
274			烟管蓟	*Cirsium pendulum* Fisch. ex DC.
275			刺儿菜	*Cirsium setosum* (Willd.) Bess. ex M. Bieb.
276		飞廉属	飞廉	*Carduus crispus* L.
277		牛蒡属	牛蒡	*Arctium lappa* L.
278		祁州漏芦属	祁州漏芦	*Stemmacantha uniflora* (L.) Dittrich
279		麻花头属	麻花头	*Serratula centauroides* L.
280			伪泥胡菜	*Serratula coronata* L.
281		风毛菊属	倒羽叶风毛菊	*Saussurea runcinata* DC.
282			草地风毛菊	*Saussurea amara* (L.) DC.
283			风毛菊	*Saussurea jaoonica* (Thunb.) DC.
284			达乌里风毛菊	*Saussurea daurica* Adam.
285			龙江风毛菊	*Saussurea amurensis* Turcz.
286		毛连菜属	兴安毛连菜	*Picris dahurica* Fisch. ex Hornem.
287		猫儿菊属	猫儿菊	*Achyrophorus ciliatus* (L.) Scop.
288		鸦葱属	笔管草	*Scorzonera albicaulis* Bunge
289			狭叶鸦葱	*Scorzonera radiata* Fisch.
290			桃叶鸦葱	*Scorzonera sinensis* Lipsch.et krasch.
291		蒲公英属	亚洲蒲公英	*Taraxacum asiaticum* Dahlst.
292			蒲公英	*Taraxacum mongolicum* Hand.-Mazz.
293			华蒲公英	*Taraxacum sinicum* Kitag.
294		苦苣菜属	苦苣菜	*Sonchus oleraceus* L.
295		莴苣属	北山莴苣	*Lactuca sibirica* (L.) Benth.
296			蒙山莴苣	*Lactuca tatarica* (L.) C.A.Mey.
297			山莴苣	*Lactuca indica* L.
298		山柳菊属	全缘山柳菊	*Hieracium hololeion* Maxim.
299		还阳参属	还阳参	*Crepis crocea* (Lamk.) Babc.

种号	科名	属名	物种名称	拉丁名
300		苦荬菜属	抱茎苦荬菜	*Ixeris sonchifolia*（Bunge）Hance
301			山苦荬	*Ixeris chinensis* (Thunb.) Nakai
302			细叶苦荬	*Ixeris gracilis* (DC.) Stebb.
303			苦荬菜	*Ixeris denticulate* (Houtt.)Stebb.
304		黄鹌菜属	碱黄鹌菜	*Youngia stenoma* (Turcz.) Ledeb
305	香蒲科	香蒲属	宽叶香蒲	*Typha latifolia* L.
306			达香蒲	*Typha davidiana* (Kronf.)Hand.-Mazz.
307	黑三棱科	黑三棱属	小黑三棱	*Sparganium simplex* Huds.
308			黑三棱	*Sparganium stoloniferum*(Graebn.)Buch.-Ham.ex Juz.
309	眼子菜科	眼子菜属	菹草	*Potamogeton crispus* L.
310	水麦冬科	水麦冬属	水麦冬	*Triglochin palustre* L.
311	泽泻科	泽泻属	泽泻	*Alisma orientale* (Sam.) Juz.
312		慈姑属	野慈姑	*Sagittaria trifolia* L.
313			浮叶慈姑	*Sagittaria natans* Pall.
314	花蔺科	花蔺属	花蔺	*Butomus umbellatus* L.
315	禾本科	披碱草属	老芒麦	*Elymus sibiricas* L.
316			披碱草	*Elymus dahuricus* Turcz.
317			肥披碱草	*Elymus excelsus* Turcz.
318		赖草属	羊草	*Leymus chinensis* (Trin.) Tzvel.
319			赖草	*Leymus secalinus* (Georgi) Tzvel.
320		鹅观草属	纤毛鹅观草	*Roegneria ciliaris* (Trin.) Nevski
321			直穗鹅观草	*Roegneria turczaninovii* (Drob.) Nevski
322		偃麦草属	偃麦草	*Elytrigia repens* (L.) Desv.
323		冰草属	冰草	*Agropyron cristatum* (L.) Gaertn.
324			根茎冰草	*Agropyron michnoi* Roshev.
325		虎尾草属	虎尾草	*Chloris virgata* Sw.
326		菰属	菰	*Zizania latifolia* (Griseb.) Stapf.
327		芦苇属	芦苇	*Phragmites australis* (Cav.)Trin.ex Staudel
328		羊茅属	羊茅	*Festuca ovina* L.
329		早熟禾属	草地早熟禾	*Poa pratensis* L.
330			硬质早熟禾	*Poa sphondylodes* Trin.ex Bunge
331		碱茅属	星星草	*Puccinellia tenuiflora* (Griseb.) Scribn.et Merr.
332		雀麦属	无芒雀麦	*Bromus inermis* Leyss.
333			缘毛雀麦	*Bromus ciliatus* L.
334		溚草属	溚草	*Koeleria cristata* (L.) Pers.
335		茅香属	光稃茅香	*Hierochloe glabra* Trin.
336		虉草属	虉草	*Phalaris arundinacea* L.
337		看麦娘属	苇状看麦娘	*Alopecurus arundinaceus* Poir.
338		拂子茅属	拂子茅	*Calamagrostis epigeios* (L.) Roth
339			假苇拂子茅	*Calamagrostis pseudophragmites* (Haller f.) Koeler
340		剪股颖属	巨序剪股颖	*Agrostis gigantea* Roth
341			红顶草	*Agrostis alba* L.
342		菵草属	菵草	*Beckmannia syzigachne* (Steud.) Fern.
343		针茅属	贝加尔针茅	*Stipa Baicalensis* Roshev.

种号	科名	属名	物种名称	拉丁名
344			大针茅	*Stipa grandis* P. Smirn.
345		芨芨草属	芨芨草	*Achnatherum splendens* (Trin.) Nevski.
346			光颖芨芨草	*Achnatherum sibiricum* (L.) Keng
347		画眉草属	画眉草	*Eragrostis poaeoides* Beauv.et Roem.
348		隐子草属	糙隐子草	*Cleistogenes squarrosa* (Trin.) Keng
349			中华隐子草	*Cleistogenes Chinensis* (Maxim.) Keng
350		野古草属	野古草	*Arundinella hirta* (Thunb.) C.Tanaka
351		稗属	稗	*Echinochloa crusgalli* (L.)Beauv.
352		马唐属	止血马唐	*Digitaria ischaemum* (Schreib.) Schreib. ex Muhl.
353		狗尾草属	金色狗尾草	*Setaria glauca*(L.)Beauv.
354			狗尾草	*Setaria viridis* (L.)Beauv.
355		荩草属	荩草	*Arthraxon hispidus* (Thunb.) Makio.
356	莎草科	藨草属	单穗藨草	*Scirpus radicans* Schkuhr
357			水葱	*Scirpus tabernaemontani* Gmel.
358		荸荠属	槽秆荸荠	*Eleocharis valleculosa* Ohwi
359		莎草属	密穗莎草	*Cyperus fuscus* L.
360		苔草属	翼果苔草	*Carex neurocarpa* Maxim.
361			寸草苔	*Carex duriuscula* C.A.Mey.
362			乌拉草	*Carex meyeriana* Kunth.
363			陌上菅	*Carex thunbergii* Steud.
364	浮萍科	浮萍属	浮萍	*Lemna minor* L.
365	灯芯草科	灯芯草属	小灯芯草	*Juncus bufonius* L.
366			扁茎灯芯草	*Juncus gracillimus* （Buch.） Krecz. et Gontsch.
367	百合科	葱属	野韭	*Allium ramosum* L.
368			蒙古韭	*Allium mongolicum* Regel
369			矮韭	*Allium anisopodium* Ledeb.
370			细叶韭	*Allium tenuissimum* L.
371			砂韭	*Allium bidentatum* Fisch.
372			碱韭	*Allium polyrhizum* Turcz. ex Regel
373			山韭	*Allium senescens* L.
374			黄花葱	*Allium condensatum* Turcz.
375		百合属	细叶百合	*Lilium pumilum* DC.
376		知母属	知母	*Anemarrhena asphodeloides* Bunge
377	鸢尾科	鸢尾属	细叶鸢尾	*Iris tenuifolia* Pall.
378			马蔺	*Iris lactea* Pall. var.chinensis (Fisch.)Koidz.
379			野鸢尾	*Iris dichotoma* Pall.
380	兰科	绶草属	绶草	*Spiranthes sinensis* （Pers.） Ames.

附录 II

辉河国家级自然保护区野生两栖类和爬行类动物名录及保护特征

物种分类及名称（拉丁学名）	记录时间	数据来源	分布型	保护级别	CITES I	CITES II	中国红皮书	世界红皮书	亚洲红皮书
一、两栖纲 AMPHIBIA									
I 无尾目 ANURA									
（一）蟾蜍科 Bufonidae	1998	保护区科考							
1. 花背蟾蜍 Bufo raddei (Strauch)	1998	保护区科考	东北—华北型						
（二）雨蛙科 Hylidae	2011	调查新增							
2. 无斑雨蛙 Hyla ussuriensis Linnaeus	2011	调查新增	东北型						
（三）蛙科 Ranidae	1998	保护区科考							
3. 中国林蛙 Rana chensinensis David	1998	保护区科考	东北—华北型					易危	
4. 东北林蛙 Rana dybowskii	2011	调查新增	东北型						
5. 黑龙江林蛙 Rana amurensis Boulenger	2011	调查新增	古北型						
二、爬行纲 REPTILIA									
I 蜥蜴目 LACERTIFORMES									
（一）蜥蜴科 Lacertidae	1998	保护区科考							
1. 北草蜥 Takydromus septentrionalis (Günther)	2011	调查新增	季风型						
2. 丽斑麻蜥 Eremias argus Peters	1998	保护区科考	东北—华北型						
II 蛇目 SERPENTIFORMES									
（二）游蛇科 Colubridae	1998	保护区科考							
3. 白条锦蛇 Elaphe dione(Pallas)	1998	保护区科考	古北型						
（三）蝮科 Crotalidae	2011	调查新增							
4. 岩栖蝮蛇 Gloydius saxatilis	2011	调查新增	东北型						关注
5. 乌苏里蝮蛇 Gloydius ussuriensis	2011	调查新增	东北型						关注

附录 III　辉河国家级自然保护区野生哺乳类动物名录及保护特征

物种分类及名称（拉丁学名）	分布型	数据来源	记录时间	保护级别	CITES I	CITES II	中国红皮书	世界红皮书	亚洲红皮书
I 食虫目 INSECTIVORA									
（一）猬科 Erinaceidae									
1. 达乌尔猬（短棘猬）Mesechinus dauricus(Sundevall)	蒙古高原型	保护区综合考察	1998						
II 翼手目 CHIROPTERA									
（二）蝙蝠科 Vespertilionidae									
2. 须鼠耳蝠 Myotis mystacinus Kuhl	古北型	保护区综合考察	1998						
3. 大鼠耳蝠 Myotis myotis Borkhausen	古北型	保护区综合考察	1998						
4. 水鼠耳蝠 Myotis daubentoni Kuhl	古北型	保护区综合考察	1998						
5. 双色蝙蝠 Vespertilio murinus Linnaeus	古北型	保护区综合考察	1998						
6. 东亚蝙蝠 Vespertilio orientalis Wallin	不易归类	保护区综合考察	1998						
III 食肉目 CARNIVORA									
（三）犬科 Canidae									
7. 狼 Canis lupus Linnaeus	全北型	保护区综合考察	1998					易危	
8. 赤狐 Vulpes vulpes Linnaeus	全北型	保护区综合考察	1998						
9. 沙狐 Vulpes corsac Linnaeus	中亚型	保护区综合考察	1998						
10. 貉 Nyctereutes procyonoides Gray	季风型	资料记载	1998						
（四）鼬科 Mustelidae									
11. 艾鼬 Mustela eversmanni Lesson	古北型	保护区综合考察	1998						
12. 香鼬 Mustela altaica Pallas	古北型	保护区综合考察	1998						
13. 白鼬 Mustela erminea Linnaeus	全北型	调查新增	2011						
14. 伶鼬 Mustela nivalis Linnaeus	古北型	保护区综合考察	1998						
15. 黄鼬 Mustela sibirica Pallas	古北型	保护区综合考察	1998						

物种分类及名称（拉丁学名）	分布型	数据来源	记录时间	保护级别	CITES I	CITES II	中国红皮书	世界红皮书	亚洲红皮书
16. 狗獾 Meles meles Linnaeus	古北型	保护区综合考察	1998						
17. 水獭 Lutra lutra Linnaeus	古北型	保护区综合考察	1998	II			易危		
（五）猫科 Felidae									
18. 兔狲 Otocolobus manul Pallas	中亚型	保护区综合考察	1998						
19. 豹猫 Prionailurus bengalensis Kerr	东洋型	保护区综合考察	1998	II			易危		
IV 兔形目 LAGOMORPHA									
（六）兔科 Leporidae									
20. 雪兔 Lepus timidus Linnaeus	全北型	资料记载新增	2011						
21. 草兔（蒙古兔）Lepus capensis Linnaeus	非洲—亚洲中部型	保护区综合考察	1998						
22. 东北兔 Lepus mandschuricus Radde	东北型	保护区综合考察	1998						
（七）鼠兔科 Ochotonidae									
23. 达乌尔鼠兔 Ochotona daurica Pallas	中亚型	保护区综合考察	1998						
V 啮齿目 RODENTIA									
（八）松鼠科 Sciuridae									
24. 达乌尔黄鼠 Spermophilus dauricus Brandt	中亚型	保护区综合考察	1998						
25. 草原旱獭 Marmota bobak Radde	中亚型	保护区综合考察	1998						
（九）跳鼠科 Dipodidae									
26. 五趾跳鼠 Allactaga sibirica Forster	中亚型	保护区综合考察	1998						
27. 三趾跳鼠 Dipus sagitta Pallas	中亚型	保护区综合考察	1998						
（十）仓鼠科 Cricetidae									
A. 仓鼠亚科 Cricetinae									
28. 黑线仓鼠 Cricetulus barabensis Pallas	东北—华北型	保护区综合考察	1998						
29. 小毛足鼠 Phodopus roborovskii Satunin	中亚型	保护区综合考察	1998						

物种分类及名称（拉丁学名）	分布型	数据来源	记录时间	保护级别	CITES I	CITES II	中国红皮书	世界红皮书	亚洲红皮书
30. 黑线毛足鼠 P. sungorus Pallas	中亚型	保护区综合考察	1998						
B. 沙鼠亚科 Cricetinae									
31. 长爪沙鼠 Meriones unguiculatus Milne-Edwards	中亚型	保护区综合考察	1998						
C. 田鼠亚科 Arvicolinae									
32. 普通田鼠 Microtus arvalis Pallas	古北型	调查新增	2011						
33. 东方田鼠 Microtus fortis Büchner	季风型	调查新增	2011						
34. 狭颅田鼠 Microtus gregalis Pallas	古北型	保护区综合考察	1998						
35. 布氏毛足田鼠 Lasiopodomys brandti	蒙古高原型	保护区综合考察	1998						
36. 麝鼠 Ondatra zibethica Linnaeus	古北型	保护区综合考察	1998						
（十一）鼠科 Muridae									
37. 大林姬鼠 Apodemus peninsulae Temminck	东北—华北型	调查新增	2011						
38. 黑线姬鼠 Apodemus agrarius Pallas	古北型	调查新增	2011						
39. 褐家鼠 Rattus norvegicus Berkenhout	古北型	调查新增	2011						
40. 小家鼠 Mus musculus Linnaeus	古北型	保护区综合考察	1998						
VI 偶蹄目 ARTIODACTYLA									
（十二）牛科 Bovidae									
41. 蒙古原羚（黄羊）Procapra gutturosa(Pallas)	中亚型	保护区综合考察	1998	II					
（十三）鹿科 Cervidae									
42. 狍 Capreolus capreolus Linnaeus	古北型	保护区综合考察	1998						
（十四）猪科 Suidae									
43. 野猪 Sus scrofa Linnaeus	古北型	调查新增	2011						

附录Ⅳ

辉河国家级自然保护区野生鱼类名录及保护特征

物种分类及名称（拉丁学名）	数据来源	记录时间	保护级别	CITES I	CITES II	中国红皮书	世界红皮书	亚洲红皮书
I 鲑形目 SALMONIFORMES	保护区综合考察	1998						
（一）鲑科 Salmonidae	保护区综合考察	1998						
1. 哲罗鱼 Hucho taimen (Pallas)	保护区综合考察	1998						
2. 细鳞鱼 Brachymystax lenok(Pallas)	保护区综合考察	1998						
（二）狗鱼科 Esocidae	保护区综合考察	1998						
3. 黑斑狗鱼 Esox reicherti Dybowski	保护区综合考察	1998						
II 鲤形目 CYPRINIFORMES	保护区综合考察	1998						
（三）鲤科 Cyprinidae	保护区综合考察	1998						
4. 草鱼 Ctenopharyngodon idellus(Cuvier et Valenciennes)	保护区综合考察	1998	移入种					
5. 东北雅罗鱼（瓦氏雅罗鱼）Leuciscus waleckii(Dybowski)	保护区综合考察	1998	亚种					
6. 拟赤梢鱼 Pseudaspius leptocephalus(Pallas)	保护区综合考察	1998						
7. 赤眼鳟 Squaliobarbus curriculus(Richardson)	依资料记载增加	2011						
8. 白鲢 Hypophthalmichthys molitrix(Cuvier et Valenciennes)	保护区综合考察	1998						
9. 红鳍原鲌 Culterichthys erythropterus(Basilewsky)	保护区综合考察	1998						
10. 蒙古鲌 Culter mongolicus(Basilewsky)	保护区综合考察	1998						
11. 鳙鱼 Aristichthys nobilis(Richardson)	保护区综合考察	1998	移入种					
12. 唇䱻 Hemibarbus labeo(Pallas)	保护区综合考察	1998						
13. 花䱻 H. maculates Bleeker	保护区综合考察	1998						
14. 麦穗鱼 Pseudorasbora parva(Temminck et Schlegel)	保护区综合考察	1998						
15. 鲤 Cyprinus carpio Linnaeus	保护区综合考察	1998						
16. 鲫 Carassius auratus(Linnaeus)	保护区综合考察	1998						

物种分类及名称（拉丁学名）	数据来源	记录时间	保护级别	CITES I	CITES II	中国红皮书	世界红皮书	亚洲红皮书
17. 条纹似白鮈 Paraleucogobio strigatus(Regan)	保护区综合考察	1998						
18. 克氏鲦 Sarcocheilichthys czerskii(Berg)	保护区综合考察	1998						
19. 大首鮈 Gobio cynocephalus Dybowski	保护区综合考察	1998						
20. 细体鮈 G. tenuicorpus Mori	保护区综合考察	1998						
21. 兴凯银鮈（兴凯颌须鮈）Squalidus chankaensis Dybowski	保护区综合考察	1998						
22. 蛇鮈 Saurogobio dabryi Bleeker	保护区综合考察	1998						
23. 突吻鮈 Rostrogobio amurensis Taranetz	保护区综合考察	1998						
24. 团头鲂 Megalobrama amblycephala Yih	保护区综合考察	1998	移入种					
25. 贝氏鳘 Hemiculter bleekeri(Warpachowsky)	保护区综合考察	1998						
26. 黑龙江鳑鲏 Rhodeus sericeus(Pallas)	保护区综合考察	1998						
27. 大鳍鱊 Acheilognathus macropterus(Bleeker)	保护区综合考察	1998						
（四）鳅科 Cobitidae								
28. 北方泥鳅 Misgurnus bipartitus(Sauvage et Dabry)	保护区综合考察	1998						
29. 黑龙江花鳅 Cobitis lutheri(Rendahl)	保护区综合考察	1998						
III鲶形目 SILURIFORMES	保护区综合考察	1998						
（五）鲶科 Siluridae	保护区综合考察	1998						
30. 鲶鱼 Silurus asotus Linnaeus	保护区综合考察	1998						
IV鳕形目 GADIFORMES	保护区综合考察	1998						
（六）鳕科 Gadidae	保护区综合考察	1998						
31. 江鳕 Lota lota(Linnaeus)	保护区综合考察	1998						

附录 V

辉河国家级自然保护区野生鸟类名录及其种群分布特征

中文名称（拉丁学名）	种序号	居留型	分布型	保护级别	CITES I	CITES II	中国红皮书	世界红皮书	亚洲红皮书	中日候鸟协定	中澳候鸟协定
I 潜鸟目 GAVIIFORMES											
（一）潜鸟科 Gaviidae											
黑喉潜鸟 Gavia arctica (Dwight)	1	P								●	
红喉潜鸟 G. stellata (Pontoppidan)	2	P								●	
II 䴙䴘目 PODICIPEDIFORMES											
（二）䴙䴘科 Podicipedidae											
黑颈䴙䴘 Podiceps nigricollis Brehm	3	S	全北型								
凤头䴙䴘 P. cristatus (Linnaeus)	4	S	古北型							●	
赤颈䴙䴘 P. grisegena (Boddaert)	5	S	全北型	II						●	
角䴙䴘 P. auritus (Linnaeus)	6	P		II							
小䴙䴘 Tachybaptus ruficollis (Pallas)	7	S	东洋型							●	
III 鹈形目 PELECANIFORMES											
（三）鸬鹚科 Phalacrocoracidae											
普通鸬鹚 Phalacrocorax carbo Linnaeus	8	S	古北型								
红脸鸬鹚 Ph. urile (Gmelin)	9	P									
IV 鹳形目 CICONIIFORMS											
（四）鹭科 Ardeidae											
苍鹭 Ardea cinerea Linnaeus	10	S	古北型							●	
草鹭 A. purpurea Linnaeus	11	S	古北型							●	
大白鹭 Ardea alba (Linnaeus)	12	S	环球温带—热带型							●	★
夜鹭 Nycticorax nycticorax (Linnaeus)	13	S	环球温带—热带型								
池鹭 Ardeola bacchus (Bonaparte)	14	S	东洋型							●	
牛背鹭 Bubulcus ibis (Linnaeus)	15	S	东洋型							●	★
紫背苇鳽 Ixobrychus eurhythmus (Swinhoe)	16	S	季风型							●	
大麻鳽 Botaurus stellaris (Linnaeus)	17	S	古北型								
（五）鹳科 Ciconiidae											
黑鹳 Ciconia nigra (Linnaeus)	18	S	古北型	I						●	
（六）鹮科 Threskiornithidae											

中文名称（拉丁学名）	种序号	居留型	分布型	保护级别	CITES I	CITES II	中国红皮书	世界红皮书	亚洲红皮书	中日候鸟协定	中澳候鸟协定
白琵鹭 Platalea leucorodia Linnaeus	19	S	古北型	II						●	
黑头白鹮 Threskiornis melanocephalus (Latham)	20	P		II						●	
V 雁形目 ANSERIFORMES											
（七）鸭科 Anatidae											
鸿雁 Anser cygnoides (Linnaeus)	21	S	东北型							●	
灰雁 A. Anser (Linnaeus)	22	S	古北型								
豆雁 A. fabalis (Latham)	23	P								●	
小白额雁 A. erythropus (Linnaeus)	24	P								●	
白额雁 A. albifrons (Scopoli)	25	P								●	
斑头雁 A. indicus (Latham)	26	S	高地型								
大天鹅 Cygnus Cygnus (Linnaeus)	27	S, P	全北型	II						●	
小天鹅 C. columbianus(Ord)	28	旅鸟		II						●	
疣鼻天鹅 C. olor (Gmelin)	29	S	古北型	II							
赤麻鸭 Tadorna ferruginea(Pallas)	30	S, P	古北型							●	
翘鼻麻鸭 T. tadorna(Linnaeus)	31	S, P	古北型							●	
针尾鸭 Anas acuta Linnaeus	32	P								●	
绿翅鸭 A. crecca Linnaeus	33	S, P	全北型							●	
罗纹鸭 A. falcata Georgi	34	S, P	东北型							●	
花脸鸭 A. formosa Georgi	35	P								●	
绿头鸭 A. platyrhynchos Linnaeus	36	S	全北型							●	
斑嘴鸭 A. poecilorhyncha Forster	37	S	东洋型							●	
赤膀鸭 A. strepera Linnaeus	38	S	古北型							●	
赤颈鸭 A. penelope Linnaeus	39	S	全北型							●	
白眉鸭 A. querquedula Linnaeus	40	S	古北型							●	
琵嘴鸭 A. clypeata Linnaeus	41	S	全北型							●	
红头潜鸭 Aythya ferina (Linnaeus)	42	S, P	古北型							●	★
青头潜鸭 A. baeri (Radde)	43	P								●	★
斑背潜鸭 A. marila (Linnaeus)	44	P								●	

中文名称（拉丁学名）	种序号	居留型	分布型	保护级别	CITES I	CITES II	中国红皮书	世界红皮书	亚洲红皮书	中日候鸟协定	中澳候鸟协定
凤头潜鸭 A. fuligula (Linnaeus)	45	P								●	
赤嘴潜鸭 Netta rufina (Pallas)	46	S	古北型								
斑脸海番鸭 Melanitta fusca (Linnaues)	47	P								●	
鹊鸭 Bucephala clangula (Linnaeus)	48	S	全北型							●	
长尾鸭 Clangula hyemalis Linnaeus	49	P								●	
斑头秋沙鸭 Mergus albellus Linnaeus	50	P								●	
普通秋沙鸭 M. merganser Linnaeus	51	P								●	
红胸秋沙鸭 M. serrator Linnaeus	52	P								●	
鸳鸯 Aix galericulata (Linnaeus)	53	P									
VI 隼形目 FALCONIFORMES											
（八）鹗科 Pandionidae											
鹗 Pandion haliaetus (Linnaeus)	54	S	全北型	II							
（九）鹰科 Accipitridae											
（黑）鸢 Milvus migrans (Boddaert)	55	S	古北型	II							
苍鹰 Accipiter gentiles (Linnaeus)	56	S	全北型	II							
雀鹰 A. nisus (Linnaeus)	57	S	古北型	II							
日本松雀鹰 A. gularis(Temminck et Sparrowhawk)	58	S	东洋型	II						●	
大鵟 Buteo hemilasius Temminck	59	R	中亚型	II							
普通鵟 B. buteo (Linnaeus)	60	S	古北型	II							
毛脚鵟 B. lagopus(Pontoppidan)	61	W		II							
金雕 Aquila chrysaetos(Linnaeus)	62	R	全北型	I							
草原雕 A. nipalensis(Temminck)	63	R	中亚型	II							
白肩雕 A. heliaca Savigny	64	P		I							
乌雕 A. clanga Pallas	65	S	古北型	II							
靴隼雕 Hieraaetus pennatus (Gmelin)	66	P		II							
玉带海雕 Haliaeetus leucoryphus (Pallas)	67	S	中亚型	I							
白尾海雕 Haliaeetus albicilla (Linnaeus)	68	S	古北型	I							
秃鹫 Aegypius monachus (Linnaeus)	69	R	古北型	II							

中文名称（拉丁学名）	种序号	居留型	分布型	保护级别	CITES I	CITES II	中国红皮书	世界红皮书	亚洲红皮书	中日候鸟协定	中澳候鸟协定
白尾鹞 Circus cyaneus(Linnaeus)	70	S	全北型	II						●	
白腹鹞 C. spilonotus Kaup	71	S	东北型	II						●	
白头鹞 C.aeruginosus (Linnaeus)	72	S	古北型	II							
鹊鹞 C. melanoleucos (Pennant)	73	S	东北型	II						●	
（十）隼科 Falconidae											
矛隼 Falco rusticolus Linnaeus	74	W	全北型	II							
猎隼 F. cherrug J.E.Gray	75	R		II							
游隼 F. peregrinus Tunstall	76	P		II							
燕隼 F. subbuteo Linnaeus	77	S	古北型	II						●	
灰背隼 F. columbarius Linnaeus	78	P	古北型	II						●	
黄爪隼 F. naumanni Fleischer	79	S	古北型	II							
红脚隼 F. amurensis Linnaeus	80	S	古北型	II							
红隼 F. tinnunculus (Linnaeus)	81	R	古北型	II							
VII 鸡形目 GALLIFORMES											
（十一）松鸡科 Tetraonidae											
黑琴鸡 Lyrurus tetrix (Linnaeus)	82	R	古北型								
（十二）雉科 Phasianidae											
日本鹌鹑 Coturnix japonica (Temminck et Schlegel)	83	S	古北型							●	
雉鸡 Phasianus colchicus Linnaeus	84	R	古北型								
斑翅山鹑 Perdix dauuricae (Pallas)	85	R	中亚型								
石鸡 Alectoris chukar (J.E.Gray)	86	R	中亚型								
VIII 鹤形目 GRUIFORMES											
（十三）三趾鹑科 Turnicidae											
黄脚三趾鹑 Turnix tanki Blyth	87	S	东洋型								
（十四）鹤科 Gruidae											
灰鹤 Grus grus (Linnaeus)	88	P	东北型	II							
丹顶鹤 G. japonensis (Müller)	89	S	东北型	I						●	
白枕鹤 G. vipio Pallas	90	S	东北型	II						●	

中文名称（拉丁学名）	种序号	居留型	分布型	保护级别	CITES I	CITES II	中国红皮书	世界红皮书	亚洲红皮书	中日候鸟协定	中澳候鸟协定
白鹤 G. leucogeranus Pallas	91	P		I							
白头鹤 G. monacha Temminck	92	P		I						●	
蓑羽鹤 Anthropoides virgo (Linnaeus)	93	S	中亚型	II							
（十五）秧鸡科 Rallidae											
普通秧鸡 Rallus aquaticus Linnaeus	94	S	古北型							●	
小田鸡 Porzana pusilla(Pallas)	95	S	古北型							●	
白骨顶 Fulica atra(Linnaeus)	96	S	东半球热带带型								
白胸苦恶鸟 Amaurornis phoenicurus(Pennant)	97	S	东洋型								
（十六）鸨科 Otididae											
大鸨 Otis tarda Linnaeus	98	S	古北型	I							
IX 鸻形目 CHARADRIIFORMES											
（十七）蛎鹬科 Haematopodidae											
蛎鹬 Haematopus ostralegus(Linnaeus)	99	S	全北型							●	
（十八）反嘴鹬科 Recurvirostridae											
黑翅长脚鹬 Himantopus himantopus(Linnaeus)	100	S	环球温带—热带型							●	
反嘴鹬 Recurvirostra avosetta(Linnaeus)	101	S	古北型							●	
（十九）燕鸻科 Glareolidae											
普通燕鸻 Glareola maldivarum Forster	102	P								●	★
（二十）鸻科 Charadriidae											
凤头麦鸡 Vanellus vanellus (Linnaeus)	103	S	古北型							●	
灰头麦鸡 V. cinereus(Blyth)	104	S	东北型								
灰斑鸻 Pluvialis squatarola(Linnaeus)	105	P								●	★
金斑鸻 P. fulva (Gmelin)	106	P								●	★
金眶鸻 Charadrius dubius	107	S	古北型								
剑鸻 C. hiaticula Linnaeus	108	S	全北型								
环颈鸻 C. alexandrinus Linnaeus	109	S	环球温带—热带型								
蒙古沙鸻 C. mongolus Pallas	110	S	中亚型							●	★
铁嘴沙鸻 C. leschenaultii Lesson	111	S	中亚型							●	★
东方鸻 C. veredus Gould	112	S	中亚型								

中文名称（拉丁学名）	种序号	居留型	分布型	保护级别	CITES I	CITES II	中国红皮书	世界红皮书	亚洲红皮书	中日候鸟保护协定	中澳候鸟协定
小嘴鸻 C. morinellus Linnaeus	113	P									
（二十一）鹬科 Scolopacidae											
小杓鹬 Numenius minutus Gould	114	P		II							★
中杓鹬 N. phaeopus(Linnaeus)	115	P								●	★
白腰杓鹬 N. arquata(Linnaeus)	116	P								●	★
大杓鹬 N. madagascariensis(Linnaeus)	117	P								●	★
黑尾塍鹬 Limosa limosa(Linnaeus)	118	P								●	★
斑尾塍鹬 L. lapponica(Linnaeus)	119	P								●	★
鹤鹬 Tringa erythropus(Pallas)	120	P								●	
红脚鹬 T. totanus(Linnaeus)	121	S	古北型							●	★
泽鹬 T. stagnatilis(Bechstein)	122	S	古北型							●	★
青脚鹬 T. nebularia(Gunnerus)	123	P								●	★
林鹬 T. glareola Linnaeus	124	P								●	★
小青脚鹬 T. guttifer Linnaeus	125	P		II						●	
白腰草鹬 T. ochropus Linnaeus	126	P								●	
矶鹬 Actitis hypoleucos(Linnaeus)	127	S	全北型							●	★
翘嘴鹬 Xenus cinereus(Güldenstädt)	128	P								●	★
灰尾漂鹬 Heteroscelus brevipes(Vieillot)	129	P								●	★
翻石鹬 Arenaria interpres(Linnaeus)	130	P								●	★
流苏鹬 Philomachus pugnax(Linnaeus)	131	P								●	★
针尾沙锥 Gallinago stenura(Bonaparte)	132	S	古北型							●	★
大沙锥 G. megala Swinhoe	133	P								●	
扇尾沙锥 G. gallinago(Linnaeus)	134	S	古北型							●	
孤沙锥 G. solitaria Hodgson	135	S	古北型							●	
丘鹬 Scolopax rusticola Linnaeus	136	P								●	
半蹼鹬 Limnodromus semipalmatus(Blyth)	137	P									★
姬鹬 Lymnocryptes minimus(Brünnich)	138	P									
红颈滨鹬 Calidris ruficollis(Pallas)	139	P									
长趾滨鹬 C. subminuta(Middendorff)	140	P								●	★
青脚滨鹬 C. temminckii(Leisler)	141	P								●	★

中文名称（拉丁学名）	种序号	居留型	分布型	CITES I	CITES II	中国红皮书	世界红皮书	亚洲红皮书	中日候鸟协定	中澳候鸟协定
尖尾滨鹬 C.acuminata(Horsfield)	142	P							●	★
弯嘴滨鹬 C. ferruginea(Pontoppidan)	143	P							●	★
大滨鹬 C. tenuirostris(Horsfield)	144	P								★
红腹滨鹬 Calidris canutus(Linnaeus)	145	P								
小滨鹬 C. minuta(Leisler)	146	P								
阔嘴鹬 Limicola falcinellus(Pontoppidan)	147	P							●	★
三趾滨鹬 Crocethia alba Pallas	148	P							●	★
灰瓣蹼鹬 Phalaropus fulicarius(Linnaeus)	149	P							●	★
红颈瓣蹼鹬 P. lobatus(Linnaeus)	150	P							●	★
（二十二）贼鸥科 Stercorariidae										
中贼鸥 Stercorarius pomarinus(Temminck)	151	P							●	★
（二十三）鸥科 Laridae										
海鸥 Larus canus Linnaeus	152	P							●	
银鸥 L. argentatus Pontoppidan	153	P							●	
黄腿银鸥 Larus cachinnans(Pallas)	154	S	古北型							
红嘴鸥 L. ridibundus Linnaeus	155	S	古北型						●	
黑嘴鸥 L. saundersi(Swinhoe)	156	P							●	
灰背鸥 L. schistisagus(Stejneger)	157	P								
黑尾鸥 L. crassirostris Vieillot	158	P							●	
棕头鸥 L. brunnicephalus Jerdon	159	P								
遗鸥 L. relictus Lönnberg	160	P		I						
小鸥 L. minutus Pallas	161	P			II					
楔尾鸥 Rhodostethia rosea(MacGillivray)	162	P								
（二十四）燕鸥科 Sternidae										
须浮鸥 Chlidonias hybrida(Pallas)	163	S	古北型							★
白翅浮鸥 C. leucoptera(Temminck)	164	S	古北型							★
黑浮鸥 C. niger(Linnaeus)	165	P			II					
普通燕鸥 Sterna hirundo Linnaeus	166	S	全北型						●	★

中文名称（拉丁学名）	种序号	居留型	分布型	保护级别	CITES I	CITES II	中国红皮书	世界红皮书	亚洲红皮书	中日候鸟协定	中澳候鸟协定
白额燕鸥 S. albifrons Pallas	167	S	环球温带—热带型							●	★
鸥嘴噪鸥 Gelochelidon nilotica(Gmelin)	168	S	环球温带—热带型							●	
红嘴巨鸥 Hydroprogne caspia(Pallas)	169	P	环球温带—热带型								★
X 沙鸡目 PTEROCLIFORMES											
（二十五）沙鸡科 Pteroclididae											
毛腿沙鸡 Syrrhaptes paradoxus(Pallas)	170	R	中亚型								
XI 鸽形目 COLUMBIFORMES											
（二十六）鸠鸽科 Columbidae											
岩鸽 Columba rupestris Pallas	171	R	古北型								
原鸽 C. livia Gmelin	172	S	古北型								
山斑鸠 Streptopelia orientalis(Latham)	173	S	季风型								
灰斑鸠 Streptopelia decaocto(Frivaldszky)	174	R	东洋型								
XII 鹃形目 CUCULIFORMES											
（二十七）杜鹃科 Cuculidae											
大杜鹃 Cuculus canorus Linnaeus	175	S	古北型							●	
中杜鹃 C. saturatus Blyth	176	S	东北型							●	★
XIII 鸮形目 STRIGIFORMES											
（二十八）鸱鸮科 Strigidae											
雕鸮 Bubo bubo(Linnaeus)	177	R	古北型			II					
雪鸮 B. scandiaca(Linnaeus)	178	W				II					
鬼鸮 Aegolius funereus(Linnaeus)	179	R	全北型			II				●	
纵纹腹小鸮 Athene noctua(Scopoli)	180	R	古北型			II					
长耳鸮 Asio otus(Linnaeus)	181	S	全北型			II				●	
短耳鸮 A. flammeus(Pontoppidan)	182	W				II				●	
红角鸮 Otus scops (Linnaeus)	183	S	古北型			II					
XIV 夜鹰目 CAPRIMULGIFORMES											
（二十九）夜鹰科 Caprimulgidae											
普通夜鹰 Caprimulgus indicus Latham	184	S	东洋型							●	
X V 雨燕目 APODIFORMES											

中文名称（拉丁学名）	种序号	居留型	分布型	保护级别	CITES I	CITES II	中国红皮书	世界红皮书	亚洲红皮书	中日候鸟协定	中澳候鸟协定
（三十）雨燕科 Apodidae											
普通雨燕 *Apus apus*(Linnaeus)	185	S	古北型							●	★
白腰雨燕 *A. pacificus*(Latham)	186	S	东北型							●	★
白喉针尾雨燕 *Hirundapus caudacutus*(Latham)	187	S	东洋型								
ⅩⅥ 佛法僧目 CORACIIFORMES											
（三十一）翠鸟科 Alcedinidae											
普通翠鸟 *Alcedo atthis*(Linnaeus)	188	S	古北型								
蓝翡翠 *Halcyon pileata*(Boddaert)	189	S	东洋型								
ⅩⅦ 戴胜目 UPUPIFORMES											
（三十二）戴胜科 Upupidae											
戴胜 *Upupa epops* Linnaeus	190	S	古北型								
ⅩⅧ 裂形目 PICIFORMES											
（三十三）啄木鸟科 Picidae											
蚁䴕 *Jynx torquilla* Linnaeus	191	S	古北型								
大斑啄木鸟 *Dendrocopos major*(Linnaeus)	192	R	古北型								
小斑啄木鸟 *D. minor*(Linnaeus)	193	R	古北型								
灰头绿啄木鸟 *Picus canus* Gmelin	194	R	古北型								
ⅩⅨ 雀形目 PASSERIFORMES											
（三十四）百灵科 Alaudidae											
蒙古百灵 *Melanocorypha mongolica* (Pallas)	195	S	中亚型								
大短趾百灵 *Calandrella brachydactyla*(Leisler)	196	S	古北型								
短趾百灵 *C. cheleensis*(Gmelin)	197	S	中亚型								
云雀 *Alauda arvensis* Linnaeus	198	S	古北型								
角百灵 *Eremophila alpestris*(Linnaeus)	199	S	全北型							●	
（三十五）燕科 Hirundinidae											
崖沙燕 *Riparia riparia*(Linnaeus)	200	S	全北型							●	
家燕 *Hirundo rustica*(Linnaeus)	201	S	全北型							●	
金腰燕 *Cecropis daurica* Linnaeus	202	S	古北型							●	★
毛脚燕 *Delichon urbica*(Linnaeus)	203	S	古北型							●	

中文名称（拉丁学名）	种序号	居留型	分布型	保护级别	CITES I	CITES II	中国红皮书	世界红皮书	亚洲红皮书	中日候鸟协定	中澳候鸟协定
（三十六）鹡鸰科 Motacillidae											
山鹡鸰 Dendronanthus indicus(Gmelin)	204	S	东北型							●	
黄鹡鸰 Motacilla flava Linnaeus	205	P								●	
黄头鹡鸰 M. citreola Pallas	206	S	古北型								★
灰鹡鸰 M. cinerea Tunstall	207	S	古北型								★
白鹡鸰 M. alba leucopsis Linnaeus	208	S	古北型							●	★
田鹨 Anthus richardi(Gmelin)	209	S	东北型							●	★
树鹨 A. hodgsoni(Richmond)	210	S	东北型							●	
红喉鹨 A. cervinus(Pallas)	211	P								●	
水鹨 A. spinoletta Linnaeus	212	P								●	
（三十七）太平鸟科 Bombycillidae											
太平鸟 Bombycilla garrulus(Linnaeus)	213	W								●	
小太平鸟 B. japonica(Siebold)	214	W								●	
（三十八）伯劳科 Laniidae											
红尾伯劳 Lanius cristatus Linnaeus	215	S	东北—华北型							●	
楔尾伯劳 L. sphenocercus Cabanis	216	S	东北型							●	
灰伯劳 L. excubitor Linnaeus	217	W									
（三十九）椋鸟科 Sturnidae											
紫翅椋鸟 Sturnus vulgaris Linnaeus	218	P									
北椋鸟 S. sturninus(Pallas)	219	P									
灰椋鸟 S. cineraceus Temminck	220	S	东北—华北型								
（四十）黄鹂科 Oriolidae											
黑枕黄鹂 Oriolus chinensis Linnaeus	221	S	东洋型							●	
（四十一）鸦科 Corvidae											
灰喜鹊 Cyanopica cyana(Pallas)	222	R	古北型								
喜鹊 Pica pica(Linnaeus)	223	R	全北型								
达乌里寒鸦 Corvus dauuricus Pallas	224	R	古北型								
秃鼻乌鸦 C. frugilegus Linnaeus	225	R	古北型								
小嘴乌鸦 C. corone Linnaeus	226	R	全北型							●	
渡鸦 C. corax Linnaeus	227	R	全北型							●	

中文名称（拉丁学名）	种序号	居留型	分布型	保护级别	CITES I	CITES II	中国红皮书	世界红皮书	亚洲红皮书	中日候鸟协定	中澳候鸟协定
大嘴乌鸦 *C. macrorhynchos* Wagler	228	R	季风型								
红嘴山鸦 *Pyrrhocorax pyrrhocorax*(Linnaeus)	229	R	古北型								
（四十二）鹪鹩科 Troglodytidae											
鹪鹩 *Troglodytes troglodytes* Linnaeus	230	R	全北型								
（四十三）岩鹨科 Prunellidae											
领岩鹨 *Prunella collaris*(Scopoli)	231	S	古北型								
棕眉山岩鹨 *P. montanella*(Pallas)	232	P									
褐岩鹨 *P. fulvescens*(Severtzov)	233	S	高地型								
（四十四）鸫科 Turdidae											
红喉歌鸲 *Luscinia calliope*(Pallas)	234	S	古北型							●	
蓝歌鸲 *L. cyane*(Pallas)	235	S	东北型							●	
蓝喉歌鸲 *L. svecica*(Linnaeus)	236	S	古北型								
红胁蓝尾鸲 *Tarsiger cyanurus*(Pallas)	237	S	东北型							●	
红尾水鸲 *Rhyacornis fuliginosus*(Vigors)	238	S	东洋型								
北红尾鸲 *Phoenicurus auroreus*(Pallas)	239	S	东北型							●	
黑喉石䳭即鸟 *Saxicola torquata*(Linnaeus)	240	S	古北型							●	
沙即鸟 *Oenanthe isabellina*(Cretzschmar)	241	S	中亚型								
穗即鸟 *O. oenanthe*(Linnaeus)	242	S	全北型								
漠即鸟 *O. deserti*(Temminck)	243	S	中亚型								
白顶即鸟 *O. pleschanka*(Linnaeus)	244	S	中亚型								
白喉矶鸫 *Monticola gularis*(Swinhoe)	245	S	东北型								
白眉地鸫 *Zoothera sibirica*(Pallas)	246	S	东北型								
虎斑地鸫 *Z. dauma*(Latham)	247	P									
白腹鸫 *Turdus pallidus* Gmelin	248	P								●	
赤颈鸫 *T. ruficollis ruficollis* Pallas	249	P								●	
斑鸫 *T. naumanni* Temminck	250	P								●	
白眉鸫 *T.obscurus* Gmelin	251	P									
（四十五）鸦雀科 Paradoxornithidae											
震旦鸦雀 *Paradoxornis heudei* David	252	R	季风型								
文须雀 *Panurus biarmicus*(Linnaeus)	253	S	古北型							●	

中文名称（拉丁学名）	种序号	居留型	分布型	保护级别	CITES I	CITES II	中国红皮书	世界红皮书	亚洲红皮书	中日候鸟协定	中澳候鸟协定
（四十六）莺科 Sylviidae											
中华短翅莺 Bradypterus tacsanowskius(Swinhoe)	254	S	不易归类								
斑胸短翅莺 B. thoracicus(Blyth)	255	S	不易归类								
小蝗莺 Locustella certhiola(Pallas)	256	S	东北型								
矛斑蝗莺 L. lanceolata(Temminck)	257	S	东北型							●	★
东方大苇莺 Acrocephalus orientalis(Temminck et Schlegel)	258	S	古北型							●	
黑眉苇莺 A. bistrigiceps Swinhoe	259	S	东北型							●	
远东苇莺 A. tangorum(La Touche)	260	S	古北型								
厚嘴苇莺 A. aedon(Pallas)	261	S	东北型								
白喉林莺 Sylvia curruca(Linnaeus)	262	P	东北型								
巨嘴柳莺 Phylloscopus schwarzi(Radde)	263	S	东北型								
褐柳莺 P. fuscatus(Blyth)	264	S	东北型							●	
黄眉柳莺 P. inornatus(Blyth)	265	S	古北型							●	★
黄腰柳莺 P. proregulus(Pallas)	266	S	古北型								
极北柳莺 P. borealis(Blasius)	267	P									
（四十七）戴菊科 Regulidae											
戴菊 Regulus regulus(Linnaeus)	268	P									
（四十八）鹟科 Muscicapidae											
白眉姬鹟 Ficedula zanthopygia(Hay)	269	S	东北型							●	
红喉姬鹟 F. parva(Bechstein)	270	S	古北型								
鸲姬鹟 F. mugimaki(Temminck)	271	S	东北型							●	
乌鹟 Muscicapa sibirica Gmelin	272	S	东北型							●	
北灰鹟 M. dauurica Raffles	273	S	东北型							●	
灰纹鹟 M. griseisticta(Swinhoe)	274	S	东北型							●	
（四十九）长尾山雀科 Aegithalidae											
银喉长尾山雀 Aegithalos caudatus(Linnaeus)	275	R	古北型								
（五十）山雀科 Paridae											
大山雀 Parus major Linnaeus	276	R	古北型								

中文名称（拉丁学名）	种序号	居留型	分布型	保护级别	CITES I	CITES II	中国红皮书	世界红皮书	亚洲红皮书	中日候鸟协定	中澳候鸟协定
灰蓝山雀 P. cyanus Pallas	277	R	古北型								
沼泽山雀 P. palustris Linnaeus	278	R	古北型								
褐头山雀 P. montanus Baldenstein	279	R	全北型								
煤山雀 P. ater Linnaeus	280	R	古北型								
（五十一）䴓科 Sittidae											
普通䴓 Sitta europaea Linnaeus	281	R	古北型								
（五十二）攀雀科 Remizidae											
中华攀雀 Remiz consobrinus(Swinhoe)	282	S	古北型								
（五十三）旋木雀科 Certhiidae											
欧亚旋木雀 Certhia familiaris(Linnaeus)	283	R	全北型								
（五十四）雀科 Passeridae											
家麻雀 Passer domesticus(Linnaeus)	284	R	古北型								
麻雀 P. montanus(Linnaeus)	285	R	古北型								
石雀 Petronia petronia(Linnaeus)	286	R	古北型								
黑喉雪雀 Pyrgilauda davidiana(Verreaux)	287	R	高地型								
（五十五）燕雀科 Fringillidae											
苍头燕雀 Fringilla coelebs Linnaeus	288	W								●	
燕雀 Fringilla montifringilla Linnaeus	289	W									
金翅雀 Carduelis sinica(Linnaeus)	290	R	东北型							●	
黄雀 C. spinus(Linnaeus)	291	S	古北型							●	
极北朱顶雀 C. hornemanni(Holböll)	292	W								●	
白腰朱顶雀 C. flammea(Linnaeus)	293	W								●	
粉红腹岭雀 Leucosticte arctoa(Pallas)	294	W								●	
普通朱雀 Carpodacus erythrinus(Pallas)	295	P								●	
北朱雀 C. roseus(Pallas)	296	W									
长尾雀 Uragus sibiricus(Pallas)	297	S	东北型								
红交嘴雀 Loxia curvirostra Linnaeus	298	R	全北型							●	
黑尾蜡嘴雀 Eophona migratoria Hartert	299	S	东北型							●	
锡嘴雀 Coccothraustes coccothraustes(Linnaeus)	300	R	古北型							●	

中文名称（拉丁学名）	种序号	居留型	分布型	CITES I	CITES II	中国红皮书	世界红皮书	亚洲红皮书	中日候鸟协定	中澳候鸟协定
（五十六）鹀科 Emberizidae										
白头鹀 Emberiza leucocephala Gmelin	301	S	古北型						●	
栗鹀 E. rutila Pallas	302	S	东北型							
黄胸鹀 E. aureola Pallas	303	S	古北型						●	
黄喉鹀 E. elegans Temminck	304	S	东北型						●	
灰头鹀 E. spodocephala Pallas	305	S	东北型						●	
三道眉草鹀 E. cioides Brandt	306	R	东北型							
栗耳鹀 E. fucata Pallas	307	S	东北型							
田鹀 E. rustica Pallas	308	P							●	
小鹀 E. pusilla Pallas	309	P							●	
黄眉鹀 E. chrysophrys Pallas	310	P							●	
白眉鹀 E. tristrami Swinhoe	311	S	东北型						●	
苇鹀 E. pallasi(Cabanis)	312	P							●	
芦鹀 E. schoeniclus Linnaeus	313	P							●	
红颈苇鹀 E. yessoensis(Swinhoe)	314	S	东北型							
铁爪鹀 Calcarius lapponicus(Linnaeus)	315	W							●	
雪鹀 Plectrophenax nivalis(Linnaeus)	316	W							●	

注：表中 R 代表留鸟，S 代表夏候鸟，P 代表旅鸟，W 代表冬候鸟。

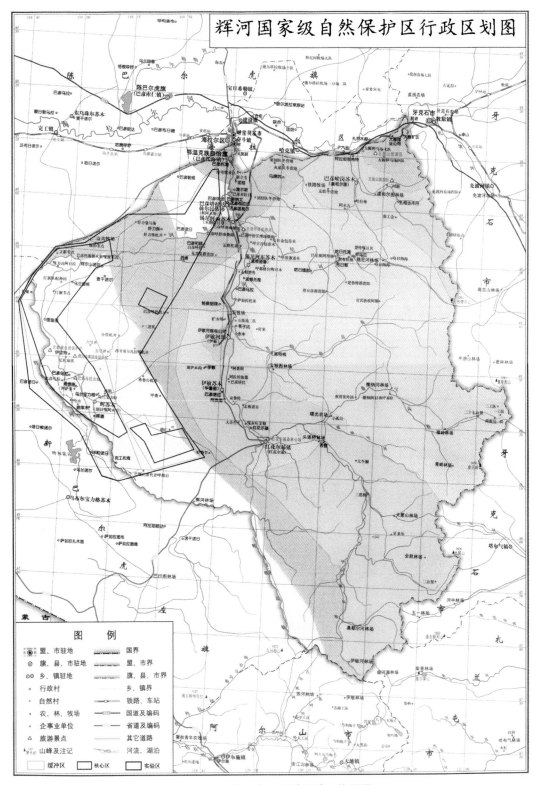

图 1.2.1　辉河国家级自然保护区地理位置图

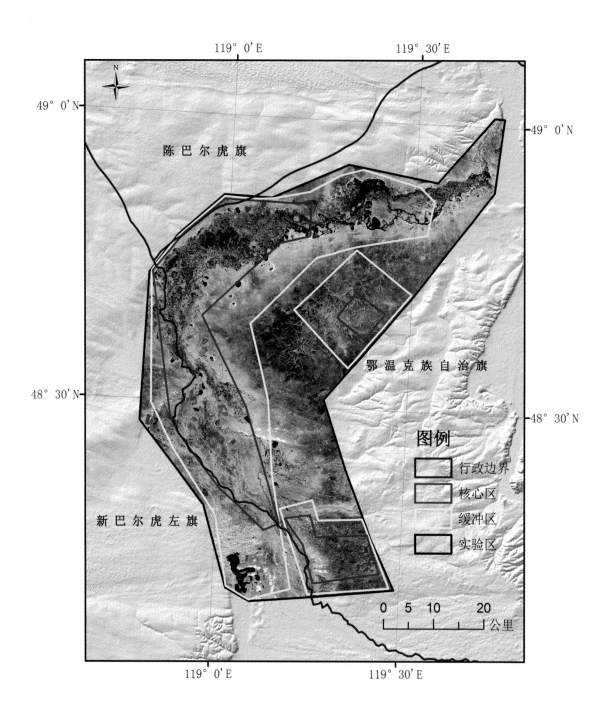

图 1.2.2　辉河国家级自然保护区功能区划图

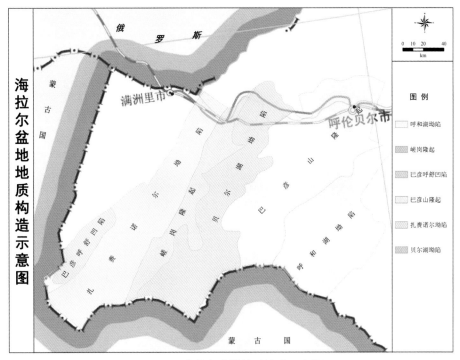

图 1.3.1　海拉尔盆地地质构造示意图

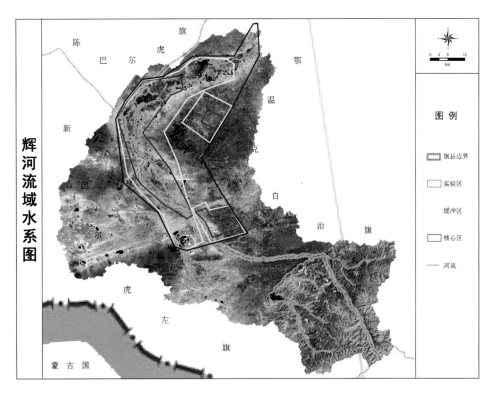

图 1.5.1　辉河国家级自然保护区水系图

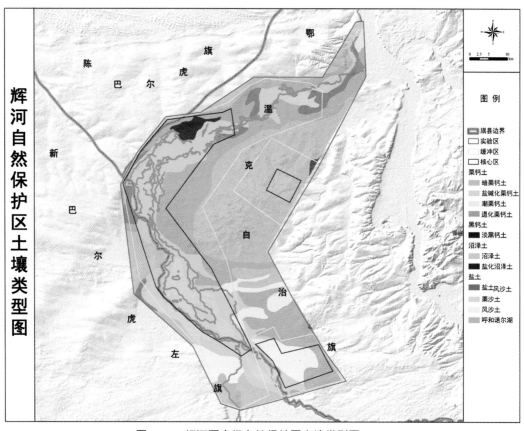

图 1.6.1　辉河国家级自然保护区土壤类型图

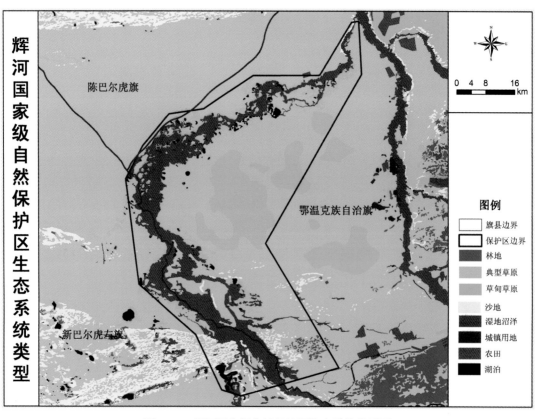

图 7.1.1　辉河国家级自然保护区生态系统类型图

图 1.7.1　辉河国家级自然保护区境内沙地森林植被景观

图 1.7.2　辉河国家级自然保护区境内贝加尔针茅草甸草原景观

图 1.7.3　辉河国家级自然保护区境内大针茅草原景观

图 1.7.4　辉河国家级自然保护区境内沙地灌丛植被景观

图 1.7.5　辉河国家级自然保护区境内低地草甸植被景观

图 1.7.6　辉河国家级自然保护区境内马蔺盐生植被景观

图 1.7.7 辉河国家级自然保护区境内芦苇沼泽植被景观

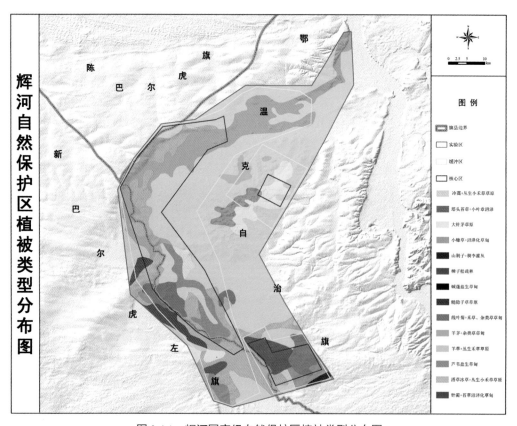

图 3.4.1 辉河国家级自然保护区植被类型分布图

图 5.6.2　沙地樟子松林（吕世海摄）

图 5.6.3　野大豆 *

---

* 照片来源于 http://www.baike.com/wiki/%E9%87%8E%E5%A4%A7%E8%B1%86。

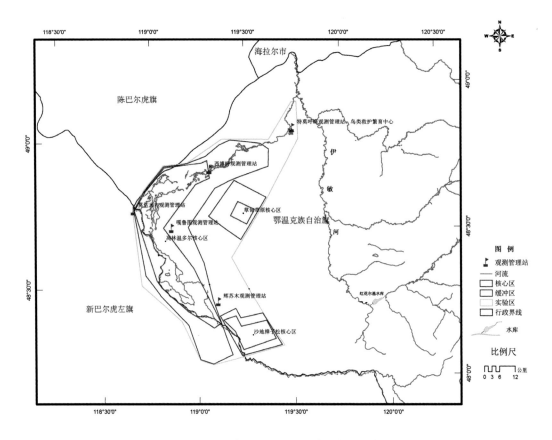

图 6.1.1　呼伦贝尔草原辉河地区水系分布图

哲罗鱼

草鱼

拟赤梢鱼

白鲢

鳙鱼

鲫鱼

团头鲂

东北林蛙

丽斑麻蜥

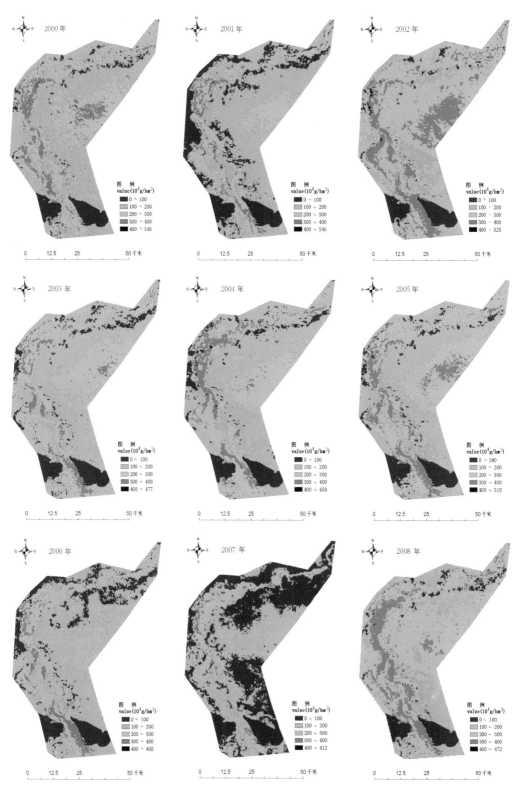

图 7.2.6　2000 ～ 2008 年辉河国家级自然保护区草原湿地生产力状况

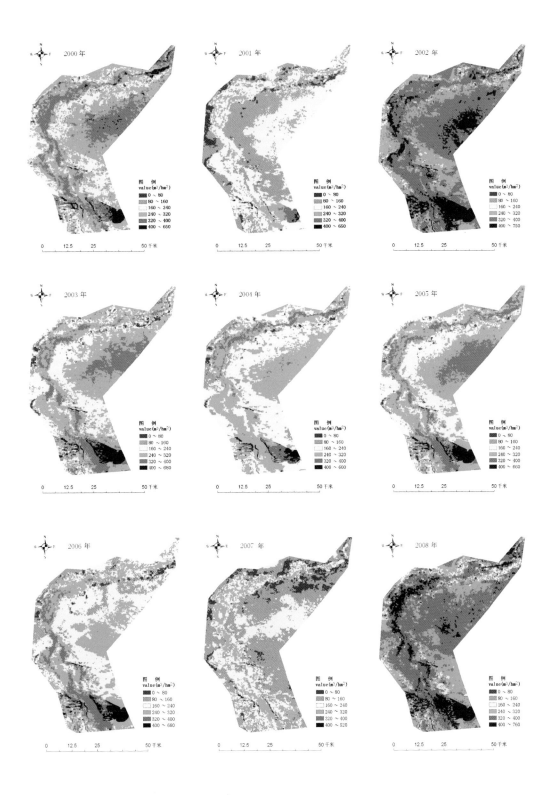

图 7.3.1　2000～2008 年辉河国家级自然保护区涵养水源量状况

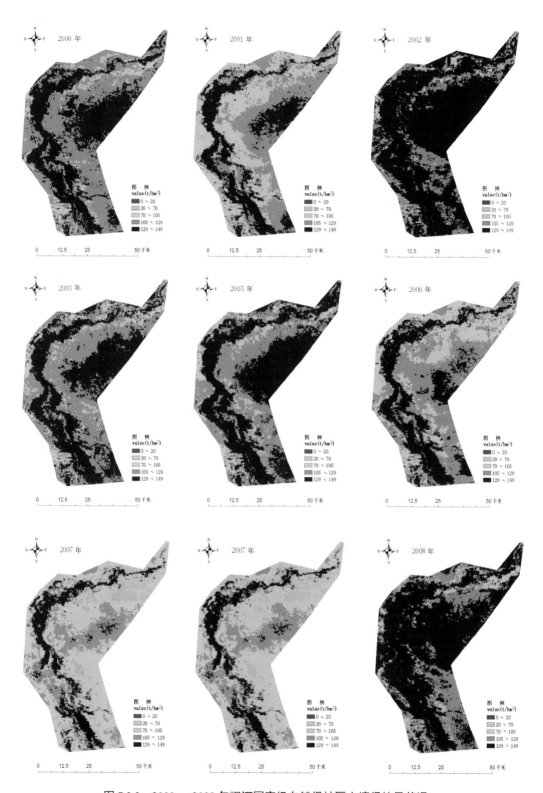

图 7.3.3　2000～2008 年辉河国家级自然保护区土壤保持量状况

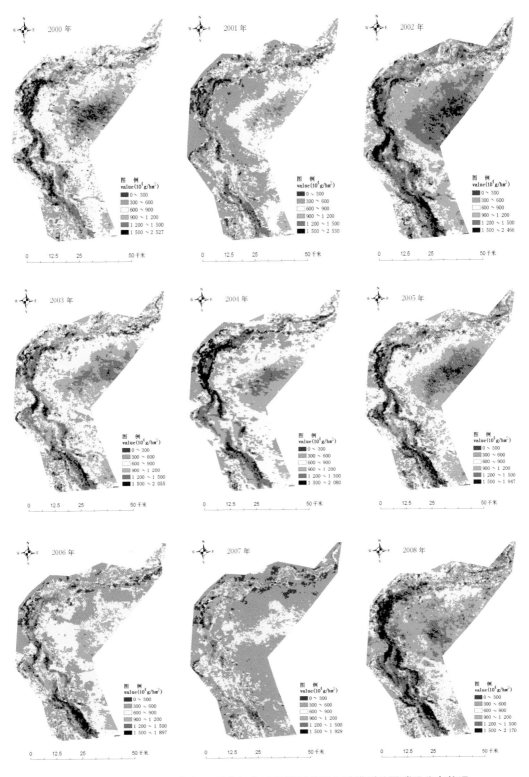

图 7.3.5　2000 ~ 2008 年辉河国家级自然保护区基于光谱模型的固碳量分布状况

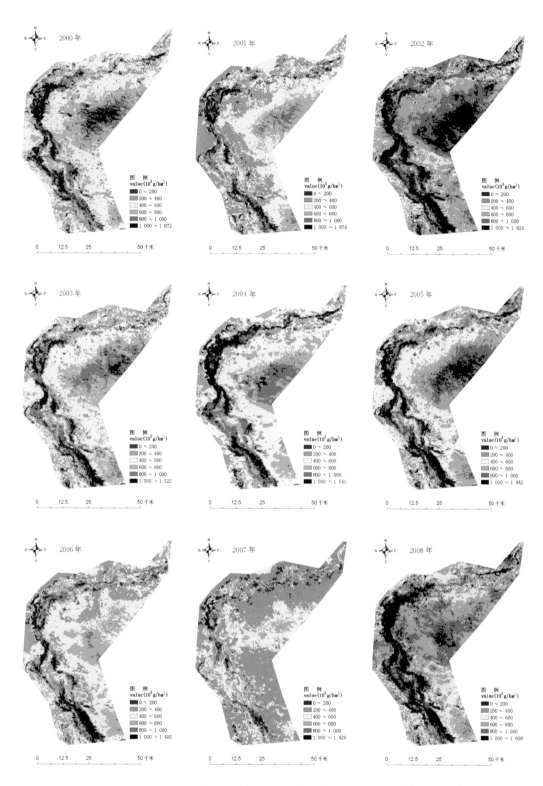

图 7.3.6　　2000～2008年辉河国家级自然保护区基于光谱模型的释氧量分布状况

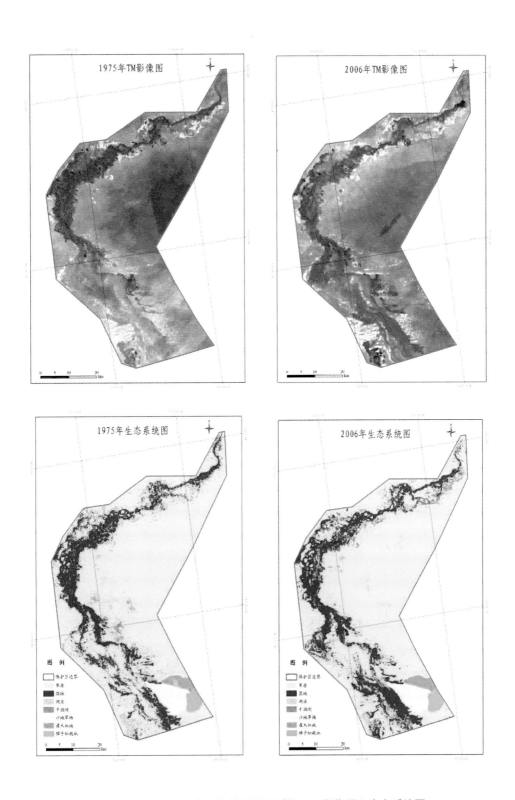

图 7.4.1　辉河国家级自然保护区不同时期 TM 影像图和生态系统图

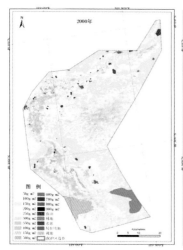

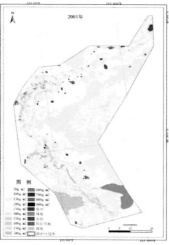

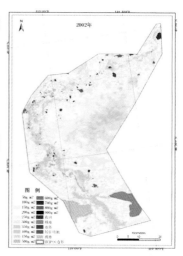

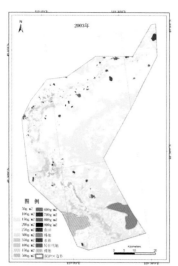

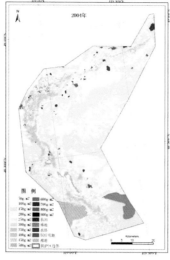

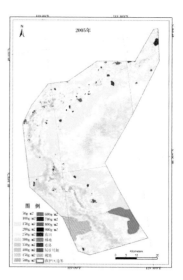

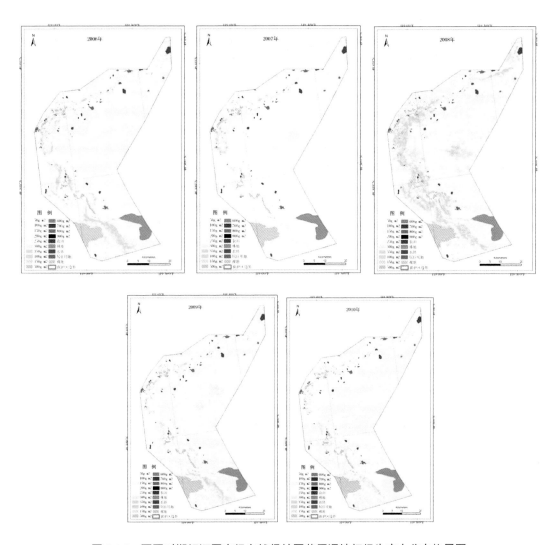

图 7.5.5　不同时期辉河国家级自然保护区草原湿地初级生产力分布格局图

国家一级保护鸟类——白鹤

国家二级保护鸟类——大天鹅

大针茅典型草原景观

大鵟　　　　　　　凤头䴙䴘

鸿雁

西博桥湿地景观

国家二级保护鸟类——蓑羽鹤

灰雁

湿地晨雾

丹顶鹤

秋季湿地景观

反嘴鹬

阿穆尔隼

雪鸮

沙地樟子松疏林

白琵鹭

翘鼻麻鸭

白枕鹤